U0166353

纸媒不死

版式设计的秩序与魅力

三度出版有限公司 编著

華中科技大學出版社
http://www.hustp.com
中国 · 武汉

图书在版编目（CIP）数据

纸媒不死：版式设计的秩序与魅力 / 三度出版有限公司编著. -- 武汉：华中科技大学出版社，2020.11
ISBN 978-7-5680-6546-7

Ⅰ. ①纸… Ⅱ. ①三… Ⅲ. ①版式-设计 Ⅳ. ①TS881

中国版本图书馆CIP数据核字(2020)第157034号

纸媒不死：版式设计的秩序与魅力

三度出版有限公司 编著

ZHIMEI BUSI: BANSHI SHEJI DE ZHIXU YU MEILI

出版发行：华中科技大学出版社（中国·武汉）
北京有书至美文化传媒有限公司

电话：（027）81321913
（010）67326910-6023

发 行 人：阮海洪

责任编辑：莽 昱 舒 冉
翻 译：金 苒

责任监印：徐露 郑红红
装帧设计：三度出版有限公司

印 刷：北京华联印刷有限公司
开 本：889mm × 1194mm 1/16
印 张：15
字 数：50千字
版 次：2020年11月第1版第1次印刷
定 价：168.00 元

CONTENTS
目录

PREFACE
前言

“设计是思想的视觉化。”

——索尔·巴斯 (Saul Bass)

版式设计随着时间迁移逐步发展。自版式设计这门学科诞生至今，读物的开本、版面结构、内外空间利用等也发生了极其显著的变化。版式设计之所以重要，是因为出版商需要抓住读者的眼球，毕竟可供读者选择的设计应有尽有。因此，版式设计成为一个出版物差异化的要素。

版式设计是平面设计的一个分支，主要用于书籍、杂志、海报、报纸、目录、传单、三联画、手册等读物的设计。它研究的是文本或内容的内在和外在的美学。换言之，版式设计决定着一个读物的视觉结构。

它是一种名副其实的艺术，因为它既需要创意，也需要具备制作实体读物的技术性知识，从而吸引一群特定的、观察力非常敏锐的读者。版式设计师负责将个体的声音传达给庞大的受众，他们需要在文字和内容的基础上，构建起一个又一个关于视觉的、美学的概念。设计师用其专业的知识来优化不同类型文本和图像的可读性。

不同类型的出版物对设计的需求截然不同。所有读物都讲究文本和图形之间的对称性平衡。从一本书的立项到制作、印刷、分销和读者消费，版式设计师都要从成本、印制材料和编辑思路出发，做出可行、有效的设计方案。信息如何传达、呈现并被受众理解？版式设计师在此扮演着举足轻重的角色。尤其，如果发挥好最后一项功能，即信息被理解，这门学科可能给社会带来巨大的变化。罗伯特·L.彼得斯（Robert L. Peters）给我们这样的提醒：“设计创造文化，文化塑造价值观，价值观决定未来。”

书籍和杂志等出版物在字体排印（typography）、版面构成（layout）上有严谨的规定和准则。这些出版物成功与否，取决于其信息传达和叙事是否清晰，这两者需要使用以网格（grid）为基础的版面设计，建立视觉层级关系，使读者在阅读内容时能够赏心悦目。

版式设计的方法不胜枚举，但其中最重要的一条是：有时候，少即是多。遵循这个设计理念，设计师即使只用一些辅助性元素，也可产生更大、更有用的影响，这尤其体现在字体的选择和设计上。

字体排印在组织、编排和调整读物的内容上发挥至关重要的作用。在印刷读物中，字体排印对读者接收信息的效果有着直接影响。正如汉斯·彼得·威尔伯格（Hans Peter Willberg）所指出：“字体（typefaces）不仅对阅读有帮助，更能愉悦我们的眼睛。”

除了字体排印以外，网格系统也是平面设计所有领域的基础，这在版式设计中更体现得淋漓尽致。一个严谨的网格系统是整个设计的支柱，奠定版面的布局。平面设计就好比建筑设计，一个好的版式最核心部分是由一个潜在结构支撑起来的。这个结构通常不为读者所见，却可以成就或摧毁一个设计。

网格系统用来组织和构建版式，优化信息的视觉呈现。运用网格系统不仅节省了设计师的时间，也带来许多其他的裨益，比如使团队合作更顺畅、视觉层级更完善等。瑞士设计师、《平面设计中的网格系统》（*Grid Systems in Graphic Design*）一书的作者约瑟夫·米勒-布罗克曼（Josef Müller-Brockmann）为网格系统提出一种精准的、具有启发性的定义："网格系统是一种辅助手段，而不是一种保证。网格系统有多种形式，每位设计师可以寻找适合其个人风格的解决方案。但每个人都必须学会使用网格系统，它是一种需要实践的艺术。"

版式设计顾名思义是一种高度视觉化的媒介。倘若我们视字体排印和网格系统为一个排版项目的基石，那么图像（imagery）就是为该设计注入生命力的视觉内容。优秀的杂志和报纸能够在有限的版面内创造性地使用图像来吸引读者注意，辅助叙事，增加阅读的趣味兴趣，掌控内容的节奏。不同读物使用的图像类型不尽相同，有的是摄影作品，有的是信息图表或者插画。当一个读物的内容难以用摄影作品传达时（譬如基于科幻小说所撰写的文章、某些虚构角色或虚拟情境），插画就能派上用场。好的设计会以一种吸引人的、高明的编排来使用各种视觉素材。

一个版式设计项目由许多不同的视觉素材组成，而大多数读物都需要有封面。封面的设计通常会紧扣读物主题，与内文的字体排印、网格系统、配色等风格统一，其作用是让读者一看到封面就对这个读物感兴趣。它必须在茫茫书海中让人眼前一亮。与同类产品竞争，封面不仅要令人惊艳，还要有助于推销读物的内容，同时突显出版方的品牌形象，如此一来，才足以让其在竞争者中脱颖而出。

优秀的封面往往源于一个天马行空、坦率简单的想法。最让人过目不忘的封面通常并不复杂，但它们以一种非常到位的视觉效果直抵人心，令人无法忽视。反之，概念粗浅或者炫技的封面却难以给人留下深刻印象。唯有个性鲜明、仿佛有故事要破卷而出的封面才能为人称道。

毫无疑问，版式设计能够对各行各业产生深远的影响，哪怕是最乏味的信息，经过恰当的编排设计，也能变得引人注目、通俗易懂。信息经过设计师谨慎编排后，能够让读者在阅读时获得快乐，在获得信息之余也有所启发。因此，版式设计可以说是极为有效的叙事工具之一。

何塞·莫雷诺（Jose Moreno）
creanet设计工作室创始人兼创意指导

FUNDAMENTALS OF PAGE DESIGN

版面设计的基本要素

不管是用于数字出版还是印刷出版，版面设计都是一个令人着迷的学科，其研究的是在页面上编排和使用字体、图像、色块、构成和网格。版面设计是一项历史悠久的技艺，可追溯到公元1040年左右诞生于中国的活字印刷术。在公元1450年前后，约翰内斯·古登堡（Johannes Gutenberg）发明了西方的活字印刷术，此举推动了《古登堡圣经》（*Gutenberg Bible*）的发行，实现了出版物更大规模的复制。随着印刷术得到广泛应用，许多印刷商人和设计师开始刻制独创的字体（typeface）和字型（font），比如尼古拉·让松（Nicholas Jenson）的"让松体"和克洛德·加拉蒙（Claude Garamond）的"加拉蒙体"等。到了20世纪，J.A.范德格拉夫（J. A. van de Graaf），劳尔·罗萨里沃（Raúl M. Rosarivo），扬·奇肖尔德（Jan Tschichold）等赫赫有名的书籍设计师陆续提出版面构成的原理，推动了版面设计的发展。这些规则对现代版式设计有着深远影响。版面构成和比例是一个优秀的版式设计的基础。无论是印刷出版物还是电子媒介，节奏分明的版面构成总能有效地传递信息，使用视觉语言引导读者。要想实现结构合理的版面构成，理解版式设计的基础知识至关重要。一个版面包含了哪些要素？如何有条理、有层次地编排这些要素？该使用哪款字体？如何把握版面的尺寸和构图？设计师应该如何进行微调行距（leading），字间距（tracking），段宽（paragraph width）等正文细节？本章内容主要包括版式设计的基础知识：纸张尺寸、字体排印单位、字体排印的历史、不同风格的字体、版面构成要素和网格系统等，让读者对这些要素有较为全面的认识。诚然，版面设计是一个令人着迷的领域，它融合了字体、图像、配色和构图的创造性使用，在一定程度上依赖于设计师的创造力、技巧、洞察力和个人品位。版面构成的规则不是一成不变的，对于某些特殊的媒介，设计师需要打破常规，另辟蹊径。但在你尝试突破之前，掌握基础知识总是有利无弊的。本章节的内容得益于线上资料以及研究者和设计师所撰写的参考文献，在此，我们的编辑团队向他们致以谢意，并希望借此书抛砖引玉，引出更多关于版式设计的探讨。

PAPER SIZE STANDARDS

纸张尺寸

不同时代、不同国家和地区遵循不同的纸张尺寸标准惯例。ISO 216（International Standardization Organization，简称ISO，国际标准化组织）成为现今世界上大多数国家通用的国际标准，著名的A4尺寸便来源于此。ISO 216定义了A、B、C三种纸张尺寸系列。其中，C系列也被单独列为ISO 269，主要用于信封。如今，许多国家使用ISO 216标准印制文件，与此同时，有些国家和地区对该标准进行扩充和变动，出现了德国扩充标准、瑞典扩充标准、日本扩充标准和中国扩充标准等。菲律宾和美洲许多国家施行的纸张尺寸标准有别于ISO 216，其中最为常见的是北美纸张尺寸、标准美国纸张尺寸［包括信纸尺寸（Letter）、小报尺寸（Tabloid）、法律文件专用尺寸（Legal）等］，后者也被称为ANSI标准纸张尺寸（American National Standard Institute，简称ANSI，美国国家标准学会）。

从某种程度上说，纸张尺寸的建立和统一推动了造纸业、印刷业的生产、制作、流通和交易等环节的发展。造纸厂可以长期储备特定尺寸的纸张，并与印刷厂交易各种尺寸的纸张。印刷机和裁纸机得以派上用场，也是归功于国际市场普遍采用的纸张尺寸标准。该标准也使不同机构、组织和公司能够定制专属尺寸的文书、稿纸、抬头纸、名片和其他印刷纸品，从而建立其品牌视觉形象系统。纸张尺寸能够影响读者识别、过滤和吸收给定信息的方式，一般而言，标准尺寸纸张比特殊规格纸张更容易被读者接受，因为前者握起来、读起来更舒服，也更方便保存、备用。版式设计师应对常用的纸张尺寸做到心中有数，能够在承接项目、个人项目等不同的设计中做出正确选择。

国际标准纸张尺寸

国际标准纸张尺寸以确立于1992年的德国DIN 476（Deutsches Institut für Normung，简称DIN）为基础的ISO 216尺寸。DIN表示德国标准化学会，现也指德国国家标准化组织、国际标准化组织德国分会（German ISO）及其制定的各项标准。ISO纸张尺寸均基于一个相同的长宽比——2的平方根（√2），约等于1:1.4142。德国科学家格奥尔格·克利斯托夫·利希滕贝格（Georg Christoph Lichtenberg）最早提出这个长宽比，因此它也被称为"利希滕贝格比"（Lichtenberg Ratio）。这套体系的主要优点在于它能够按比例自由缩放。长宽比为√2的长方形纸有一个独一无二的特性：沿着长边、平行于短边，将其对裁或对折，所得到的两张小纸长宽比不变，面积则缩减为原来整张纸的一半。同样地，将长宽比均为√2、尺寸相同的两张小纸沿着长边拼在一起，所组成的大纸长宽比仍为√2，面积则是原来每张小纸的两倍。ISO纸张尺寸包括多个系列（A系列、B系列和C系列等）以及如上节所述的各种扩充版本，其中A系列和B系列在当下最为常用。

A系列

A系列是最常用的规格，以A0（841mm×1189mm）为最大尺寸。A0尺寸的基础是一张长宽比为√2:1、面积约为1m^{2}的纸。A系列尺寸由大到小依次还包括A1、A2和A3等。将一张较大规格的纸二等分，可得到两张一模一样的次等规格的纸。比如，将一张A1纸对裁或对折，可得到两张A2纸，面积均为A1纸的一半。ISO纸张尺寸体系简化了纸张重量的计算。纸张的克重（grammage）指每单位面积（m^2）纸的重量（g），简写为g/m^{2}或gsm。正是因为这个原因，一张A0纸的面积被设定为约1m^2；因此A0纸的克重的数值等于其重量的数值。如此一来，A系列其他尺寸的纸的重量就很容易计算了。比如，从一张克重为80g/m^{2}的A0纸裁下一张标准A4纸，其重量为5g，因为它的面积是一张A0纸的1/16。一张标准A4纸的尺寸为210mm×297mm，它是A系列中最为常用的纸张规格。

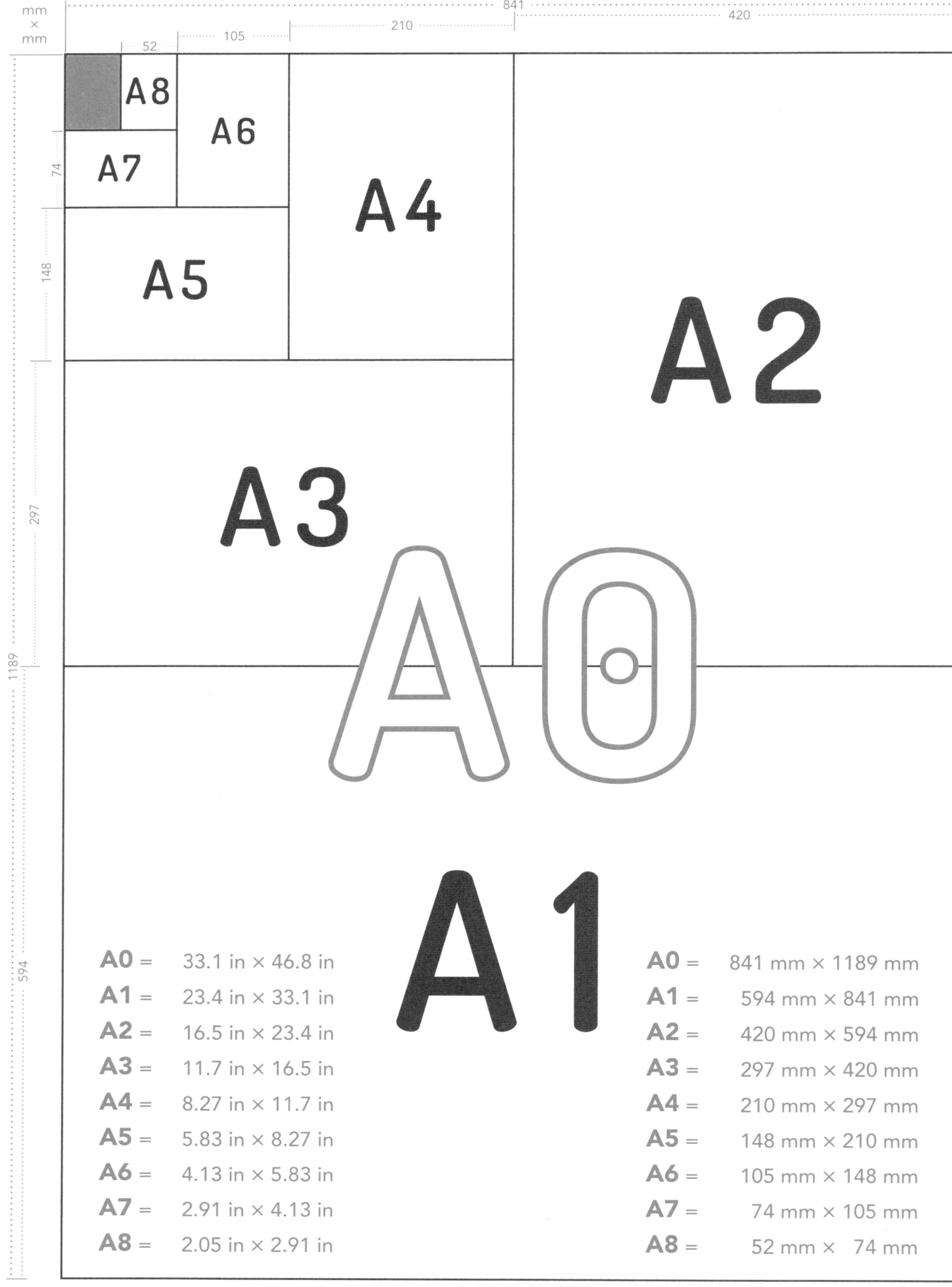
mm × mm
841
420
210
105
52
74
148
297
1189
594
A8
A7
A6
A5
A4
A3
A2
A0
A1
A0 = 33.1 in × 46.8 in
A1 = 23.4 in × 33.1 in
A2 = 16.5 in × 23.4 in
A3 = 11.7 in × 16.5 in
A4 = 8.27 in × 11.7 in
A5 = 5.83 in × 8.27 in
A6 = 4.13 in × 5.83 in
A7 = 2.91 in × 4.13 in
A8 = 2.05 in × 2.91 in
A0 = 841 mm × 1189 mm
A1 = 594 mm × 841 mm
A2 = 420 mm × 594 mm
A3 = 297 mm × 420 mm
A4 = 210 mm × 297 mm
A5 = 148 mm × 210 mm
A6 = 105 mm × 148 mm
A7 = 74 mm × 105 mm
A8 = 52 mm × 74 mm

B系列

B系列被定义为：依次取A系列相邻尺寸的几何平均所获得的一系列尺寸。因此，B1尺寸介于A0与A1之间，以此类推。由于A0面积为1m^2，A1面积为0.5m^2，则B1面积为0.707m^2（取$\sqrt{2}\times0.5$近似值）。B0纸的宽为1m。B系列不如A系列常用，它一般用于特殊情况，比如：许多海报应用B系列纸张尺寸；信封和护照通常是B系列的规格尺寸；B5是一种相对常用的书籍规格。

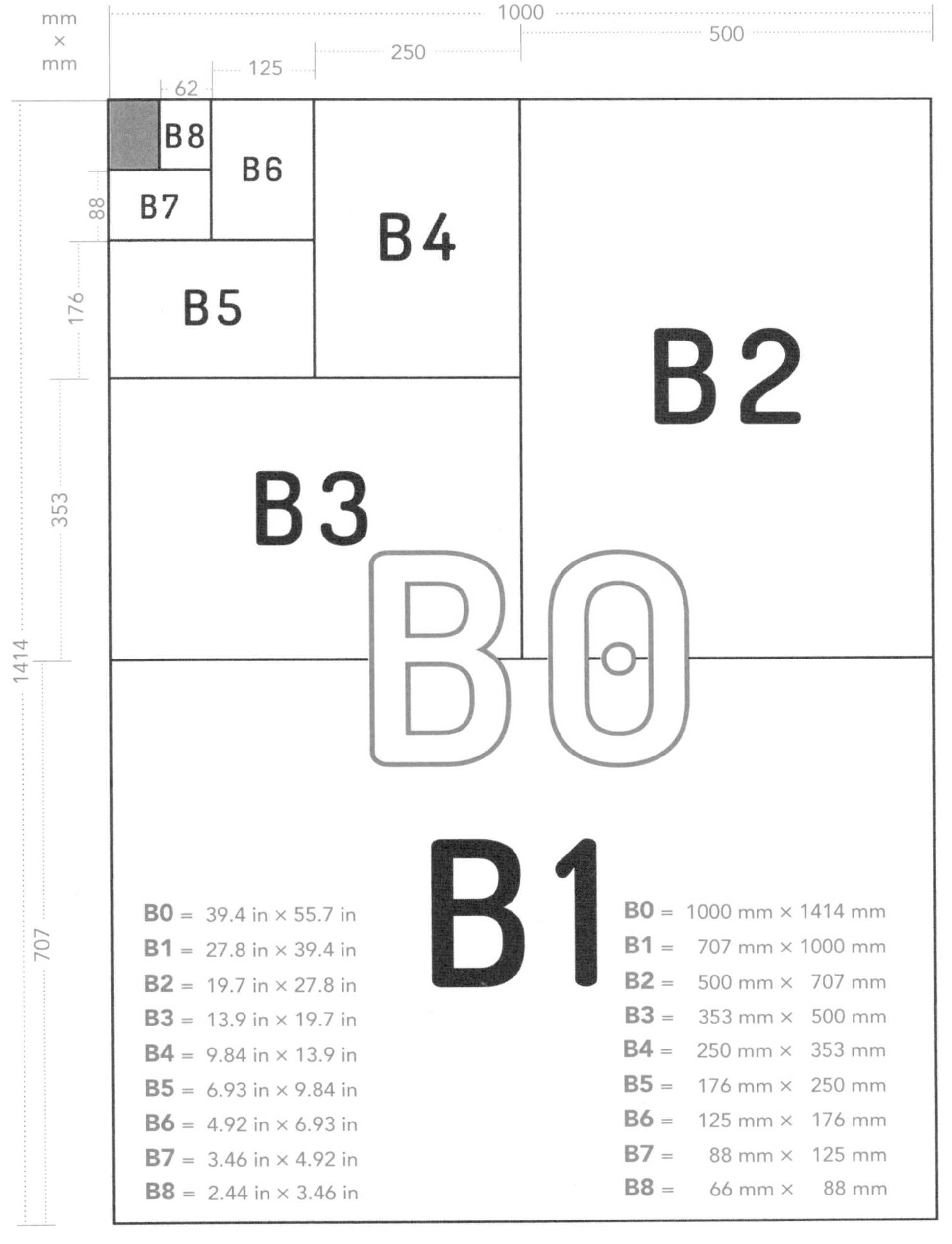

1 | 2

1. A系列纸张尺寸表

2. B系列纸张尺寸表

C系列

C系列也被称为ISO 269，主要使用于信封。C系列规格被定义为：A、B系列相同编号尺寸的几何平均。比如，C4面积是A4和B4面积的几何平均，即C4=√A4×B4。因此，C4面积稍大于A4，但稍小于B4。所以，A4尺寸的信纸可以放进C4信封；A4尺寸的信纸对折后可以放进C5信封，以此类推。

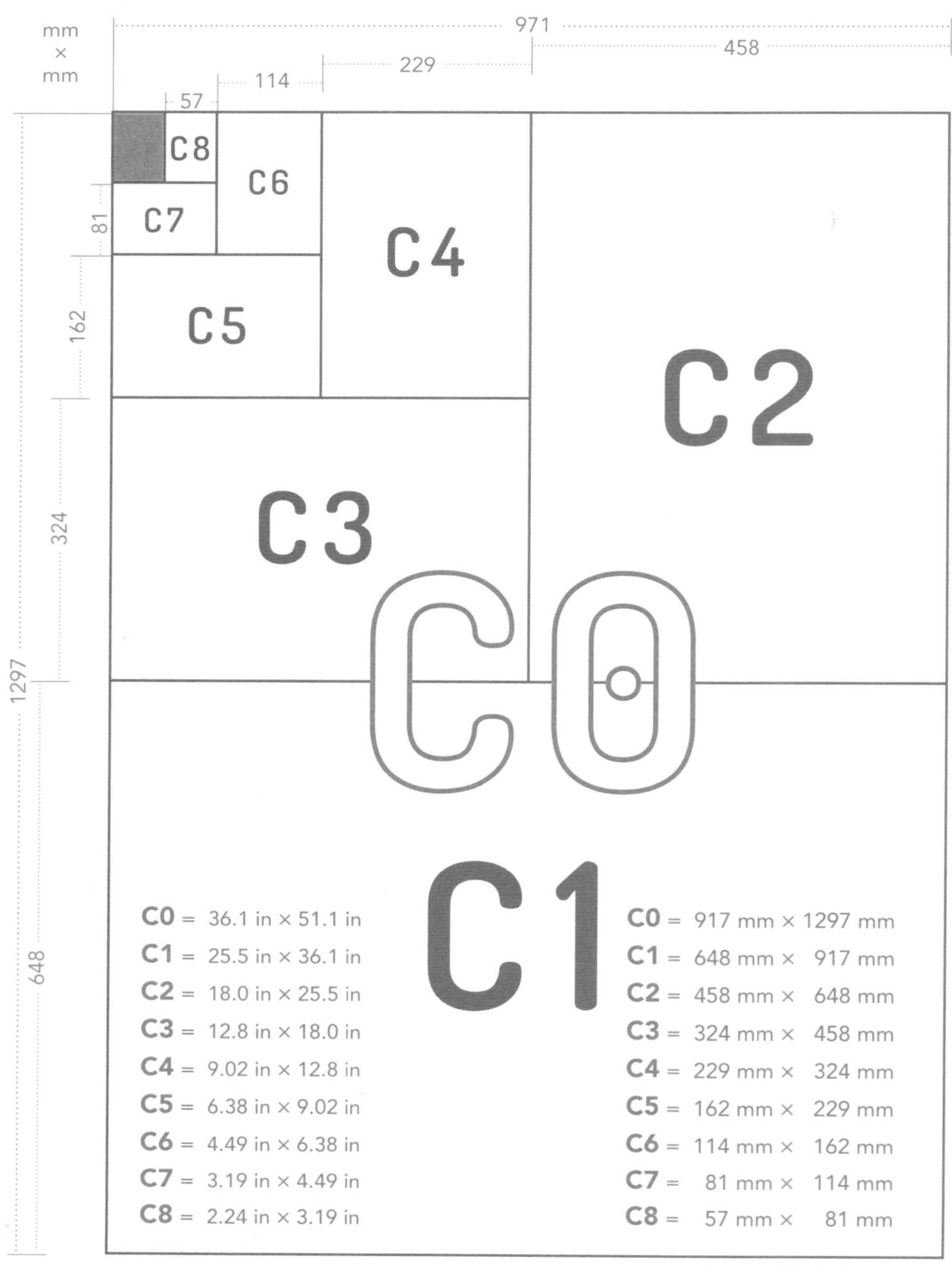

C系列纸张尺寸表

德国扩充标准

德国DIN 476标准首次发布于1922年，是ISO标准A、B、C三个系列的基础，1991年被划分为DIN 476-1（A、B系列）、DIN476-2（C系列）两个部分。2002年，经采用国际标准，DIN 476-1被改造成DIN EN ISO 216，DIN 476-2则保持不变。除了A、B和C三个系列，DIN还加入了D系列规格。

· 德国扩充标准DIN D纸张尺寸：

DIN D	mm × mm	in × in
0	771 × 1090	30.4 × 42.9
1	545 × 771	21.5 × 30.4
2	385 × 545	15.2 × 21.5
3	272 × 385	10.7 × 15.2
4	192 × 272	7.56 × 10.7
5	136 × 192	5.35 × 7.56
6	96 × 136	3.78 × 5.35
7	68 × 96	2.68 × 3.78
8	48 × 68	1.89 × 2.68

瑞典扩充标准

瑞典SIS 014711标准（Swedish Standards Institute，简称SIS，瑞典标准化组织）采用ISO的A、B和C系列纸张尺寸，同时加入D、E、F和G规格。D规格介于同编号B规格和前一个编号较大的A规格之间，主要包括与DIN D相同的尺寸，以等比数列排序。比如，D4介于B4和A3之间，顺序为A4、E4、C4、G4、B4、F4、D4、(H4)、A3，尺寸规模依次扩大，系数为16√2。

· 瑞典扩充标准纸张尺寸：

SIS 014711	mm × mm	in × in
A4	210 × 297	8.3 × 11.7
E4	219 × 310	8.6 × 12.2
C4	229 × 324	9.0 × 12.8
F4	239 × 338	9.4 × 13.3
B4	250 × 353	9.8 × 13.9
G4	261 × 369	10.3 × 14.5
D4	272 × 385	10.7 × 15.2
H4	284 × 402	11.2 × 15.8
A3	297 × 420	11.7 × 16.5

SIS 014711纸张尺寸与ISO 216纸张尺寸对比图，以A4至A3尺寸为例。

· 日本扩充标准

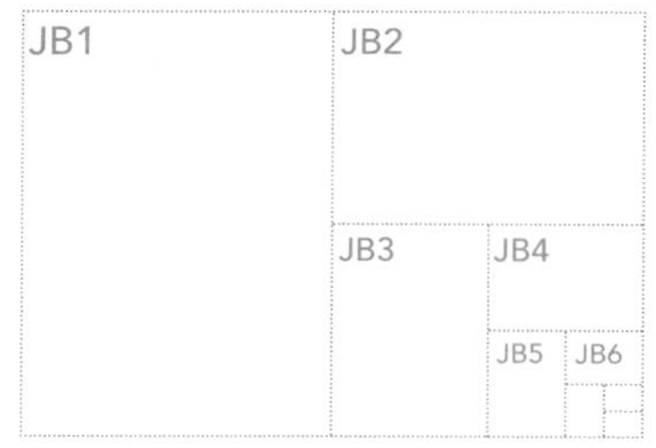

日本扩充标准

日本工业标准委员会（Japanese Industrial Standards，简称JIS）提出两种主要的纸张尺寸系列：JIS-A系列和JIS-B系列。前者与ISO 216的A系列相同，后者是JIS-A系列相应尺寸的1.5倍。

· 日本扩充标准B系列纸张尺寸

JIS-B	mm × mm	in × in
0	1030 × 1456	40.55 × 57.32
1	728 × 1030	28.66 × 40.55
2	515 × 728	20.28 × 28.66
3	364 × 515	14.33 × 20.28
4	257 × 364	10.12 × 14.33
5	182 × 257	7.17 × 10.12
6	128 × 182	5.04 × 7.17
7	91 × 128	3.58 × 5.04
8	64 × 91	2.52 × 3.58
9	45 × 64	1.77 × 2.52
10	32 × 45	1.26 × 1.77
11	22 × 32	0.87 × 1.26
12	16 × 22	0.63 × 0.87

· 中国扩充标准

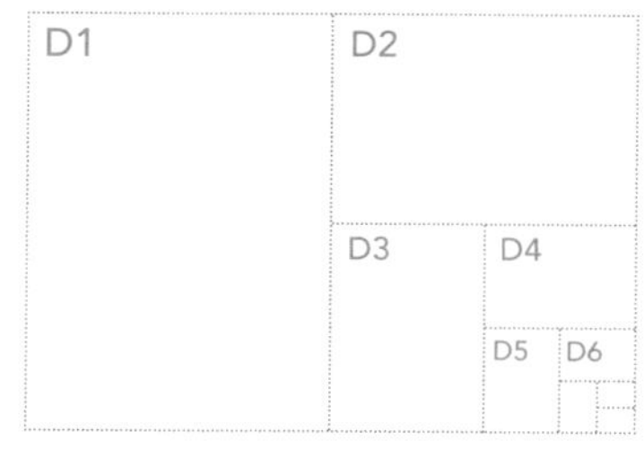

中国扩充标准

中国现行标准为中国国家标准化管理委员会（Standardisation Adminis-tration of China）发布的GB/T148-1997标准（其前身为GB148-1989标准），除了ISO 216的A和B系列，还加入一个特有的D系列。它包括D系列和未裁剪的D规格尺寸（RD），长宽比为2:1。其尺寸为D0（1K）、D1（2K）、D2（4K）等，以此类推，也就是说，Dn=2^nK。

· 中国扩充标准D系列纸张尺寸

SAC D	mm × mm	in × in	Alias
0	764 × 1064	29.9 × 41.9	1K
1	532 × 760	20.9 × 29.9	2K
2	380 × 528	15.0 × 20.8	4K
3	264 × 376	10.4 × 14.8	8K
4	188 × 260	7.4 × 10.2	16K
5	130 × 184	5.1 × 7.2	32K
6	92 × 126	3.6 × 5.0	64K

北美纸张尺寸

美国、加拿大、墨西哥和菲律宾等国家和地区使用另一套有别于ISO 216的纸张尺寸体系。常用的规格有信纸尺寸、法律文件专用尺寸、分类账尺寸（Ledger）、小报尺寸，它们的长宽比与ISO 216不同。

· 北美纸张尺寸

Size	mm × mm	in × in
Letter	216 × 279	8.5 × 11
Legal	216 × 356	8.5 × 14
Tabloid	279 × 432	11 × 17
Ledger	432 × 279	17 × 11
Junior Legal	127 × 203	5 × 8
Half Letter, Memo	140 × 216	5.5 × 8.5
Government Letter	203 × 267	8 × 10.5
Government Legal	216 × 330	8.5 × 13

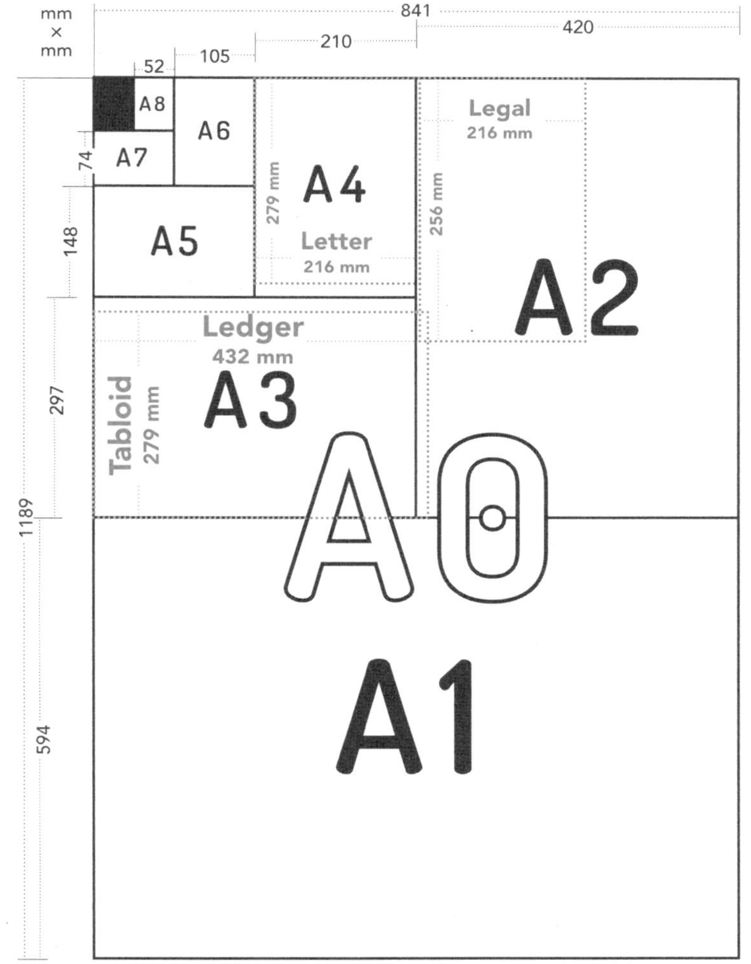

ISO A系列尺寸与常见北美纸张尺寸对比图

ANSI 标准美国纸张尺寸

美国国家标准协会采用发布于1992年的ANSI/ASME Y14.1标准，该标准确定了美国使用的标准纸张尺寸。北美纸张尺寸中的信纸尺寸被指定为ANSI A系列，ANSI B系列则包括分类账尺寸和小报尺寸。由于这些尺寸的底边长度是随意的，因此该体系存在两种交替的长宽比。现行的加拿大标准CAN2-9.60-M76与ANSI标准非常相近，它将尺寸划分为P1至P6，其中P4等于ANSI标准中的信纸尺寸。

· ANSI标准美国及加拿大标准纸张尺寸

ANSI size	mm × mm	in × in	Canadian size (mm × mm)		Similar size (mm × mm)	
	N / A		CAN P6	107 × 140	ISO A6	105 × 148
	N / A		CAN P5	140 × 215	ISO A5	148 × 210
ANSI A	216 × 279	8.5 × 11	CAN P4	215 × 280	ISO A4	210 × 297
ANSI B	279 × 432	11 × 17	CAN P3	280 × 430	ISO A3	297 × 420
ANSI C	432 × 559	17 × 22	CAN P2	430 × 560	ISO A2	420 × 594
ANSI D	559 × 864	22 × 34	CAN P1	560 × 860	ISO A1	594 × 841
ANSI E	864 × 1118	34 × 44	N / A		ISO A0	841 × 1187

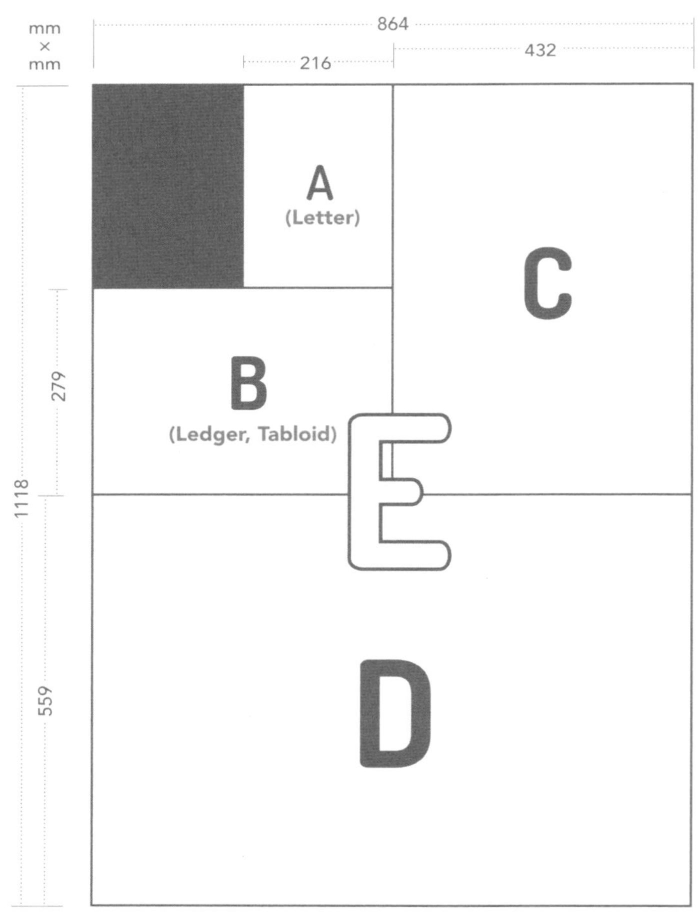

ANSI尺寸表

TYPOGRAPHIC MEASUREMENT
字体排印的度量系统

字体排印单位指字体排印中的度量单位，用于早期印刷的字体排印或排字工作。尽管如今的印刷、出版既有纸质形式，也有数字形式，这些旧时代的术语和度量单位还是保留了下来。今天，在出版和印刷中普遍使用的单位制是点制（point system）、公制（metric units），点制包括迪多点制（Didot's point system），美式点制（American point system），桌面排版点制（Desktop publishing point system，DPT）。

点制

点（point）是字体排印中最小的度量单位，缩写为pt，用于计算排版纸质印刷品时所用的字号和行距等参数。在传统的金属活字系统中，"点"被用作度量单位。点的尺寸指的是一个活字的金属字框的大小（注：区别于一个活字的字面大小）。根据不同的点制，点的尺寸稍有不同，但一般而言，1点等于1/72英寸。

迪多点制

1783年，弗朗索瓦-安布鲁瓦兹·迪多（François-Ambroise Didot）在皮埃尔-西蒙·富尼耶（Pierre-Simon Fournier）提出的体系的基础上创造了迪多点制。迪多改善了富尼耶的体系，将基础度量单位调整为法国皇家英寸（French royal inch）。在迪多点制中，1点分别等于1/6线（ligne）、1/16法国皇家英寸和0.38毫米（近似值）。迪多点制规定了另一种度量单位——西塞罗（cicero），该单位应用于意大利、法国和其他欧洲大陆国家的字体排印中。1西塞罗等于12点。

美式点制

美式点制由纳尔逊·C.霍克斯（Nelson C. Hawks）于19世纪70年代首次提出，它将1英制/美制英寸6等分，每一份定义为1派卡（pica），再把1派卡12等分，每一份定义为1点。但直到1886年，美式点制才实现标准化，并正式作出定义：1派卡准确来说并不等于1/6英寸，而是等于0.166英寸（近似值）。之后，标准派卡被称为"约翰逊派卡"（Johnson Pica）。因此，在今天的美式点制中，1点等于1/12约翰逊派卡，等于0.0138英制/美制英寸（近似值），0.35毫米（近似值）。美式点制在美国、英国和日本等国家中得到广泛应用。

桌面排版点制

在数字出版中，显示设备、应用程序、排版设计软件以及许多数字印刷系统的字体排印单位与传统字体排印单位不尽相同。桌面排版软件的点（DPT Point）或PostScript软件的点的尺寸被定义为1/72或0.0138英寸（近似值），等于0.35毫米（近似值）。12点组成1派卡（换言之，计算机软件PostScript的派卡的尺寸恰好是1/6英寸），6派卡组成1英寸。这个规范由约翰·沃诺克（John Warnock）、查理斯·格施克（Charles Geschke）在创建Adobe PostScript时首次提出。苹果电脑采用这个规范作为最早的麦金塔（Macintosh）台式电脑的显示屏分辨率标准。在数字应用中，派卡缩写为pc，点缩写为pt。

点在不同点制中的换算：

在迪多点制中：

1点= 1/6线=1/72法国标准英寸=1/12西塞罗≈0.38毫米

在美式点制中：

1点= 1/12约翰逊派卡≈0.0138英制/美制英寸≈0.35毫米

在桌面排版软件DPT点制中：

1点= 1/12 PostScript派卡= 1/72公制英寸≈0.35毫米

6	POINT
8	POINT
9	POINT
12	POINT
14	POINT
18	POINT
24	POINT
30	POINT
36	POINT
48	POINT
60	POINT

派卡：12点活字；拼版计量单位，约1/6英寸。（《英汉大词典》）

公制单位

如上所列，在不同度量单位下，1点的大小可能稍有差别。这些传统字体排印单位并不是以公制单位为基础的。随着排字的发展，现代的版面构成和页面设计逐渐开始使用公制单位。但迄今为止，只有德国和日本等少数国家使用公制单位。德国出版业为鼓励在字体排印度量系统中使用公制单位，发布了一个DIN标准——以0.25毫米的倍数定义字号。在日本出版业中，他们同样使用0.25毫米的倍数为单位，但用日文将其命名为〝kyu〞，日语罗马音为〝q〞。

TYPOGRAPHY
字体排印

字体设计的历史可追溯到15世纪，彼时约翰内斯·古登堡发明了西方的活字印刷术，一个个字母被分别刻在可重复使用、可移动的木块上。后来，金属活字的发明进一步改良了印刷技术——人们将大写字母、小写字母以及标点符号铸刻在金属块上，拼接嵌入一个木制印版，编排出一整页文字，使其清晰可读。自那时起，成百上千种字体陆续面世，并投入使用。

字体排印被定义为"使书面文字易读、可读和美观的编排文字的艺术和技艺"。通常认为，字体排印的三大基本要求是易读性（legibility）、可读性（readability）、美观性。易读性指字符之间的辨析度。可读性指文本整体的流畅度。在《字体设计：字体排印基础指南》（*Designing with Type, the Essential Guide to Typography*）一书中，作者认为："即便是易读性高的字体，也可能因为拙劣的排版而让人读不下去，同样地，一种易读性低的字体经过巧妙的设计，也可能会变得易于识读。"这里所说的"设计"，指的是设计师如何挑选字体、字号和栏宽以及如何调整行距、字间距、字偶距（kerning）。比如，设计师普遍认为，无衬线字体（sans-serif fonts）可读性较弱；因此当涉及篇幅较大的文本时，最好选用衬线字体（serif fonts）。

恰到好处的字体能够更好地表达文本内容，拨动读者心弦。散文、小说、纪实文学、社论、科普文章、历史作品和商业文书等文本体裁不同，对字体和风格也各有其要求，因此，设计师们必须学会分析和理解每种文本体裁的功能和形式，揣摩读者阅读文字时的心理和感受，再决定选用哪一款字体。通常认为，无衬线体更适合用于网站、扁平化设计，以及标题、引言、附录和篇幅较短的文章；图书、报纸和杂志等媒介则需要更紧凑的字体，因而衬线体是更好的选择，因为它们能提供最大限度的灵活性、可读性和易读性。但是，这些规则并不是一成不变的，因为不管是用于传统印刷还是数字印刷，字体排印艺术始终是一门讲究技巧的艺术。

字体解剖

对于设计师和字体排印师来说，学习和理解字体的构造是非常重要的。在西文体系中，每个字母被称为一个字符（character），每个独立的字母都有大写和小写之分。下面的字体解剖图将帮助读者认识西文字符的结构和组成部分，并理解基线在版面设计中的重要性，因为字符就是依据基线来排列的。

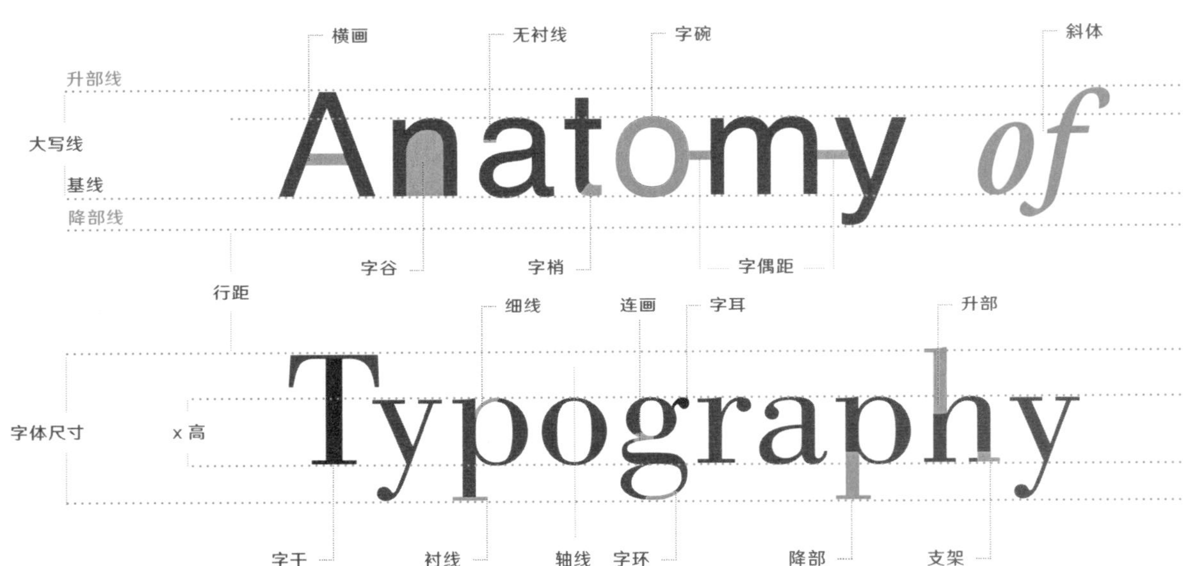

字体结构图

字体排印的术语

· 衬线体和无衬线体

Serif
Bodoni
sans-serif
Helvetica

· 斜体

Typography
Typography
Helvetica

· 手写体

Script
Snell Roundhand

· 行距

the ratio between the value of the font size and leading is 10:12	the ratio between the value of the font size and leading is 10:12
字号，8 pt 行距，10 pt	字号，10 pt 行距，12 pt

字体和字型

一种字体，也称为字型家族，指一个或多个带有共同设计特征的字型的组合。一种字体的每一个字型都有其特定的字重（weight），宽度（condensation），倾斜（slant）程度和斜体（italicisation）形式等。比如，Helvetica Bold Condensed指的是Helvetica的粗窄体，有别于Helvetica粗窄斜体（Bold Condensed Olique）和Helvetica细窄体（Light Condensed），但它们都属于Helvetica字体。Helvetica字型则区别于Futura和Garamond等字体。

衬线体和无衬线体

带有衬线的字体称为衬线体。衬线指附带在字母或符号笔画末端的装饰线。不带衬线的字体称为无衬线体。衬线体也称为罗马体（Roman），无衬线体称为传统黑体（Grotesk或Gothic）。衬线体具有很强的可读性，因而通常用于小说；无衬线体字形简洁，常用于标题、手册、道路导视等。

斜体

斜体（italic）的名称源自一种首创于意大利的西文书法风格。它是一种草写体字体，以某种美术体书法的风格化形式为基础，其特征是字母稍微向右倾斜。斜体常用于强调重点或引语，将其与正文区别开来。

手写字体

手写字体（Script typeface）是一种具有草写体或手写体特征的字体，以多变的、流畅的手写笔画为基础。手写字体通常用于誊写邀请函或毕业文凭等，带有一种柔和、古典和优雅的风格。

行距

行距指正文中两行文字之间的距离。它是一个非常重要的参数，决定上一行文字的底部与下一行文字的顶部之间的间隔是否合适，以使两行文字易读、可读。行距以正文每一行文字的基线（baseline）来测量。在决定行距大小时，必须考虑字母的降部（descenders），升部（ascenders）结构。恰到好处的行距能够改善文本的整体观感和可读性。字体、字号、字重、大小写、字间距等因素会对行距产生影响。通常情况下，字号与行距的常用比例10:12，也就是说，10pt的字号通常搭配12pt的行距。

· 字间距和字偶距

Tracking

字偶距和字间距

字偶距指某个单词内两个相邻字母之间的间隔。间隔若太紧凑，单词难以辨认；间隔若太宽，单词看起来会很别扭。完美的字偶间距应使字母间隔均衡，并能顾及字母的衬线。人们常常混淆字间距和字偶距。简言之，字间距指单词内所有字母之间的间隔。它可以用于填补空白，或使某个单词看起来更松散或更紧凑。

· 文本不齐

Designers would pay attention to the shape that the ragged line endings make.

Poor rag

A well-ragged text should balance the length of each line, neither too short nor too long.

Modifined rag

文本不齐

在为正文左对齐或右对齐排版时，左侧或右侧会自然形成起伏边（rag）。文本不齐（text rag）指起伏边不规则或参差不齐。它会分散读者的注意力，因为它在页面上不规则的、不美观的空白形状，使人分心。要使段落整齐有序，应该平衡每一行的行宽，既不可太短，也不能太长。设计师也要留意，避免文本出现不规则的起伏边。

· 寡行和孤字

A widow should be corrected since it creates too much white space between paragraphs or at the bottom of a page that could destroy continuity for the reader and make the layout look unbalance. An orphan refers to a short line, a single word or part of a word, dangled at the beginning of a column or a page.

寡行

page.

It diminishes readability and results in poor alignment at the top of the column or page.

孤字

寡行和孤字

寡行（widow）指非常短的一行字，通常是一个单词，或一个带有连字符的单词的后半部分。设计师应该对寡行进行调整，因为它在段落之间或页面末端都会造成了视觉空白，破坏读者一气呵成的阅读，使版面结构头重脚轻。孤字（orphan）指悬置在一栏或一页开头的一短行字、一个单词甚至是单词的一部分。它削弱了可读性，使一栏或一页的文本的顶行与其他行对不齐。

字体的字型

在字体排印中，一种字体包括一系列字型。一种字体的每一种字型都有其特定的字重、宽度、倾斜度、斜体等要素。下面的表格展示了Helvetica字体的不同字型及其定义。

Helvetica
Light

Helvetica
Light Oblique

Helvetica
Light Condensed

Helvetica
Light Condensed Oblique

Helvetica
Condensed

Helvetica
Condensed Oblique

Helvetica
Roman (Regular)

Helvetica
Oblique

Helvetica
Bold Condensed

Helvetica
Bold Condensed Oblique

Helvetica
Bold

Helvetica
Bold Oblique

Helvetica
Black Condensed

Helvetica
Black Condensed Oblique

Helvetica
Black

Helvetica
Black Oblique

经典衬线体

· 旧衬线体

Garamond
ABCDEFGHIJKLMNOPQRSTUVWXYZ
abcdefghijklmnopqrstuvwxyz1234567890

Palatino
ABCDEFGHIJKLMNOPQRSTUVWXYZ
abcdefghijklmnopqrstuvwxyz1234567890

Centaur
ABCDEFGHIJKLMNOPQRSTUVWXYZ
abcdefghijklmnopqrstuvwxyz1234567890

· 过渡衬线体

Baskerville
ABCDEFGHIJKLMNOPQRSTUVWXYZ
abcdefghijklmnopqrstuvwxyz1234567890

Times New Roman
ABCDEFGHIJKLMNOPQRSTUVWXYZ
abcdefghijklmnopqrstuvwxyz1234567890

· 迪多尼衬线体

Didot
ABCDEFGHIJKLMNOPQRSTUVWXYZ
abcdefghijklmnopqrstuvwxyz1234567890

Bodoni
ABCDEFGHIJKLMNOPQRSTUVWXYZ
abcdefghijklmnopqrstuvwxyz1234567890

Century
ABCDEFGHIJKLMNOPQRSTUVWXYZ
abcdefghijklmnopqrstuvwxyz1234567890

衬线体起源于镌刻在古罗马石碑上的文字。爱德华·卡蒂奇（Edward Catich）神父在其著作《衬线的起源》（*The Origin of the Serif*）中提到，人们普遍认为：最初，人们在石头上画出罗马字母的轮廓，笔画末端和转折处有颜料溅出，石匠照着画痕雕凿，由此形成衬线。按照时间（字体或最初的活字字体面世的时间）先后顺序，衬线体大致可以归纳为4类：旧衬线体（Old style），过渡衬线体（Transitional），迪多尼衬线体（Didone），粗衬线体（Slab serif）。

旧衬线体

旧衬线体可追溯到1465年，受文艺复兴书法启发而诞生。由于旧衬线体外观质朴、可读性强，人们喜欢在正文使用这种字体。它的特征是粗、细笔画的对比不明显。在大多数旧衬线体中，字母笔画最细的部分常常位于笔画转折的地方，而不在起笔或收笔处，因而呈现出一种优雅、修长之感。典型的旧衬线体包括Bembo、Garamond、Galliard、Minion、Palatino、Sabon、Scala、Adobe Jenson、Centaur、Goudy's Italian Old Style、Berkeley Old Style以及ITC Legacy等。

过渡衬线体

过度衬线体，亦称巴洛克衬线体（Baroque serif typefaces），最早流行于18世纪中期至19世纪初。它是介于旧衬线体与迪多尼衬线体之间的一种字体。过渡衬线体粗、细笔画的对比相较于旧衬线体更鲜明，但不如迪多尼衬线体强烈。在过渡衬线体中，衬线不是生硬的或有棱角的，而是更趋圆润。常用的过渡衬线体包括Caslon、Cambria、Baskerville和Times New Roman等。

迪多尼衬线体

迪多尼衬线体，亦称现代衬线体（modern serif typefaces），诞生于18世纪末，以粗、细笔画的强烈对比著称。这些字体的竖笔画较粗，横笔画细，衬线与笔画之间很少有平滑的过渡。它们的可读性通常比旧衬线体和过渡衬线体稍弱。迪多尼衬线体在19世纪初期盛行一时，但后来，随着20世纪新设计风潮出现和旧衬线体复兴，它们不再流行。最常用的现代衬线体包括Didot、Bodoni、Century和Walbaum等。

· 粗衬线体

Rockwell
ABCDEFGHIJKLMNOPQRSTUVWXYZ
abcdefghijklmnopqrstuvwxyz1234567890

Clarendon
ABCDEFGHIJKLMNOPQRSTUVWXYZ
abcdefghijklmnopqrstuvwxyz1234567890

Courier
ABCDEFGHIJKLMNOPQRSTUVWXYZ
abcdefghijklmnopqrstuvwxyz1234567890

粗衬线体

粗衬线体可追溯到1817年，常用于海报。它们的衬线几乎跟竖笔画一样粗，因而比较醒目。有些粗衬线体，比如Rockwell，其结构带有几何风格，特点是主体笔画和衬线的粗细相差无几。对比其他衬线体，粗衬线体最大的特点就是衬线更粗、更明显。粗衬线体包括Rockwell、Clarendon、Archer和Courier等。

经典无衬线体

· 哥特体

Franklin Gothic
ABCDEFGHIJKLMNOPQRSTUVWXYZ
abcdefghijklmnopqrstuvwxyz1234567890

· 新哥特体

Helvetica
ABCDEFGHIJKLMNOPQRSTUVWXYZ
abcdefghijklmnopqrstuvwxyz1234567890

Univers
ABCDEFGHIJKLMNOPQRSTUVWXYZ
abcdefghijklmnopqrstuvwxyz1234567890

· 几何无衬线体

Futura
ABCDEFGHIJKLMNOPQRSTUVWXYZ
abcdefghijklmnopqrstuvwxyz1234567890

Avenir
ABCDEFGHIJKLMNOPQRSTUVWXYZ
abcdefghijklmnopqrstuvwxyz1234567890

无衬线体指笔画末端不带衬线装饰的字体。相比于衬线体，它们的笔画宽度变化不大，因此看起来更紧凑、现代和简约。无衬线体更常用于标题和数字显示屏文本。它们大致可以分为4类：哥特体（Grotesque），新哥特体（Neo-grotesque），几何无衬线体（Geometric），人文无衬线体（Humanist）。

哥特体

哥特体诞生于19世纪初。它们设计精美、轮廓清晰，适用于标题和广告。大多数早期的无衬线体没有小写和斜体形式，因为没有这种需要。彼时公众偏爱端正、均衡的字体。通常，哥特体的大写字母从头到尾粗细一致。每种字体都有宽体、常规体、窄体等各种宽度的字体。哥特体包括Akzidenz Grotesk、Venus、News Gothic、Franklin Gothic和Monotype Grotesque等字体。

新哥特体

顾名思义，新哥特体是从哥特体演变而来的。与哥特体不同的是，大多数新哥特体拥有一个相对庞大、功能齐全的字体家族，可适用于不同的正文。而且，它们往往采用"折叠式"设计，一些笔画呈弯曲状（比如字母"C"），笔画在垂直线或水平线上终止。新哥特体中比较流行的字体包括Helvetica、Univers、Folio、Unica和Imago等。

几何无衬线体

几何无衬线体顾名思义是一种基于圆形、正方形等几何形状的字体。由于形状干净利落、富有现代感，几何无衬线体在20世纪20年代至30年代很流行。1927年，保罗·伦纳（Paul Renner）设计的Futura字体获得国际认可，风靡一时。然而，几何无衬线体用在长篇正文时，也被认为是可读性最差的无衬线字体。因此，它们通常用于标题和篇幅较短的段落。比较有名的几何无衬线体包括Futura、Kabel、Semplicità、Nobel、Metro、ITC Avant Garde、Brandon Grotesque、Gotham和Avenir等。

· 人文无衬线体

Gill Sans
ABCDEFGHIJKLMNOPQRSTUVWXYZ
abcdefghijklmnopqrstuvwxyz1234567890

Optima
ABCDEFGHIJKLMNOPQRSTUVWXYZ
abcdefghijklmnopqrstuvwxyz1234567890

Frutiger
ABCDEFGHIJKLMNOPQRSTUVWXYZ
abcdefghijklmnopqrstuvwxyz1234567890

Syntax
ABCDEFGHIJKLMNOPQRSTUVWXYZ
abcdefghijklmnopqrstuvwxyz1234567890

Verdana
ABCDEFGHIJKLMNOPQRSTUVWXYZ
abcdefghijklmnopqrstuvwxyz1234567890

人文无衬线体

人文主义无衬线体带有传统字体、传统衬线体和西文书法体的一些特征。它们的笔画从起笔到收笔的过程中有明显的粗细变化，有的甚至出现粗细交替，赫尔曼·察普夫（Hermann Zapf）于1958年设计的Optima字体便是如此。Frutiger字体是极有影响力的现代人文无衬线体之一，因为它具有很高的易读性。人文无衬线体多应用在电子屏幕页面设计。另外，随着Gill Sans、Optima和Frutiger字体的面世，20世纪80年代至90年代，人文无衬线体的字体种类显著增加。如今，人文无衬线字体主要包括：FF Meta、Myriad、Thesis、Charlotte Sans、Bliss、Scala Sans、Syntax、Microsoft's Tahoma、Trebuchet、Verdana、Calibri、Corbel、Lucida Grande、Fira Sans和Droid Sans等字体。

PAGE LAYOUT AND GRID SYSTEM
版面构成和网格系统

在平面设计中，版面构成指的是页面上各种视觉元素的编排，简言之，是文本和图像的编排和组织的过程，从而达到传达特定信息的目的。版面设计原理常用的有：三分法（rules of thirds），范德格拉夫原理（Van de Graaf canon），黄金比例和网格系统等。采用哪一种，取决于内容的类型。版面构成也涉及字体、字号、栏宽、行距、负空间（negative space），图片以及读物（书、杂志、小册子或海报等）的开本和形状等不同元素的参数。这些元素在版面上的编排方式会影响读者对信息的接收和阅读体验。合理的版面结构可以更有效地传递视觉和文本信息，它甚至能为读物增添美学价值和观赏性。

要想设计出合理、有序的版面，有一个高效的方法，即在页面上应用网格系统。网格系统指的是把页面划分为以栏（column），行（row）为基础的度量系统，它有助于平面设计师对齐文本或把握文本、图片和其他元素的尺寸。网格系统的出现最早是为了人们可以誊写工整，现应用于纸质印刷排版、网页和应用程序设计等的布局、规划。

分栏网格（column-based grid）在版式设计中很常用。设计师们可以利用分栏结构，连贯、有层次地编排文本、图像、插图和图例。除了分栏网格以外，还有其他较为常用网格系统，比如通栏网格（manuscript grid），模块网格（modular grid），层级网格（hierarchical grid），基线网格（baseline grid），综合网格（combined grid）等。但是，网格系统的使用没有严格的规则。有些设计师认为，网格限制了创意；而另一些人认为，网格系统使设计的内容更加翔实、增强了交流性。一个版面适合采用哪种网格系统，全凭设计师决定，有时为了使网格更适用，设计师需要对其进行手动调整或再创作。

版面构成的元素

页面解剖

栏：页面上排放内容的垂直区域，由栏间距（gutter，即栏与栏之间的距离）或细线隔开。栏的运用使内容更紧凑、更有条理，但如果栏的布局千篇一律，它也会令人感到乏味。

模块（module）：围绕文本块（text block）的正方形区域。

版心（type area）：排放重要文本或图像的区域，确保裁切页面时内容不会丢失。

页边（margin）：围绕文本块的空白区域，属于内容文本之间的视觉缓冲。

页眉（running header）：也称作"天头"，位于每一页顶部，常用于放置章节标题或页码的区域。它能够带给读者一种视觉上的停歇，帮助他们查找特定的部分。

页码（page number）：通常位于页面底部，现也常被置于页边其他位置，沿着左侧或右侧页边排列，或处于页面顶部或底部的正中间。

裁切线（trim line）：界定实际页面尺寸的线。人们通常沿着它裁切纸张。

出血位（bleed area）：裁切线以外预留出来的区域，避免裁切纸张时1~2毫米的误差导致内容被切掉或出现白边。一般，裁切边出血位预留3~5毫米。

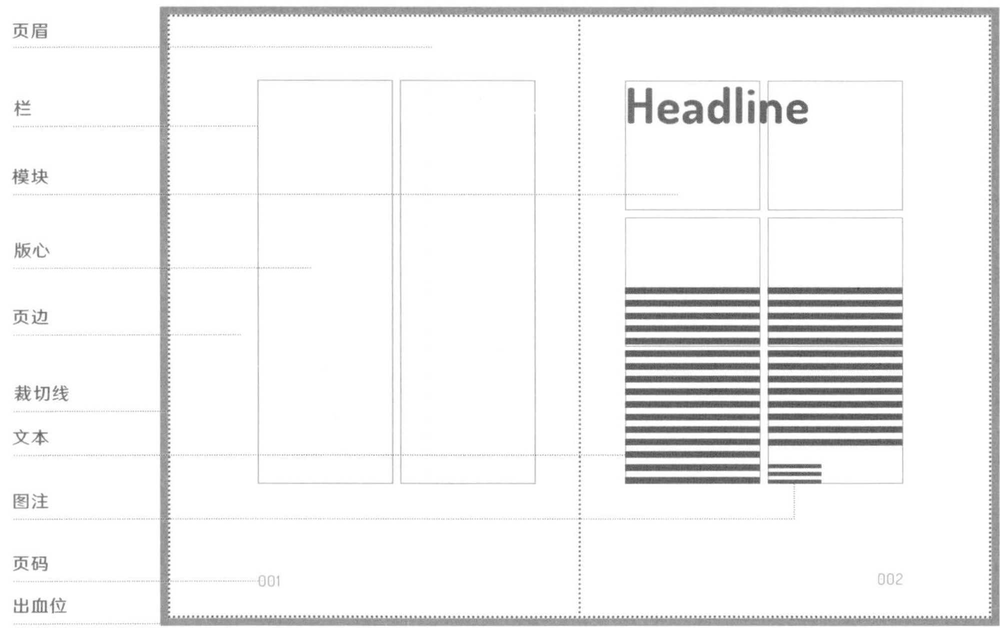

双栏网格的版式中，版面元素的布局

段宽

设置合适的段宽对于增强长篇幅文字的可读性而言至关重要。段落若设置得太宽，读起来累人，若设置得太窄，则会干扰文本的流畅度。一般来说，如果段落的每一行容纳约10个单词，文本可读性较强。请记住，段宽取决于字号和内容长度。假如字号设为20pt，那么段宽就需要更长一些；假如字号设为8pt，段宽则应该更窄一点。在某些情况下，应该调整行距以适应段宽。通常，段宽值越大，行距值越小，反之亦然。当然，这些规则不是一成不变的。

Setting a proper paragraph width is essential for the readability of large blocks of text. If set too wide, it will make the reading tiring; if too narrow, it will disrupt the flow of the text.

Setting a proper paragraph width is essential for the readability of large blocks of text. If set too wide, it will make the reading tiring; if too narrow,

Setting a proper paragraph width is essential for the readability of large blocks of text.

Setting a proper paragraph width is essential for the readability of

Setting a proper paragraph width is essential for the readability of narro

Setting a proper paragraph width is essential for the re

Setting a proper paragraph width i

Setting a proper ra

1
—
2

1. 10pt字号和12pt行距条件下不同段宽及其效果

2. 20pt字号和24pt行距条件下不同段宽及其效果

页边

页边指版心以外的空间。在版面构成中，比例均衡的页边有助于提升整个设计的美感。大多数经典版面构成设计的页边比例都很完美，因为它们总是以某种特殊原理（比如黄金比例）或者数学公式为基础。古登堡、威廉·卡斯隆（William Caslon）、加拉蒙以及一些20世纪先锋设计师，如扬·奇肖尔德、卡雷尔·泰格（Karel Teige），马克斯·比尔（Max Bill）等设计的书籍便是最好的范例。在权衡页边比例时，注意需要把出血位（3~5毫米）考虑进去。

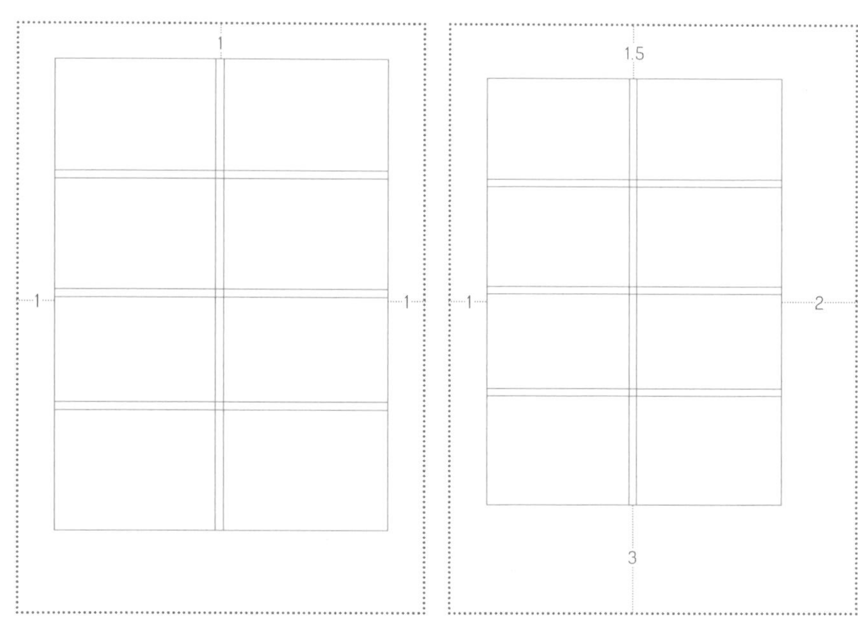

标题和正文

说到标题和正文，有一点很重要，那就是通过使用不同字号或风格（粗体、斜体等）的字体，从视觉上区分标题和正文，从而指明文字内容的层级关系，给读者合乎逻辑的视觉引导。一般情况下，主标题应设置为最大或最粗的字号，以显示其重要性。二级标题的字号应比主标题更小、更细，但仍要比正文明显。通常，正文使用的字号要读起来令人舒服。注解文字的字号应该最小、最细，或者和正文保持一致，但常采用不同的字体风格，比如斜体、瘦体（thin），窄体（condensed）。

3 | 4

3. 本例中，顶端、左端和右端页边保持一致。这种单调的构图容易显得枯燥乏味。

4. 本例构图基于范德格拉夫原理，比例均衡，装订空间充裕，适用于文学和历史书籍。

通常，设计师会在标题和正文中使用同一种字体，以保持风格一致。但是，如果非要使用不同字体，请避免二者风格相似——比如，不要同时使用Helvetica和Univers字体。

Heading and body text

When it comes to the headings and body text, it is crucial to give a visual separation between headings and body text by using different font size and styles (bold, italic, ect.), to indicate the hierarchy of the text blocks and give a logical visual guide for the readers. Usually, the main heading is set in the largest point size, or the heaviest weight to show its importance.

Heading and body text

When it comes to the headings and body text, it is crucial to give a visual separation between headings and body text by using different font size and styles (bold, italic, ect.), to indicate the hierarchy of the text blocks and give a logical visual guide for the readers. Usually, the main heading is set in the largest point size, or the heaviest weight to show its importance.

Heading and body text

When it comes to the headings and body text, it is crucial to give a visual separation between headings and body text by using different font size and styles (bold, italic, ect.), to indicate the hierarchy of the text blocks and give a logical visual guide for the readers. Usually, the main heading is set in the largest point size, or the heaviest weight to show its importance.

Heading

When it comes to the headings and body text, it is crucial to give a visual separation between headings and body text by using different font size and styles (bold, italic, ect.), to indicate the hierarchy of the text blocks and give a logical visual guide for the readers. Usually, the main heading is set in the largest point size, or the heaviest weight to show its importance.

1 | 3
2 | 4

1. 标题和正文使用同一种字体，但两者被空白巧妙隔开，看起来很优雅。

2. 标题和正文使用同一种字体，但标题更靠近正文，且字更粗。

3. 标题和正文使用同一种字体，但标题字号更大，因而更醒目。

4. 标题字号更大、更粗，则更醒目。

版面构成原理

· 范德格拉夫原理

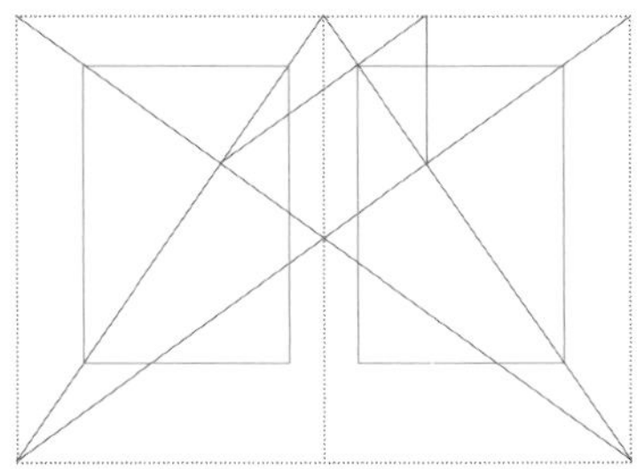

范德格拉夫原理

范德格拉夫原理由范德格拉夫提出。他献身于书籍设计50多年，于1455年设计了他的首部作品《古登堡圣经》。范德格拉夫原理被广泛应用于书籍设计。它按照一种悦目的比例分割页面，且对所有宽高比不同的页面都奏效，能帮助设计师定出页边和版心。在范德格拉夫原理下，当页面宽高比为2:3时，其页边比例为2:3:4:6（内边:顶边:外边:底边）。该比例可以概括为：当页面宽高比为1:R时，其页边比例为1:R:2:2R。

· 劳尔 · 罗萨里沃原理

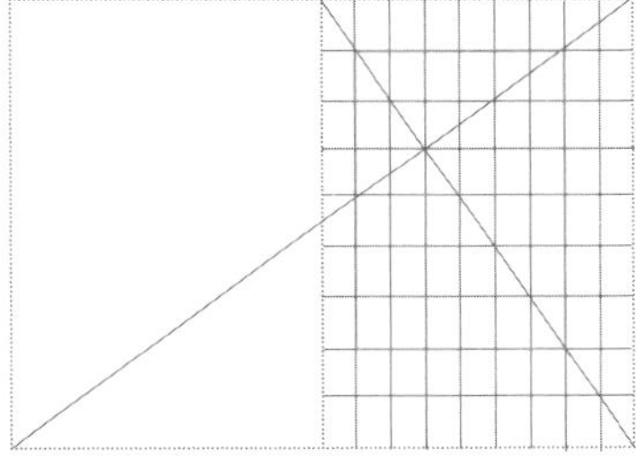

劳尔·罗萨里沃原理

1947年，罗萨里沃考察了古登堡及其同时代设计师的作品，发现这些书籍的设计遵循的原理。这个原理被命名为罗萨里沃原理（Raúl Rosarivo's Gutenberg canon）。它要求设计师分别将页面的高和宽9等分，使用网格作为参考系统，借助对角线规则，对版心进行定位。该原理可应用于任何宽高比的页面。

· 奇肖尔德原理

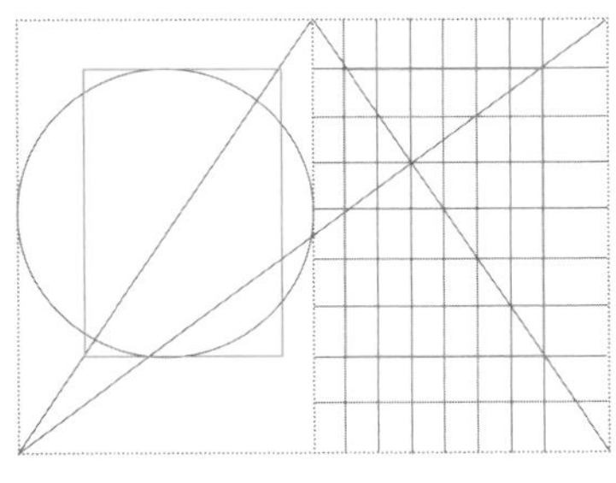

奇肖尔德原理

奇肖尔德原理（Tschichold's golden canon）由扬 · 奇肖尔德提出。他是20世纪杰出的字体排印家和书籍设计师之一。该原理与范德格拉夫原理遥相呼应，但较之更容易操作。奇肖尔德指出，最令人舒适的页面宽高比应为2:3。在宽高比为2:3的页面上运用该原理，则版心的高度等于页面宽度，正如左图的圆所示。在该原理下，页边比例为2:3:4:6。

· 黄金比例

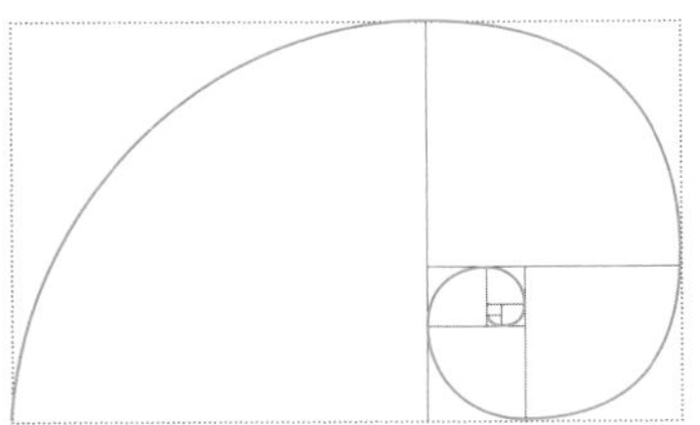

黄金比例

黄金比例是一个基于公式a:b=(a+b):a（a>b>0)的著名法则。黄金比例是一个比值为1:0.618的无理数，用希腊字母〝Φ (Phi)〞表示。如果把一个有着黄金比例的长方形——〝a〞表示长；〝b〞表示宽——和一个边长与该长方形的长〝a〞相同的正方形拼起来，它们会组成一个长为〝a+b〞、宽为〝a〞的相似的黄金比例的长方形。两个长方形之间的关系对应黄金比例公式为：〝a:b=(a+b):a〞。

网格类型

· 通栏网格

通栏网格

通栏网格是所有网格类型最基础的形式。它指只有一栏的网格。它由一个界定版心边缘的长方形组成。

· 完整的案例请看第042至045页。

· 分栏网格

分栏网格

分栏网格顾名思义是把版面分成若干栏，以此为基础的网格系统。它是现代版式设计中最常用的网格类型。分栏网格包括双栏网格、3栏网格、4栏网格等。

· 完整的案例请分别参考第052至055页，第056至057页，第226至227页。

· 模块网格

模块网格

模块网格是指把版面分成若干栏、若干行的网格系统。它既标明x坐标，也标明y坐标。它被认为是一种严谨的网格系统。

· 完整的案例请参考第184至185页。

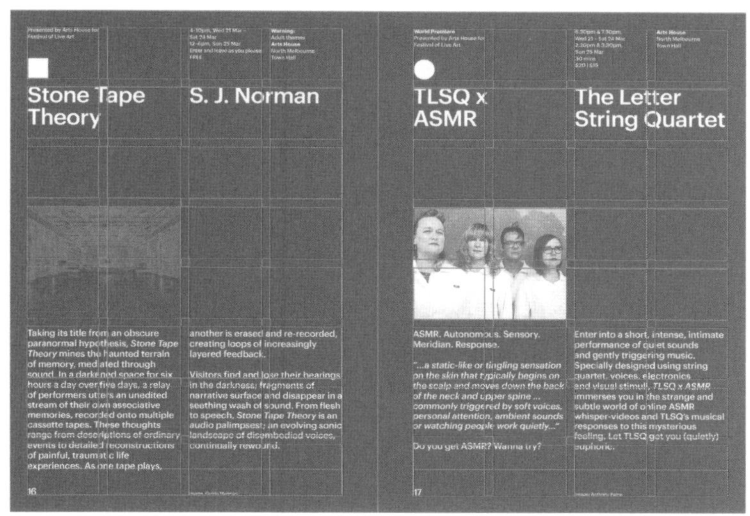

· 基线网格

基线网格

基线网格是一种以平铺在页面上的水平线为特征的网格系统。文本排列在水平线上，每个字母以基线为标准排列，如同在画有横线的稿纸上誊抄文字。

· 完整的案例请参考第144至145页。

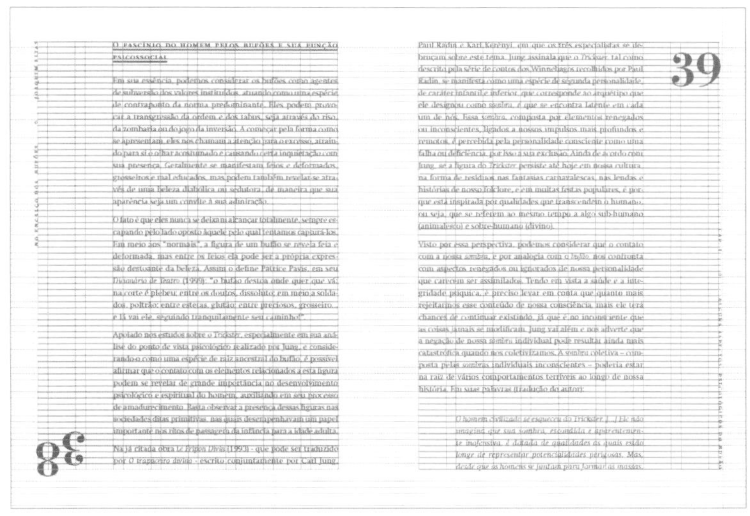

· 层级网格

层级网格

层级网格指按照信息层级次序编排视觉元素，使内容更容易被理解的网格系统。它常被描述为不平均的模块网格，因为它是基于内容和媒介的需要和类型对版面比例进行了个性化调整。层级网格常用于网页的页面设计。

· 完整的案例请参考第124至127页。

· 综合网格

综合网格

综合网格指的是在版面上使用多种网格类型，使版面看起来更具系统性和组织性。

· 完整的案例请参考第104至107页。

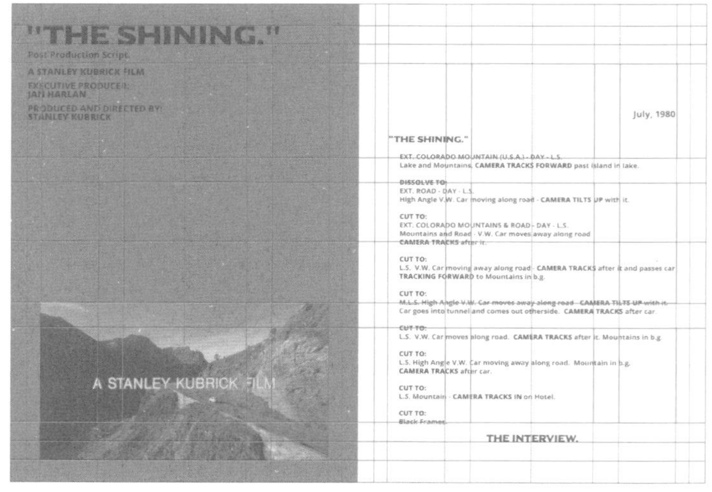

MAGAZINE

杂志

《白云石城》

设计工作室：Bruch—Idee & Form
摄影：**斯蒂芬妮·沃尼茨（Stefanie Wurnitsch），拉蒙纳·瓦尔德纳（Ramona Waldner）**

半年刊《白云石城》（*Dolomitenstadt*）的宗旨是从一种当代的视角定义传统，描绘精彩的、包罗万象的奥地利东蒂罗尔（Tyrol）地区图景。该杂志聚焦东蒂罗尔地区的居民及其周遭环境，尤其是使该地区与众不同的特性。版面结构和字体排印的组合反映了该地区正在上演的关于现代和传统之间的较量，同时创造了一种多元共存的基调，使每一个话题都能找到个性化的表达。

BRUCH—IDEE & FORM 访谈

奥地利
由约瑟夫·海格尔（Josef Heigl），库尔特·格兰泽（Kurt Glänzer）创办

01. 是什么驱使你们创立Bruch，对Bruch有什么愿景？

在不同的公司待了几年后，我们开始想创作一些属于自己的东西。我们想要自己做主，分清主次，选择我们愿意为之效力的客户。

我们的愿景是创作出高品质的作品——我们引以为傲且不随波逐流的作品，而不必为此作出（太多）妥协。

02. 字体排印在版式设计中非常重要，在为项目挑选合适字体时，你们都有哪些考虑？

首先，找到一款能够直抵项目核心、使设计动人且独特的字体至关重要；其次，由于不同字体的应用、目标受众和使用方式不尽相同，对于一种特定的字体，我们必须考虑其可读性、适用语言或是否支持特殊字符。

03. 请以《47°》杂志和《Dolomitenstadt》杂志所用的字体为例，解释一下你们最终选择这些字体的原因。

在《47°》项目中，客户已选好Interstate作为主要字体，对此我们很高兴，因为我们认为，该字体能够实现他们的想法，表达一种接地气的、地道的烹饪方法。至于次要字体，我们决定使用Fleischmann字体，利用它形成一种强烈的对比和张力，帮助该杂志传播高级烹饪的思想。

在《白云石城》项目中，我们决定融合无衬线体和衬线体，分别是Circular Pro和Freight。这两种字体都很新颖，恰到好处地表达了该杂志所探讨的一个恒久话题：现代和传统之间的较量。为了营造该杂志多元共存的基调，表现每位作者的特色，我们必须使用多样化的字体。

04. 你们喜欢使用网格系统吗？你们认为网格系统在版式设计中扮演着什么样的角色？

总体上，每一个项目我们都会使用网格系统。对我们来说，建立一个整体和谐、局部可变的网格系统尤为重要。但有时也需要打破常规，使设计有趣、出其不意。

05. 请分享下你们的设计过程。

思考主题、讨论、研究、画草稿、形成概念（概念会涵盖设计方法、节奏、网格系统和字体排印），完成以上几步后，我们会开始设计、排版。

06. 你们如何定义优秀的版式设计？

一个优秀的版式设计是有节奏的。它支撑着内容，有时会产生令人惊喜的结果，启发人们的思维。它应该是设计师深思熟虑后精心制作出来的。

07. 你们有最喜欢的杂志吗？为什么？

《包豪斯》（*Bauhaus*）是我们特别喜欢的杂志之一。其图文的编辑质量都很高，令人赏心悦目。

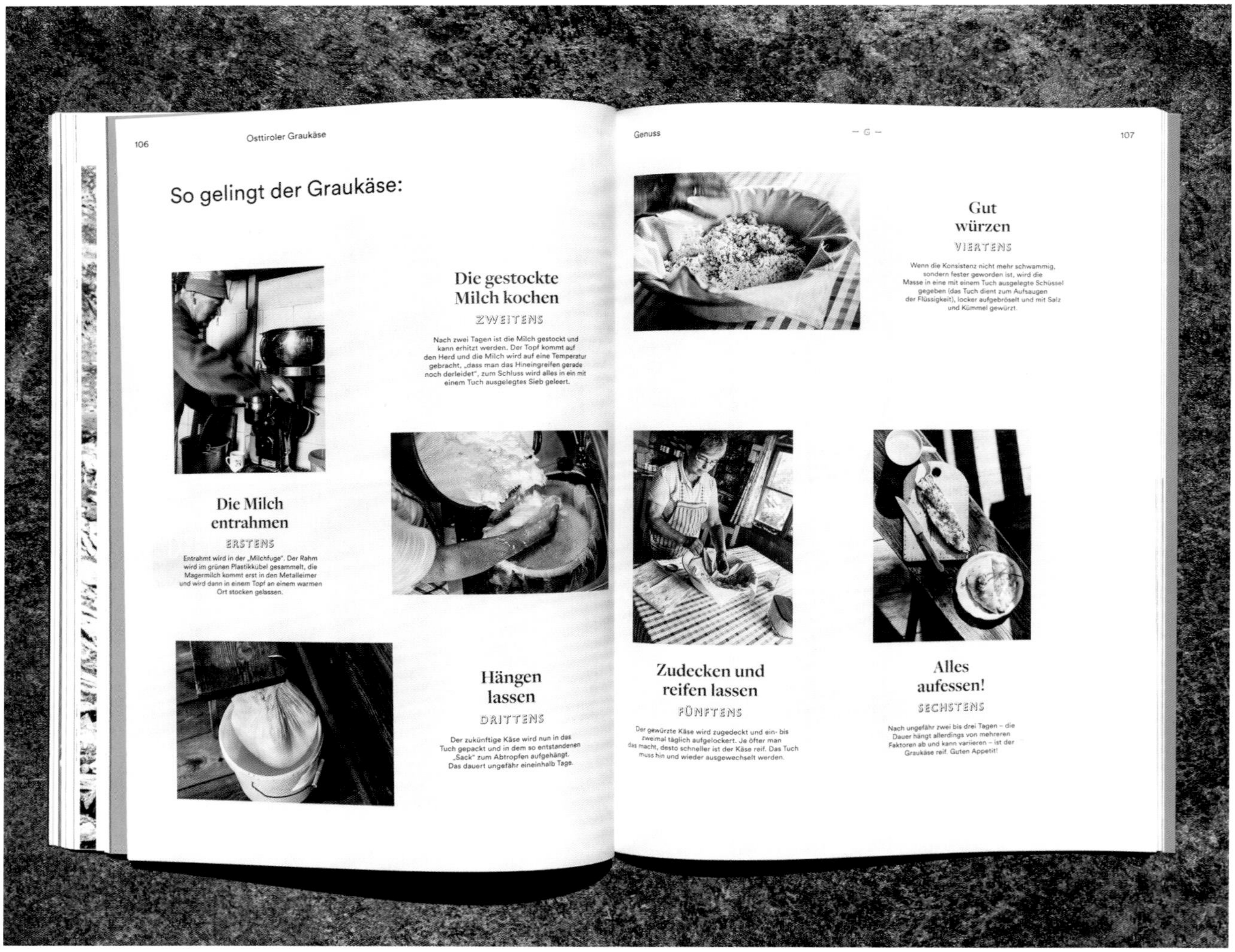

106 Osttiroler Graukäse

So gelingt der Graukäse:

Die Milch entrahmen

ERSTENS

Entrahmt wird in der „Milchfuge". Der Rahm wird im grünen Plastikkübel gesammelt, die Magermilch kommt erst in den Metalleimer und wird dann in einem Topf an einem warmen Ort stocken gelassen.

Die gestockte Milch kochen

ZWEITENS

Nach zwei Tagen ist die Milch gestockt und kann erhitzt werden. Der Topf kommt auf den Herd und die Milch wird auf eine Temperatur gebracht, „dass man das Hineingreifen gerade noch derleidet", zum Schluss wird alles in ein mit einem Tuch ausgelegtes Sieb geleert.

Hängen lassen

DRITTENS

Der zukünftige Käse wird nun in das Tuch gepackt und in dem so entstandenen „Sack" zum Abtropfen aufgehängt. Das dauert ungefähr eineinhalb Tage.

Genuss — G — 107

Gut würzen

VIERTENS

Wenn die Konsistenz nicht mehr schwammig, sondern fester geworden ist, wird die Masse in eine mit einem Tuch ausgelegte Schüssel gegeben (das Tuch dient zum Aufsaugen der Flüssigkeit), locker aufgebröselt und mit Salz und Kümmel gewürzt.

Zudecken und reifen lassen

FÜNFTENS

Der gewürzte Käse wird zugedeckt und ein- bis zweimal täglich aufgelockert. Je öfter man das macht, desto schneller ist der Käse reif. Das Tuch muss hin und wieder ausgewechselt werden.

Alles aufessen!

SECHSTENS

Nach ungefähr zwei bis drei Tagen – die Dauer hängt allerdings von mehreren Faktoren ab und kann variieren – ist der Graukäse reif. Guten Appetit!

58 Die Hirtin

Berg & Tal — BAT — 59

95 Tage nannte ich, Kathrin, ein 270 Hektar großes Gebiet im Osttiroler Oberland mein Reich. Steinadler, Fuchs und Gams waren meine täglichen Begleiter, Faune, Feen und Waldgeister meine Hüter, 59 Vierbeiner meine Schützlinge und neun Quadratmeter meine Rückzugsorte. So einfach und reduziert dieses Leben in der Abgeschiedenheit war, so loderte das Feuer des Glücks und der Zufriedenheit stets in mir.

Text: Kathrin Schwediauer, Fotografie: Ben Raneburger

Eine Hirtin erzählt ihre Geschichte.

配色：■ ■
字体：Circular Pro和Freight
尺寸：210 mm × 285 mm
页数：160页

无衬线体和衬线体的结合直指杂志主题：传统和现代的融合。设计师们使用了通栏网格和3栏网格系统。

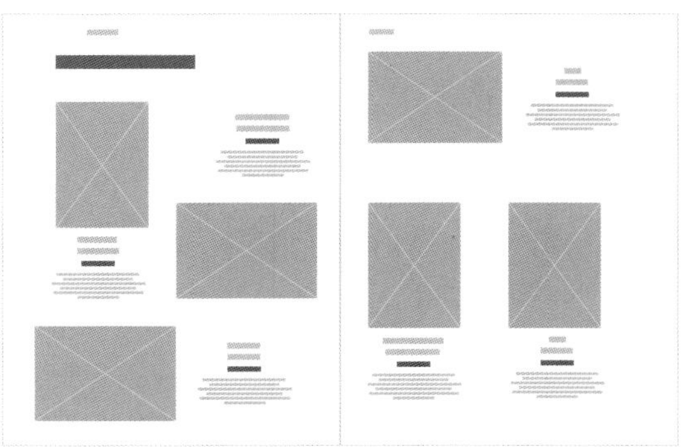

《47°》

设计工作室：Bruch—Idee & Form
摄影：马里恩·卢腾伯格（Marion Luttenberger）

“47°施蒂里亚珍馐美味”（47° Rare Styrian Cuisine）是6位来自奥地利施蒂里亚州的厨师组成的一个共同体。他们携起手来，定义当代地道美食的核心价值。《47°》杂志发起这个雄心勃勃的项目，关注厨师与本土生产商之间的对话，审视不同身份和烹饪技术之间的相互影响。通过在版面上强化段落、图片和留白三者之间对比，设计师向读者传达了当地厨师直接而朴实的烹饪方法。Bruch公司最终选择了Interstate和Fleischmann字体，赋予版面一种更强烈的视觉对比。

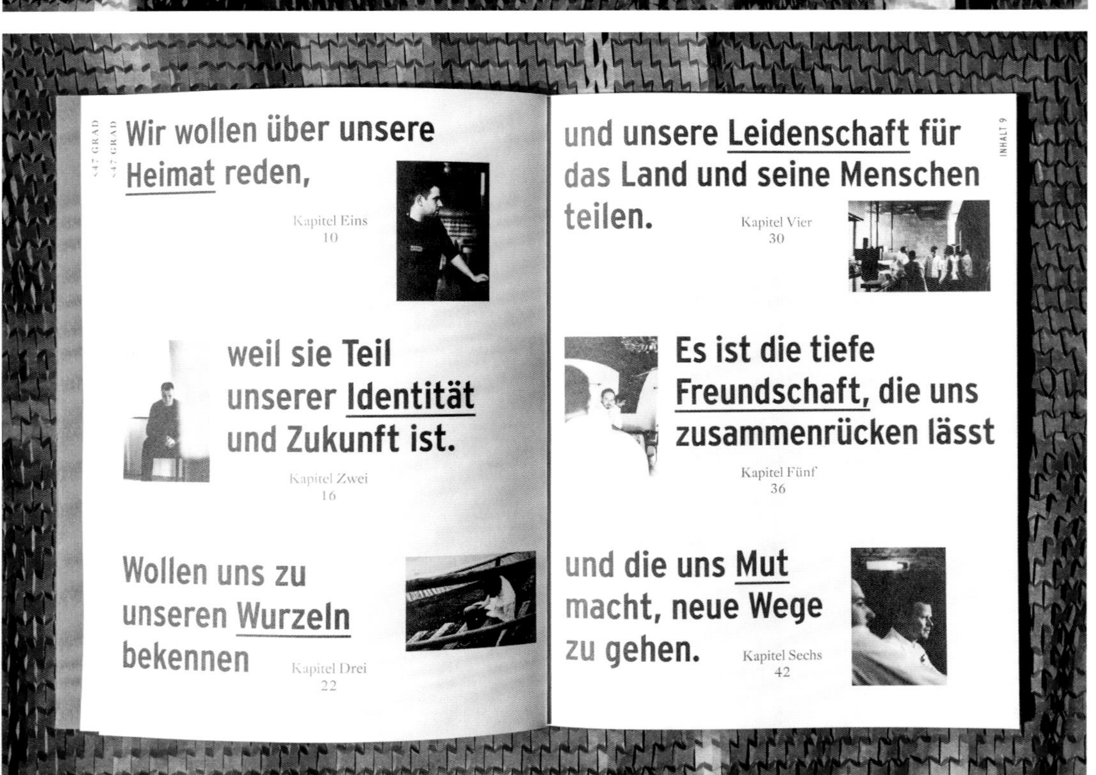

KAPITEL FÜNF

GABRIEL GLAS

Bouquet-Drive 2.0: Zwischen Leichtigkeit und Strapazierfähigkeit entfaltet sich in diesem Glasbauch der wahre Genuss.

BRUCHSICHERHEIT. Das ist auch in der langjährigen Partnerschaft zwischen Gabriel Glas und anspruchsvoller Gastronomie gegeben. Bruchsicherheit spielt in dieser Freundschaft im wahrsten Sinn des Wortes eine der bedeutendsten Rollen. Es ist irgendwie erstaunlich, welche Parallelen sich zwischen dem Trinkgenuss aus einem Gabriel-Weinglas und Beziehungen ziehen lassen. Es wird dabei immer um Kopf- und Herznote gehen, um die Frage, ob man einander gut riechen kann, und um ein Maximum an facettenreicher Konversation zwischen Menschen und im Fall von Gabriel zwischen Wein und Mensch. Das richtige Glas gibt Weinen Luft und Zeit zur Aromenentfaltung.

Lebendigkeit zusprechen. Werner Fritz ist einer von ihnen. Nicht nur als Österreich-Verkaufsleiter von Meiko, einem Unternehmen für professionelle Spültechnik, Reinigungs- und Desinfektionstechnologie, steht er für eine Welt der Begegnung und des fairen Umgangs von Menschen im Zusammenspiel mit Natur und Technik ein. »Für mich kennt Freundschaft keine Gebote. Das Allerwichtigste sind Ehrlichkeit und Vertrauen«, so Fritz, der mit Meiko im einen oder anderen 47°-Betrieb für eine Ressourcen schonende Technologie sorgt. »Auch wenn die Marke Meiko auf den ersten Blick klar ein sauberes, reines Spülgut zum Ziel hat – entscheidend für uns ist immer der Mehrwert, also saubere und faire Geschäftsbeziehungen, verbunden mit ökologischer Verantwortung für das große Ganze.« Ob Geschäftsbeziehung oder langjährige Freundschaft, das Wichtigste klingt ganz banal: Hauptsache, man versteht sich.

Sorgfalt und Ruhe geben auch im Leben von Michael Wesonig den Ton an. Seine Fische dürfen im eiskalten Gebirgsquellwasser des Naturparks Mürzer Oberland behutsam heranwachsen wie so manche Freundschaft. Denn dort, wo der Kaiser einst Urlaub machte, leben »Michi's frische Fische« nach drei goldenen Regeln: verwöhnt, kompromisslos und in hundertprozentiger Bio-Qualität. Eine steirische Delikatesse, die auch den 47°-Köchen Manuel Liepert, Norbert Thaller und Luis Thaller ins Netz gegangen ist. Letzterer veredelt Wesonigs Saiblinge im »Der Luise« in Anger und pflegt einen mittlerweile freundschaftlichen Kontakt zu seinem Lieferanten. In den hohen Ansprüchen an sich selbst und das Gegenüber haben die beiden Männer zusammengefunden. »Wenn du am Land, in der Steiermark, aufwächst, prägt das deinen Charakter. Du wirst dort, wo es um Qualität geht, stur und beinhart wie Fels.«

»Wichtige Dinge gibst du einfach nicht aus der Hand. Das hat sicher etwas mit Stolz zu tun, aber noch viel mehr mit Bewusstsein«, konstatieren Wesonig und Thaller. Ohne Wasser kein Leben. Das trifft nicht nur auf Michi's frische Fische zu. Die Quelle wie die Region sind ein wesentlicher Teil der Identität von Vöslauer, 47°-Partner der ersten Stunde. Vöslauer würde es ohne Bad Vöslau und die Quelle nicht geben und umgekehrt wären der Ort und die Region ohne Vöslauer nicht das, was sie sind. Das sprudelnde Wasser ist eine unversiegbare Quelle der Inspiration. Für die Arbeit im Unternehmen, die Liebe und das Leben. Einen Grundsatz, den auch Norbert Hackl teilt. Auf der 250.000 m² großen Weidefläche seines Biohofs Labonca in Burgau, der 2016 den Österreichischen Klimaschutzpreis erhielt, frönen 100 Sonnenschweine vollste Bewegungsfreiheit, die auf der Zunge zergeht. Transparenz und Ehrlichkeit bestimmen Hackls Tun. »Werte, die mich ganz klar auch mit 47° verbinden. Gemeinsam können wir Großes bewirken.« Im Grunde ist es ja ganz einfach: Für eine moderne Gesellschaft ist es gar nicht anders zu bewältigen, als dass Menschen auf Basis einer Verpflichtung, die nicht blutsabhängig ist, füreinander einstehen. Ob südlich des 47. Breitengrades oder anderswo. TVF

GERHARD FUCHS

VÖSLAUER

Bad Vöslau liegt auf insgesamt sieben Quellen. Ob ohne, mild oder prickelnd – das Wasser sprudelt und sprudelt. Gut so.

FREUNDSCHAFT 41

配色：■ ■　　字体：Interstate和Fleischmann　　尺寸：185 mm × 240 mm　　页数：52页

《消失的城市》

设计工作室：**Any工作室（Any Studio）**
艺术指导：**雅各布·科内尔里（Jakob Kornelli）**
客户：**《Stadtaspekte》杂志**

《消失的城市》（*Fluchtpunt Stadt*）是独立杂志《Stadtaspekte》的第4期，旨在讲述难民和新移民的故事。Any工作室在过渡页上使用两种特殊的潘通色：黑色（色号Process Black U）、金色（色号871 U），赋予本期杂志一种独特的视觉外观。过渡页之间穿插着一系列绚丽多彩的图片。封面选用了荧光绿色纸，上面印着难民穆罕默德·阿西夫（Muhammad Asif）的日记选段，揭示本期主题。

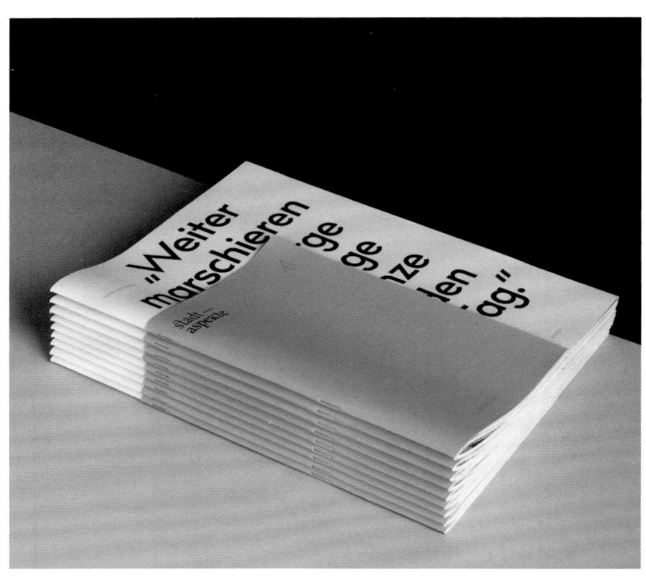

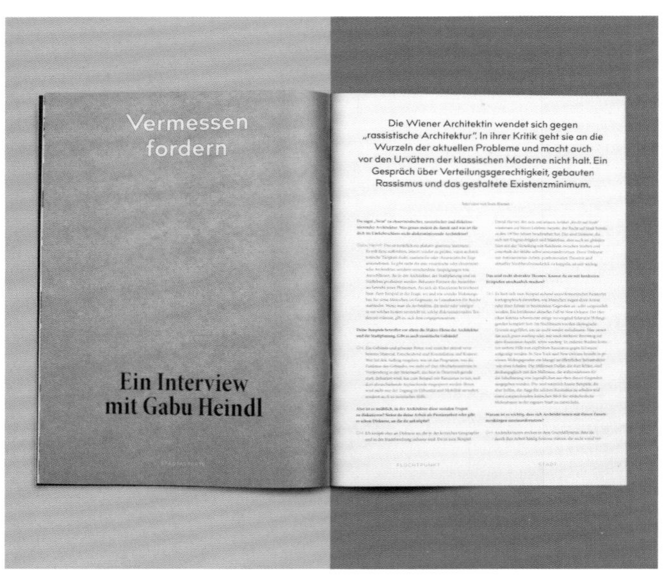

Any 工作室访谈

由马克斯·埃德尔贝格（Max Edelberg）、雅各布·科内尔里创办

01. 是什么驱使你们创立Any工作室？

雅各布和我（马克斯）在意大利北部相遇，我们都在那里学习设计。课程非常多样，我们不仅关注某个设计学科。广博的、全面的教育使年轻的我们受益匪浅。随着学习的深入，我们逐渐专注于平面设计。渐渐地，它成为我们潜心研究的领域。毕业以后，雅各布去柏林深造，学习设计思维，并在那里创办了他的第一家公司。我在意大利和德国的几家工作室工作，不断积累经验。2016年，我搬家到柏林，彼时雅各布正在寻找新的挑战，我们联系上了，共同创立了Any工作室。

02. 你们如何为一个项目寻找合适的字体？

字体排印在我们的工作中举足轻重。近年来，字体设计行业取得了一些具有重要意义的进展，毕竟这门学科过去有点儿枯燥无趣，充斥着一种沉闷、单调的氛围。但最近，欧洲各地冒出许多年轻的字体公司。他们投身于字体实验，推动整个行业向令人激动的方向发展，同时还发布了一系列优质的、适合日常使用的字体。回到您的问题上来，字体排印的新发展使我们备受鼓舞。只要有机会，我们就会设法向独立小公司定制字体。但话说回来，字体本身必须契合项目的概念，以恰当、生动的方式传达内容。除此之外，挑选字体就纯粹看它的功能性了，比如字号适中的情况下，字体可读性如何？字面是否过窄或过宽？是不是开源的？

03. 你们喜欢使用网格系统吗？您在版式设计中使用网格时，遵循怎样的原则？

我们在每一项版式设计中都会使用网格。网格的复杂程度可能因项目而异，但我们总会努力简化它——毕竟，少即是多。网格对于维持整个版面的比例均衡至关重要，同时它也是一种优化和简化设计过程的好工具。

04. 你们认为一个好的版式设计是怎样的？

这得看情况。我认为，当版式精准地抓住了其所承载的内容的本质，就是成功的设计。当您看见某样东西、发现它正中下怀时，您的直觉会第一时间作出反应。通常，这是设计师和编辑们的通力合作，做出勇敢、创新的决定，惊喜在其中起着重要作用。只要设计师和编辑之间合作愉快、相互信任，结果往往令人惊喜。当然，您也要考虑版式设计的功能性：读起来有趣吗？信息层级是否合理？符合阅读习惯吗？

05. 请说说你们的设计方法？

最重要的一点是，一个项目必须能够激发所有参与者的兴趣——有趣是关键。我们试着和客户保持紧密的联系，自始至终维持一种动态的、透明化的项目流程：起初我们像是顾问，渐渐地，我们变成艺术指导和设计者。我们是一家小公司，所以我们反应非常迅速，也很灵活。我们会善用设计人脉，把专业性较强的任务交给能够胜任的人。因此，我们虽然规模小，也能承接大项目。在设计理念上，我们互相学习，雅各布更注重计划和条理，讲究方法，而我则更凭直觉和视觉做事，亲力亲为。

Viel wird geredet über die Flucht und das Ankommen – doch wie fühlt sich die Realität für die unmittelbar Betroffenen an? Stadtaspekte hat an drei Orten nachgefragt, an denen Geflüchtete und Daheimgebliebene aufeinandertreffen.

FLUCHTPUNKT STADT

STADTASPEKTE

Heimatvereine, Burschen-
schaften und Schützengilden
boten ihren Mitgliedern Gemeinschaft und Sicherheit.

STADTASPEKTE

Jörg Brüggemann wurde 1979 in Herne geboren. 2008 schloss er sein Fotografie-Studium an der Universität der Künste Bremen ab und arbeitet seitdem in Berlin als freier Fotograf. Er ist Teil der Ostkreuz-Agentur und macht Foto-Reportagen in der ganzen Welt. Für die Fotostrecke „Tourists vs. Refugees" begab er sich auf die griechische Insel Kos, wo jeden Sommer Flüchtende aus Syrien, Irak oder Afghanistan auf Touristen aus Deutschland, England und Schweden treffen.
joergbrueggemann.com

einen nur zur Ausgrenzung von Minderheiten führt und zum anderen auf Berlin keineswegs zutrifft.

Frau Langa, im Jahr 2012 haben Sie zusammen mit anderen den Oranienplatz in Kreuzberg besetzt. War das eine Strategie der Sichtbarmachung von Problemen geflüchteter Menschen?

Napuli Langa: Diese derzeit viel diskutierten Probleme haben wir damals schon kommen sehen. Wir wussten, wenn wir jetzt nicht aktiv werden, wird es nur noch schlimmer werden. 2014 haben wir gesagt: Kommt her, singt und tanzt mit uns! Damals ist niemand gekommen. Und jetzt tanzen alle und fordern, dass wir doch gemeinsam tanzen sollen. Ich frage mich, warum sollte ich jetzt tanzen? Ich habe doch schon getanzt. Jetzt seid ihr gefragt!

Was muss geschehen?

Napuli Langa: Wenn es in der Debatte nicht an die Wurzel des Problems geht, wird sich nichts ändern. Hier am Tisch kann man das Problem nicht bekämpfen. Das funktioniert niemals! Außerdem sind die Stadt und ihre Versuche, die Probleme zu lösen, momentan zu hektisch. Um aber Entscheidungen treffen zu können, muss man sich ein wenig entspannen. Das passiert leider nicht und so blockiert die Stadt und ihre Verwaltung uns Aktivisten überall. Dennoch: Für uns Aktivisten vom Oranienplatz waren die Probleme, wie wir sie nun diskutieren, auch schon vor der großen medialen Aufmerksamkeit da. Die Fragen und Forderungen sind für mich nichts Neues.

Frau Huffschmid, was hat sich nach der Besetzung des Oranienplatzes in der Stadt aus Ihrer Sicht verändert?

Anne Huffschmid: In einem Forschungsprojekt haben wir versucht, die verschiedenen Perspektiven dieser Raumnahmen zu rekonstruieren. Bis vor kurzer Zeit gab es am Oranienplatz einen Ausnahmezustand und eine besondere Form der Alltagsorganisation. Über anderthalb Jahre gab es dort das Camp, eine absolut informelle Situation, die auch mit einer extremen Exponiertheit einherging. Gleichzeitig war es aber auch ein Versuch, Privatheit und Alltag herzustellen, weil die Leute ja dort gelebt haben. In die Stadt hat sich dadurch in erster Linie die Erfahrung eingeschrieben, dass solch eine Raumnahme über einen längeren Zeitraum überhaupt möglich ist. Das war für die Akteure sehr wichtig und wir haben gelernt, dass das auch eine politische Erfahrung ist.

Stephan Lanz: Ich würde gerne noch einmal die Politisierung aus der Perspektive der Stadtgesellschaft aufgreifen. Denn die Bewegung auf dem Oranienplatz und in der Gerhart-Hauptmann-Schule hat eine extrem große politische Bedeutung für die gesamte Stadtgesellschaft. Die Stadt ist historisch betrachtet der Ort, an dem Leute, die von irgendwoher kommen, die nichts und keinen Anteil an irgendetwas haben, eine Möglichkeit bekommen, „jemand" zu werden. Das ist das, was Stadt historisch ermöglicht hat. Das müssen wir uns vor Augen führen, wenn wir über das Politische in der Stadt reden. Denn momentan ist die Stadt, ebenso wie die ganze öffentliche Debatte, fundamental entpolitisiert. Es geht immer nur um Fragen des besseren, effizienteren Regierens. Aber die existentiellen politischen Fragen werden nicht mehr gestellt. Wer gehört zur städtischen Gesellschaft? Wer hat das Recht auf den städtischen Raum, auf die städtischen Ressourcen? Wessen Rechte sind

Napuli Langa ist Politaktivistin und selbst aus dem Sudan geflüchtet. 2014 hat sie gemeinsam mit anderen Geflüchteten den Berliner Oranienplatz besetzt, um unter anderem gegen die Residenzpflicht zu protestieren.

„Die Stadt ist historisch betrachtet der Ort, an dem Leute, die von irgendwoher kommen, die nichts und keinen Anteil an irgendetwas haben, eine Möglichkeit bekommen, ‚jemand' zu werden."

FLUCHTPUNKT STADT

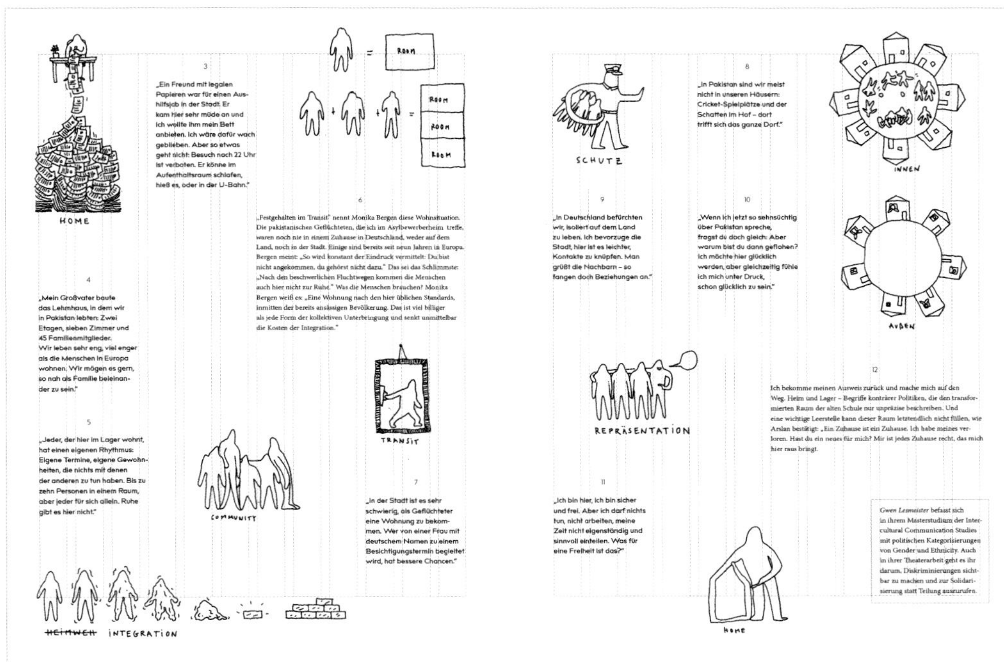

3

„Ein Freund mit legalen Papieren war für einen Aushilfsjob in der Stadt. Er kam hier sehr müde an und ich wollte ihm mein Bett anbieten. Ich wäre dafür wach geblieben. Aber so etwas geht nicht: Besuch nach 22 Uhr ist verboten. Er könne im Aufenthaltsraum schlafen, hieß es, oder in der U-Bahn."

4

„Mein Großvater baute das Lehmhaus, in dem wir in Pakistan lebten: Zwei Etagen, sieben Zimmer und 45 Familienmitglieder. Wir leben sehr eng, viel enger als die Menschen in Europa wohnen. Wir mögen es gern, so nah als Familie beieinander zu sein."

5

„Jeder, der hier im Lager wohnt, hat einen eigenen Rhythmus: Eigene Termine, eigene Gewohnheiten, die nichts mit denen der anderen zu tun haben. Bis zu zehn Personen in einem Raum, aber jeder für sich allein. Ruhe gibt es hier nicht."

6

„Festgehalten im Transit" nennt Monika Bergen diese Wohnsituation. Die pakistanischen Geflüchteten, die ich im Asylbewerberheim treffe, waren noch nie in einem Zuhause in Deutschland, weder auf dem Land, noch in der Stadt. Einige sind bereits seit neun Jahren in Europa. Bergen meint: „So wird konstant der Eindruck vermittelt: Du bist nicht angekommen, du gehörst nicht dazu." Das sei das Schlimmste: „Nach den beschwerlichen Fluchtwegen kommen die Menschen auch hier nicht zur Ruhe." Was die Menschen brauchen? Monika Bergen weiß es: „Eine Wohnung nach den hier üblichen Standards, inmitten der bereits ansässigen Bevölkerung. Das ist viel billiger als jede Form der kollektiven Unterbringung und senkt unmittelbar die Kosten der Integration."

7

„In der Stadt ist es sehr schwierig, als Geflüchteter eine Wohnung zu bekommen. Wer von einer Frau mit deutschem Namen zu einem Besichtigungstermin begleitet wird, hat bessere Chancen."

8

„In Pakistan sind wir meist nicht in unseren Häusern: Cricket-Spielplätze und der Schatten im Hof – dort trifft sich das ganze Dorf."

9

„In Deutschland befürchten wir, isoliert auf dem Land zu leben. Ich bevorzuge die Stadt, hier ist es leichter, Kontakte zu knüpfen. Man grüßt die Nachbarn – so fangen doch Beziehungen an."

10

„Wenn ich jetzt so sehnsüchtig über Pakistan spreche, fragst du doch gleich: Aber warum bist du dann geflohen? Ich möchte hier glücklich werden, aber gleichzeitig fühle ich mich unter Druck, schon glücklich zu sein."

11

„Ich bin hier, ich bin sicher und frei. Aber ich darf nichts tun, nicht arbeiten, meine Zeit nicht eigenständig und sinnvoll einteilen. Was für eine Freiheit ist das?"

12

Ich bekomme meinen Ausweis zurück und mache mich auf den Weg. Heim und Lager – Begriffe konträrer Politiken, die den transformierten Raum der alten Schule nur unpräzise beschreiben. Und eine wichtige Leerstelle kann dieser Raum letztendlich nicht füllen, wie Arslan bestätigt: „Ein Zuhause ist ein Zuhause. Ich habe meines verloren. Hast du ein neues für mich? Mir ist jedes Zuhause recht, das mich hier raus bringt.

Gwen Lesmeister befasst sich in ihrem Masterstudium der Intercultural Communication Studies mit politischen Kategorisierungen von Gender und Ethnicity. Auch in ihrer Theaterarbeit geht es ihr darum, Diskriminierungen sichtbar zu machen und zur Solidarisierung statt Teilung auszurufen.

配色：■ ■ ■

字体：Minion Pro和Bill Corporate

尺寸：230 mm × 310 mm, 150 mm × 230 mm（封面故事）

页数：84页

《土地在眼前!》

设计工作室：**Any工作室**

艺术指导：**雅各布·科内尔里**

客户：**Baukultur基金会（Bundesstiftung Baukultur），《Stadtaspekte》杂志**

《土地在眼前！》（*Land in Sicht!*）是《Stadtaspekte》杂志的特刊，受Baukultur基金会委托进行设计。它聚焦于城市和乡村的互相依存关系。

STADTASPEKTE

Urbanität ist *überall*

TEXT VON SEBASTIAN SCHLÜTER

Die gegenwärtigen Prognosen zur Bevölkerungsentwicklung in Deutschland zeigen eine eindeutige Tendenz. Städte sind die großen Wachstumsgewinner und die ländlichen Räume scheinen die Verlierer des demographischen Wandels zu sein. Es ist ja auch plausibel: Ausbildungs- und Arbeitsplätze finden sich häufiger in oder nahe der großen Städte und die kürzeren Wege und besseren Mobilitätsangebote in der Stadt bedeuten geringere Kosten. Eine hohe Dichte an sozialer und kultureller Infrastruktur, von Kindergärten über Ärzte bis zu Kinos und Restaurants, verspricht einen grundsätzlichen Gewinn an Lebensqualität für Jung und Alt. Auch die in der Konsequenz steigenden Mieten scheinen an der Attraktivität der Stadt nichts zu ändern. Und was macht das Land? Hier wird in stiller Gemeinschaft geschrumpft, werden die sich verschlechternden Lebensbedingungen ausgehalten.

Doch so einfach ist es nicht. Bei genauerer Betrachtung zeigt sich: Die bundesdeutsche Siedlungsentwicklung ist weniger von starken Gegensätzen geprägt, als vielmehr durch Übergangsräume und starke Verflechtungen. Das Land ist vital! Es sind drei wesentliche Gründe, die ländlich geprägte Räume mehr denn je zu einem wichtigen Faktor für die Bewältigung künftiger gesellschaftlicher Herausforderungen in Deutschland machen.

Wenn in Deutschland von städtischen Chancen und Problemräumen die Rede ist, so sind zumeist die Großstädte gemeint. Hamburg, München und Berlin sind hierzulande noch immer das Synonym für Stadt schlechthin. Doch laut den Zahlen des Bundesinstituts für Bau-, Stadt- und Raumforschung leben 60 Prozent der deutschen Bevölkerung in Städten und Siedlungen mit weniger als 50.000 Einwohnern. Diese Klein- und Mittelstädte sind meist von fließenden Übergängen zwischen lebendigen Stadtkernen, monofunktional genutzten Einfamilienhaussiedlungen und der grünen Wiese geprägt. Die Möglichkeit, die Vorzüge des Wohnens in der Stadt und die Annehmlichkeiten der nahen Natur zu kombinieren ist es, was kleinere Städte so attraktiv für ihre Bewohner macht. Zudem ist für gut zwei Drittel der Bewohner von kleineren Städten die Erreichbarkeit einer größeren Agglomeration entscheidend.

Es sind also die Verbindungen zwischen den verschiedenen Stadien von Stadt und Land, die über die Lebensqualität entscheiden.

Die Bevölkerung in Deutschland wächst rasant. Durch Zuwanderung und steigende Geburtenraten werden bis zum Jahr 2021 gut zwei Millionen Menschen hinzukommen und die Bevölkerung wird auf 83 Millionen anwachsen, wie eine Studie des Kölner Instituts für Wirtschaft jüngst gezeigt hat.

Da in den großen Städten Wohnraum knapp und teuer wird, könnten die Klein- und Mittelstädte in den kommenden Dekaden zu den großen Wachstumsgewinnern werden.

Das gilt vor allem für jene Gemeinden, die in der Nähe von Großstädten liegen und eine zukunftssichernde wirtschaftliche Entwicklung aufweisen. Neben der Nähe zur Großstadt und den wirtschaftlichen Ankern wird es letztlich jedoch entscheidend sein, wie gut ein kleinstädtischer Raum in Alltagsbelangen für ein solches Wachstum qualifiziert ist. Dabei spielen sowohl attraktiver Wohnraum als auch ein starkes Gemeinschaftsleben eine Rolle. Auch die nötige Bildungsinfrastruktur und intelligent vernetzte Mobilität zwischen Bahnanbindung, Carsharing und individuellem Radverkehr sollte bereits jetzt organisieren, wer später profitieren will.

Ein zweiter Grund für die schwindenden Unterschiede zwischen Stadt und Land ist die Angleichung der alltäglichen Lebensweisen. Denn genau genommen sind alle Menschen

04

SONDERAUSGABE: LAND IN SICHT

Städter, ganz egal wo in Deutschland sie leben. In Zeiten der industriellen Urbanisierung im späten 19. Jahrhundert ging man davon aus, dass sich großstädtische Verhaltensweisen von jenen der Landbewohner vor allem aufgrund einer starken Individualisierung unterscheiden. Das war durchaus zutreffend: Während auf dem Land eine enge gemeinschaftliche Rollen- und Arbeitsteilung und stärkere soziale Kontrolle herrschten, führte die großstädtische Anonymität zu Vereinzelung und individuellen Lebensstilen, wie der Soziologe Georg Simmel zu Beginn des 20. Jahrhunderts feststellte. Und das ist nicht nur negativ zu verstehen, denn die Befreiung von engen Arbeits-, Familien- und Geschlechterrollen war zugleich kulturkritisch wie emanzipatorisch gemeint. Die Stadt im beginnenden 20. Jahrhundert schließlich hielt nicht nur ungeahnte Vergnügungen bereit, sondern ermöglichte auch das Aufbrechen tradierter Rollenbilder.

Die gleichen Lebensweisen, die die Stadt damals für kritische Beobachter zum Moloch machten, sind heute allgegenwärtig.

***Urbanität* ist zum dominierenden Lebensstil geworden, der sich genauso im ländlichen Niedersachsen wie im Münchner Glockenbachviertel finden lässt.**

Klassische Familienmodelle mit nur einem (männlichen) Ernährer haben auch in den meisten ländlichen Regionen ausgedient. Der Wunsch nach einer individuellen Gestaltung des Lebenslaufs, fern von konventionellen Berufskarrieren, ist längst kein städtisches Alleinstellungsmerkmal mehr. Damit geht ein starker Bedeutungswandel ländlicher Räume einher, der sich auch an der Innovationskraft festmachen lässt: Galten einst die Städte als Labore künftiger Wirtschaftsformen, so werden heute die meisten Patente im Umland und den weiten Verflechtungsräumen der großstädtischen Ballungszentren angemeldet.

Ein rasanter Beschleuniger dieser Entwicklung sind die fließenden Übergänge zwischen Stadt und Land. Internetanschluss und Coffee-to-go gibt es, von einigen Ausnahmen abgesehen, hier wie da. Vermeintlich Ländliches wie der eigene Garten und die Nachbarschaftssolidarität sind in der (Groß-) Stadt zwar nicht ganz so häufig zu finden, doch wächst der Anspruch an städtische Lebensräume, genau diese Vorstellungen von ländlichem Leben auch hier zu verwirklichen.

Bei allen Angleichungstendenzen zwischen Stadt und Land gibt es jedoch auch Herausforderungen, vor denen ländliche Räume jenseits der Klein- und Mittelstadt stehen. Dörfer und ländliche Gemeinden unter 5.000 Einwohnern prägen 25 Prozent der Fläche Deutschlands, auch wenn hier nur sieben Prozent der Bevölkerung leben. Doch etwa ein Drittel aller Dorfkerne ist von Leerstand geprägt, jüngere Generationen können sich die Verwirklichung ihres Lebens hier nicht vorstellen. Schrumpfung so zu organisieren, dass Mobilität und Versorgung für ältere Bevölkerungsgruppen erhalten bleiben und Dorfkerne nicht zu Geistersiedlungen werden, ist eine künftige Gemeinschaftsaufgabe – hier werden auch zivilgesellschaftliche Kräfte gefragt sein, die Gestaltung selbst in die Hand zu nehmen. In der Aufgabe, diese Räume in ihrer regionalen Identität zu stärken und damit auch touristisch erlebbar zu machen, liegen große Potenziale.

Es sind also nicht städtische oder ländliche Verhaltensweisen, die prägend für den Wohnort sind. Vielmehr zeigt sich, dass es in allen Siedlungsräumen sehr ähnliche Bedürfnisse nach Wohnen, Mobilität, Kommunikation, Arbeit und Zusammensein gibt. Die zunehmende Angleichung von Bedürfnissen und Lösungen ist ein guter Grund, regional eher in Verflechtungsräumen als in Siedlungstypen zu denken. Stadtentwicklung endet nicht an der juristischen Stadtgrenze. Räume sollten eher in ihren jeweiligen Identitäten gestärkt werden. Das kann ein guter Weg sein, Entwicklungspotenziale und -hindernisse in größeren Räumen zu denken und so Stadt und Land gestalterisch stärker miteinander zu verbinden.

Sebastian Schlüter ist Gründungsmitglied von Stadtaspekte. Er arbeitet als Geograph an der Humboldt-Universität zu Berlin und forscht dort vorwiegend zu städtischen Themen. Seine Land-Expertise ist tief in seiner Biographie verankert, denn aufgewachsen ist er in einer 700-Seelen Gemeinde.

05

配色：■ □ ■　　字体：Minion Pro　　尺寸：210 mm × 280 mm　　页数：108页

Herausgeber

Druck

Vertrieb

Redaktionsleitung und Heftkonzept*

Mitarbeiter/innen dieser Ausgabe

Redaktion

Impressum

ISSN 2195-4917

01

Alltag

HausAufgaben

Eine Werkstattreihe zur *Zukunft* von Einfamilienhausgebieten der 1950er bis 1970er Jahre

STADTASPEKTE

Konservierte Kinderzimmer

und dem Tod des Mannes zusammenzulegen oder umzubauen ging nicht: „Viele der Wände sind tragend", sagt sie und zuckt mit den Schultern.

Helga Rademacher will in dem Haus bleiben, solange es geht. Sie hat keinen Führerschein, weswegen der Ort, an dem sie wohnt, ihr besonders wichtig ist. Regelmäßig erhält sie Besuch von einer Pflegekraft. Ein Pflegeheim kommt für sie nicht in Frage: Zu stark ist ihre Bindung an das Zuhause.

Es fällt schwer loszulassen, wenn man 60 Jahre an einem Ort, in einem Haus und den gleichen Zimmern gewohnt hat. Haus, Grundstück, Nachbarschaft – sie werden zur gebauten Erinnerung. Gerade im Alter, wenn die Kinder ausgezogen sind, verstärkt sich die Beziehung zu Räumen, Möbeln und Gegenständen wie zu Relikten aus dem früheren Familienleben. Um in deren Nähe zu sein, werden auch funktionale Defizite in Kauf genommen, wie zu hohe Treppen oder das Bad im Obergeschoss. Lieber hier alt werden als in einer fremden Umgebung.

Dabei verändert sich das Zuhause auch noch im Alter – oft auf Initiative der Kinder. Die ins Obergeschoss führende Holztreppe hat ein Sohn abgezogen, geschliffen und neu lackiert. Auch die wackelige Pflasterung an der Haustreppe haben Helgas Kinder ausgetauscht – ein Kater hat seine zwei Tatzenabdrücke im Beton hinterlassen. Im Garten räumten sie ebenfalls auf und entfernten ein rostiges Klettergerüst und eine nutzlos gewordene Tischtennisplatte, die sie dem örtlichen Militärfliegerhorst stifteten. Hühnerstall und -käfig stehen inzwischen leer. Die Pflege und Fütterung der Tiere machten zu viel Arbeit.

Helga Rademacher, die geistig sehr wach ist, gerne Anekdoten erzählt und viel lacht, dreht sich vom Hühnerstall weg und arbeitet sich mit einem Rollator langsam durch das dichte Gras ihres Gartens, zurück zum Haus. Langsam erklimmt sie eine Stufe nach der anderen, setzt sich mit einem Seufzer vor der Haustür auf die Bank, auf der bereits die Nachbarin wartet. „Wir haben so viel Schönes hier erlebt", sagt Helga Rademacher und lächelt. Dann richtet sie ihren Blick wieder nach vorne, auf die Fliegerstraße.

Benedikt Crone arbeitet als Redakteur für die Fachzeitschrift competition in Berlin. Nach seinem Studium der Historischen Urbanistik und Kunstwissenschaft widmet er sich als freier Autor den gebauten und ungebauten Räumen der Stadt. Er ist Gründungsmitglied von Stadtaspekte.

Sebastian Herold lebt und arbeitet als Fotograf in Berlin und lehrt »Visuelle Kulturen« an seinem alten Studienort, der Bauhaus-Universität Weimar. Am Fotografieren reizt ihn alles Fremde und Unvorhersehbare – sein Traum, bei dieser Reportage eine Pinguinfarm zu entdecken, ging jedoch nicht in Erfüllung.

→ www.studio20-15.com

14

SONDERAUSGABE: LAND IN SICHT

Haus*Aufgaben*

Eine Werkstattreihe zur *Zukunft* von Einfamilienhausgebieten der 1950er bis 1970er Jahre

Foto: Jan Kampshoff/modulorbeat

Das typische Einfamilienhausgebiet der 1950er bis 1970er Jahre liegt meist in unmittelbarerer Nähe des Dorf- oder Kleinstadtzentrums, besteht aus einer Mischung von teilweise in die Jahre gekommenen Bungalows, Reihenhäusern und freistehenden, von Gärten umgebenen Gebäuden. Einst beherbergten sie Familien, heute sind ältere Paare oder Alleinstehende meist die einzigen Bewohner der Häuser, aus denen die mittlerweile erwachsenen Kinder ausgezogen sind. Hier und da kommen junge Familien nach, doch die Nachfrage nach diesen älteren Einfamilienhäusern bleibt meist überschaubar. Viele ziehen ein selbstgebautes Heim in den neu ausgeschriebenen Baugebieten vor.

Wie können Gemeinden und Hausbesitzer mit den sich abzeichnenden baulichen, städtebaulichen und demografischen Herausforderungen in diesen Einfamilienhausgebieten umgehen, damit sie auch zukünftig als Wohnstandort und Nachbarschaft attraktiv bleiben? Dabei geht es nicht nur um die Frage, wie einzelne Gebäude barrierefrei oder energetisch umgestaltet oder an aktuelle Lebens- und Familienmodelle angepasst werden können, sondern auch um die gesamte Nachbarschaft und deren Gemeinschaftsleben.

Im Rahmen der Regionale 2016 sucht das westliche Münsterland unter dem Motto „ZukunftsLAND" Antworten auf diese Fragen. Die Werkstattreihe „HausAufgaben", kuratiert von Andreas Brüning (IMORDE Projekt- und Kulturberatung GmbH) und Jan Kampshoff (modulorbeat – ambitious urbanists & planners), bringt in Dorsten-Barkenberg Bewohner und Eigentümer solcher Einfamilienhäuser mit Planern, Architekten, Finanzspezialisten und Studierenden zusammen. Gemeinsam wird über den anstehenden Strukturwandel und das zukünftige Zusammenleben diskutiert und es werden Entwicklungsszenarien dafür entworfen – mit Blick auf die jeweiligen Einfamilienhäuser sowie auf die Nachbarschaften. Das Projekt startete im Juni 2015 mit einer zehntätigen Werkstattreihe, bei der die Besonderheiten Barkenbergs und seiner Wohngebiete, deren positive Wahrnehmung sowie ein Häusercheck und die Vorstellung von gelungen Umbauprojekten im Vordergrund standen. Der Dialog wird bis Ende 2016 sowohl in Barkenberg als auch an 15 weiteren Standorten im Münsterland fortgesetzt.

HausAufgaben ist ein Kooperationsprojekt der Stadt Dorsten, der Regionale 2016 und der StadtBauKultur NRW.

al

15

→ *www.hausaufgaben.ms*

选用Minion Pro字体的原因在于：《Stadtaspekte》杂志的标志用的就是这款字体。该杂志的版面设计是基于17栏网格系统（无栏间距）。

《Cartelera Turia》改版设计

设计：坎迪斯·阿伦卡尔（Candice Alencar），纳耶利·哈拉瓦（Nayelli Jaraba）

这是一个由坎迪斯·阿伦卡尔和纳耶利·哈拉瓦完成的课程项目，课程名称是“杂志和报纸设计”（Magazines and Newspaper Projects）。该项目旨在改版口袋杂志《Cartelera Turia》，这是一本宣传西班牙巴伦西亚（Valencia）文化生活的传统出版物。他们采用双栏网格系统，使用Univers字体，因为这款字体拥有庞大的字符家族。

CARTELERA DE CINE

ESTRENOS

COSAS DE LA EDAD
(Rock'n' Roll) Francia, 2017 · Comedia Color · +16 · 123 min. Con Guillaume Canet, Marion Cotillard, Johnny Hallyday, Jeanne Damas, Kev Adams. Dir.: Guillaume Canet. **El actor y director de cine Guillaume Canet tiene todo lo que un hombre puede desear: éxito profesional, dinero y una mujer espectacular con la que comparte un hijo. Pero un día la joven y bella co-protagonista de una película que está filmando le dice que es un carroza y ha descendido dramáticamente en la lista de los actores más deseados. Eso supone un durísimo golpe para el orgullo de Canet.** *ABC Park, Babel.*

EL CAIRO CONFIDENCIAL
(The Nile Hilton Incident) Suecia, 2017 · Thriller · Color · +16 · 106 min. · Con Fares Fares, Tareq Abdalla, Yasser Ali Maher, Nael Ali, Hania Amar. Dir.: Tarik Saleh. **Premiaciones**: Festival de Sundance 2017: Mejor película internacional. Seminci 2017: Espiga de Oro, mejor director y mejor guion.**Noredin, un detective corrupto con un futuro brillante en el cuerpo de policía, es enviado al hotel Nile Hilton, donde acaban de descubrir el cadáver de una hermosa mujer. La identidad de ésta, sus conexiones con las élites de El Cairo y otros incidentes personales, acabarán llevando a Noredin a tomar decisiones trascendentales y a descubrirse a sí mismo brillante en el cuerpo de policía, es enviado al hotel Nile Hilton, donde.** *Babel, Cines MN4, Lys, Aana de Alicante, Kinépolis Plaza Mar 2 de Alicante.*

CLUB DE LOS BUENOS INFIELES
España,2018. Comedia · Color · +12 · 85min. Con Fele Martínez, Jordi Vilches, Hovik Keuchkerian, Raúl Fernández, Eszter Tompa. Dir.: Luis Segura Otero. **Cuatro amigos de la infancia, todos ellos casados, se reencuentran una cena de ex alumnos. Hablando se dan cuenta que sus matrimonios son un fracaso porque, aunque quieren a sus esposas, ya no las desean. Dispuestos a encontrar la solución deciden crear un Club de Infieles para salir a espaldas de sus mujeres, vivir un sinfín de aventuras y así recuperar el deseo perdido.** *ABC Park, Cines MN4, Cinesa Bonaire, Kinépolis, Kinépolis Plaza Mar 2 de Alicante, Neocine Puerto Azahar de Castellón.*

EL JUSTICIERO
(Death Wish) USA, 2018. Acción · Color · 16+ · 107 min. · Con Bruce Willis, Vincent D'Onofrio, Elisabeth Shue, Dean Norris, Kimberly Elise. Dir.: Eli Roth. **Paul Kersey es un famoso cirujano de Nueva York. Un día, su esposa y su hija son brutalmente atacadas en su casa. Paul, que es un tipo tranquilo, siente cómo la sed de venganza va apoderándose de él. Con la policía sobrecargada de crímenes, decide tomar la justicia por su mano e ir en busca de los agresores de su familia y enfrentarse a todo tipo de criminales de los agresores de su familia.** *ABC El Saler, ABC Gran Turia, ABC Park, Cines, Cinesa Bonaire, Yelmo Cines, Aana San Juan de Alicante, Cines Panoramis de Alicante, Kinépolis Plaza Mar 2 de Alicante, Yelmo Puerta de Alicante, Cinesa La Salera de Castellón.*

READY PLAYER ONE
USA, 2018 · Ciencia ficción · Color · +7 · 140 min. Con Tye Sheridan, Olivia Cooke, Ben Mendelsohn, Mark Rylance, Simon Pegg. Dir.: Steven Spielberg. **Año 2045. Wade Watts es un adolescente al que le gusta evadirse del cada vez más sombrío mundo real a través de una popular utopía virtual a escala global llamada "Oasis". Un día, su excéntrico y multimillonario creador muere, pero antes ofrece su fortuna y el destino de su empresa al ganador de una elaborada búsqueda del tesoro a través de los rincones más inhóspitos de su creación.** *ABC El Saler, ABC Gran Turia, ABC Park, Cines MN4, Cinesa Bonaire, Kinépolis, Lys, Ocines Aqua, Yelmo Cines, Aana de Alicante, Aana San Juan de Alicante, Cines Panoramis de Alicante, Kinépolis Plaza Mar 2 de Alicante, Yelmo Puerta de Alicante, Cinesa La Salera de Castellón, Neocine Puerto Azahar de Castellón.*

REPOSICIÓN / REESTRENO

UNA RAZÓN BRILLANTE
(Le brio) Francia, 2017 · Drama · Color · +7 · 95min. Con Daniel Auteuil, Camélia Jordana, Jacques Brel, Serge Gainsbourg, Romain Gary. Dir · Yvan Attal. **Premiaciones**: Premios César 2017: Mejor actriz revelación (Camélia Jordana). **Neïla Salah es una joven del extrarradio parisino que sueña con ser abogada. Se ha matriculado en la facultad de Derecho, pero el primer día de clase tiene un enfrentamiento con Pierre Mazard, un profesor algo conflictivo. Para redimirse, el profesor propone**

Con un título tan rotundo como sobrecogedor, el militar Pedro Baños desvela las claves de la geoestratégica mundial en su último libro *Así se domina el mundo*. Conoceremos a través de sus páginas consejos para el empoderamiento, así como una serie de reglas universales para conseguir nuestros objetivos. ¿Lo leerá Trump?

Laura Pérez

"LAS GRANDES POTENCIAS QUIEREN ABARCARLO TODO"

Pedro Baños, autor de "Así se domina el mundo"

En el libro abundan dos términos: el geopoder y la geoestratégica.
Hay que hablar de una geopolítica con mayúsculas que ya no solo afecta a un ámbito geográfico determinado, sino absolutamente a todo el planeta; es lo que en realidad sería el geopoder, dominar todo el mundo. Después, la geoestratégica es el cómo se quiere hacer, cuales son los mecanismos y los utensilios que se van a emplear para dominar este mundo.

Esa frase "dominar el mundo" suena muy ambiciosa. ¿Esa ambición por el poder es intrínseca en el ser humano?
Sí, es algo propio de las pasiones humanas y la ambición no tiene límites. En este caso concreto que hablamos, las grandes potencias quieren abarcarlo absolutamente todo. La estrategia de seguridad nacional que acaba de poner en marcha Trump hace tan solo unos días así lo refleja.

¿Qué opinión le merece Trump y la estrategia política que está llevando a cabo en su mandato?
En política internacional, lo que pretende es dar un golpe de efecto para recuperar ese poder que en cierto modo estaba perdiendo.
A partir de 1991, una vez que desaparece la Unión Soviética, surgen otras dos potencias, no solamente Rusia, sino principalmente China y lo que pretende es intentar eliminarlas del tablero del juego, pero tiene un cometido realmente complicado.

¿Por qué se considera en geopolítica tan importante esa influencia a nivel mundial entre paises, como comenta en el libro? Porque forma parte del juego de poder, como un Juego de Tronos, nunca mejor dicho. Solo que aquí no hablamos de una novela o una serie, sino que es la realidad. Así es cómo funciona el mundo. Vemos que las ansias de poder, de influencia y de dominio son absolutamente expansionistas y eternas. Además, se intenta mirar a través de la economía, la manipulación mediática, presión psicológica...

"Las pasiones humanas y la ambición no tienen límites"

¿Cuales son los errores a los que se refiere que se han cometido y se siguen repitiendo en cuanto a estrategias? ¿Por qué se reitera en ellos?
Es por la prepotencia del poderoso, que se cree que cuando llega al poder, él es capaz de encontrar soluciones "Las grandes potencias quieren abarcarlo absolutamente todo" Laura Pérez Escrito sobre el viento 63 diferentes, originales y que además sean efectivas. Pero no, sucede que se vuelven a tropezar en las mismas piedras, simplemente por esa prepotencia. No es que no conozcan la historia, simplemente piensan que ellos pueden alcanzar mejores soluciones que sus antecesores.

¿Cómo cambia la manera de hacer política o estrategias con el paso de los años y los avances tecnológicos?
Cambian los métodos, pues hay que adaptarse a las novedades que proporciona la tecnología. Pero lo que sigue siendo eterno son la pasiones humanas, algo absolutamente inmortal. La tecnología, como vemos hoy en día, ya no solo te manipula a través del papel, o los medios tradicionales, si no que ahora también a través de las redes sociales, mensajes instantáneos, etc. Hay que tener cuidado con eso.

Con su experiencia en el ejército y demás cargos de responsabilidad, ¿ha sido determinante para poder escribir sobre estos temas de dominación y estrategias?
Sí, porque yo he tenido la suerte de estudiar y haber vivido en medio mundo, y de conocer otras culturas totalmente diferentes. Eso me ha permitido tener un conocimiento muy ecléctico y reflejarlo en el libro. He querido trasladar todos mis conocimientos en este libro.

配色：■ ■　　字体：Univers　　尺寸：121 mm × 163 mm　　页数：56页

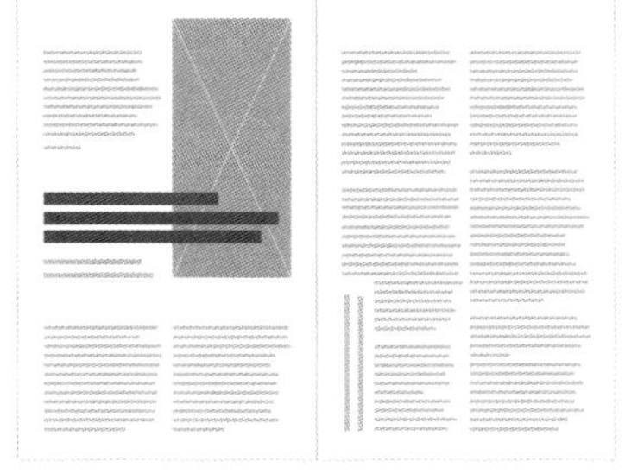

《Slanted #31：东京》

设计工作室：Slanted 出版
创意指导：拉尔斯·哈姆森（Lars Harmsen）
设计：克拉拉·魏因赖希（Clara Weinreich），茱莉娅·卡尔（Julia Kahl）

2017年，Slanted出版团队开始与其日本朋友大久保莲奈（Renna Okubo）、伊恩·莱纳姆（Ian Lynam）一起，潜心研究东京这座城市。他们想要认真观察东京各种风格迥异的设计场景。东京是一座各种文化齐聚、碰撞的城市；未来派和传统派于此交锋、安宁和繁华于此共生。《Slanted #31：东京》杂志采访了一群深耕于东京的知名创意人士和机构，其中包括&Form、秋山伸（Shin Akiyama）、有山达也（Tatsuya Ariyama）、白井敬尚（Yoshihisa Shirai），设计杂志《IDEA》等。丰富的插画、访谈和文章按主题系统编排。按照惯例，每一期《Slanted》杂志都会附赠小册子《当代字体》（*Contemporary Typefaces*），里面收录了杂志编辑精选的新近发布、口碑较好的字体。

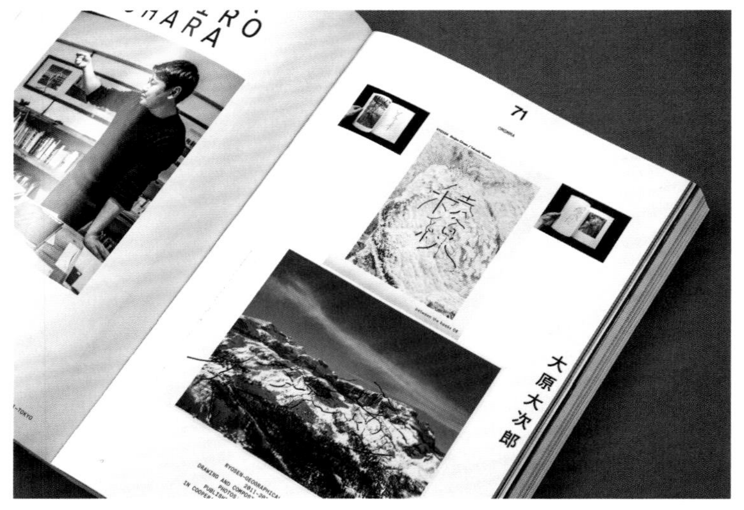

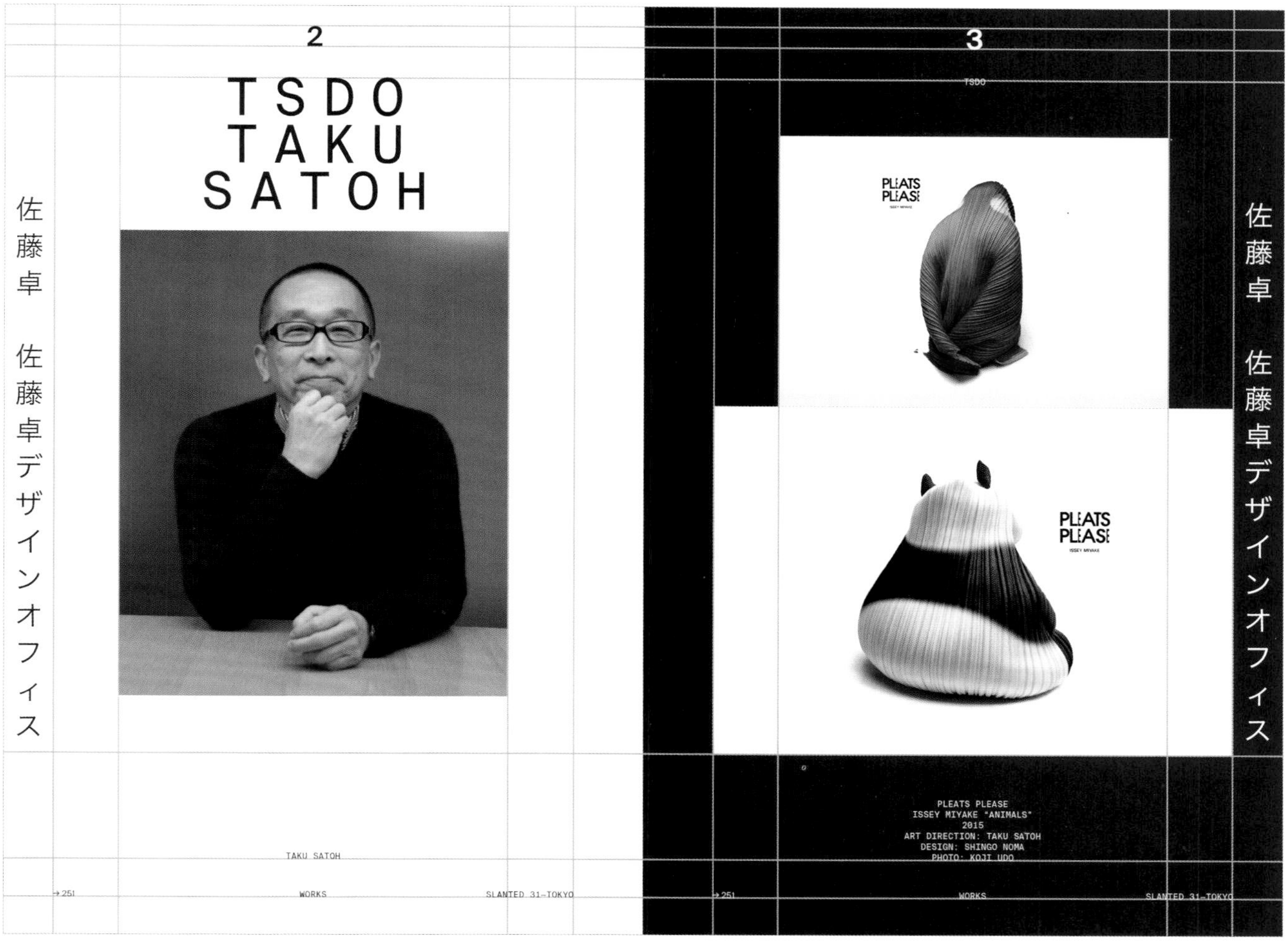

2

TSDO
TAKU
SATOH

佐藤卓

佐藤卓デザインオフィス

TAKU SATOH

→251 WORKS SLANTED 31—TOKYO

3

TSDO

PLEATS PLEASE ISSEY MIYAKE

PLEATS PLEASE ISSEY MIYAKE

佐藤卓

佐藤卓デザインオフィス

PLEATS PLEASE
ISSEY MIYAKE "ANIMALS"
2015
ART DIRECTION: TAKU SATOH
DESIGN: SHINGO NOMA
PHOTO: KOJI UDO

→251 WORKS SLANTED 31—TOKYO

配色： 字体：Suisse Int'l 尺寸：160 mm × 240 mm 页数：304 页（包括48页的小册子）

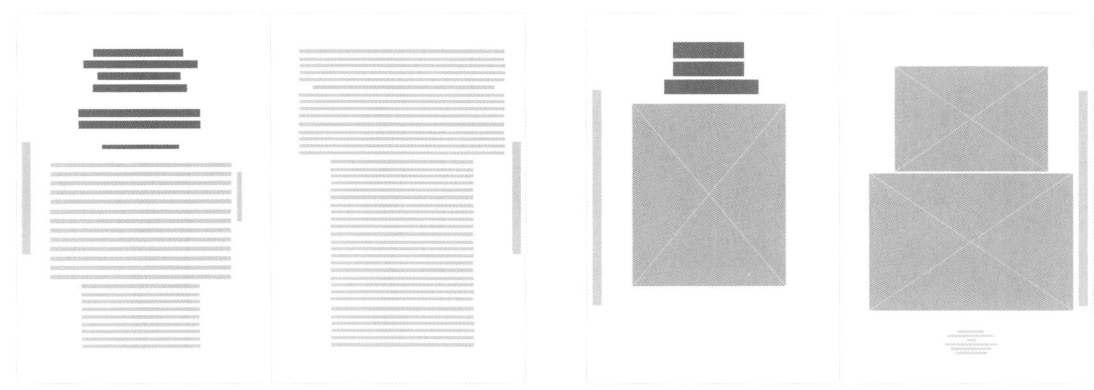

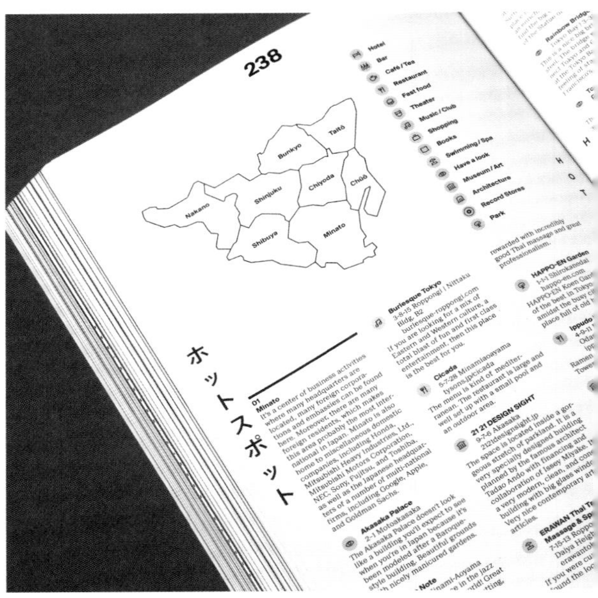

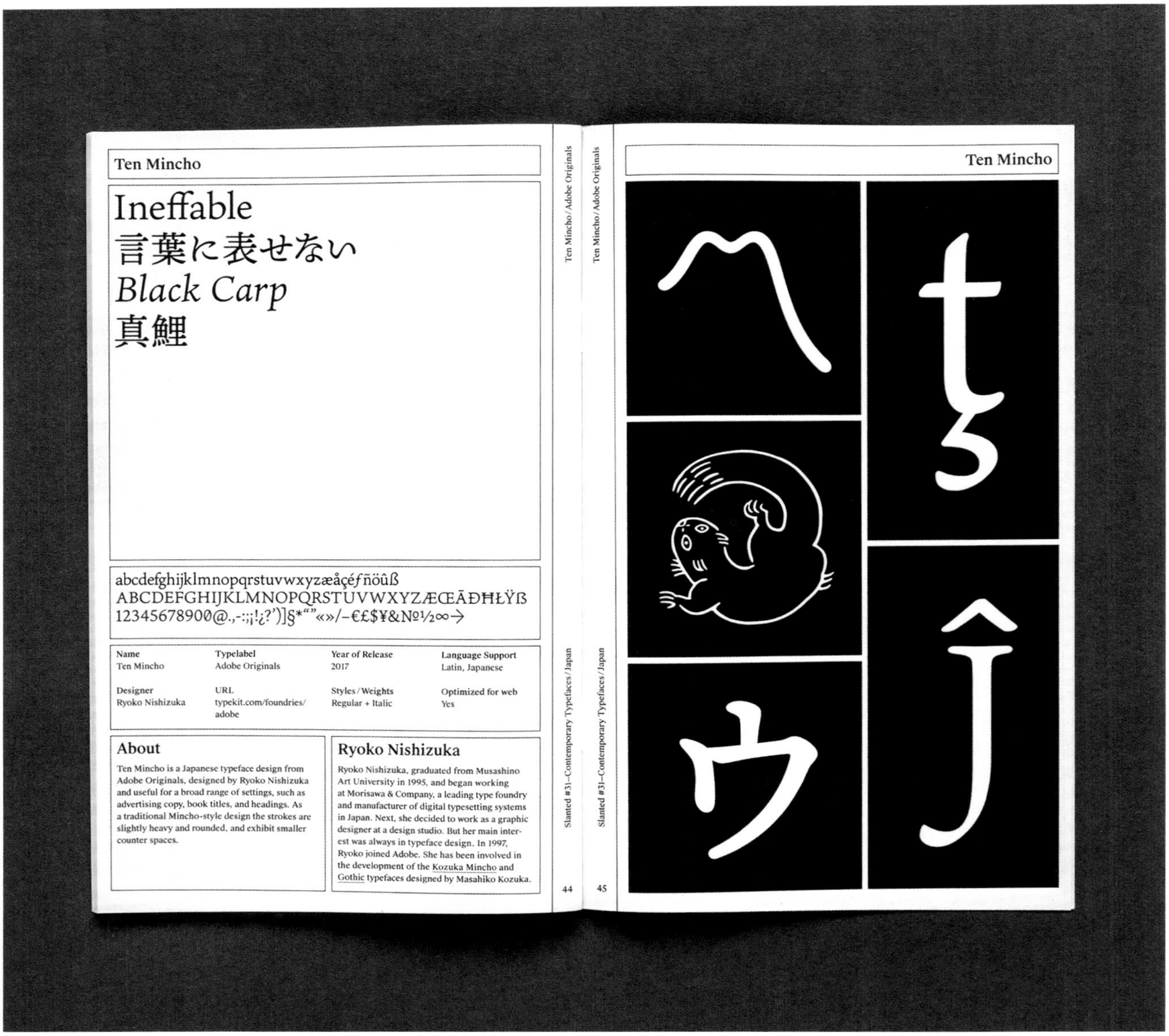

Ten Mincho

Ineffable
言葉に表せない
Black Carp
真鯉

abcdefghijklmnopqrstuvwxyzæåçéƒñôûß
ABCDEFGHIJKLMNOPQRSTUVWXYZÆŒĀĐĦŁŸß
1234567890@.,-:;¡!¿?')]§*"'«»/–€£$¥&№½∞→

Name	Typelabel	Year of Release	Language Support
Ten Mincho	Adobe Originals	2017	Latin, Japanese
Designer	**URL**	**Styles / Weights**	**Optimized for web**
Ryoko Nishizuka	typekit.com/foundries/adobe	Regular + Italic	Yes

About

Ten Mincho is a Japanese typeface design from Adobe Originals, designed by Ryoko Nishizuka and useful for a broad range of settings, such as advertising copy, book titles, and headings. As a traditional Mincho-style design the strokes are slightly heavy and rounded, and exhibit smaller counter spaces.

Ryoko Nishizuka

Ryoko Nishizuka, graduated from Musashino Art University in 1995, and began working at Morisawa & Company, a leading type foundry and manufacturer of digital typesetting systems in Japan. Next, she decided to work as a graphic designer at a design studio. But her main interest was always in typeface design. In 1997, Ryoko joined Adobe. She has been involved in the development of the Kozuka Mincho and Gothic typefaces designed by Masahiko Kozuka.

Ten Mincho / Adobe Originals

Slanted #31—Contemporary Typefaces / Japan

44

Ten Mincho / Adobe Originals

Slanted #31—Contemporary Typefaces / Japan

45

Ten Mincho

へ t ち ĵ ウ

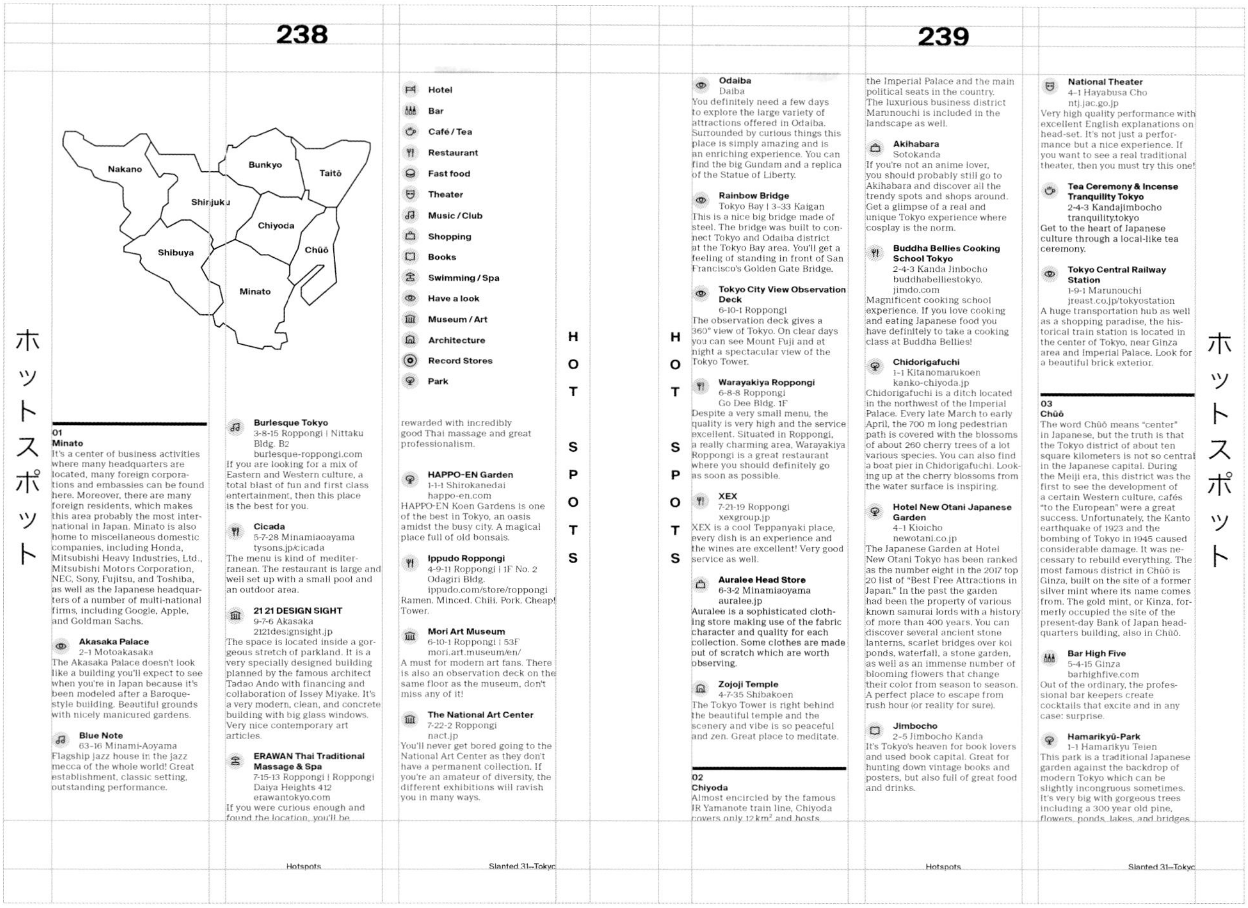

238

Nakano
Shinjuku
Bunkyo
Taitō
Chiyoda
Shibuya
Chūō
Minato

ホットスポット

Hotel
Bar
Café / Tea
Restaurant
Fast food
Theater
Music / Club
Shopping
Books
Swimming / Spa
Have a look
Museum / Art
Architecture
Record Stores
Park

HOT SPOTS

01
Minato
It's a center of business activities where many headquarters are located, many foreign corporations and embassies can be found here. Moreover, there are many foreign residents, which makes this area probably the most international in Japan. Minato is also home to miscellaneous domestic companies, including Honda, Mitsubishi Heavy Industries, Ltd., Mitsubishi Motors Corporation, NEC, Sony, Fujitsu, and Toshiba, as well as the Japanese headquarters of a number of multi-national firms, including Google, Apple, and Goldman Sachs.

Akasaka Palace
2-1 Motoakasaka
The Akasaka Palace doesn't look like a building you'll expect to see when you're in Japan because it's been modeled after a Baroque-style building. Beautiful grounds with nicely manicured gardens.

Blue Note
63-16 Minami-Aoyama
Flagship jazz house in the jazz mecca of the whole world! Great establishment, classic setting, outstanding performance.

Burlesque Tokyo
3-8-15 Roppongi | Nittaku Bldg. B2
burlesque-roppongi.com
If you are looking for a mix of Eastern and Western culture, a total blast of fun and first class entertainment, then this place is the best for you.

Cicada
5-7-28 Minamiaoyama
tysons.jp/cicada
The menu is kind of mediterranean. The restaurant is large and well set up with a small pool and an outdoor area.

21 21 DESIGN SIGHT
9-7-6 Akasaka
2121designsight.jp
The space is located inside a gorgeous stretch of parkland. It is a very specially designed building planned by the famous architect Tadao Ando with financing and collaboration of Issey Miyake. It's a very modern, clean, and concrete building with big glass windows. Very nice contemporary art articles.

ERAWAN Thai Traditional Massage & Spa
7-15-13 Roppongi | Roppongi Daiya Heights 412
erawantokyo.com
If you were curious enough and found the location, you'll be rewarded with incredibly good Thai massage and great professionalism.

HAPPO-EN Garden
1-1-1 Shirokanedai
happo-en.com
HAPPO-EN Koen Gardens is one of the best in Tokyo, an oasis amidst the busy city. A magical place full of old bonsais.

Ippudo Roppongi
4-9-11 Roppongi | 1F No. 2 Odagiri Bldg.
ippudo.com/store/roppongi
Ramen. Minced. Chili. Pork. Cheap! Tower.

Mori Art Museum
6-10-1 Roppongi | 53F
mori.art.museum/en/
A must for modern art fans. There is also an observation deck on the same floor as the museum, don't miss any of it!

The National Art Center
7-22-2 Roppongi
nact.jp
You'll never get bored going to the National Art Center as they don't have a permanent collection. If you're an amateur of diversity, the different exhibitions will ravish you in many ways.

Hotspots

Slanted 31—Tokyo

239

HOT SPOTS

Odaiba
Daiba
You definitely need a few days to explore the large variety of attractions offered in Odaiba. Surrounded by curious things this place is simply amazing and is an enriching experience. You can find the big Gundam and a replica of the Statue of Liberty.

Rainbow Bridge
Tokyo Bay | 3-33 Kaigan
This is a nice big bridge made of steel. The bridge was built to connect Tokyo and Odaiba district at the Tokyo Bay area. You'll get a feeling of standing in front of San Francisco's Golden Gate Bridge.

Tokyo City View Observation Deck
6-10-1 Roppongi
The observation deck gives a 360° view of Tokyo. On clear days you can see Mount Fuji and at night a spectacular view of the Tokyo Tower.

Warayakiya Roppongi
6-8-8 Roppongi
Go Dee Bldg. 1F
Despite a very small menu, the quality is very high and the service excellent. Situated in Roppongi, a really charming area, Warayakiya Roppongi is a great restaurant where you should definitely go as soon as possible.

XEX
7-21-19 Roppongi
xexgroup.jp
XEX is a cool Teppanyaki place, every dish is an experience and the wines are excellent! Very good service as well.

Auralee Head Store
6-3-2 Minamiaoyama
auralee.jp
Auralee is a sophisticated clothing store making use of the fabric character and quality for each collection. Some clothes are made out of scratch which are worth observing.

Zojoji Temple
4-7-35 Shibakoen
The Tokyo Tower is right behind the beautiful temple and the scenery and vibe is so peaceful and zen. Great place to meditate.

02
Chiyoda
Almost encircled by the famous JR Yamanote train line, Chiyoda covers only 12 km² and hosts the Imperial Palace and the main political seats in the country. The luxurious business district Marunouchi is included in the landscape as well.

Akihabara
Sotokanda
If you're not an anime lover, you should probably still go to Akihabara and discover all the trendy spots and shops around. Get a glimpse of a real and unique Tokyo experience where cosplay is the norm.

Buddha Bellies Cooking School Tokyo
2-4-3 Kanda Jinbocho
buddhabelliestokyo.jimdo.com
Magnificent cooking school experience. If you love cooking and eating Japanese food you have definitely to take a cooking class at Buddha Bellies!

Chidorigafuchi
1-1 Kitanomarukoen
kanko-chiyoda.jp
Chidorigafuchi is a ditch located in the northwest of the Imperial Palace. Every late March to early April, the 700 m long pedestrian path is covered with the blossoms of about 260 cherry trees of a lot various species. You can also find a boat pier in Chidorigafuchi. Looking up at the cherry blossoms from the water surface is inspiring.

Hotel New Otani Japanese Garden
4-1 Kioicho
newotani.co.jp
The Japanese Garden at Hotel New Otani Tokyo has been ranked as the number eight in the 2017 top 20 list of "Best Free Attractions in Japan." In the past the garden had been the property of various known samurai lords with a history of more than 400 years. You can discover several ancient stone lanterns, scarlet bridges over koi ponds, waterfall, a stone garden, as well as an immense number of blooming flowers that change their color from season to season. A perfect place to escape from rush hour (or reality for sure).

Jimbocho
2-5 Jimbocho Kanda
It's Tokyo's heaven for book lovers and used book capital. Great for hunting down vintage books and posters, but also full of great food and drinks.

National Theater
4-1 Hayabusa Cho
ntj.jac.go.jp
Very high quality performance with excellent English explanations on head-set. It's not just a performance but a nice experience. If you want to see a real traditional theater, then you must try this one!

Tea Ceremony & Incense Tranquility Tokyo
2-4-3 Kandajimbocho
tranquility.tokyo
Get to the heart of Japanese culture through a local-like tea ceremony.

Tokyo Central Railway Station
1-9-1 Marunouchi
jreast.co.jp/tokyostation
A huge transportation hub as well as a shopping paradise, the historical train station is located in the center of Tokyo, near Ginza area and Imperial Palace. Look for a beautiful brick exterior.

03
Chūō
The word Chūō means "center" in Japanese, but the truth is that the Tokyo district of about ten square kilometers is not so central in the Japanese capital. During the Meiji era, this district was the first to see the development of a certain Western culture, cafés "to the European" were a great success. Unfortunately, the Kanto earthquake of 1923 and the bombing of Tokyo in 1945 caused considerable damage. It was necessary to rebuild everything. The most famous district in Chūō is Ginza, built on the site of a former silver mint where its name comes from. The gold mint, or Kinza, formerly occupied the site of the present-day Bank of Japan headquarters building, also in Chūō.

Bar High Five
5-4-15 Ginza
barhighfive.com
Out of the ordinary, the professional bar keepers create cocktails that excite and in any case: surprise.

Hamarikyū-Park
1-1 Hamarikyu Teien
This park is a traditional Japanese garden against the backdrop of modern Tokyo which can be slightly incongruous sometimes. It's very big with gorgeous trees including a 300 year old pine, flowers, ponds, lakes, and bridges

ホットスポット

Hotspots

Slanted 31—Tokyo

自2014年起，Slanted出版团队使用Swiss Typefaces公司设计的Suisse Int'l字体作为其所有出版物的标准字体。有时，他们也会在出版物中使用Suisse家族的其他字体，比如Suisse Works和Suisse Neue。

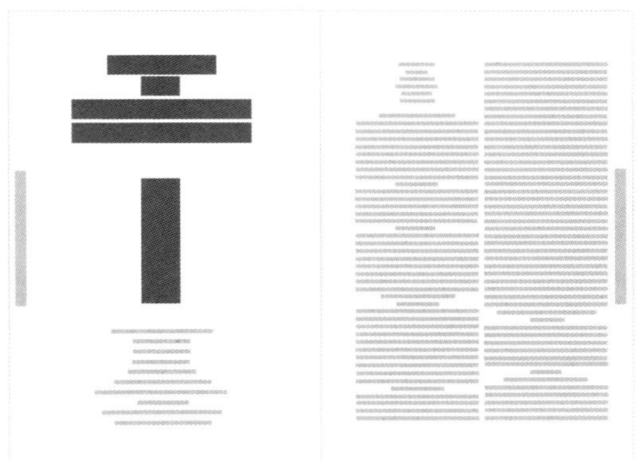

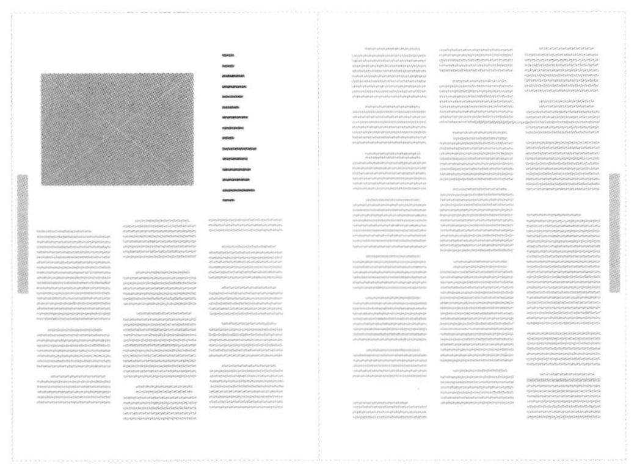

《建筑》

设计：马内·塔图里安（Mane Tatoulian）
客户：Clarín

双周刊《建筑》（*Bau*）是一份关于现代建筑和工业设计的杂志，是阿根廷发行量最大的报纸《Clarín》的增刊。它面向对建筑和设计感兴趣的读者，内容涵盖这两个领域的各种话题。

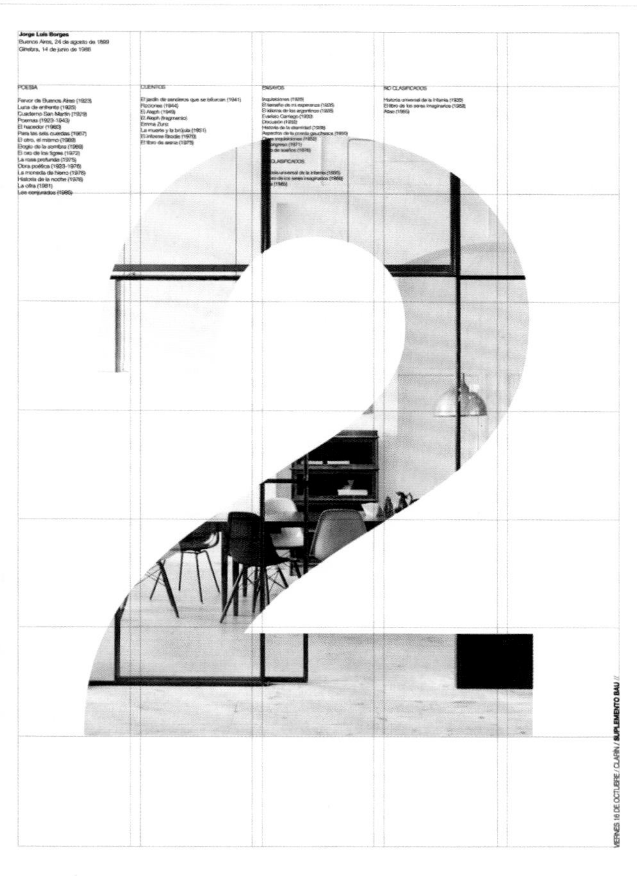

配色： 字体：Helvetica Neue 尺寸：210 mm × 297 mm (A4) 页数：40页

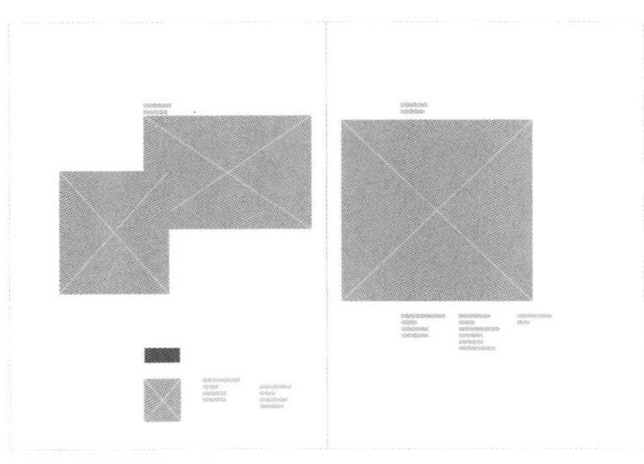

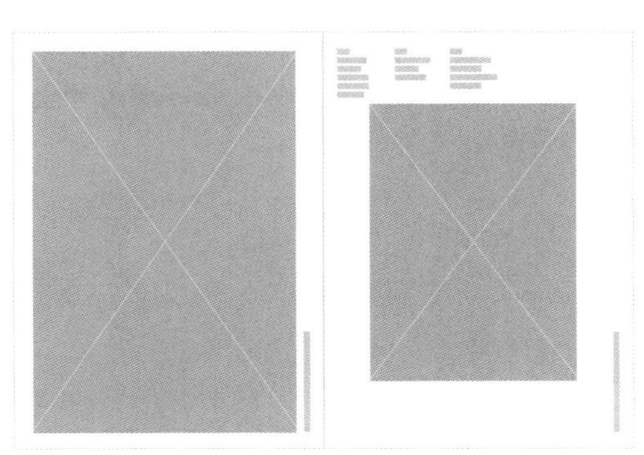

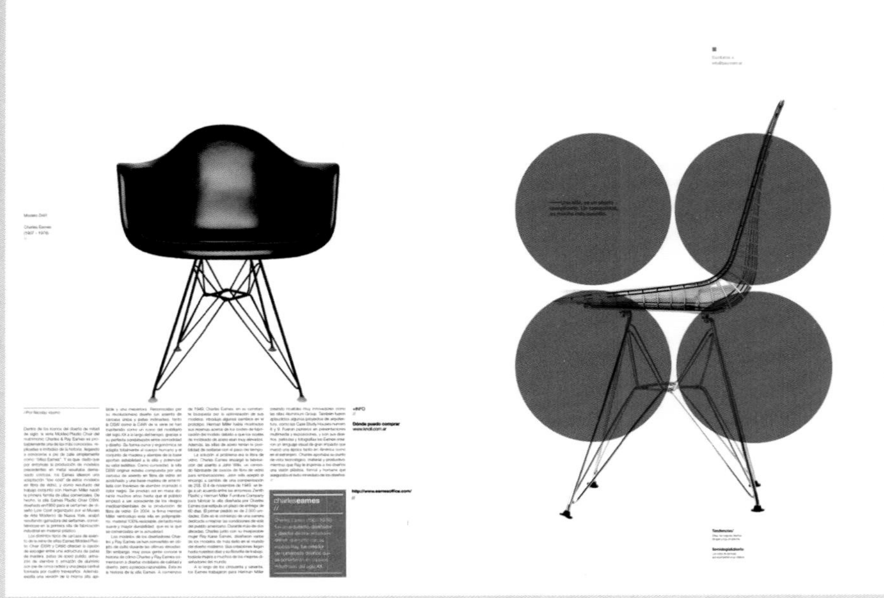

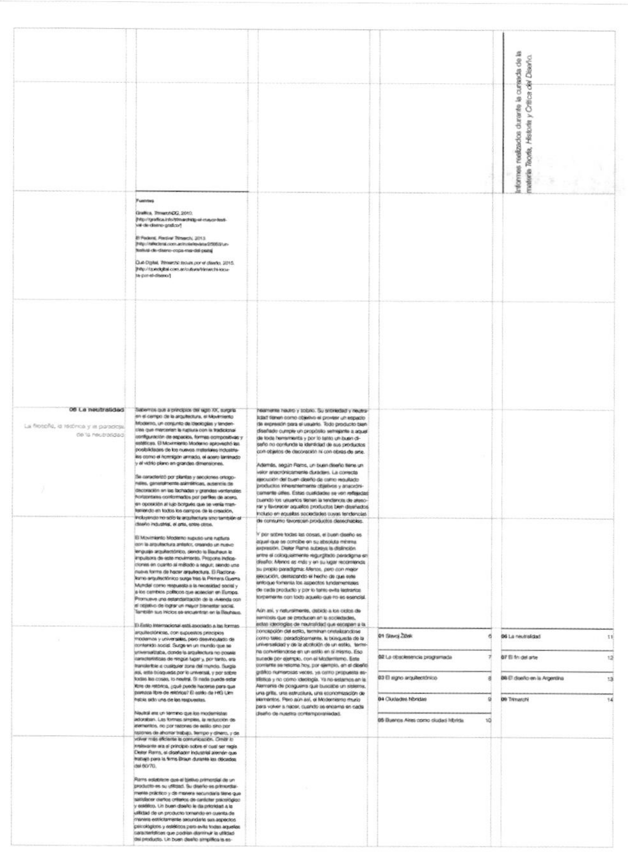

Helvetica Neue字体具有现代主义的标志性特征。作为一个痴迷于字体排印和现代主义的设计师，马内经常选用结构明朗清晰、具古典风格的字体，比如Helvetica Neue、Garamond和Akzidenz等。该杂志的版面设计是基于5栏8行的网格系统。

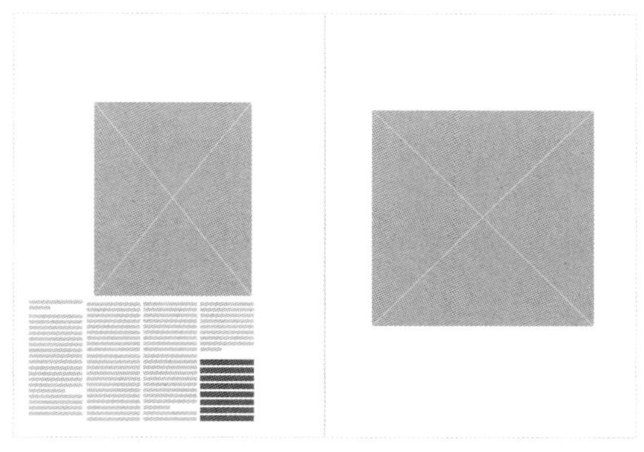

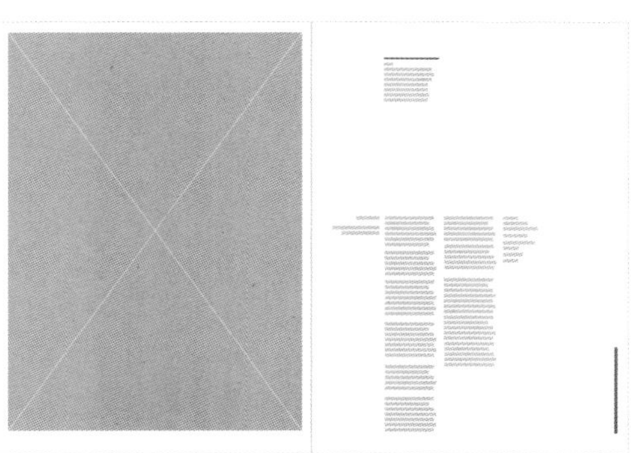

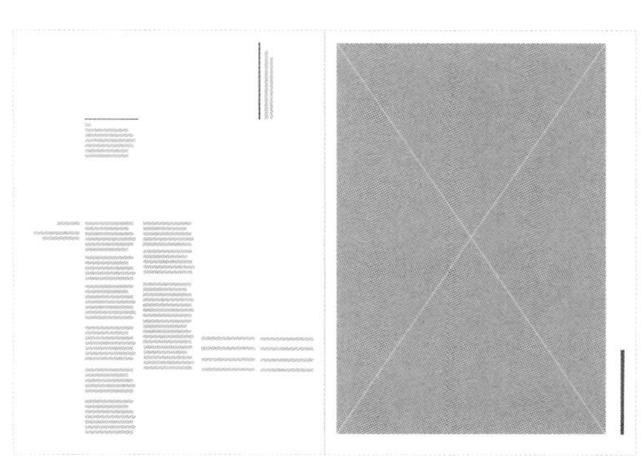

《万花筒》第3期

设计工作室：**博尔舍事务所（Bureau Borsche）**
客户：**《万花筒亚洲》**（Kaleidoscope Asia）

总部设于米兰的杂志《万花筒》（*Kaleidoscope*）是一本享誉国际的当代艺术杂志，以策展和跨领域角度来谈论新兴事物和艺术话题的内容独具一格。无论是《万花筒》纸质杂志抑或电子杂志，都可以使来自全球创意社群的艺术评论家在此获得一席之地，为其观点发声。2014年，博尔舍事务所受邀改版《万花筒》。为了衬托杂志的先锋撰稿人，博尔舍事务所（Bureau Borsche）提出了一个符合当代审美、经典而大胆的设计方案。与此同时，他们还为《万花筒》的网站制作了预告短片，并与Slam Jam Milano和Études Studio等品牌联手，推出一系列为特别活动专门设计的联名纪念品。

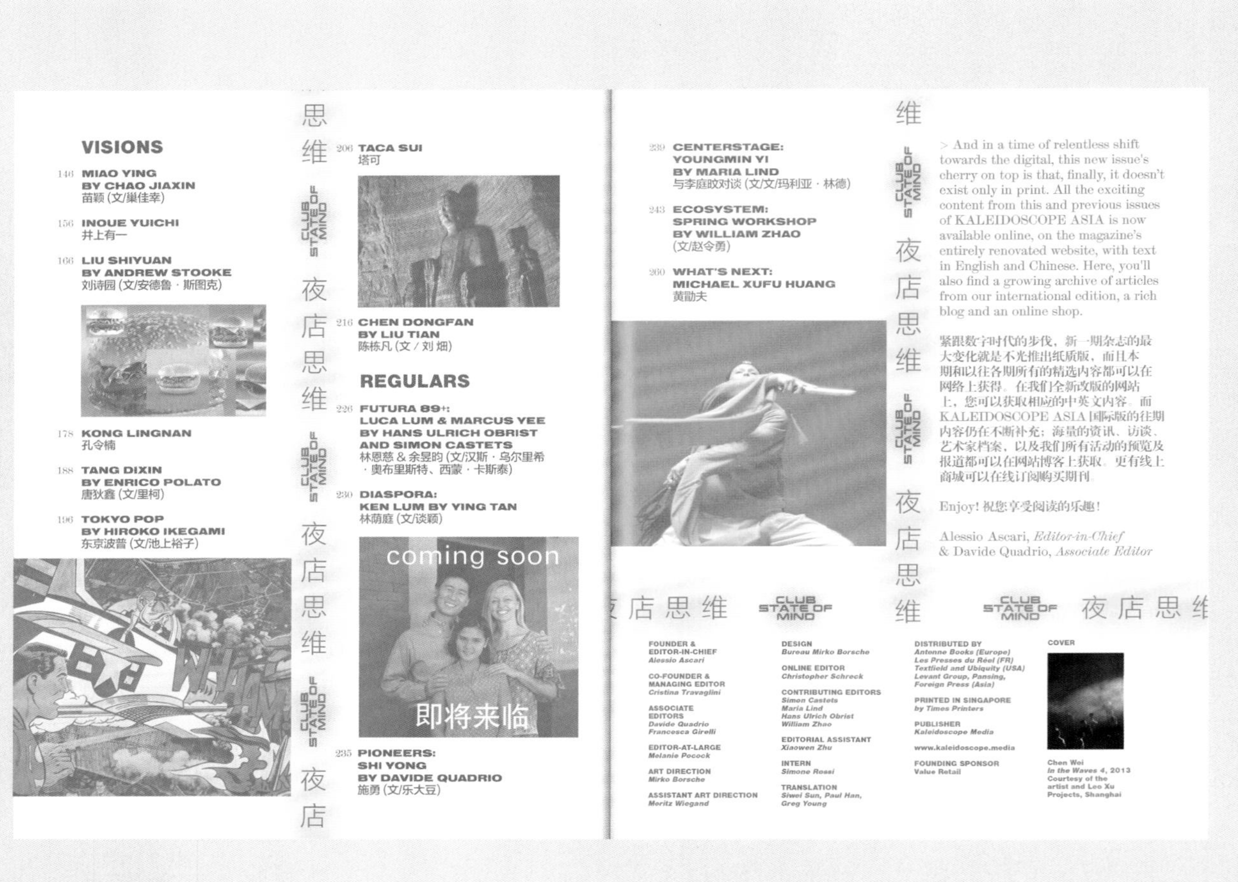

VISIONS

146 MIAO YING BY CHAO JIAXIN 苗颖（文/巢佳幸）

156 INOUE YUICHI 井上有一

166 LIU SHIYUAN BY ANDREW STOOKE 刘诗园（文/安德鲁·斯图克）

178 KONG LINGNAN 孔令楠

188 TANG DIXIN BY ENRICO POLATO 唐狄鑫（文/里柯）

196 TOKYO POP BY HIROKO IKEGAMI 东京波普（文/池上裕子）

206 TACA SUI 塔可

216 CHEN DONGFAN BY LIU TIAN 陈栋凡（文/刘畑）

REGULARS

226 FUTURA 89+: LUCA LUM & MARCUS YEE BY HANS ULRICH OBRIST AND SIMON CASTETS 林恩慈 & 余昱昀（文/汉斯·乌尔里希·奥布里斯特、西蒙·卡斯泰）

230 DIASPORA: KEN LUM BY YING TAN 林荫庭（文/谈颖）

coming soon 即将来临

235 PIONEERS: SHI YONG BY DAVIDE QUADRIO 施勇（文/乐大豆）

239 CENTERSTAGE: YOUNGMIN YI BY MARIA LIND 与李庭敃对谈（文/玛利亚·林德）

243 ECOSYSTEM: SPRING WORKSHOP BY WILLIAM ZHAO（文/赵令勇）

260 WHAT'S NEXT: MICHAEL XUFU HUANG 黄勖夫

> And in a time of relentless shift towards the digital, this new issue's cherry on top is that, finally, it doesn't exist only in print. All the exciting content from this and previous issues of KALEIDOSCOPE ASIA is now available online, on the magazine's entirely renovated website, with text in English and Chinese. Here, you'll also find a growing archive of articles from our international edition, a rich blog and an online shop.

紧跟数字时代的步伐，新一期杂志的最大变化就是不光推出纸质版，而且本期和以往各期所有的精选内容都可以在网络上获得。在我们全新改版的网站上，您可以获取相应的中英文内容。而KALEIDOSCOPE ASIA国际版的往期内容仍在不断补充：海量的资讯、访谈、艺术家档案，以及我们所有活动的预览及报道都可以在网站博客上获取。更有线上商城可以在线订阅购买期刊。

Enjoy! 祝您享受阅读的乐趣！

Alessio Ascari, *Editor-in-Chief* & Davide Quadrio, *Associate Editor*

CLUB STATE OF MIND 夜店思维

FOUNDER & EDITOR-IN-CHIEF *Alessio Ascari*
CO-FOUNDER & MANAGING EDITOR *Cristina Travaglini*
ASSOCIATE EDITORS *Davide Quadrio, Francesca Girelli*
EDITOR-AT-LARGE *Melanie Pocock*
ART DIRECTION *Mirko Borsche*
ASSISTANT ART DIRECTION *Moritz Wiegand*
DESIGN *Bureau Mirko Borsche*
ONLINE EDITOR *Christopher Schreck*
CONTRIBUTING EDITORS *Simon Castets, Maria Lind, Hans Ulrich Obrist, William Zhao*
EDITORIAL ASSISTANT *Xiaowen Zhu*
INTERN *Simone Rossi*
TRANSLATION *Siwei Sun, Paul Han, Greg Young*
DISTRIBUTED BY *Antenne Books (Europe), Les Presses du Réel (FR), Textfield and Ubiquity (USA), Levant Group, Pansing, Foreign Press (Asia)*
PRINTED IN SINGAPORE *by Times Printers*
PUBLISHER *Kaleidoscope Media*
www.kaleidoscope.media
FOUNDING SPONSOR *Value Retail*
COVER Chen Wei, *In the Waves 4*, 2013. Courtesy of the artist and Leo Xu Projects, Shanghai

YELLOW MAGIC ORCHESTRA by Sachiko Namba

43

"OBJECTS SO REAL THEY MUST BE FAKE, ESTRANGED INTERIORS, THE INTERPLAY OF HIGH AND LOW"

YELLOW MAGIC ORCHESTRA by Sachiko Namba

With their innovative technopop sound and futuristic aura, the Japanese electronic music band pioneered methods of sampling and remixing in Tokyo's '80s underground scene, in a way that is being inherited and furthered by today's digital native generation.

In the six years between their 1978 launch and their 1983 disbanding, Yellow Magic Orchestra (YMO) not only developed a new music genre (technopop), but also deliberately layered on heterogeneous elements while giving play to fashion, television and other wide-ranging media so as to continually recast themselves in a new image. Their work was synchronous with the methods of Pop Art, which challenged existing values by arbitrarily connecting traditional art contexts with mainstream culture. YMO called its own music "metapop" and sought to become "metamors" (a word derived from "metamorphosis"). Their second album, *Solid State Survivor*, for instance, mixes dissimilar styles, offering disco on its A-side and vocal and rock on its B-side, something Yukihiro Takahashi called "Tokyo Style." "We live in a city of excessive information... so establishing our own style is terribly difficult. What we can do is to gather the more inspiring bits only, mix it chaotically, and create new concepts."

What made YMO a truly "Pop" endeavor was its lineup, comprising three individuals of completely different backgrounds: Haruomi Hosono, Ryuichi Sakamoto and Yukihiro Takahashi. Hosono, who was already active as a bassist and producer following his work with Happy End, called on the other two to form a band. Sakamoto had studied piano and classical music since childhood, while Takahashi also worked as a fashion designer and had experience performing overseas with the Sadistic Mika Band. "If we go plural, it will look very designed," Hosono said, and true to his word, the three converged to form YMO, a dynamic Pop remix that would not have been possible in a solo format.

YMO's technopop was synonymous with the era's advanced electronic music, produced using synthesizers and computers. If we simply listen to their music's electronic sounds, it seems devoid of physical substance. Even at performances—such as at their 1981 live album *Winter Live* and '83 disbanding concert—the three band members configured the stage to hide their sound equipment, giving the appearance that they weren't actually performing, further emphasizing their perceived lack of physicality. In fact, however, YMO performances required the manipulation of huge cable-connected synthesizers, using switches and dials; along with the electronic music they hand-produced, it was the three members' consummate skill in performing to the beat of machines that enabled YMO's futuristic sound and aura.

The 1980s was an era of enormous change for the audience's physicality as well. The spread of cassette tapes in the '70s

Solid State Survivor, 1979
Photo credit: Masayoshi Sukita

黄色魔术乐团
文/難波祐子

日本电子乐团YMO（黄色魔术乐团）擅长用充满未来感的氛围创造新潮“科技流行”曲风，他们运用前卫的手法，采样80年代东京地下音乐并重新混音，如今，这样的创作手法被数字时代的继承者沿袭并发扬光大。

在1978年成立直至1983年解散的六年中，黄色魔术乐团（YMO）不仅创立了新的音乐流派（科技流行乐），而且在不同领域发挥各自的才华，在时尚、电视等各类媒体中不断改写着乐队新的形象。他们的作品结合波普艺术，随心所欲地将传统艺术和主流文化脉络相结合，挑战着大众的价值观。他们称自己的音乐为“元波普”，并力求成为“元变异”（取自“变形”一词）。例如他们的第二张专辑《固态幸存者》混合了多种风格，专辑A面是迪斯科，B面则是人声和摇滚，成员高桥幸宏称其为“东京风格”——“我们生活在一个信息爆炸的城市……所以建立一种属于自己的风格是非常困难的。我们所能做的就是不断积攒灵感，将它们随意混合，创造新的概念。”

令YMO成为一支真正的“波普”乐队的是它的阵容：细野晴臣，坂本龙一与高桥幸宏，三个人的背景各不相同。细野当时已经是十分活跃的贝司手和制作人，在和HAPPY END乐队分开之后，他邀请了另外两位音乐人共同组建了YMO。坂本毕业于东京艺术大学，自幼学习钢琴和古典音乐。兼具时装设计师身份的高桥，在加入YMO之前有过和SADISTIC MIKA乐队一同海外演出的经验。细野曾表示：“如果我们三人同时出现，将会有很强烈的设计感。”，他后来也的确成功组建了YMO，实现了只靠一人无法达成的多元波普效果。

YMO的“科技流行”曲风是当时使用合成器和计算机制作“先进电子音乐”的同义词。如果只听他们的电子声音，可能觉得声音本身缺乏某种形态。即使在现场——例如在1981年的“冬季”演唱会，以及1983年的解散演唱会上，三个成员也是故意将音响设备藏在专门设计的舞台布景之后，让人觉得他们并没有在表演，进一步弱化了作品本就稀薄的形态感。然而实际上，YMO的演出需要艺术家在现场灵活操作体积庞大的有线合成器、开关和拨键。三人凭借精湛的技巧和熟练的配合，通过机械科技创造出极富未来感的声音与氛围。

上世纪80年代也是听众形态发生巨大变化的时期。1970年代，磁带的流行使听众可以任意

ASIA NIGHT CLUB

配色：■ □ ■ ■
字体：Scotch Modern
尺寸：230 mm × 300 mm
页数：380页

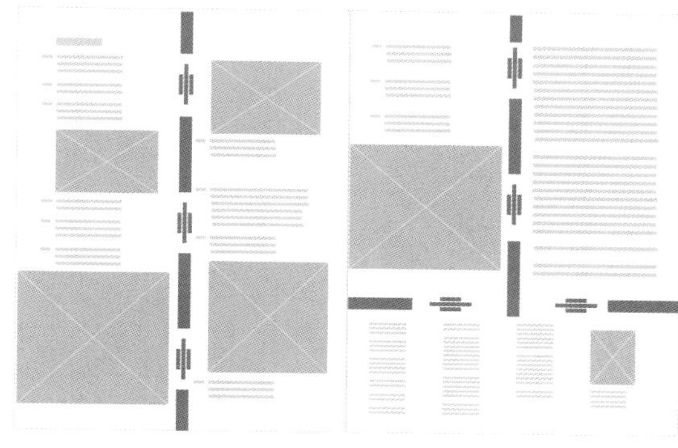

MAGAZINE 杂志

从八十年代的东京到改革开放之后的中国，无论是受西方意识形态的影响还是为了表现文化特性，夜生活一直都是定义亚洲都市文化的重要因素，既是自我表达的场所也是叛逆不羁的舞台。新一代的艺术家们，从未停止过在夜店中探寻自我，在迪斯科球的炫目灯光中出神。

From ’80s Tokyo to post-reform China, whether taking in Western ideologies or conveying cultural specificity, nightlife has been a consistently defining element of Asian urban culture, as well as a platform for self-expression and rebellion. New-generation artists haven’t failed to probe the club for an exploration of identity, gazing at their reflection in the mirrorball.

MONO 单声道

(^_^) o自

130

CAO FEI 曹斐

(◑.◑)

131

博尔舍事务所与《万花筒》的亚洲团队合作设计了本期杂志。他们先让亚洲团队针对中国读者完成了可读性高的中文版面。之后，他们再着手英文版面的设计，以确保每个元素和谐共处。

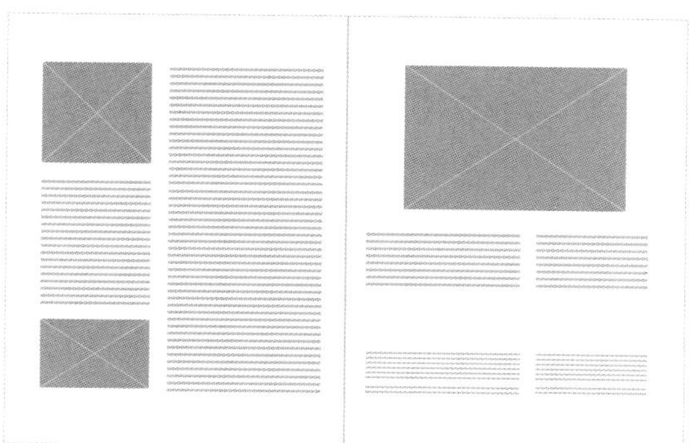

《纸有活力》

设计：**安德烈斯·伊格罗斯（Andrés Higueros）**
艺术指导：**巴勃罗·金特罗（Pablo Quintero）**
摄影：**爱德华多·金特罗（Eduardo Quintero），巴勃罗·金特罗，路易斯·佩德罗·卡斯特利亚诺斯（Luis Pedro Castellanos，杂志）**

《纸有活力》（*Papel Vivo*）是一本关于艺术、生活方式、文化和希望的杂志。该杂志旨在以其版式设计创造影响。它将普通杂志和爱好者杂志（fanzine）的理念相结合，使用黑、白配色。其受众是一群追求优秀设计、艺术和多元文化的年轻读者。伊格罗斯一直在寻找一种对比鲜明的风格，因此他使用了Druk扁窄体和Fenix Std。这两种无衬线字体拥有丰富的特性和变体。该杂志的版面设计是基于不对称的模块网格。

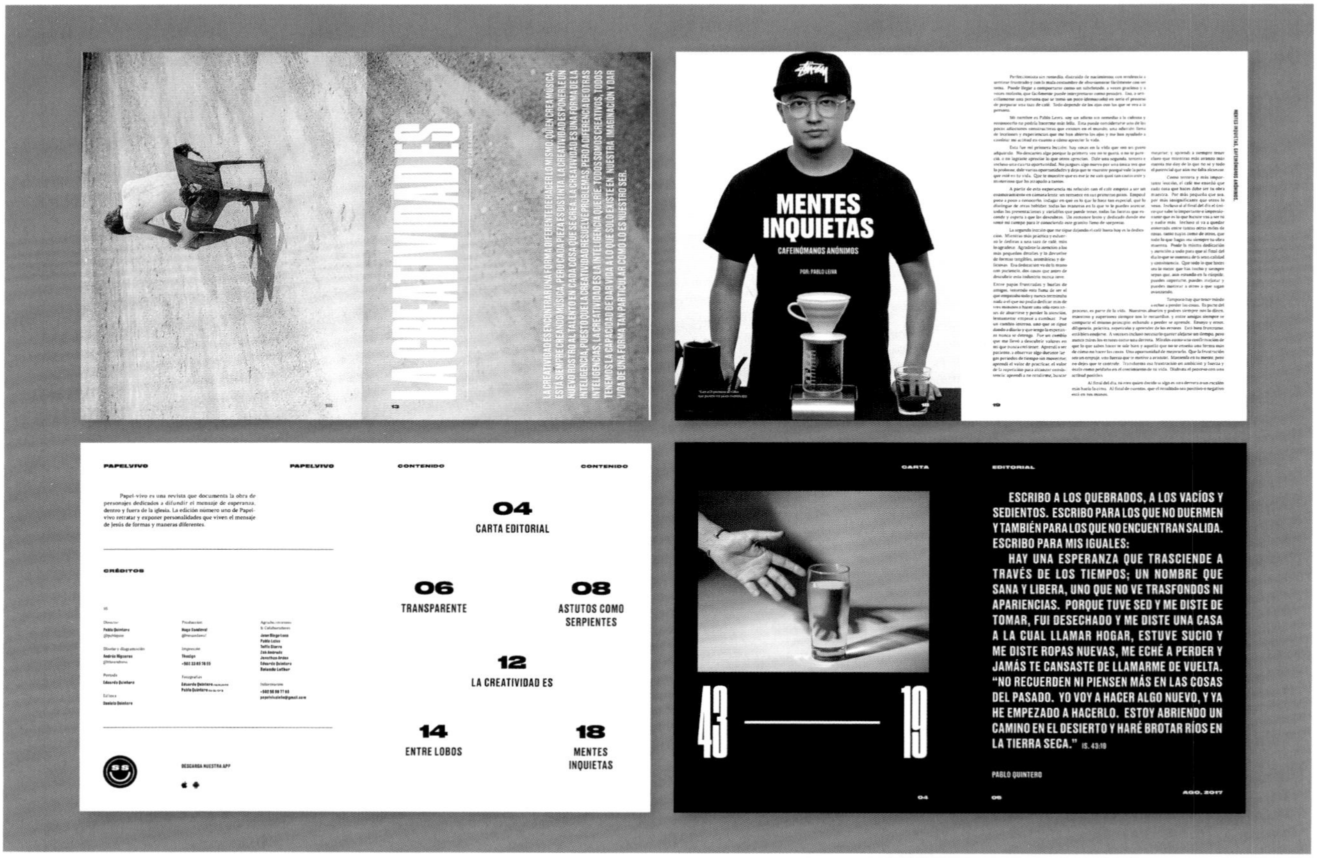

LA CREATIVIDAD ES

MENTES INQUIETAS
CAFEINÓMANOS ANÓNIMOS
POR: PABLO LEIVA

PAPELVIVO
CRÉDITOS
CONTENIDO

CARTA EDITORIAL

ESCRIBO A LOS QUEBRADOS, A LOS VACÍOS Y SEDIENTOS. ESCRIBO PARA LOS QUE NO DUERMEN Y TAMBIÉN PARA LOS QUE NO ENCUENTRAN SALIDA. ESCRIBO PARA MIS IGUALES:

HAY UNA ESPERANZA QUE TRASCIENDE A TRAVÉS DE LOS TIEMPOS; UN NOMBRE QUE SANA Y LIBERA, UNO QUE NO VE TRASFONDOS NI APARIENCIAS. PORQUE TUVE SED Y ME DISTE DE TOMAR, FUI DESECHADO Y ME DISTE UNA CASA A LA CUAL LLAMAR HOGAR, ESTUVE SUCIO Y ME DISTE ROPAS NUEVAS, ME ECHÉ A PERDER Y JAMÁS TE CANSASTE DE LLAMARME DE VUELTA. "NO RECUERDEN NI PIENSEN MÁS EN LAS COSAS DEL PASADO. YO VOY A HACER ALGO NUEVO, Y YA HE EMPEZADO A HACERLO. ESTOY ABRIENDO UN CAMINO EN EL DESIERTO Y HARÉ BROTAR RÍOS EN LA TIERRA SECA." IS. 43:19

43 — 19

PABLO QUINTERO

AGO. 2017

16 / "MIREN, LOS ENVÍO COMO OVEJAS EN MEDIO DE LOBOS. POR LO TANTO, SEAN ASTUTOS COMO SERPIENTES E INOFENSIVOS COMO PALOMAS"

Mateo 10:16 (NTV)

ASTUTOS COMO SERPIENTES

Jesús vino a hacer dos invitaciones, una "ven" y la otra "ve". Te invita a que recibas gracia, te invita a que des gracia.

La primera es una llamada con brazos abiertos a que nos acerquemos como somos. No se escandaliza con nuestras imperfecciones o errores sino que cubre con amor cada una de ellas; no depende de leyes cumplidas o incumplidas por comportamiento correcto o incorrecto porque la invitación es gracias a Su amor. Esta es una convocatoria a disfrutar la vida y quién realmente eres, con tus talentos y dones poder deleitarte en tu entorno.

La vida, lo que te rodea, la persona escribiendo y la persona leyendo, todo es imperfecto. Sin embargo, eso es lo bello de seguir a Jesús pues no tenemos que serlo para poder disfrutar. Todo lo que hacemos como la música, moda, las reuniones el fin de semana o la forma de conducirnos (estilo de vida), es para atraerte a Jesús. Pero no olvidemos que se extienden dos invitaciones. Puedes tener una moneda en tus manos e insistir solo ver una cara. No importa cuánto evites ver el otro lado, existe, está allí.

10

ASTUTOS COMO SERPIENTES

De la misma forma puedes tener una relación con Jesús y atender a la invitación para acercarte y que evites ver el otro lado, pero existe, está allí. Esta es la convocatoria que extendió a sus discípulos y hoy continúa haciéndolo en nuestros corazones, la invitación a ir.

Ahora bien, si yo deseo invitar a alguien a mi país comienzo con lo bello que es; con los 28 volcanes incluyendo el segundo más perfecto del mundo, los lagos, la gente servicial, el clima extraordinario. La invitación no incluiría el índice de crímenes, aunque tal vez lo menciono al final como "es un poquito peligroso". Jesús, en cambio, empezó la segunda invitación de la siguiente manera: "Los envió como ovejas en medio de lobos".

Para ese ambiente poco convencional nos da dos herramientas útiles, una es la mansedumbre (inofensivo), y la otra es la astucia. La astucia de una serpiente, el mismo animal que sedujo a la primera mujer invitándola a comer un fruto prohibido. Una serpiente se camuflajea, te atrae visualmente, es paciente, es escurridiza. De esa misma forma seré para extenderte las invitaciones que debas aceptar en tu corazón. No me cansaré hasta que aceptes ambas.

LA INVITACIÓN ES "VEN" Y "VE".

11

*Este still pertence al video que puedes ver ya en nuestra app.

18

MENTES INQUIETAS, CAFEINÓMANOS ANÓNIMOS.

Perfeccionista sin remedio, distraído de nacimiento; con tendencia a sentirse frustrado y con la mala costumbre de obsesionarse fácilmente con un tema. Puede llegar a comportarse como un sabelotodo, a veces gracioso y a veces molesto, que fácilmente puede interpretarse como pesadez. Eso, o sencillamente una persona que se tomó un poco (demasiado) en serio el proceso de preparar una taza de café. Todo depende de los ojos con los que se vea a la persona.

Mi nombre es Pablo Leiva, soy un adicto sin remedio a la cafeína y reconocerlo no podría hacerme más feliz. Esta puede considerarse una de las pocas adicciones constructivas que existen en el mundo; una adicción llena de lecciones y experiencias que me han abierto los ojos y me han ayudado a cambiar mi actitud en cuanto a cómo apreciar la vida.

Esta fue mi primera lección: hay cosas en la vida que son un gusto adquirido. No descartes algo porque la primera vez no te gustó, o no te pareció, o no lograste apreciar lo que otros aprecian. Dale una segunda, tercera e incluso una cuarta oportunidad. No juzgues algo nuevo por una única vez que lo probaste, dale varias oportunidades y deja que te muestre porqué vale la pena que esté en tu vida. Que te muestre que es ese je ne sais quoi tan cautivante y misterioso que ha atrapado a tantos.

A partir de esta experiencia mi relación con el café empezó a ser un enamoramiento en cámara lenta; un romance en sus primeros pasos. Empecé poco a poco a conocerlo, indagar en qué es lo que lo hace tan especial, qué lo distingue de otras bebidas; todas las maneras en la que te le puedes acercar; todas las presentaciones y variables que puede tener, todas las facetas que esconde y espera a que las descubras. Un romance lento y dedicado donde me tomé mi tiempo para ir conociendo este granito lleno de sorpresas.

La segunda lección que me sigue dejando el café hasta hoy es la dedicación. Mientras más práctica y esfuerzo le dedicas a una taza de café, más lo agradece. Agradece la atención a los más pequeños detalles y lo devuelve de formas tangibles, aromáticas y deliciosas. Esa dedicación va de la mano con paciencia, dos cosas que antes de descubrir esta industria nunca tuve.

Entre papás frustrados y burlas de amigos, teniendo esta fama de ser el que empezaba todo y nunca terminaba nada o el que no podía dedicar más de tres minutos a hacer una sola cosa antes de aburrirse y perder la atención, lentamente empecé a cambiar. Fue un cambio interno, uno que se sigue dando a diario y que tengo la esperanza nunca se detenga. Fue un cambio que me llevó a descubrir valores en mí que nunca creí tener. Aprendí a ser paciente, a observar algo durante largos períodos de tiempo sin moverme; aprendí el valor de la práctica, el valor de la repetición para alcanzar consistencia; aprendí a no rendirme, buscar mejorar; y aprendí a siempre tener claro que mientras más avanzo más cuenta me doy de lo que no sé y todo el potencial que aún me falta alcanzar.

Como tercera y más importante lección, el café me enseñó que cada cosa que haces debe ser tu obra maestra. Por más pequeña que sea, por más insignificante que otros lo vean. Incluso si al final del día el único que sabe lo importante o impresionante que es lo que hiciste vas a ser tú y nadie más. Incluso si va a quedar enterrada entre tantas otras miles de cosas, tanto tuyas como de otros, que todo lo que hagas sea siempre tu obra maestra. Ponle la misma dedicación y atención a todo para que al final del día lo que se conozca de ti sean calidad y consistencia. Que todo lo que haces sea lo mejor que has hecho y siempre sepas que, aún estando en la cúspide, puedes superarte, puedes mejorar y puedes motivar a otros a que sigan avanzando.

Tampoco hay que tener miedo a echar a perder las cosas. Es parte del proceso, es parte de la vida. Nuestros abuelos y padres siempre nos lo dicen, maestros y superiores siempre nos lo recuerdan, y entre amigos siempre se comparte el mismo principio: echando a perder se aprende. Ensayo y error, diligencia, práctica, repetición y aprender de los errores. Está bien frustrarse, está bien enojarse. A veces es incluso necesario querer alejarse un tiempo, pero nunca mires los errores como una derrota. Míralos como una confirmación de que lo que sabes hacer te sale bien y aquello que no te enseña una forma más de cómo no hacer las cosas. Una oportunidad de mejorarlo. Que la frustración sea un empuje, una fuerza que te motive a avanzar. Mantenla en tu mente, pero no dejes que te controle. Transforma esa frustración en ambición y fuerza y úsalo como peldaño en el crecimiento de tu vida. Disfruta el proceso con una actitud positiva.

Al final del día, tú eres quien decide si algo es una derrota o un escalón más hacia la cima. Al final de cuentas, que el resultado sea positivo o negativo está en tus manos.

19

配色：■ □　　字体：Druk和Fenix Std　　尺寸：230 mm × 300 mm　　页数：20页

《12建筑》

设计工作室：creanet

创意指导：**何塞·莫雷诺**

creanet受委托设计杂志《12建筑》(*12 Architecture*)，其内容由建筑师创作和撰写，面向的读者也是建筑师。该杂志的内容涵盖了各种建筑物解读以及相关文章。

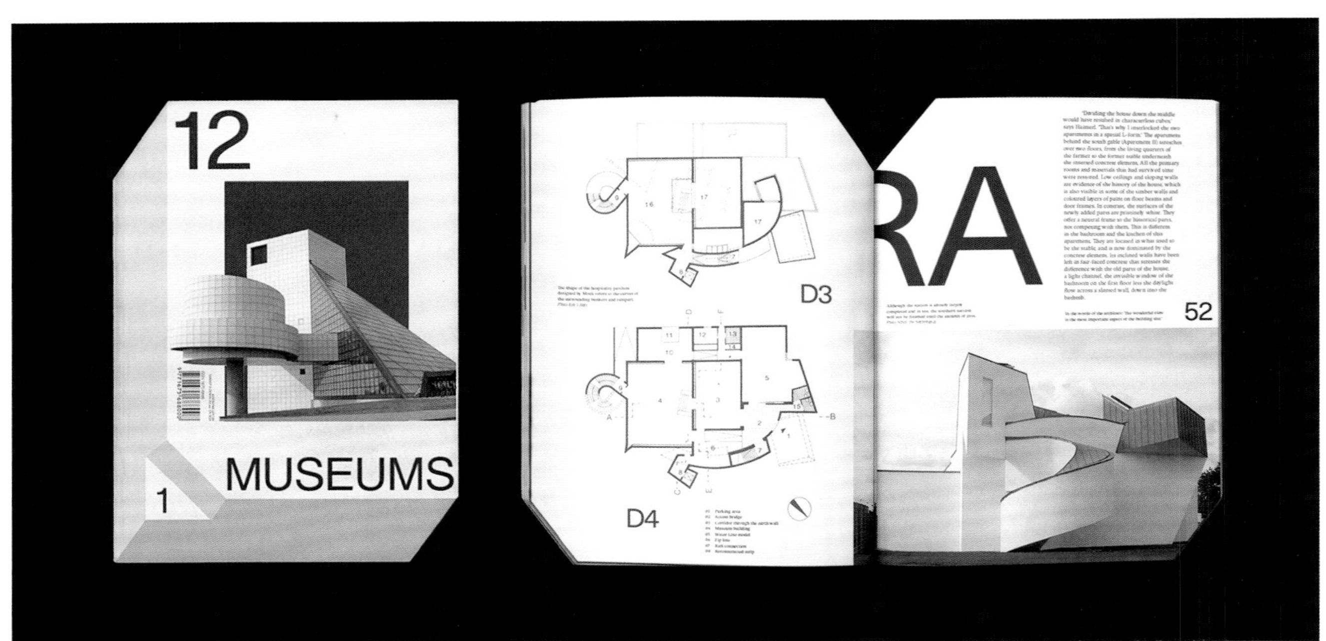

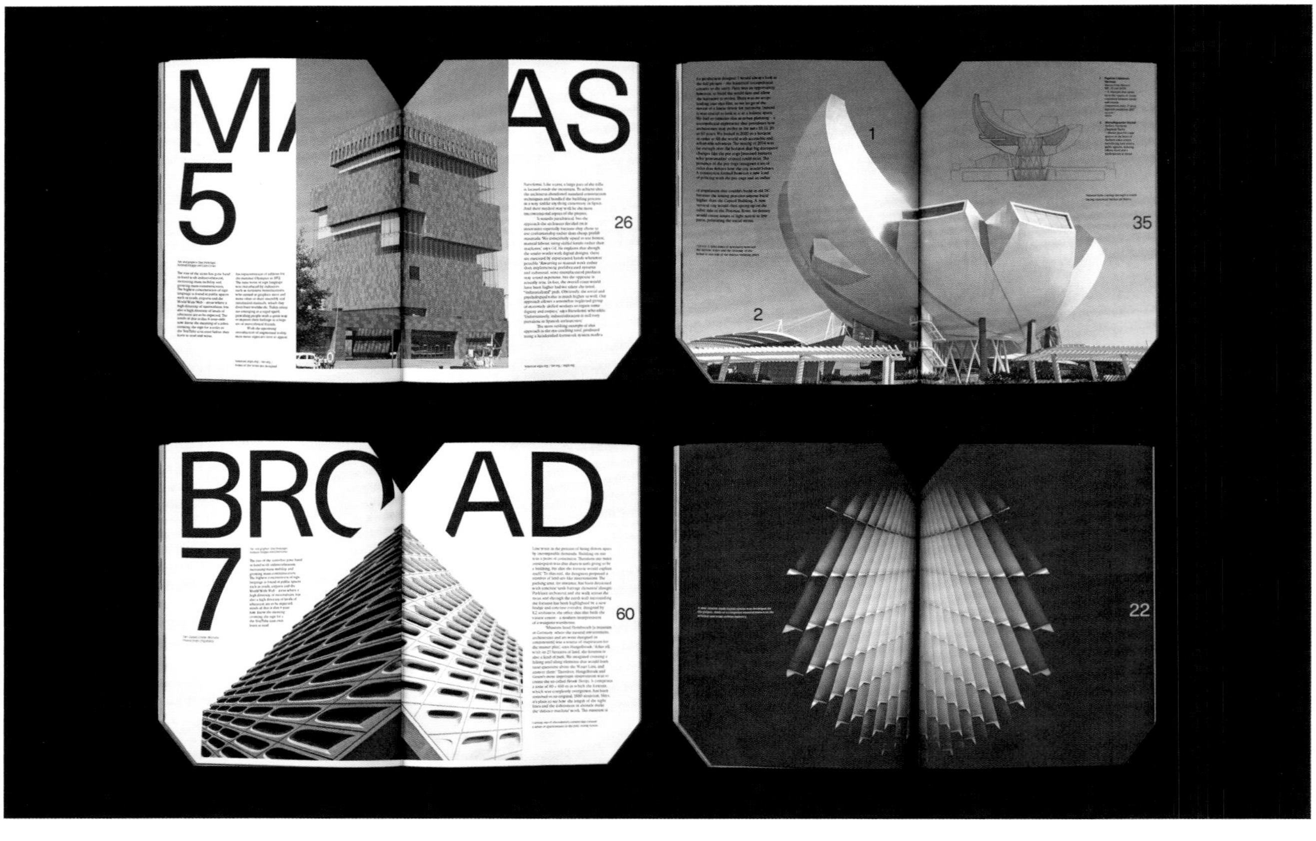

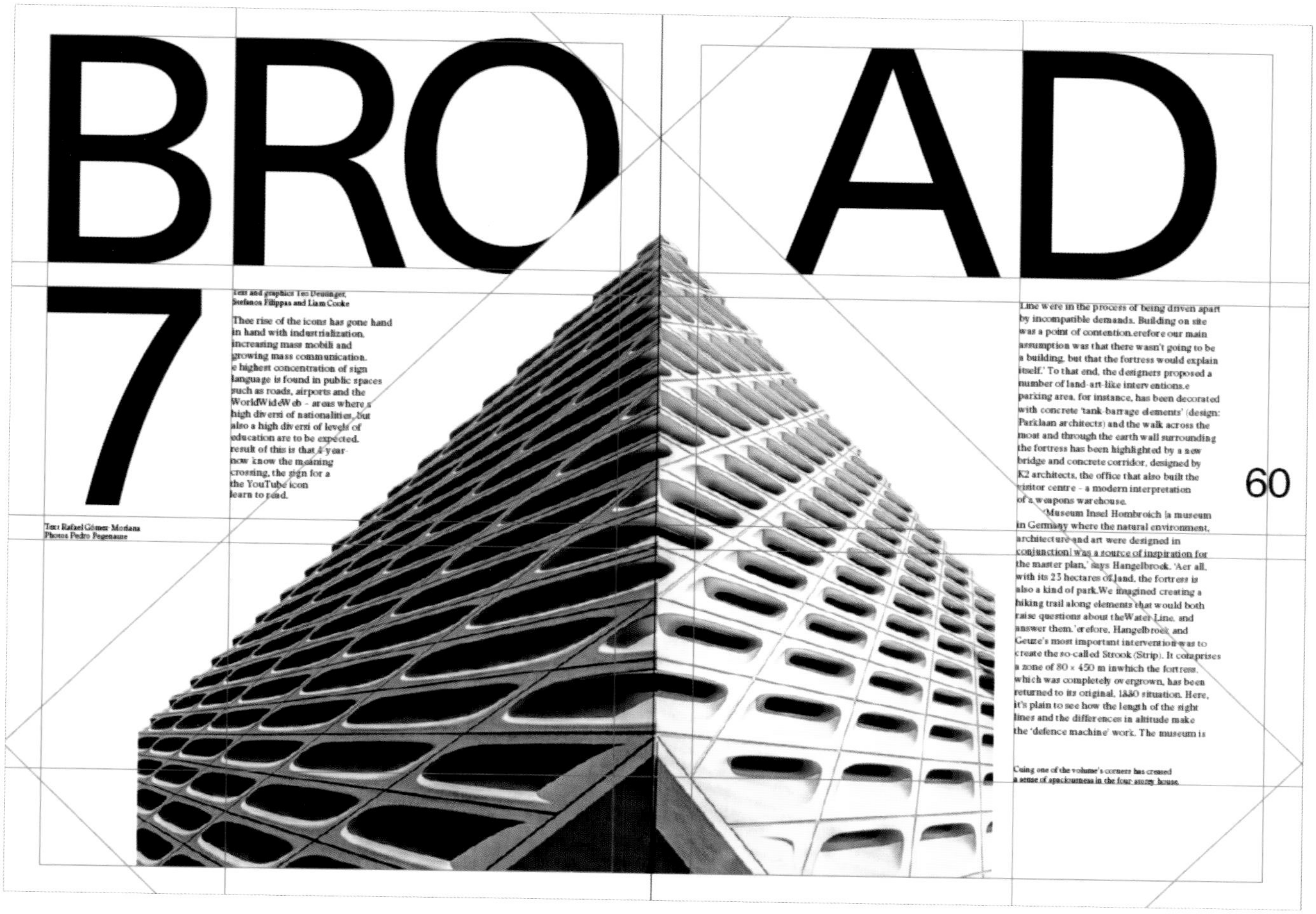

BRO AD

7

Text and graphics Teo Deuninger, Stefanos Filippas and Liam Cooke

Thee rise of the icons has gone hand in hand with industrialization, increasing mass mobili and growing mass communication. e highest concentration of sign language is found in public spaces such as roads, airports and the WorldWideWeb – areas where a high diversi of nationalities, but also a high diversi of levels of education are to be expected. result of this is that 4-year- now know the meaning crossing, the sign for a the YouTube icon learn to read.

Text Rafael Gómez-Moriana
Photos Pedro Pegenaute

60

Line were in the process of being driven apart by incompatible demands. Building on site was a point of contention.erefore our main assumption was that there wasn't going to be a building, but that the fortress would explain itself.' To that end, the designers proposed a number of land-art-like interventions.e parking area, for instance, has been decorated with concrete 'tank-barrage elements' (design: Parklaan architects) and the walk across the moat and through the earth wall surrounding the fortress has been highlighted by a new bridge and concrete corridor, designed by K2 architects, the office that also built the visitor centre – a modern interpretation of a weapons warehouse.

'Museum Insel Hombroich (a museum in Germany where the natural environment, architecture and art were designed in conjunction) was a source of inspiration for the master plan,' says Hangelbroek. 'Aer all, with its 23 hectares of land, the fortress is also a kind of park.We imagined creating a hiking trail along elements that would both raise questions about theWater Line, and answer them.'erefore, Hangelbroek and Geuze's most important intervention was to create the so-called Strook (Strip). It comprises a zone of 80 × 450 m inwhich the fortress, which was completely overgrown, has been returned to its original, 1880 situation. Here, it's plain to see how the length of the sight lines and the differences in altitude make the 'defence machine' work. The museum is

Cuing one of the volume's corners has created a sense of spaciousness in the four-storey house.

配色：■ □
字体：Helvetica和Stanley
尺寸：210 mm × 297 mm (A4)
页数：127页

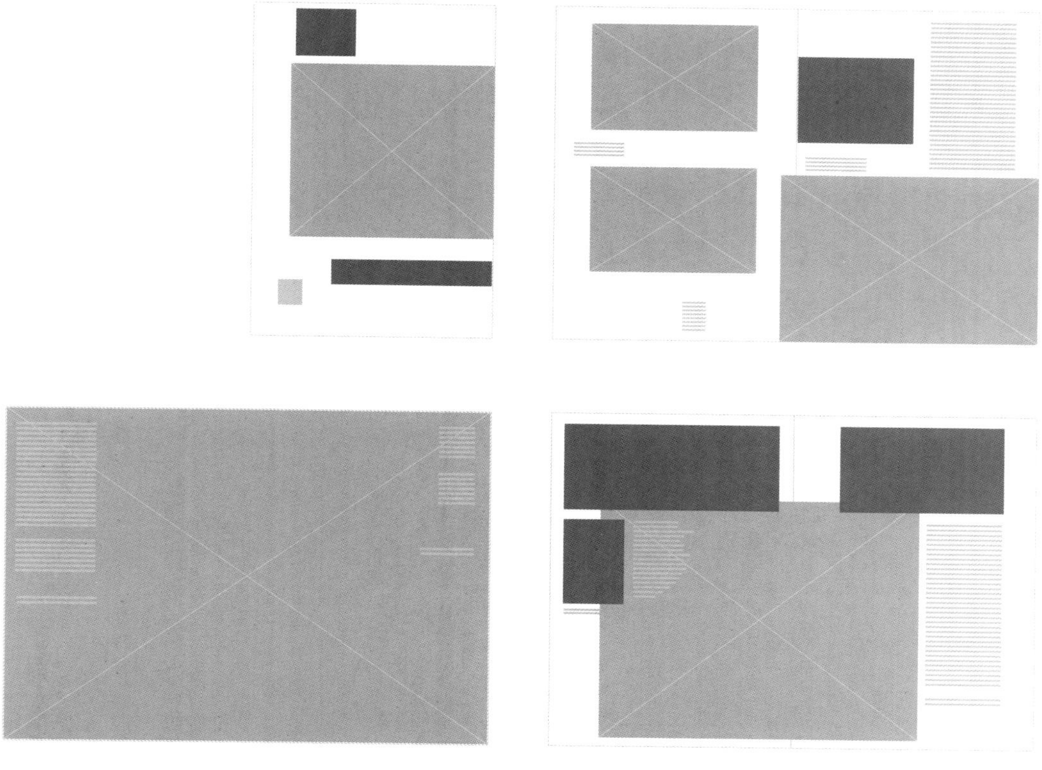

《空间探索者》

设计工作室：Pyramid
摄影：**罗宾·梅勒（Robin Mellor）**
客户：**空间探索者**

空间探索者（*Space Explorer*）由罗宾·梅勒创立，是一个大型公共艺术展览的先锋模式。它突破了以往保守又传统的画廊展览模式，利用手机技术增强观展的趣味性和互动性。Pyramid公司受委托设计其同名杂志、品牌视觉形象、应用程序和周边物料。空间探索者的首场展览名为“另一个时空”（Another Space & Time），把未经开发的哈克尼区变成北美沙漠地区的思想启蒙地。其版面网格采用的是6栏网格。

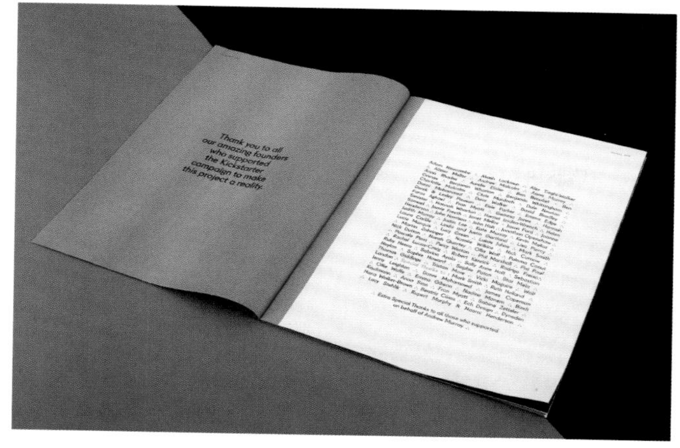

Space Explorer Vol.01

Hackney 2015

Journey through Hackney

With Space Explorer's attention firmly on global communities, we've teamed up with the inspirational art and technology hub VSCO, drawing on their vast community of diverse, creative talent to focus a little more locally.

Willy Lamers

ee_lowndes

ginirhee

jamesrossphotography

We journey through the space and time of Hackney's landscapes with VSCO's incredibly talented members, drawing fresh perspectives of the area we call home.

24

25

配色：■ □ ■　　字体：**Fugue**　　尺寸：**200 mm × 270 mm**　　页数：**32页**

《02点2》第6期

设计工作室：GeneralPublic
摄影：罗宾·梅勒
客户：Zoo Galerie

《02点2》（*02point2*）是一份当代艺术年刊，印量为20,000册，免费派发给法国和欧洲境内200多家艺术场馆，包括画廊、当代艺术博物馆、学校、艺术中心和展会等。

在第6期中，GeneralPublic重新诠释了这本杂志自2002年奠定的基调，彰显其最突出的个性。GeneralPublic为其丰富的内容找到了最实用而生动的设计方案：建立严谨的网格来排版理论文章、采访，同时让图片在文本之间随意穿插、悬浮，打破僵化的版式，疏密有致。在作品集部分，版面更多用于展示艺术家们的作品，出血图片带给读者一种观展的体验。

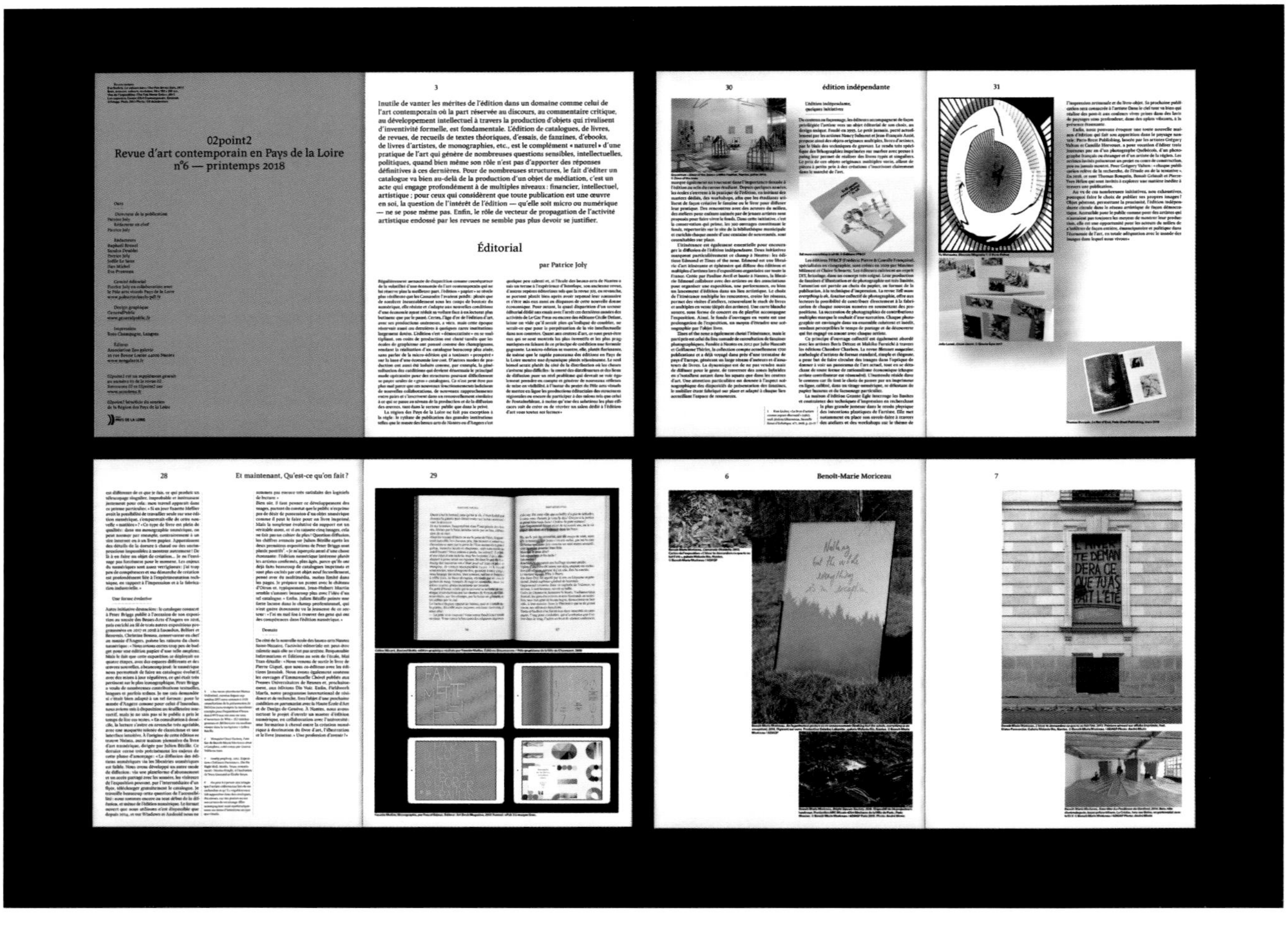

34 édition indépendante 35

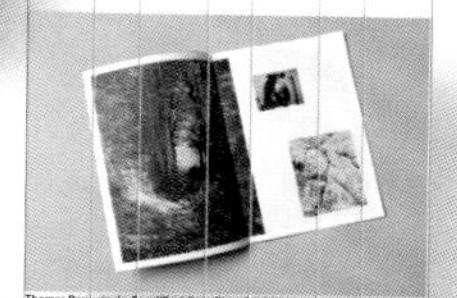

28 Et maintenant, Qu'est-ce qu'on fait ? 29

配色：■ ■　　字体：**JAF Laptur**　　尺寸：**210 mm × 297 mm (A4)**　　页数：**40页**

GeneralPublic一直在寻找一种易读性高、具有书法风格的字体。最终，他们选择了JAF Laptur。Laptur字体在结构上带有传统黑体风格，醒目而和谐，与杂志的版面完美契合。

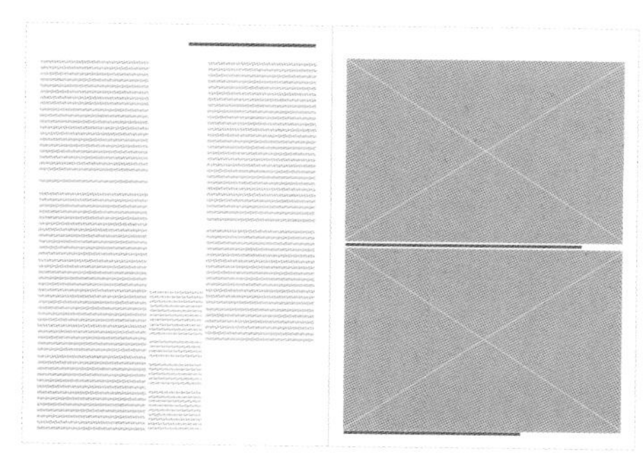

《格式之战》

设计工作室：**格式之战（Format Wars）**
设计：**佛罗伦西亚·维亚达纳（Florencia Viadana）**
内容文本：**埃米莉娅诺·昆塔纳（Emiliano Quintana）**

《格式之战》(*Format Wars*) 是一本为胶卷摄影师和摄影作家提供创作空间的独立杂志。佛罗伦西亚 · 维亚达纳在从布宜诺斯艾利斯搬家到阿姆斯特丹的途中萌发了这个念头。在收拾行李时，她发现了多年来创作和收藏的老照片、剪贴簿和日记。这些资料莫名触动了她的心，最终促成了这本呈现美丽故事、收藏照片的刊物的问世。

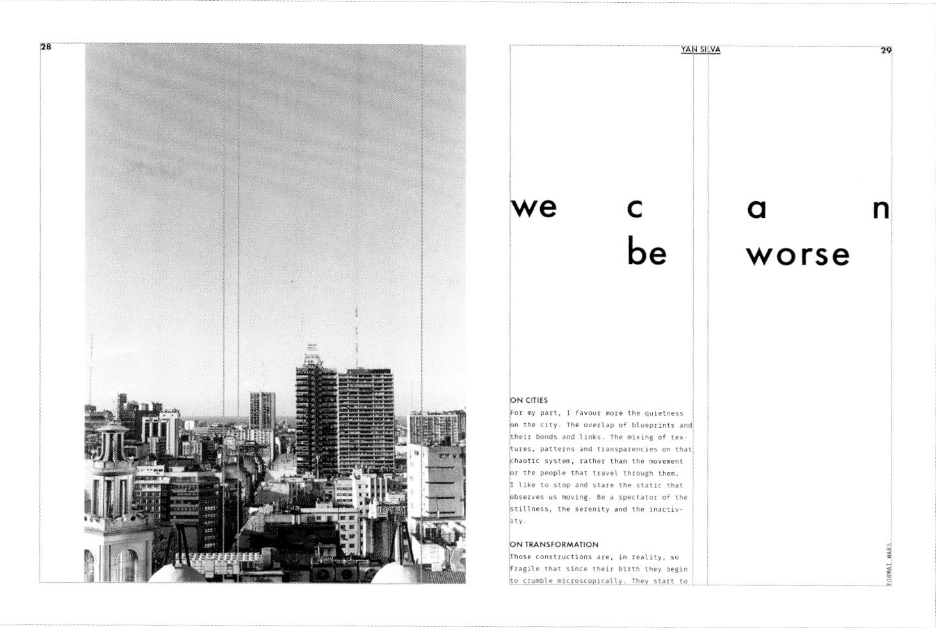

配色：■ ■　　字体：Fira Mono和Futura　　尺寸：160 mm × 220 mm　　页数：52页

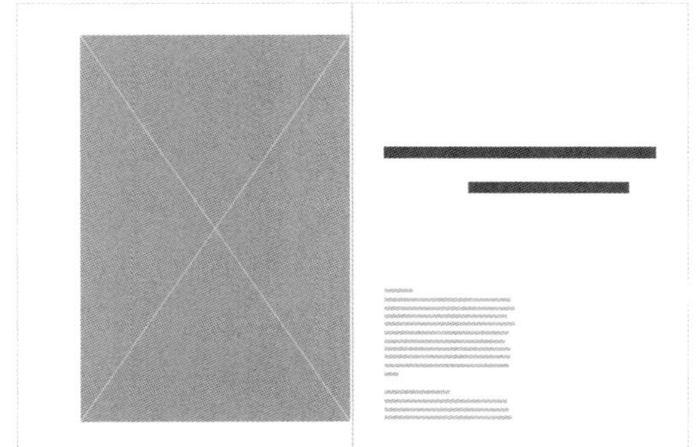

OLIVER SACKS, M.D.
2 Horatio Street, 3G
New York, NY 10014
Tel: (212) 633-8373
Fax: (212) 633-8928

Nov 27, 02

Dear Mr. Friedman,

Many thanks for your interesting letter.

I had intended to to the ' Electric City in 3 D ' evening at the NYSS myself, but something came up at the last minute ; but from what you tell me, I might have found it (or 50% of it) a neurological strain ..

You had quite a pseudoscopic experience (on alternating slides), I gather - but pseudoscopy has its own fascinations - as well as paradoxes and sometimes torments). As a boy I liked making psuedoscopes, easily done with mirrors and a cardboard tube and I describe this (and some other early stereo-experiences in my book Uncle Tungsten (pp 141-3, in the photography chapter).

I cannot think of a naturally-occurring anomaly causing the brain to receive the ' wrong ' inputs - but I suspect that if such an anomaly existed (e.g. congenitally) the brain, in its plasticity, would adapt, and provide ' true ' (rather than ' pseudo ') stereo-vision. But the stereo ' module ' is probably ' set ' fairly early (e.g. by a few weeks or months old), and then relatively rigid, and I doubt if it would be capable of rectifying an introduced falsity of input (e.g. wearing pseudoscopic spectacles). But very great optical distortions can be accomodated to in 2-3 weeks (e.g. wearing glasses which invert the image(s))... this is especially described by J.J. Gibson (who came to Oxford as a visiting professor when I was a student there 50 years ago). Incidentally I describe a personal loss (or destruction) of stereovision - and its recovery - after being kept in a confined space for 3 weeks in my book A Leg to Stand On (pp 126-7). Stereo- is a fascinating experience - sad that 5-10% apparently don't have it at all

PAGE 19
Scan from J. G. Ballard, The Atrocity Exhibition ©1970.

PAGE 24 - 25
1. Walker Evans, Subway Passengers, New York City: Elderly Woman in Fur Collar, Man Reading Newspaper, 1938.
2. Bob Adelman's Down Home, 1972.
3. Jewish boy photographed in 1943 during a round-up in the Warsaw Ghetto.
4. Roman Vishniac, Daily life in the ghettos of Poland, 1938.
5. Weegee, Crime scenes of New York, 1941.
6. Dorothea Lange, 1942.
7. "The pictures of a Vietnamese bonze reaching for the gasoline can, of a Bengali guerrilla in the act of bayoneting a trussed-up collaborator, comes from the awareness of how plausible it has become, in situations where the photographer has the choice between a photograph and a life, to choose the photograph".
8. "An inept dreamy Buster Keaton vainly struggling with his dilapidated apparatus".
9. August Sander, Circus People, c.1926-32, printed 1990.
10. "The photographs Mathew Brady and his colleagues took of the horrors of the battlefields did not make people any less keen to go on with the Civil War. The photographs of ill-clad, skeletal prisoners held at Andersonville inflamed Northern public opinion - against the South."
11. Bergen-Belsen, Dachau, 1945.
12. Walt Whitman in Camden, 1891.
13. Proust on his deathbed.

PAGE 26 - 27
Hubble Space Telescope image of the Andromeda galaxy M31 (credit: NASA, ESA).

PAGE 33
Pentax K1000 - The New Street Machine, 1976.

PAGE 50
Letter from Oliver Sacks to David Friedman, 2002.

I shoot film compulsively. I carry my camera everywhere I go, so is only natural for me to have it by my side on my trips. Nevertheless, I can notice a difference when abroad. First of all, I tend to shoot a massive amount of film per day. Maybe it's because the new place always seems refreshing and exciting, but maybe I too feel predisposed and found everything charming and inviting. On my last trip to Brazil, I had an interesting conversation with some fellow photographers, where I realised I was just shooting too much, and I wouldn't be able to appreciate it all later. So I ended up shooting mostly with my phone camera, and gave my analogue a much more worthy use, without sacrificing my compulsive need of taking pictures. Another characteristic of being abroad is that, once I'm back when I start developing and editing the material, is like a second trip, a comeback to those moments. It usually takes me a few days, and I enjoy it a lot. I tend to remember the pictures I took and some of them I crave to see.

The main reason I take pictures is that I want people to have a glimpse of what I saw. I keep my love for the world in my photographs, and then I give them away as a gift.

I feel the impulse to organise what I see. I take photographs ordering what's inside the frame. I transformed my tremendous pressure to order, into my creative tool. What I'm showing is my world, my temple. This is how it's like to be me. This is my pool, and you can take a dip in it, and maybe found peace.

I'd define my style as analogue self-referential. A diary with sprinkles of daily magic and obsessive in compositional terms. ■

THE ATROCITY EXHIBITION II

Apocalypse.

Notes Towards a Mental Breakdown.

Internal Landscapes.

The Weapons Range.

italo calvino on photography and

the art of presence

"The life that you live in order to photograph it is already, at the outset, a commemoration of itself."

"Needing to have reality confirmed and experience enhanced by photographs is an aesthetic consumerism to which everyone is now addicted," Susan Sontag wrote in her legendary 1977 treatise on photography, which stands as an astoundingly prescient depiction of today's visual culture. But seven years earlier, **Italo Calvino** (October 15, 1923–September 19, 1985) — another writer of extraordinary prescience and enduring cultural insight, and a man of great wisdom on writing, the psychology of distraction and procrastination, the paradox of America, and the meaning of life – spoke to this same concept in his magnificent 1970 short story collection **Difficult Loves.**

Through the words of one of his characters – a photographer named Antonino – Calvino channels the compulsive nature of our "aesthetic consumerism" and captures our tendency to leave the moment in the act of immortalizing it:

"The line between the reality that is photographed because it seems beautiful to us and the reality that seems beautiful because it has been photographed is very narrow… The minute you start saying something, "Ah, how beautiful! We must photograph it!" you are already close to the view of the person who thinks that everything that is not photographed is lost, as if it had never existed, and that therefore, in order really to live, you must photograph as much as you can, and to photograph as much as you can you must either live in the most photographable way possible, or else consider photographable every moment of your life. The first course leads to stupidity; the second to madness."

Decades before we started manicuring and art-directing life in order to Instagram it rather than simply living its glorious messiness, and even before Annie Dillard's unforgettable meditation on the difference between walking with and without a camera, Calvino writes:

"The taste for the spontaneous, natural, lifelike snapshot kills spontaneity, drives away the present. Photographed reality immediately takes on a nostalgic character, of joy fled on the wings of time, a commemorative quality, even if the picture was taken the day before yesterday. And the life that you live in order to photograph it is already, at the outset, a commemoration of itself."

All thirteen stories in **Difficult Loves** are absolutely wonderful, exploring various aspects of relationships and the contortions of communication.

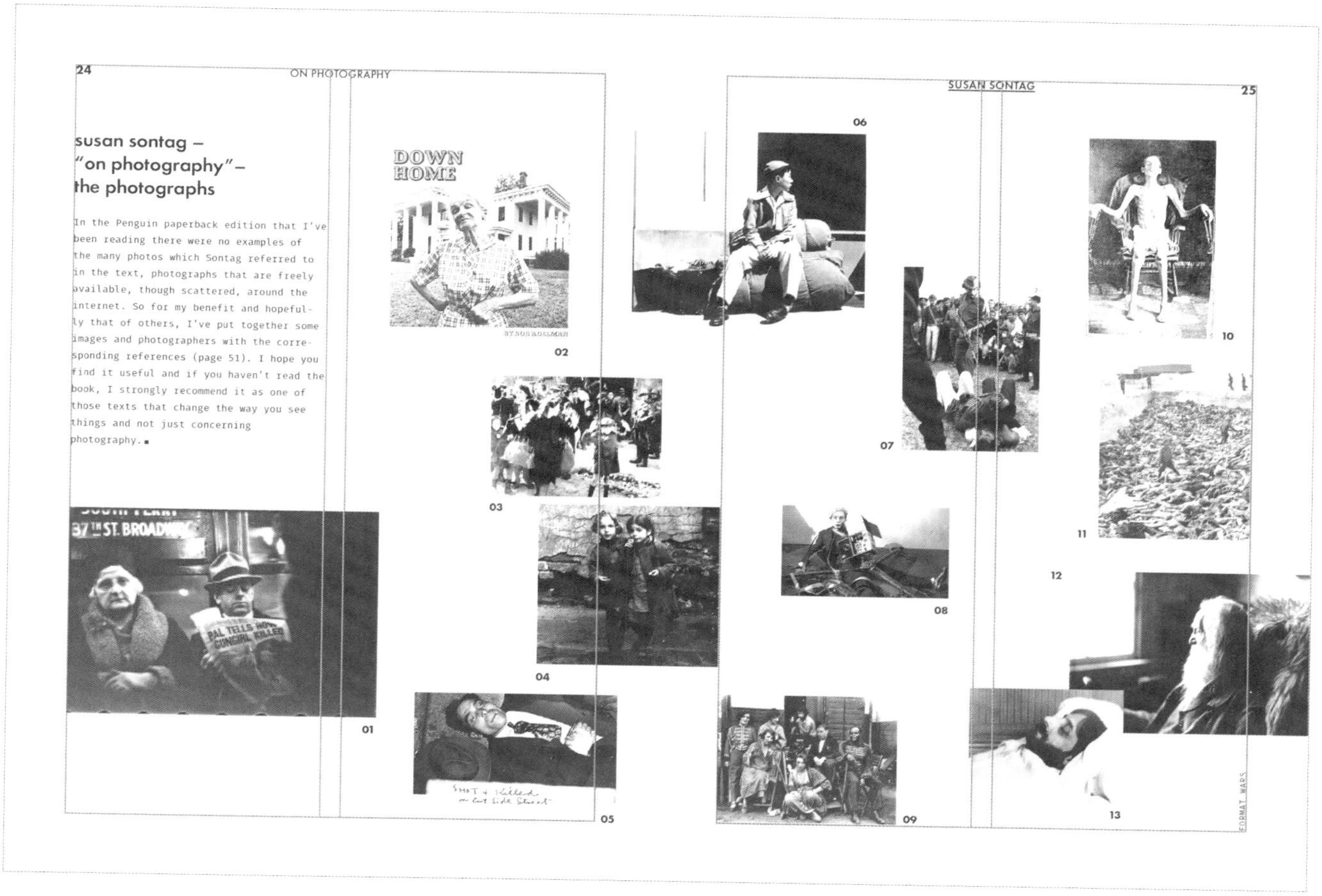

24 ON PHOTOGRAPHY

susan sontag – “on photography”– the photographs

In the Penguin paperback edition that I’ve been reading there were no examples of the many photos which Sontag referred to in the text, photographs that are freely available, though scattered, around the internet. So for my benefit and hopefully that of others, I’ve put together some images and photographers with the corresponding references (page 51). I hope you find it useful and if you haven’t read the book, I strongly recommend it as one of those texts that change the way you see things and not just concerning photography.■

01 02 03 04 05

SUSAN SONTAG 25

06 07 08 09 10 11 12 13

FORMAT WARS

维亚达纳试着在整本杂志中保持一种克制的风格，因此她选择了醒目、沉稳的字体，例如Fira Mono和Futura。她认为，这些字体能够与照片相得益彰，不会过分突出而分散读者对图片的注意。

《蓝图》

设计师：**叶卡捷琳娜·尼古拉耶娃（Ekaterina Nikolaeva）**

策展：**德米特里·德维威里（Dmitry Devishvili），玛利亚·克罗扬特（Maria Cheloyants）**

《蓝图》（*The Blueprint*）是由叶卡捷琳娜个人编撰的一本关于时尚、美容和现代文化的独立杂志。该杂志包括5个部分，收录有关时尚潮流、创意人士访谈、高级时装店历史和电影新风格等话题的文章。这是尼古拉耶娃在斯特罗加诺夫莫斯科国立艺术与工业大学（Stroganov Moscow State Academy of Arts and Industry）读书时为一门课程做的项目。

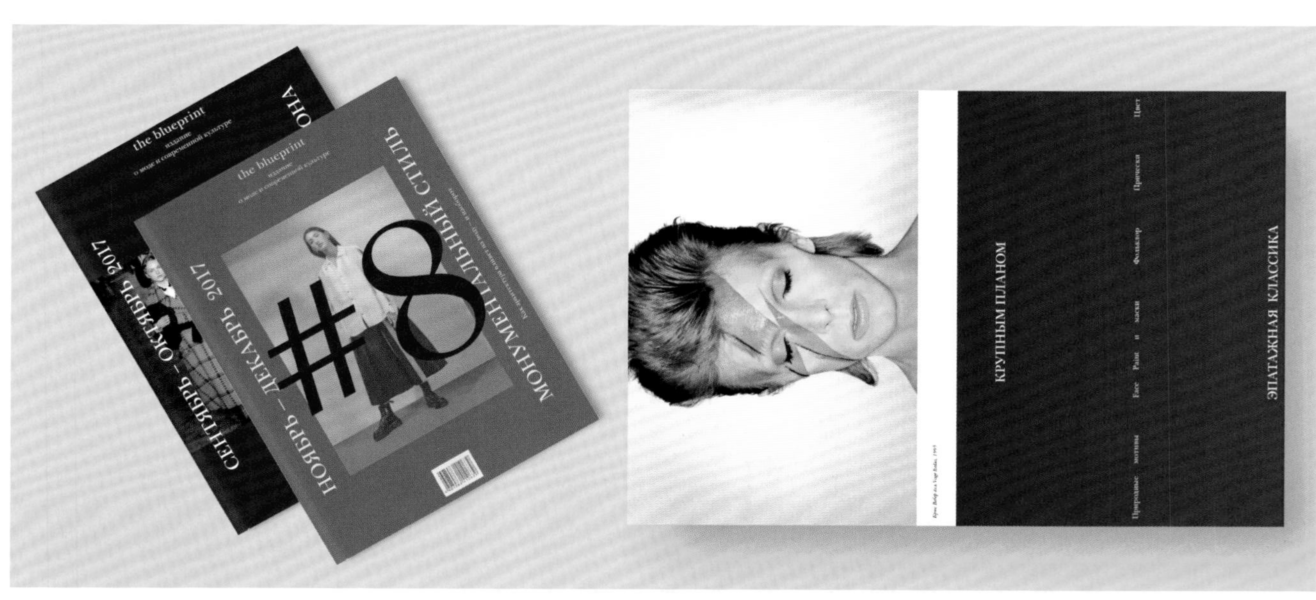

БЬОРК ГУД-МУНДСДОТ-ТИР: МОДА КАК ВЫСКАЗЫ-ВАНИЕ

За свои 52 года Бьорк накопила целый гардероб безумных сценических (и не только) костюмов. Чему у нее следуют поучиться, так это открытости к экспериментам. За ней, как за фениксом, можно бесконечно наблюдать — а с недавнего времени еще и в очках виртуальной реальности.

«Я фонтан крови в облике девушки», – Бьорк и Александр Маккуин подружились на почве интереса к тематике смерти. Их сотрудничество над альбомом Homogenic (1997) ставит точку в периоде розово-жвачного панка The Sugarcubes, где пела Бьорк. Помимо прочего Маккуин создал для нее платье из колокольчиков (только колокольчиков) для клипа Who Is It. А в феврале 2010-го в его же платье она выступала на похоронах дизайнера. С тех пор Бьорк практически не увидеть в простых трикотажных платьях из ранних клипов – разве что на рыбном рынке в Рейкьявике. Теперь – только архитектурный крой и космические формы от Хуссейна Чалаяна и Ирис ван Харпен.

В прошлом году Бьорк присоединилась к рядам экоактивистов и развернула акцию по спасению уникального ландшафта Исландии от попыток правительства покрыть его дамбами и электростанциями. Возможно, в этой инициативе Бьорк увидела угрозу и эльфам, обитающим в тех краях. В Исландии, по ее словам, в их существовании никто не сомневается. Ей близко анимистическое видение мира, и сама она любит примерять «природные» образы. Так, на фестивале Governors Ball в 2015 году Бьорк выступила в образе бабочки, придуманном датчанкой Николин Лив Андерсен, а на гастролях с альбомом Vulnicura вышла на сцену в шапке-одуванчике от Маико Такеды. А лебедей, к слову, было три, а не только тот, что на «Оскаре».

Если не кристаллы, то хитроумная вышивка, если не вышивка, то 3D-принтер – последние несколько лет Бьорк скрывает свое лицо на выступлениях. Началось все с маски из кристаллов на Fashion Rocks в 2003 году, дальше был практически индейский раскрас на гастролях Volta и маска-мотылек от вышивальщика Джеймса Мерри. А в этом году в Массачусетском технологическом институте по проекту архитектора Нери Оксман напечатали для нее на 3D принтере серию масок, имитирующих мышцы лица. Что скрывается за страстью Бьорк к маскараду, неизвестно, но антропологи напоминают, что грим и маски у древних племен являлись средством перехода в другую реальность. В случае с Бьорк – прямо в космос.

Мифологические мотивы – ключевой элемент в творчестве Бьорк, причем она транслирует свои идеи не только на волне скандинавского эпоса. Например, в клипе Wanderlust она стоит в национальном монгольском костюме у реки на краю земли. Можно строить теории, почему именно монголы, река и буйволы, но предлагаем не озадачиваться вопросом, что хотел сказать автор, а просто наслаждаться происходящим. Среди других излюбленных национальных образов – стерео-гейша. Впервые Бьорк появилась в этом образе на обложке Homogenic (ее стилизовал Маккуин), а в этом году похожий портрет украсил афишу выставки Bjork Digital в Лондоне.

配色：■ ■
字体：ITC New Baskerville和Univers
尺寸：210 mm × 285 mm
页数：128页

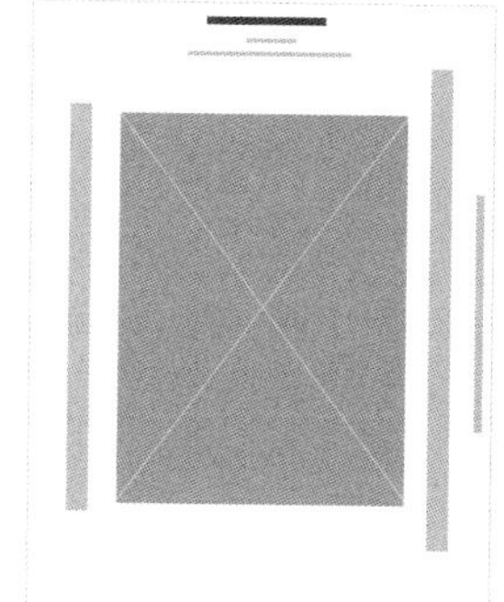

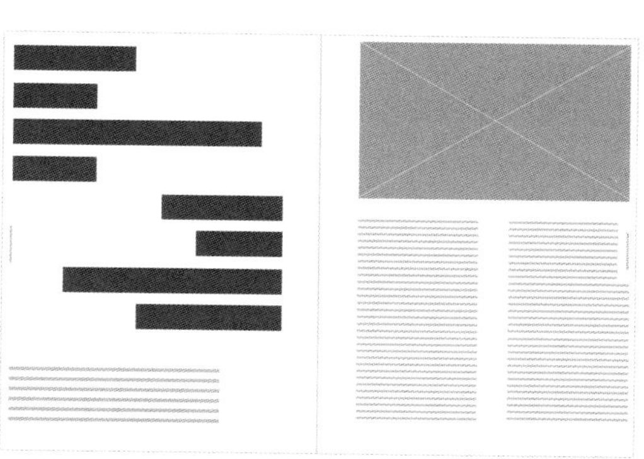

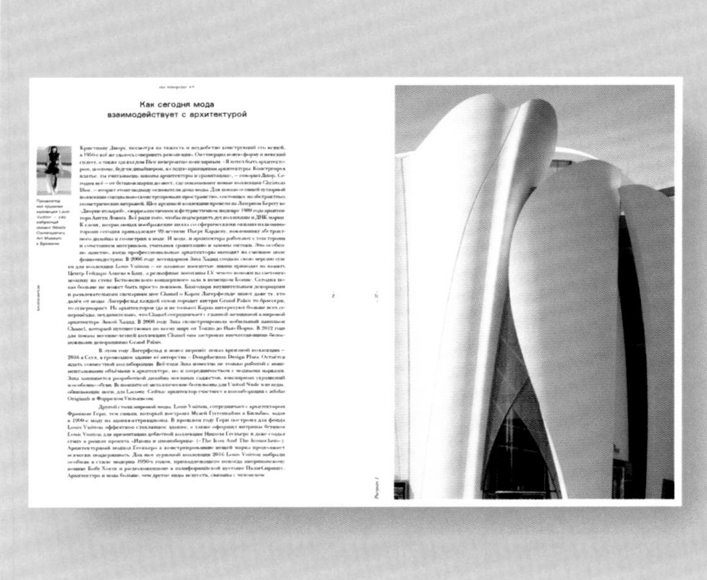

Как сегодня мода взаимодействует с архитектурой

Герт Йонкерс, главный редактор Fantastic Man

1.

BALENCIAGA

ВСЁ, ЧТО НУЖНО ЗНАТЬ ОБ ИСТОРИЧЕСКОМ МОДНОМ ДОМЕ, В ОДНОМ НАГЛЯДНОМ МАТЕРИАЛЕ.

Текст:
Анастасия Ворошкевич

Парижский модный дом Balenciaga пережил за восемьдесят лет существования и всемирное признание, и два десятилетия забвения. Кристобаль Баленсиага основал его в 1937-м и благодаря собственному авангардному видению, таланту и высокой работоспособности создал немало нарядов, которые сегодня принято считать революционными с точки зрения кроя и силуэта. Новаторское видение Кристобаля и его стремление к совершенству линий пытались позже повторить многие его преемники — с переменным успехом.

Кристобаль Баленсиага официально основал свой парижский модный дом 7 июля 1937 года. Ему было 42, и он владел лишь долей в пять процентов. Его партнерами по бизнесу стали баскский финансист Николас Бискаррондо и Владзио Заврововски д'Атанвил (последний, кстати, был «великой любовью Кристобаля» — после смерти Владзио в 1948 году дизайнер едва не закрыл бизнес). Премьерный показ Баленсиаги был встречен с восторгом и француской прессой, и клиентами. Трудоголик, проводящий в день более 150 примерок, Кристобаль был чужд активной светской жизни и за все время работы дал лишь одно полноценное интервью. Однако его постоянных инноваций в дизайне с лихвой хватало на то, чтобы оставаться на гребне информационной волны. На его успех не повлияли даже годы войны: наряды Balenciaga нелегально вывозили из Франции в годы немецкой оккупации. Кристобаль создал больше инновационных силуэтов, ставших потом классикой, чем кто бы то ни было: платье baby doll, платье-рубашку, силуэт-кокон, блузу без воротника и многое другое. Бескомпромиссность в отношении дизайна привела к тому, что в 1968 году, в разгар парижских демонстраций, он закрыл дом, рассудив, что у него нет будущего в мире уличной моды. От возможности развития линий прет-а-порте он отказывался со словами: *«Я не занимаюсь проституцией»*. «Король мертв» — этот заголовок выпуска Women's Wear Daily в марте 1972 года сразу давал читателям понять, о ком шла речь: в индустрии был лишь один признанный король кутюра, о чьем превосходстве говорила даже острая на язык Коко Шанель. Она — как и многие другие в те годы — не раз прилюдно заявляла, что считает Кристобаля Баленсиагу «кутюрье в самом точном смысле слова», в то время как остальные в индустрии — «всего лишь модные дизайнеры».

Кристобаль Баленсиага, 1947

Будущий «король», Кристобаль Баленсиага родился в маленьком испанском городе Гетарии в 1895 году в семье рыбака и швеи. Мало видевший отца, Кристобаль с самого детства наблюдал за работой мамы, а уже в 12 лет стал сам подрабатывать шитьем. Спустя несколько лет его талант привлек маркизу де Каса Торрес, которая стала его постоянной клиенткой и покровительницей. Именно она оплатила все расходы, отправив его из Сан-Себастьяна работать и учиться кройке и шитью. Юный талант не подвел: в 1917 году в возрасте 22 лет Кристобаль Баленсиага открыл свой собственный модный дом. Уже к 1924 году его имя знала вся Испания, а среди клиентов были члены королевской семьи. Однако после падения испанской монархии и изгнания значительной части представителей высшего света Баленсиага был вынужден покинуть страну, приостановив деятельность своей компании. В 1937 году он открыл дом Balenciaga в Париже.

От возможности развития линий прет-а-порте он отказывался со словами: «Я не занимаюсь проституцией».

1937 – 1968

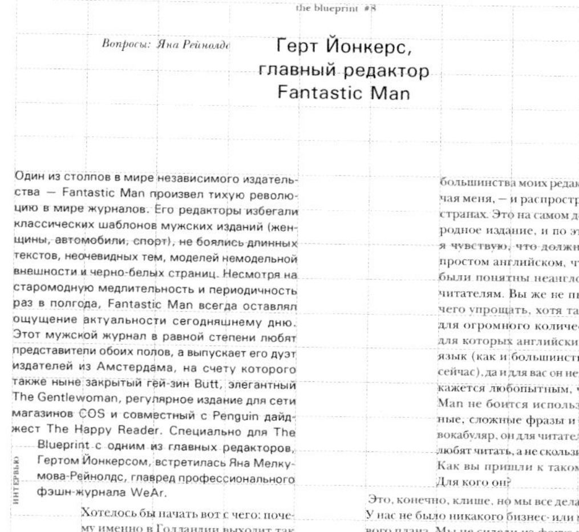

the blueprint #8

Вопросы: Яна Рейнолдс

Герт Йонкерс, главный редактор Fantastic Man

Один из столпов в мире независимого издательства — Fantastic Man произвел тихую революцию в мире журналов. Его редакторы избегали классических шаблонов мужских изданий (женщины, автомобили, спорт), не боялись длинных текстов, неочевидных тем, моделей немодельной внешности и черно-белых страниц. Несмотря на старомодную медлительность и периодичность раз в полгода, Fantastic Man всегда оставлял ощущение актуальности сегодняшнему дню. Этот мужской журнал в равной степени любят представители обоих полов, а выпускает его дуэт издателей из Амстердама, на счету которого также ныне закрытый гей-зин Butt, элегантный The Gentlewoman, регулярное издание для сети магазинов COS и совместный с Penguin дайджест The Happy Reader. Специально для The Blueprint с одним из главных редакторов, Гертом Йонкерсом, встретилась Яна Мелкумова-Рейнолдс, главред профессионального фэшн-журнала WeAr.

ИНТЕРВЬЮ

Хотелось бы начать вот с чего: почему именно в Голландии выходит так много журналов?

В Голландии выходит много журналов? Никогда об этом не задумывался. Хотя у Голландии долгая история графического дизайна. Наряду со швейцарцами, голландские дизайнеры – одни из лучших в мире. Здесь всегда любили печатную продукцию, и в образовании это направление поддерживалось, особенно в университете искусств ArtEZ в Арнеме, но не только там. Ну и потом голландский язык не особо распространен – и множество изданий в Голландии выходят на английском, тогда как французские или итальянские журналы, скорее всего, будут выходить на своих родных языках (за исключением Purple и Self Service). Голландцы легко относятся к своему языку. Поэтому и возникает впечатление, что кругом очень много международных журналов из Голландии, хотя в реальности, скорее всего, голландских не больше, чем французских или итальянских.

Что наводит на вопрос о языке. Я тоже редактирую журнал, который выходит на английском – неродном языке для большинства моих редакторов, включая меня, – и распространяется в 60 странах. Это на самом деле международное издание, и по этой причине я чувствую, что должна писать на простом английском, чтобы тексты были понятны неанглоговорящим читателям. Вы же не пытаетесь ничего упрощать, хотя также пишете для огромного количества людей, для которых английский не родной язык (как и большинство журналов сейчас), да и для вас он не родной. Мне кажется любопытным, что Fantastic Man не боится использовать длинные, сложные фразы и затейливый вокабуляр, он для читателей, которые любят читать, а не скользить по тексту. Как вы пришли к такому формату? Для кого он?

Это, конечно, клише, но мы все делаем для себя. У нас не было никакого бизнес- или маркетингового плана. Мы не сидели на фокус-группах и не рассуждали: «Ну что, это наша целевая аудитория...»

Никаких фокус-групп?

Нет. При этом у меня в Голландии есть друзья и родственники, которые говорят: «Мне сложно читать Fantastic Man». И не только друзья и родственники – периодически приходит новый интерн и начинает использовать заковыристые слова, будучи уверенным, что мы хотим именно этого, а я их сразу вычеркиваю, потому что большинство смыслов можно выразить проще. Мне нравится, когда язык красивый, но не намеренно сложный. Не люблю, когда предложения перегружены ненужными длинными конструкциями или словами, значения которых никто не знает.

Так как же сформировался этот язык?

В самом начале Fantastic Man по виду и ощущению был очень классическим. И язык был такой же. Нас вдохновил GQ 1970-х и то, как пользовался языком Vogue того же периода. Если сейчас посмотреть на эти журналы, то можно, например, обнаружить подпись под фотографиями по 900 слов – по сегодняшним меркам это много.

- 22 -

- 23 -

Ну, у вас они тоже длинные, и в них есть нарратив: «Томмазо смотрит на горизонт в рубашке Margiela» – вроде того. Это один из фирменных приемов Fantastic Man, так же как и то, что вы обращаетесь к читателю «мистер».

На самом деле уже нет. Слишком много других редакторов взяли его в оборот, и нам стало скучно. Но мужчинам действительно нравится некоторая формальность, они любят обращаться друг к другу в такой манере. А вот с женщинами это не работает – для The Gentlewoman нам надо было придумывать совершенно другую интонацию.

Почему?

Для начала – это должна быть «миссис» или «мисс»? Делая подобный выбор, вы классифицируете женщин по признаку ее матримониального статуса, а это ужасно. В любом случае, если вы напишете «Мисс Пейли открывает галерею», это прозвучит странно, потому что она Морин! И не «мисс Отто», а Карла. С женщинами почему-то приятнее пользоваться именами.

И все-таки сколько читателей понимают эти тонкости? Особенно неанглоговорящих читателей?

А сколько людей понимают, что бортовка для вашего жакета сделана с добавлением конского волоса? Мне все равно, кто понимает. Вы же не будете говорить: «Никто не заметит опечатки – давайте сэкономим на корректоре», об этом даже речи не идет. Мы в Fantastic Man не занимаемся эффективным сокращением расходов.

Думаю, как и другие печатные издания в наши дни. Вы говорили о любви к печатной продукции. Никогда не было соблазна уйти в диджитал и отказаться от физической стороны издательства?

the blueprint #8

Нет. Я не ощущаю связи с диджитал, хотя с течением времени привыкаю. Я вырос без интернета. Нам нравится журнал как объект. Мы выходим дважды в год, у нас цикл – шесть месяцев, так что вполне можем позволить себе три недели сидеть вместе в одной комнате. Это практически как скульптуру ваять. Есть много изданий, где редактор отправляет текст и картинки дизайнеру, который сидит на другом конце страны...

Или вообще в другой стране – так устроен мой журнал. Я никогда не видела большинство своих редакторов, все в разных часовых поясах, а мой дизайн-отдел в двух часах лету от меня. А вы физически сидите в комнате! Это так старомодно.

Это осязаемо – весь журнал лежит на полу, вокруг ходят девять человек и говорят: «Порядок страниц не совсем правильный» или «Если этот материал открывает большой портрет, не будет ли повторением следующий с большим портретом?» Это физический, тактильный процесс. Люди наступают на страницы, вынимают их, кто-то говорит: «Если бы этот материал был на 1000 слов короче, я бы был спокойнее», и вдруг все приобретает смысл.

ИНТЕРВЬЮ

Первый выпуск модного мужского журнала Fantastic Man появился в продаже в 2005 году. Новое издание отличалось от подобных — GQ, Arena Homme , L'Officiel Homme: оно печатается на немелованной бумаге,

на страницах отсутствуют яркие глянцевые образы, а дизайн отличается лаконичностью.

Gentlewoman. Весной 2010 года в Лондоне появился сторонний проект от создателей Fantastic Man под названием Gentlewoman, рассказывающий в той же манере о выдающихся женщинах.

В Fantastic Man существует табу на использование слова «you» по отношению к читателю. Также запрещены ругательства — «fuck» и другие подобные этому слова.

В 2008 году журнал выиграл престижную премию D&AD за лучший дизайн.

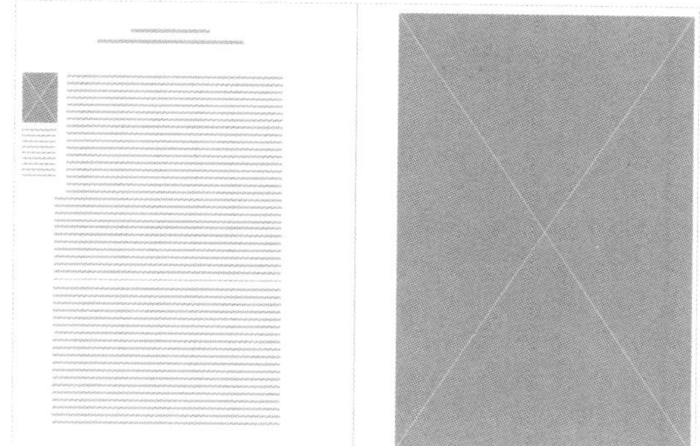

尼古拉耶娃在杂志版面构成上运用了多种元素的组合方案。她的作品的主要视觉语言在于经典和现代手法的结合。因此，她选择了两种与其设计美学十分契合的字体，分别是ITC New Baskerville和Univers。

《我爱查特沃思路》

设计工作室：**Pyramid**
摄影：**约恩·托姆特（Jørn Tomter）**
客户：**约恩·托姆特**

《我爱查特沃思路》（*I Love Chatsworth Road*）是一本非营利的社区杂志。它是一本描绘伦敦哈克尼区（Hackney）查特沃思路街区的独家摄影集。该杂志作为一个珍贵的档案，记录该街区的变迁，讲述本地人、本地商店和市场的故事。该项目由摄影师约恩·托姆特创立和运营。

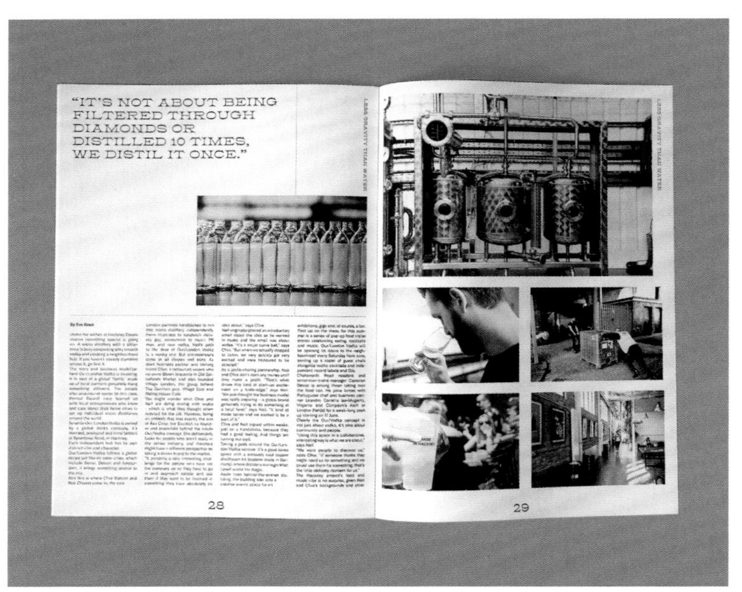

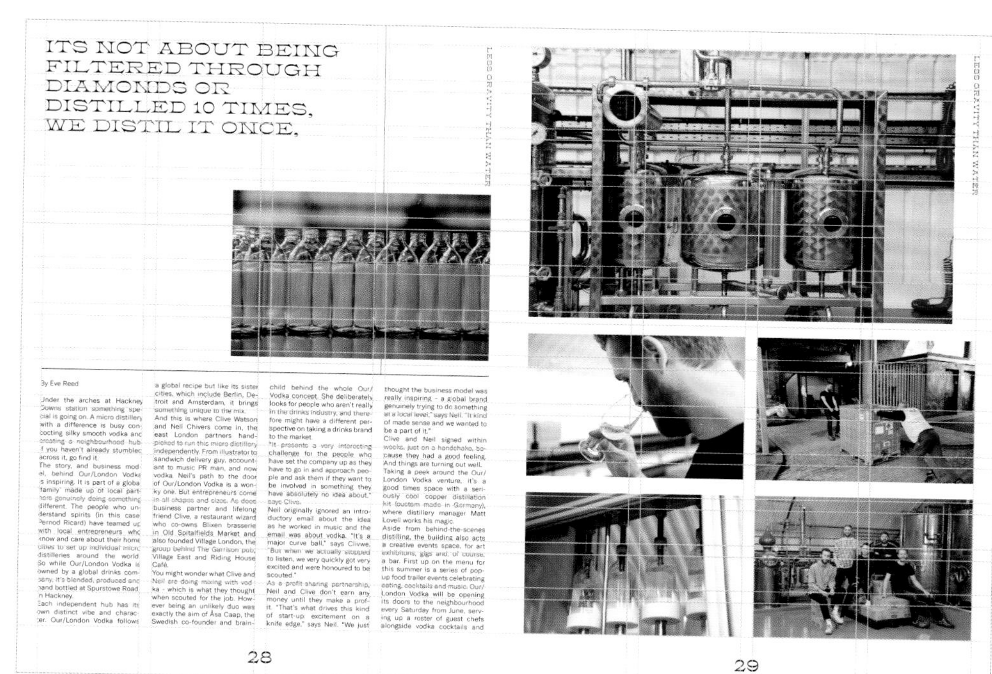

ITS NOT ABOUT BEING FILTERED THROUGH DIAMONDS OR DISTILLED 10 TIMES, WE DISTIL IT ONCE,

LESS GRAVITY THAN WATER

By Eve Reed

Under the arches at Hackney Downs station something special is going on. A micro distillery with a difference is busy concocting silky smooth vodka and creating a neighbourhood hub. If you haven't already stumbled across it, go find it.

The story, and business model, behind Our/London Vodka is inspiring. It is part of a global 'family' made up of local partners genuinely doing something different. The people who understand spirits (in this case Pernod Ricard) have teamed up with local entrepreneurs who know and care about their home cities to set up individual micro distilleries around the world. So while Our/London Vodka is owned by a global drinks company, it's blended, produced and hand bottled at Spurstowe Road, in Hackney.

Each independent hub has its own distinct vibe and character. Our/London Vodka follows a global recipe but like its sister cities, which include Berlin, Detroit and Amsterdam, it brings something unique to the mix.

And this is where Clive Watson and Neil Chivers come in, the east London partners hand-picked to run this micro distillery independently. From illustrator to sandwich delivery guy, accountant to music PR man, and now vodka. Neil's path to the door of Our/London Vodka is a wonky one. But entrepreneurs come in all shapes and sizes. As does business partner and lifelong friend Clive, a restaurant wizard who co-owns Blixen brasserie in Old Spitalfields Market and also founded Village London, the group behind The Garrison pub, Village East and Riding House Café.

You might wonder what Clive and Neil are doing mixing with vodka - which is what they thought when scouted for the job. However being an unlikely duo was exactly the aim of Åsa Caap, the Swedish co-founder and brain-child behind the whole Our/Vodka concept. She deliberately looks for people who aren't really in the drinks industry, and therefore might have a different perspective on taking a drinks brand to the market.

"It presents a very interesting challenge for the people who have set the company up as they have to go in and approach people and ask them if they want to be involved in something they have absolutely no idea about," says Clive.

Neil originally ignored an introductory email about the idea as he worked in music and the email was about vodka. "It's a major curve ball," says Clivwe. "But when we actually stopped to listen, we very quickly got very excited and were honoured to be scouted."

As a profit sharing partnership, Neil and Clive don't earn any money until they make a profit. "That's what drives this kind of start-up: excitement on a knife edge," says Neil. "We just thought the business model was really inspiring - a global brand genuinely trying to do something at a local level," says Neil. "It kind of made sense and we wanted to be a part of it."

Clive and Neil signed within weeks, just on a handshake, because they had a good feeling. And things are turning out well.

Taking a peek around the Our/London Vodka venture, it's a good times space with a seriously cool copper distillation kit (custom made in Germany), where distillery manager Matt Lovell works his magic.

Aside from behind-the-scenes distilling, the building also acts a creative events space, for art exhibitons, gigs and, of course, a bar. First up on the menu for this summer is a series of pop-up food trailer events celebrating eating, cocktails and music. Our/London Vodka will be opening its doors to the neighbourhood every Saturday from June, serving up a roster of guest chefs alongside vodka cocktails and

28

LESS GRAVITY THAN WATER

29

SHOPS

24

SNOWFLAKE

There is not a lot of things to do for the young people on the estate between Chatsworth Road and Hackney Marshes. A group of friends decided to take matter in to their owan hands to make clothes and music.

Snowflake apparel

Ninj, a local musician who has just had his first song produced by Snowflake Records.

Snowflake apparel is our clothing line we came up with back in 2013. We being myself Rafiano Gordon 26, Jerome Phipps 26, Rhys Bobb 25. All born in hackney and raised in Clapton. At the moment we are still distributing our clothes by ourselves as in delivering them by hand ourselves or by post, via instagram & snapchat. Website will be up and running soon. (Snowflake-apparel.co.uk). We came up with the snowflake idea as first of all we liked the uniqueness of the actual snowflake, no 2 are the same, just like us as humans. They are such fascinating things created from terrible conditions and Also they are very interesting when u actually take time and look at them. The complexity of their designs is something that drew us towards basing our brand around them as later on we will be looking to incorporate different shapes and sizes into future lines.

At the moment we have a few different designs out we have bendy peak baseball caps with small or big logo, black woolly hat with small logo, T shirts with small and big logos and also tracksuits with big n small logos, our latest ones being the ones from our photoshoot.

We have also just started up our record label/management company "Snowflake Records" as there are a lot of guys from our area and people we know that have a lot of talent and we'd like to try and help them out where we can and also push ourselves as some of us do music as well.

(continues on the next page) ->

25

配色：■ □ □　　字体：Clifton和GT America　　尺寸：245 mm × 340 mm　　页数：32页

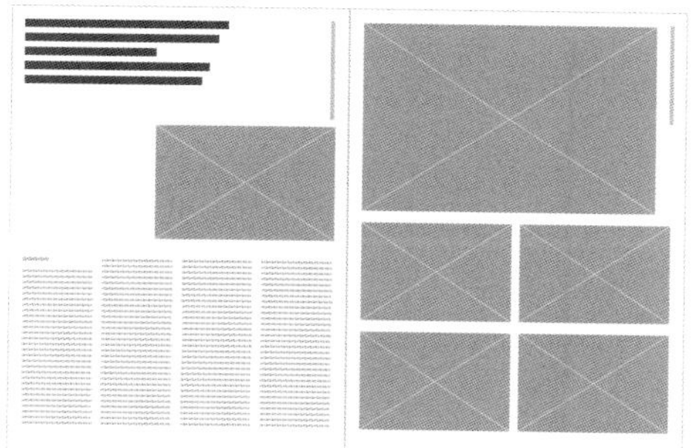

《Crop》

设计工作室：**Ahremark工作室（Studio Ahremark）**
摄影：**玛蒂尔达·比约克（Mathilda Björk），**
玛蒂尔达·斯维德贝格（Mathilda Svedberg），
马亚·弗兰森（Maja Franzén），
桑内·阿雷马克（Sanne Ahremark）

《Crop》是一本通过哲学、宗教和历史的视角反映视觉文化、诠释现代主义创意时代的出版物。它的设计者是Ahremark工作室，人们有时会把他们的作品视为极简抽象派，但他们自己更愿意将这种方法描述为〝做减法〞。〝做减法〞常常有利于传达信息、提高文本易读性以及最大程度减少浪费。

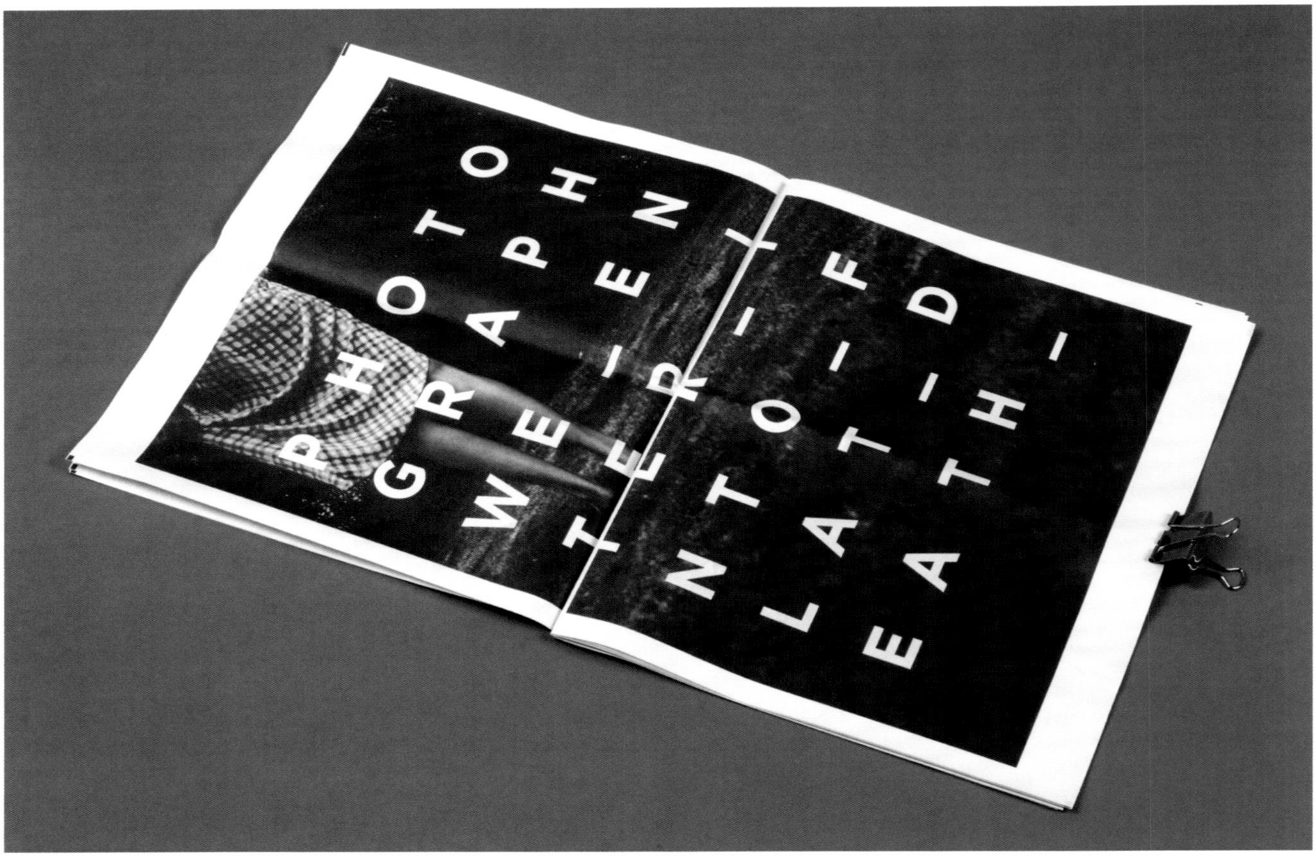

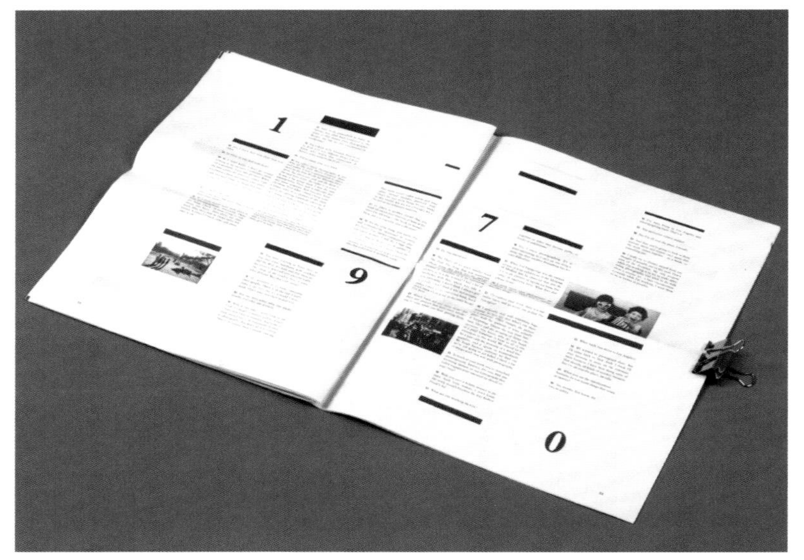

配色：■ □　　字体：Gotham和Sabon　　尺寸：279 mm × 432 mm (小报3)　　页数：64页

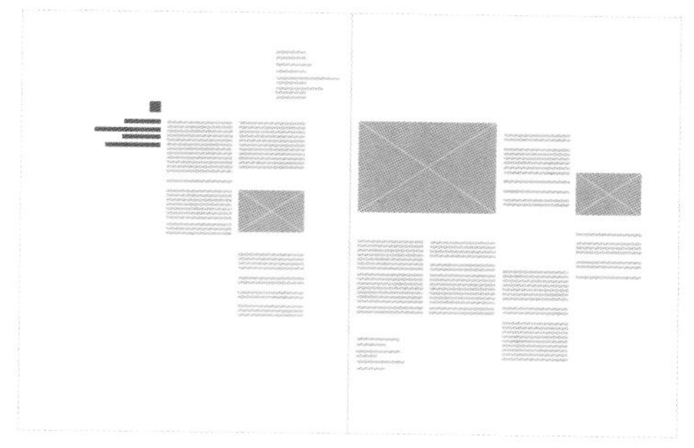

《黑牛奶》改版设计

设计：**莱恩·玛丽·拉斯玛森**
（Line Marie Rasmussen）
艺术指导：**丽斯贝特·霍马克（Lisbeth Højmark）**

《黑牛奶》（*Sort Mælk*）是一本关注流行文化和亚文化的杂志，以国际时尚评论、新潮流和独家采访为特色。该杂志适合那些想要引领风尚、寻找新潮流和新趋势的读者。这是拉斯玛森在丹麦视觉传播学院（School of Visual Communication in Denmark）读书时的课程项目。改版的视觉理念受中国风网格和垂直字体排印的启发，形成动态而有趣的版面构成，使元素看起来像牛奶滴落一样。

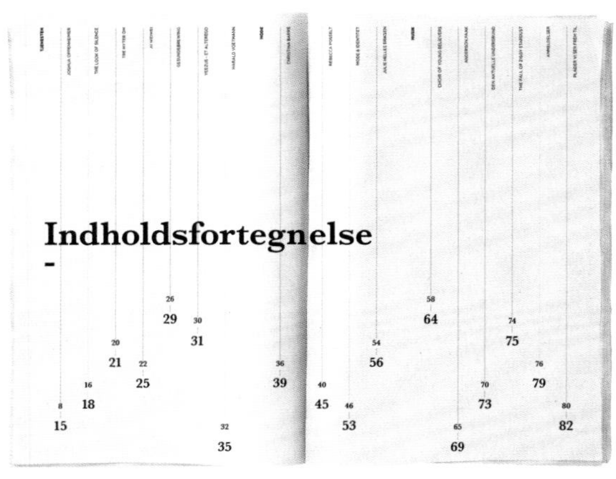

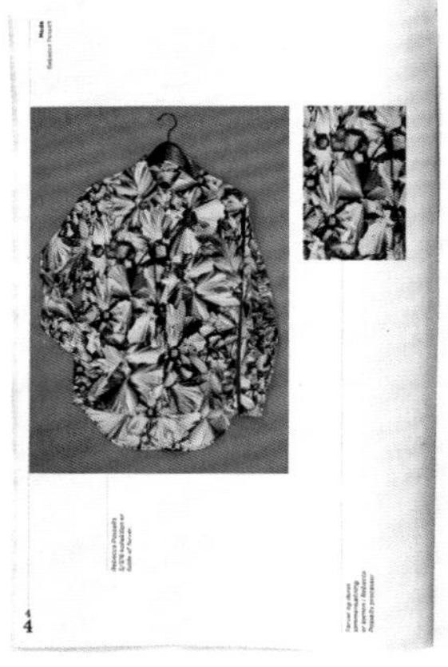

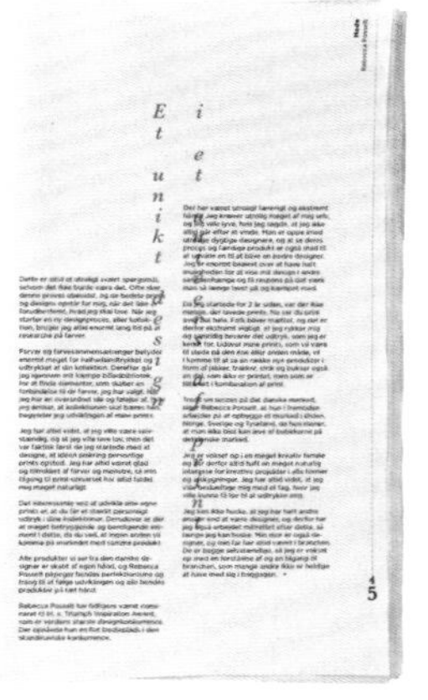

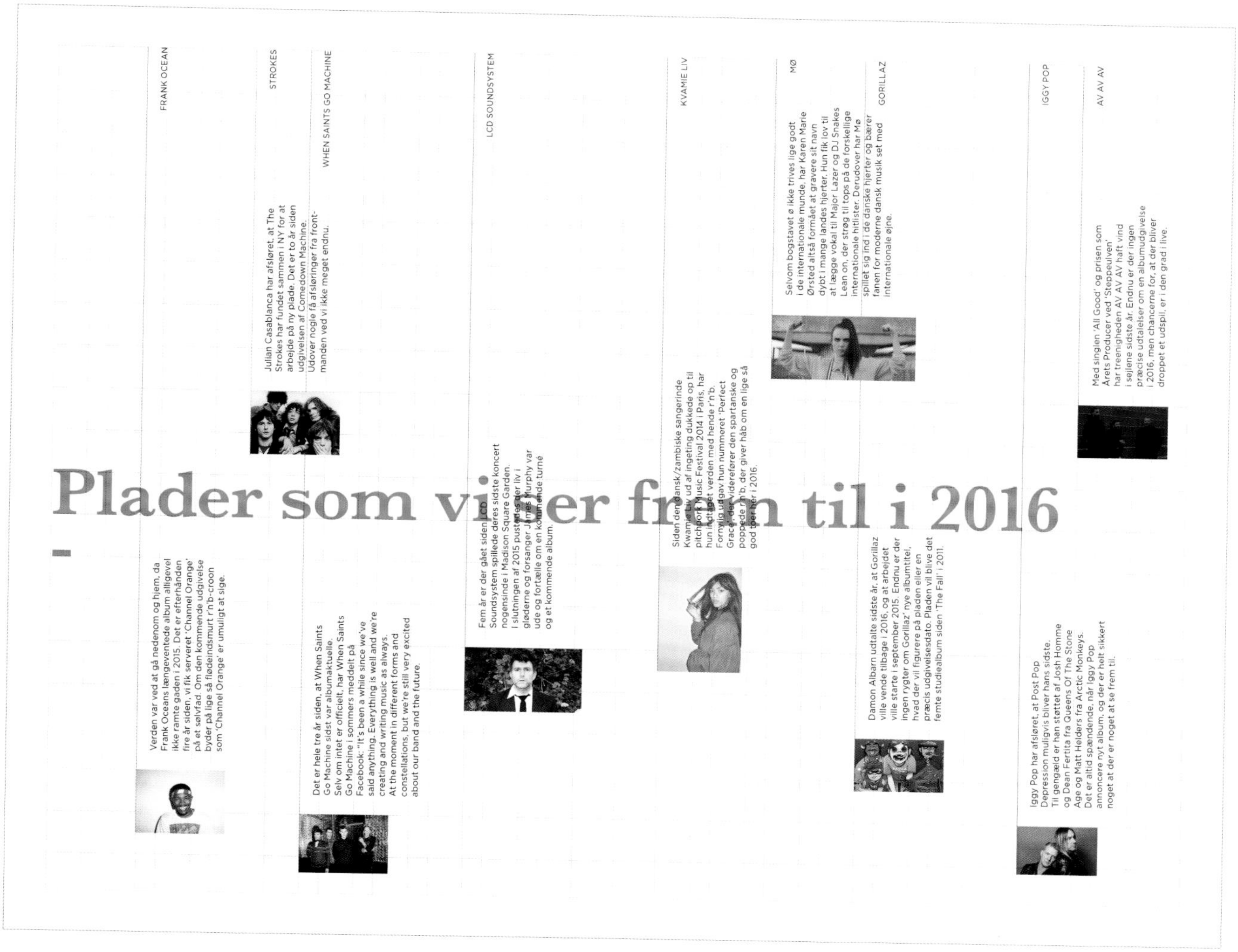

Plader som vi ser frem til i 2016

FRANK OCEAN

Verden var ved at gå nedenom og hjem, da Frank Oceans længeventede album alligevel ikke ramte gaden i 2015. Det er efterhånden fire år siden, vi fik serveret 'Channel Orange' på et sølvfad. Om den kommende udgivelse byder på lige så flødeindsmurt r'n'b-croon som 'Channel Orange' er umuligt at sige.

STROKES

Julian Casablanca har afsløret, at The Strokes har fundet sammen i NY for at arbejde på ny plade. Det er to år siden udgivelsen af Comedown Machine. Udover nogle få afsløringer fra frontmanden ved vi ikke meget endnu.

WHEN SAINTS GO MACHINE

Det er hele tre år siden, at When Saints Go Machine sidst var albumaktuelle. Selv om intet er officielt, har When Saints Go Machine i sommers meddelt på Facebook: "It's been a while since we've said anything. Everything is well and we're creating and writing music as always. At the moment in different forms and constellations, but we're still very excited about our band and the future.

LCD SOUNDSYSTEM

Fem år er der gået siden LCD Soundsystem spillede deres sidste koncert nogensinde i Madison Square Garden. I slutningen af 2015 pustedes der liv i gløderne og forsanger James Murphy var ude og fortælle om en kommende turné og et kommende album.

KVAMIE LIV

Siden den dansk/zambiske sangerinde Kwamie Liv ud af ingeting dukkede op til pitchfork Music Festival 2014 i Paris, har hun indtaget verden med hende r'n'b. Fornylig udgav hun nummeret 'Perfect Grace', der viderefører den spartanske og poppede r'n'b, der giver håb om en lige så god tøer her i 2016.

MØ

Selvom bogstavet ø ikke trives lige godt i de internationale munde, har Karen Marie Ørsted altså formået at gravere sit navn dybt i mange landes hjerter. Hun fik lov til at lægge vokal til Major Lazer og DJ Snakes Lean on, der strøg til tops på de forskellige internationale hitlister. Derudover har Mø spillet sig ind i de danske hjerter og bærer fanen for moderne dansk musik set med internationale øjne.

GORILLAZ

Damon Albarn udtalte sidste år, at Gorillaz ville vende tilbage i 2016, og at arbejdet ville starte i september 2015. Endnu er der ingen rygter om Gorillaz' nye albumtitel, hvad der vil figurere på pladen eller en præcis udgivelsesdato. Pladen vil blive det femte studiealbum siden 'The Fall' i 2011.

IGGY POP

Iggy Pop har afsløret, at Post Pop Depression muligvis bliver hans sidste. Til gengæld er han støttet af Josh Homme og Dean Fertita fra Queens Of The Stone Age og Matt Helders fra Arctic Monkeys. Det er altid spændende, når Iggy Pop annoncere nyt album, og der er helt sikkert noget at der er noget at se frem til.

AV AV AV

Med singlen 'All Good' og prisen som Årets Producer ved 'Steppeulven' har treenigheden AV AV AV haft vind i sejlene sidste år. Endnu er der ingen præcise udtalelser om en albumudgivelse i 2016, men chancerne for, at der bliver droppet et udspil, er i den grad i live.

配色：

字体：Baskerville和Gotham

尺寸：185 mm × 290 mm

页数：16页

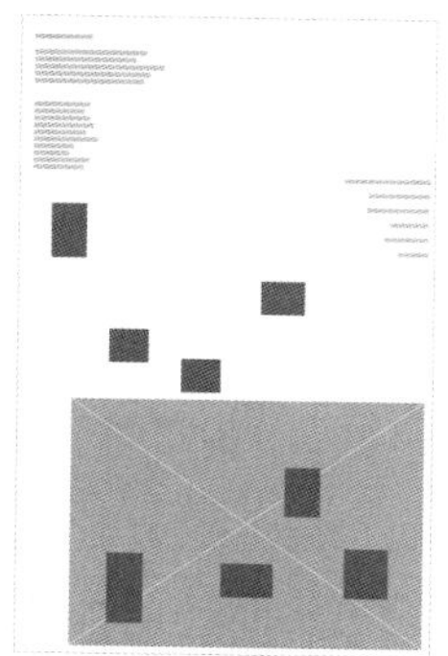

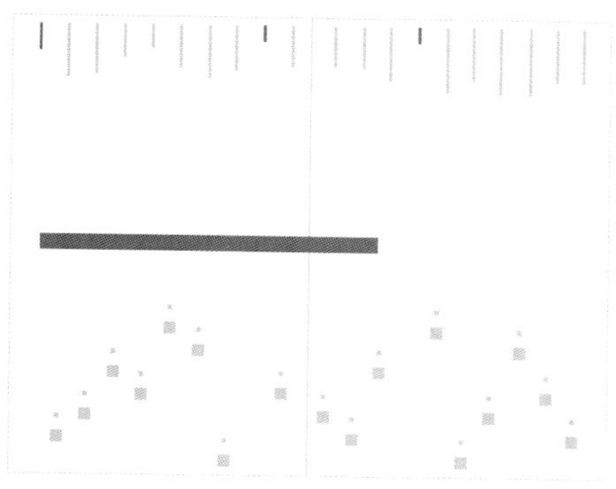

拉斯玛森偏爱选择古典字体，但有时，她发现在一个版面上同时使用现代字体和古典字体，效果很惊艳。在杂志《黑牛奶》中，她用了无衬线体Gotham搭配衬线体Baskerville，发现效果非常好。

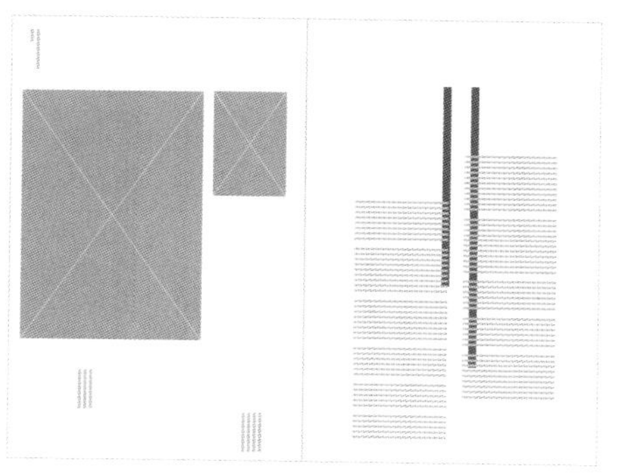

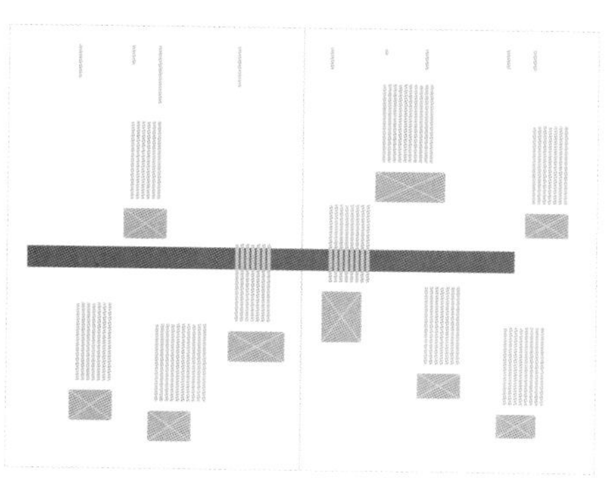

《Komma》第21期

设计：《Komma》杂志团队
摄影：《Komma》杂志团队

《Komma》是德国曼海姆技术与设计应用技术大学设计学院（Faculty of Design at the University of Applied Sciences Mannheim）的学生实践平台。每期一个独特主题，内容交由学生编辑全权负责。该杂志的编辑团队是不断变化的。《Komma》第21期探讨了生活与设计的界限、边界和局限。第一部分展示的视觉作品诠释了不同设计领域的边界和局限。第二部分介绍一些论文、学生作品、活动和学院展览。在这两部分之间是对不同设计师和工作室的访谈。本期的编辑团队包括主编菲奥纳·厄勒（Fiona Oehler）、卡蜜拉·施勒埃尔（Camilla Schröer），编辑马克西米兰·博尔夏特（Maximilian Borchardt）、谢斯廷·谢拜什陶（Kerstin Sebesta）、比安卡·维尔丹（Bianca Werdan）、萨拉·津克（Sarah Zink）。

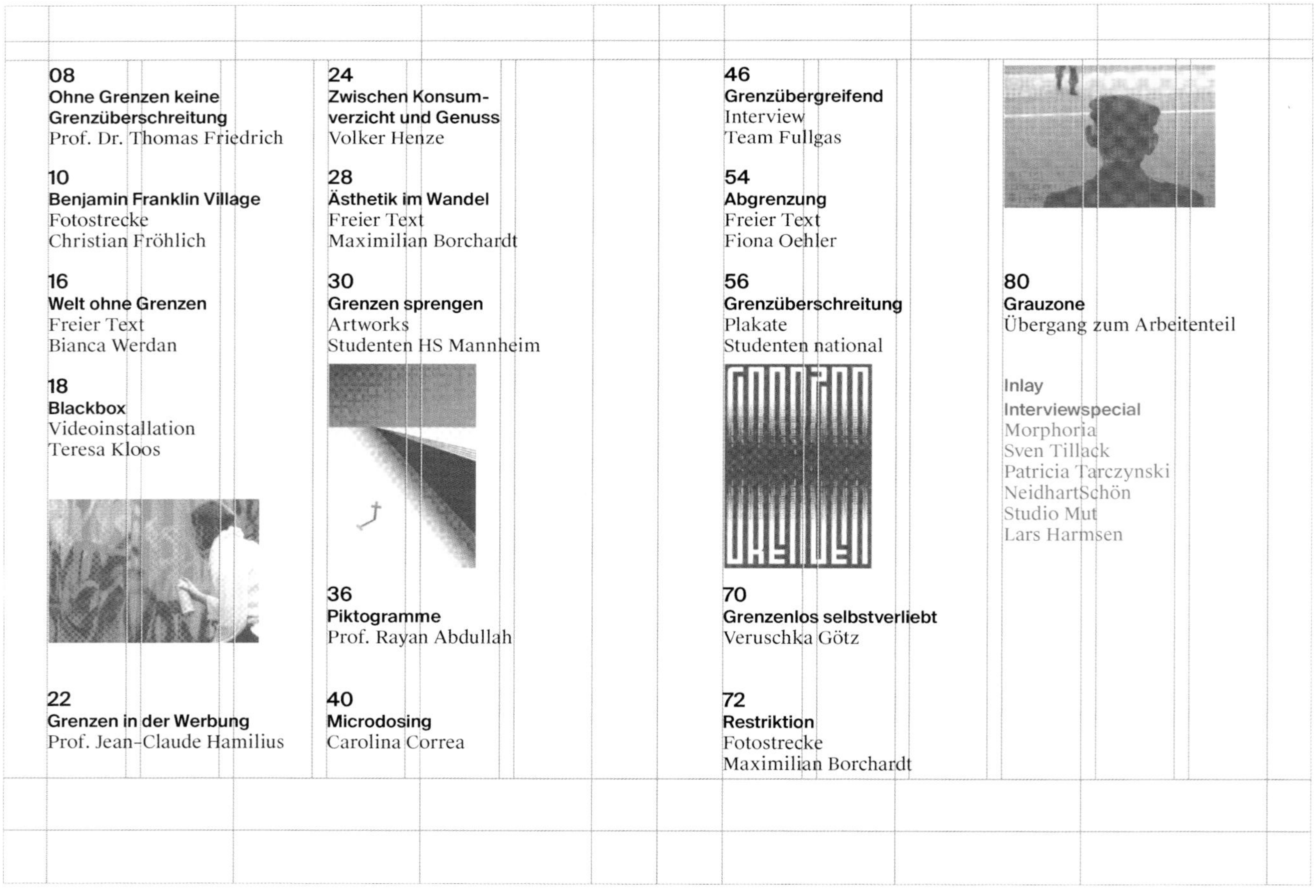

08
Ohne Grenzen keine Grenzüberschreitung
Prof. Dr. Thomas Friedrich

10
Benjamin Franklin Village
Fotostrecke
Christian Fröhlich

16
Welt ohne Grenzen
Freier Text
Bianca Werdan

18
Blackbox
Videoinstallation
Teresa Kloos

22
Grenzen in der Werbung
Prof. Jean-Claude Hamilius

24
Zwischen Konsumverzicht und Genuss
Volker Henze

28
Ästhetik im Wandel
Freier Text
Maximilian Borchardt

30
Grenzen sprengen
Artworks
Studenten HS Mannheim

36
Piktogramme
Prof. Rayan Abdullah

40
Microdosing
Carolina Correa

46
Grenzübergreifend
Interview
Team Fullgas

54
Abgrenzung
Freier Text
Fiona Oehler

56
Grenzüberschreitung
Plakate
Studenten national

70
Grenzenlos selbstverliebt
Veruschka Götz

72
Restriktion
Fotostrecke
Maximilian Borchardt

80
Grauzone
Übergang zum Arbeitenteil

Inlay
Interviewspecial
Morphoria
Sven Tillack
Patricia Tarczynski
NeidhartSchön
Studio Mut
Lars Harmsen

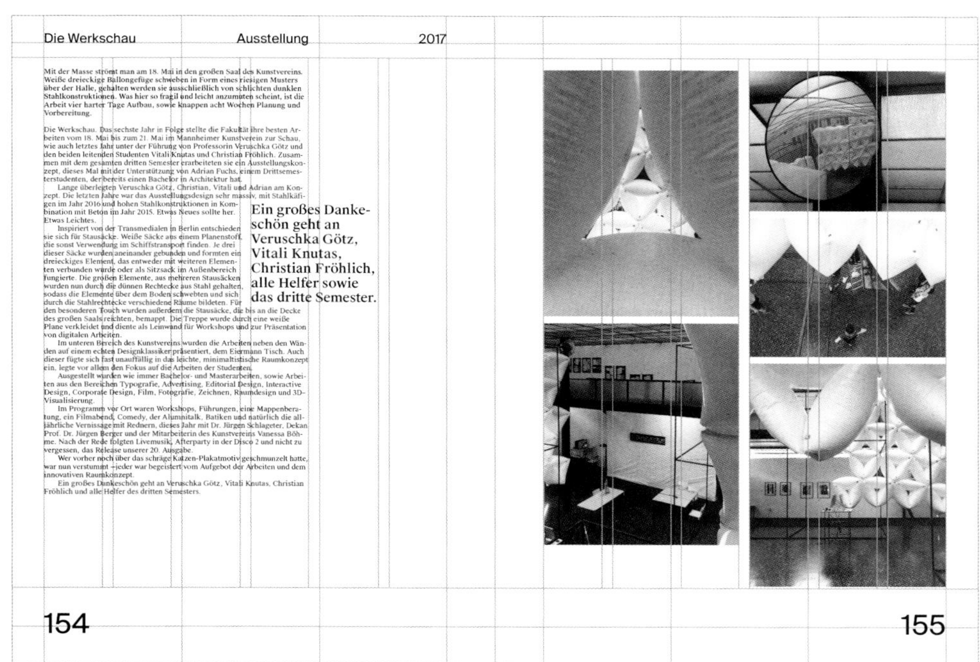

Die Werkschau　Ausstellung　2017

Mit der Masse strömt man am 18. Mai in den großen Saal des Kunstvereins. Weiße dreieckige Ballongefüge schweben in Form eines riesigen Musters über der Halle, gehalten werden sie ausschließlich von schlichten dunklen Stahlkonstruktionen. Was hier so fragil und leicht anzumuten scheint, ist die Arbeit vier harter Tage Aufbau, sowie knappen acht Wochen Planung und Vorbereitung.

Die Werkschau. Das sechste Jahr in Folge stellte die Fakultät ihre besten Arbeiten vom 18. Mai bis zum 21. Mai im Mannheimer Kunstverein zur Schau, wie auch letztes Jahr unter der Führung von Professorin Veruschka Götz und den beiden leitenden Studenten Vitali Knutas und Christian Fröhlich. Zusammen mit dem gesamten dritten Semester erarbeiteten sie ein Ausstellungskonzept, dieses Mal mit der Unterstützung von Adrian Fuchs, einem Drittsemesterstudenten, der bereits einen Bachelor in Architektur hat.

Lange überlegten Veruschka Götz, Christian, Vitali und Adrian am Konzept. Die letzten Jahre war das Ausstellungsdesign sehr massiv, mit Stahlkäfigen im Jahr 2016 und hohen Stahlkonstruktionen in Kombination mit Beton im Jahr 2015. Etwas Neues sollte her. Etwas Leichtes.

Inspiriert von der Transmedialen in Berlin entschieden sie sich für Stausäcke. Weiße Säcke aus einem Planenstoff, die sonst Verwendung im Schiffstransport finden. Je drei dieser Säcke wurden aneinander gebunden und formten ein dreieckiges Element, das entweder mit weiteren Elementen verbunden wurde oder als Sitzsack im Außenbereich fungierte. Die großen Elemente, aus mehreren Stausäcken wurden nun durch die dünnen Rechtecke aus Stahl gehalten, sodass die Elemente über dem Boden schwebten und sich durch die Stahlrechtecke verschiedene Räume bildeten. Für den besonderen Touch wurden außerdem die Stausäcke, die bis an die Decke des großen Saals reichten, bemappt. Die Treppe wurde durch eine weiße Plane verkleidet und diente als Leinwand für Workshops und zur Präsentation von digitalen Arbeiten.

Im unteren Bereich des Kunstvereins wurden die Arbeiten neben den Wänden auf einem echten Designklassiker präsentiert, dem Eiermann Tisch. Auch dieser fügte sich fast unauffällig in das leichte, minimaltistische Raumkonzept ein, legte vor allem den Fokus auf die Arbeiten der Studenten.

Ausgestellt wurden wie immer Bachelor- und Masterarbeiten, sowie Arbeiten aus den Bereichen Typografie, Advertising, Editorial Design, Interactive Design, Corporate Design, Film, Fotografie, Zeichnen, Raumdesign und 3D-Visualisierung.

Im Programm vor Ort waren Workshops, Führungen, eine Mappenberatung, ein Filmabend, Comedy, der Alumnitalk, Batiken und natürlich die alljährliche Vernissage mit Rednern, dieses Jahr mit Dr. Jürgen Schlageter, Dekan Prof. Dr. Jürgen Berger und der Mitarbeiterin des Kunstvereins Vanessa Böhme. Nach der Rede folgten Livemusik, Afterparty in der Disco 2 und nicht zu vergessen, das Release unserer 20. Ausgabe.

Wer vorher noch über das schräge Katzen-Plakatmotiv geschmunzelt hatte, war nun verstummt – jeder war begeistert vom Aufgebot der Arbeiten und dem innovativen Raumkonzept.

Ein großes Dankeschön geht an Veruschka Götz, Vitali Knutas, Christian Fröhlich und alle Helfer des dritten Semesters.

Ein großes Dankeschön geht an Veruschka Götz, Vitali Knutas, Christian Fröhlich, alle Helfer sowie das dritte Semester.

154　155

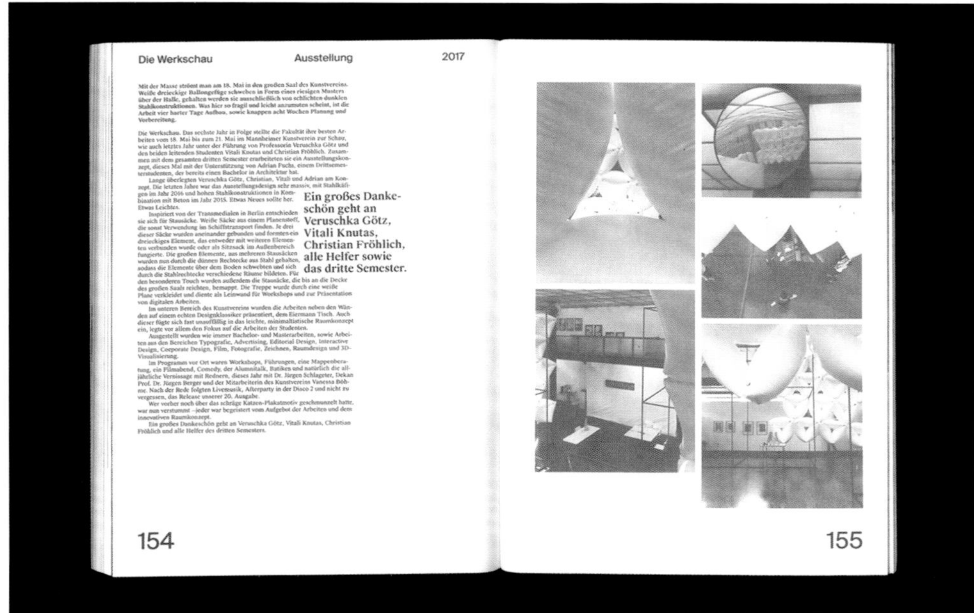

Die Werkschau　Ausstellung　2017

Ein großes Dankeschön geht an Veruschka Götz, Vitali Knutas, Christian Fröhlich, alle Helfer sowie das dritte Semester.

154　155

配色：■ □ ■　字体：Suisse Int'l和Suisse Works　尺寸：180 mm × 250 mm　页数：176页

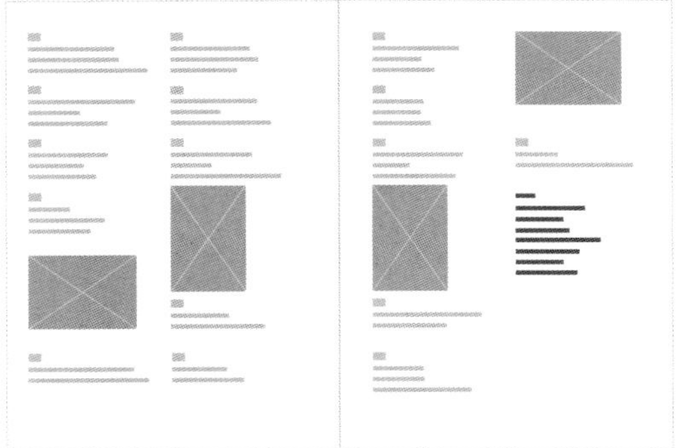

Benjamin Franklin Village   Fotostrecke   Christian Fröhlich

Benjamin Franklin Village

Jahrzehntelang war das »Benjamin Franklin Village« in Mannheim Käfertal exterritoriales Gebiet der US-Armee. Ein Ort voller Grenzen und Abgrenzung zum deutschen Staat. Seit 2012 wird das über 144 Hektar große Areal, auf dem einst amerikanische Soldaten stationiert waren, zurückgeführt. Hier soll ein komplett neuer Stadtteil für bis zu 8000 Bürger erschlossen werden.

10

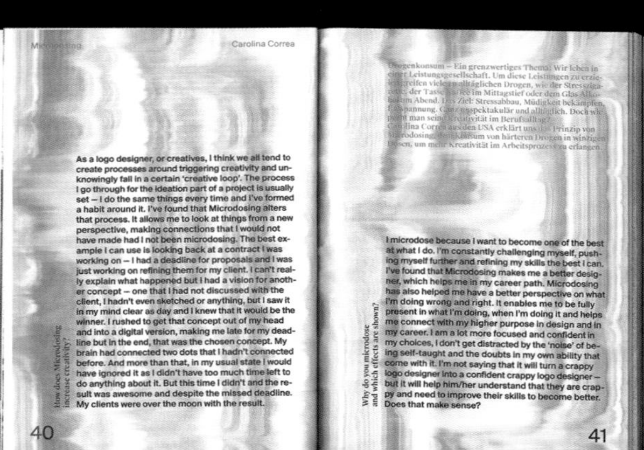

Carolina Correa

How does Microdosing increase creativity?

As a logo designer, or creatives, I think we all tend to create processes around triggering creativity and unknowingly fall in a certain 'creative loop'. The process I go through for the ideation part of a project is usually set – I do the same things every time and I've formed a habit around it. I've found that Microdosing alters that process. It allows me to look at things from a new perspective, making connections that I would not have made had I not been microdosing. The best example I can use is looking back at a contract I was working on – I had a deadline for proposals and I was just working on refining them for my client. I can't really explain what happened but I had a vision for another concept – one that I had not discussed with the client, I hadn't even sketched or anything, but I saw it in my mind clear as day and I knew that it would be the winner. I rushed to get that concept out of my head and into a digital version, making me late for my deadline but in the end, that was the chosen concept. My brain had connected two dots that I hadn't connected before. And more than that, in my usual state I would have ignored it as I didn't have too much time left to do anything about it. But this time I didn't and the result was awesome and despite the missed deadline. My clients were over the moon with the result.

40

Why do you microdose and which effects are shown?

I microdose because I want to become one of the best at what I do. I'm constantly challenging myself, pushing myself further and refining my skills the best I can. I've found that Microdosing makes me a better designer, which helps me in my career path. Microdosing has also helped me have a better perspective on what I'm doing wrong and right. It enables me to be fully present in what I'm doing, when I'm doing it and helps me connect with my higher purpose in design and in my career. I am a lot more focused and confident in my choices, I don't get distracted by the 'noise' of being self-taught and the doubts in my own ability that come with it. I'm not saying that it will turn a crappy logo designer into a confident crappy logo designer – but it will help him/her understand that they are crappy and need to improve their skills to become better. Does that make sense?

41

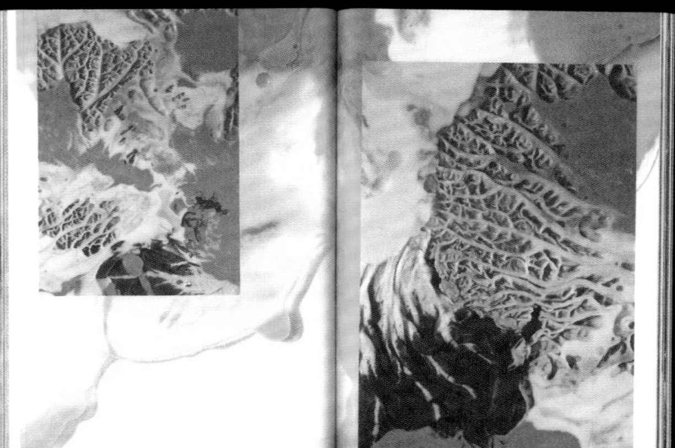

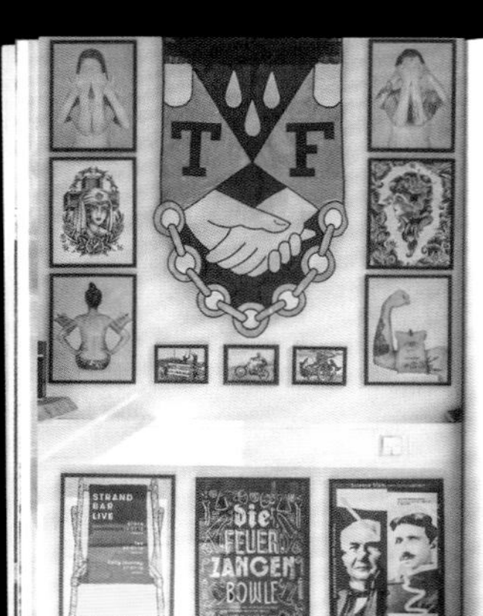

Grenzübergreifend   Interview   Team Fullgas

Team Fullgas – Gemeinsam arbeiten, voneinander lernen und sich gegenseitig weiterbringen. Team Fullgas, Atelier für Grafik und Tätowierungen, hat sich genau das zur Aufgabe gemacht. Interdisziplinäres Arbeiten ist die Devise, viel mehr als nur eine einfache Bürogemeinschaft. Interdisziplinär sein heißt auch für neue Ansätze und Möglichkeiten offen zu sein. In dem kleinen Atelier am Bodensee scheint das sehr gut zu funktionieren. Seit geraumer Zeit arbeitet hier die Gestalterin Nina gemeinsam mit den Tätowierern Felix und Julian. Die Symbiose ist gelungen und die Ergebnisse können sich mehr als sehen lassen. Wie es einem als Gestalter in so einer interdisziplinären Symbiose geht, das haben wir Nina gefragt.

47

该杂志的版面设计是基于6栏网格系统，页眉和页脚设置得很宽，以突显页码和摘要。该团队选择Swiss Typefaces公司设计的Suisse Int'l和Suisse Works两款字体，因为他们希望版面呈现一种干净利落、井然有序的视觉。此外，这两种字体用于正文和字号较大的标题都具有较强的可读性。

《Amalgam》

设计：**普雅·艾哈迈迪（Pouya Ahmadi）**

《Amalgam》是一本专门探索字体排印、语言和视觉艺术之间的交集的跨学科期刊，由普雅·艾哈迈迪编辑和设计。形形色色的观点汇集在一起，贯穿整本杂志，探讨字体排印在当下的意义，以及如何扩展和丰富它。

艾哈迈迪使用了简单的网格、黑白配色和为数不多的字体，反映了他对简洁的追求。

becomes disconnected from the reception and performance of the typeface in the market.

The fourth point was about the relationship of form and critique in typeface design. At the risk of stating the obvious, since the output of the typeface design process is perceived through the rendered font, form is the essential concern of the discipline and a denominator for any discussion. And we've established that form-making can be driven by straightforward considerations that have little to do with a critical engagement, like meeting a brief or filling a perceived gap in the market. We can also extend this rationale: meeting these objectives may well require substantial research by the designers, in any number of areas: from script-specific matters, to technical solutions for required behaviours, to innovating in typeface design to respond to new reading environments. Respective examples: what is the character set of ABC script for typography of XYZ requirements? What substitution, positioning, or other behaviours need to be implemented for the composed text to be acceptable to the relevant readers? And, what changes need to happen to existing typographic solutions to fit them on new devices?

Research in writing, type-making and typesetting, and the history of typographic developments in any community will support and influence decisions about form across these levels of letterform shapes, combinations, and behaviour. However, this kind of research, although fundamental to good design and essential for many kinds of projects, does not imply or assume a critical approach to typeface design. Research may provide information, give guidance, and establish criteria for evaluation: these functions may well be used to ensure competence, but have little to do with originality or innovation. On the other hand, a critical approach would focus on questioning the design space defined by a typeface and its role within its context. Then probably make use of research to inform successive actions, but always from the perspective of reflective innovation.

This last statement encapsulates the space where a critical approach to typeface design can exist and is most appropriate: in typefaces that reposition practice within the discipline in a way that expands the typographic space for documents, enables new reading behaviours, and allows for typefaces to reflect culture as a society changes. And although it is possible for such effects to be accommodated by a shallow design process, the job is done better when we acknowledge the critical depth afforded by typeface design.

EDITOR:

You mentioned a point that I am very interested in and that is the ability of typefaces to generate new reading behaviors and their relation to language at large. You mentioned (outside of our conversation) that today typography has been recognized, even by linguists, to be much wider than a straightforward transcription of language. I would like to ask you whether you could provide us with some examples where typefaces/typography enable new reading behaviors? Secondly, I would like to go a step further and ask you whether you think there ways in which typography—and more specifically type design—could influence the structure of language? Or is this perhaps a false assumption and an impossible scenario?

138 139

GERRY:

There are four observations that help us answer how typography enables new reading behaviours. For brevity I will use "typography" to mean "typography and typeface design", since typeface design is an contributing element to typography, and meaningless outside of it, if we are concerned with behaviours. These perspectives are partially overlapping and largely interdependent, but are useful to separate because they allow us to use different viewpoints into typography.

The first observation is the most obvious one and concerns behaviours that are enabled through new technology and most obviously, new devices. We've had over a quarter century of texts on screens of increasing resolution and range of sizes, from a simple webpage in the 1990s to the vast space described between a smartphone and a set of Bloomberg terminals, for example. The nature of a document has been drastically redefined away from historical ideas of permanence and authorship (to include documents that are created by AI only at the point of realisation, like an Amazon page). At the same time, our idea of the specific instantiations (the states that we can perceive a document in) have been exploded: we've gone from ideas of multiplicity that might normally consider photocopying and retyping, to documents that refresh themselves with data independently of the user (like a news feed) or in response to the user (any transactional document like an online form, for example). This means that our relationship with the "information" contained in a document and our use of it changes in response to these processes, and essentially separates it from any specific instance of the document — and therefore the typography of any specific instance. This has fascinating implications for discourse in typography, some of which have been explored superbly by Matthew Lickiss, whose recent PhD on the subject I had the pleasure to co-supervise.

In my comments above I do not refer only to screen-based documents: digital printing has expanded our notions of what constitutes a printed document. Minimal print runs have enabled access to niche audiences, redefining what is a community of readers; digital production and streamlined distribution have allowed hardcopy for use cases that traditionally would be impossible to accommodate; and content may be immutable once printed, but can vary from copy to copy in response to any number of parameters.

The second observation is also related to technology, albeit on the software side. HyperText models and applications have been around for many decades, with Apple's HyperCard from the late 1980s a useful reference point for this discussion—and neatly timed to anticipate the transformational developments of the 1990s. For our purposes, the important shift is from self-contained volumes with linear structures and fairly stable cross-referencing mechanisms to open-ended documents with network-based structures. This shift precipitated a further redefinition of what is a document, beyond that due to the modes of rendering described above. In other words, recent technological changes have redefined the physical manifestation of documents, have complicated the semantic structures within them, and expanded the way the dimension of time applies to documents to hitherto unimaginable degree. Regardless, many of the documents that are transformed by these processes maintain connections to categories of documents that we have very long experience of. (For example, a wiki may be unthink-

配色：■ □

字体：Nemesis、Pegasus和 Diatype Programm

尺寸：160 mm × 210 mm

页数：160页

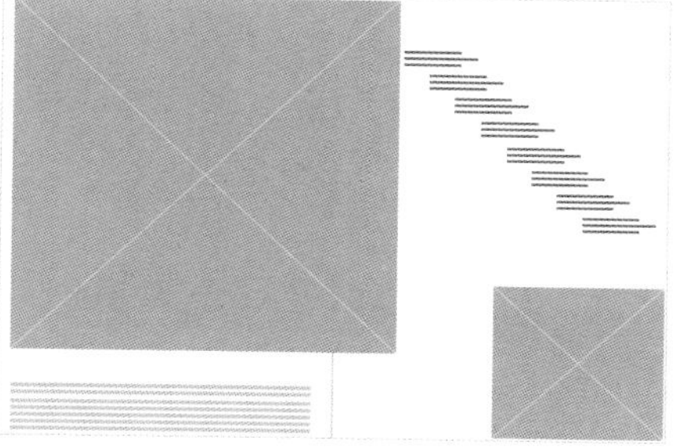

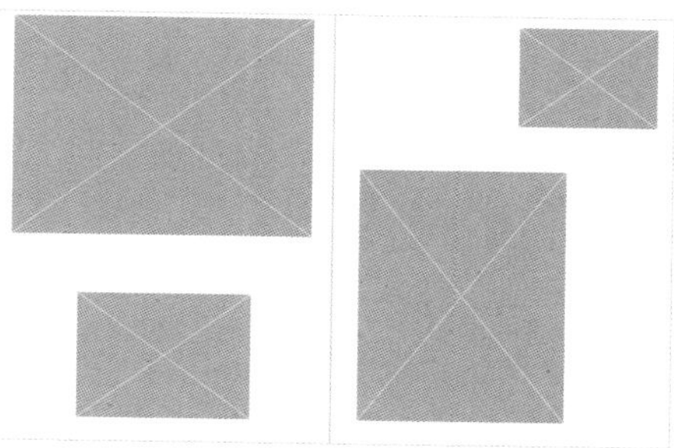

《非凡文化手册》

设计：**卢卡斯·德波洛·马查多**
（Lucas Depolo Machado）
客户：**New Heroes & Pioneers**

《非凡文化手册》（*Handbook to Extraordinary Culture*，第1期）是总部位于瑞典的独立出版机构New Heroes & Pioneers发行的一本青年杂志。该杂志汇集了各种文章和照片，涉及艺术、设计、时尚、建筑、美食、旅游和文化运动等形形色色的话题。

HANDBOOK TO EXTRAORDINARY CULTURE

Spring 2017

Volume One

Creators · Linn Elaine Dahlgren · Cosmopolitans · Julia Lindemalm · Creative Jobs
Tom Blachford · Voyeurs · Connoisseurs · Steffan Sundström · Cinephiles
Litterateurs · Marit Vaagen Roe · Jaqueline Vanek

newHeroes&Pioneers

62

CREATIVE JOBS

Curated by
Roxanne Sancto

Contributer
Adrienne Zitt

Brand Managers
Creative Director
Illustrator
Interior Designer
Theatre Director
Travel Photographer

63

pletely aware of the fact that we are depending on electricity and are living in a fragile balance with the omnipresent machines, without whom our modern society wouldn't work. You can find his timeless objects mainly in exclusive interiors like in Roland Emmerich's Berlin apartment, in which they can evolve their full and unique effect.

ANDREAS PAULSSON andreaspaulsson.se

174

For Andreas Paulsson, nudity is a symbol for that which is genuine inside human beings, that which is pure and natural. He often uses nude models in his images for aesthetic reasons—he has a strong love for the beauty of the human body. The main reason though for his constant return to the naked body is that he sees something that can only be expressed by the disclosed.

Mostly his images portray nude or half-nude men, occasionally also women, who are placed in unpredictable surroundings so that the viewer stops for a second to think that something is not right and is forced to think again and ask oneself why. We are put face to face with our view of the naked human body, and our own prejudices as well as the society's, which are revealed to us and disarm us.

Sometimes Andreas's images touch on an explicit sexual content, but he rarely goes all the way in these since he wants to maintain the viewer's suspense where s/he is "forced" to see beyond the estranged experience of looking at an unknown, undressed human. The viewer is forced to follow Andreas into his picture of the human, to come out on the other side where we are all the same—equal and natural. The sensuality in Andreas's images lies, paradoxically enough, in how this charged topic so successfully gets played down.

175

Dial M for Minimalism

Feeling like there is too much clutter in your life? Minimalissimo is the online magazine to guide you through the laid-bare world of minimalism. We met the editor.

Text by Nilay Kilinc

Since the West embraced minimalism as a life philosophy, countless artworks and products have flourished and found a place in the lives of contemporary minimalists. Luckily, Minimalissimo acts both as an informative and inspiration online source for the simple souls to keep up with the developments in the field.

We talked to editor Carl Barenbrug about the magazine and admired how he gives such minimalistic answers to such deep questions!

NILAY How and when did all this start?
CARL Dutch designers Maarten P. Kappert and Stan Grootes created Minimalissimo in 2009 as a place where readers can simply come and spend hours, immersed in the diversity of some great minimalist design. The team has grown over recent years and has seen some very talented editors with a great eye for design, and because we are an online magazine, we have the luxury of working with individuals who might be based on the other side of the world, giving Minimalissimo a bit of an international feel.

N So, what's your role in all of this?
C Well, it was not until 2011 that I joined the team of editors at Minimalissimo after I had been writing design articles for a couple of years myself. I was soon appointed the Editor-in-Chief when Maarten decided to leave the team, and since then I have essentially driven Minimalissimo with a talented team of editors, to establish ourselves as the world's leading minimalist design magazine.

N In which ways do you think that online resources like your magazine influence design?
C To a degree, I think blogs and magazines can be influential and inspirational to designers, particularly those who are in the early stages of their careers. Probably because of the sheer volume of online resources today, but I think most importantly, there are some incredible curators around, designers really appreciate discovering resources such as Minimalissimo and returning on a daily basis to feed their passion and enthusiasm for designing.

N What do you want the readers to gain from reading your magazine?
C First and foremost, we simply want our readers to enjoy our articles on what we feel is beautiful minimalist design. We also aim to deliver to our readers a diverse understanding of minimalism and for some, inspire them to produce honest, timeless & aesthetic design in the future.

N What are the sources you look at for inspiration?
C I have many sources of inspiration, but I do find myself returning to the work of Dieter Rams, A.G. Fronzoni, Oki Sato and more recently, Rad Hourani, all of whom I admire for their philosophy and approach to designing.

N The magazine covers a wide range of genres, how do you keep up with all these developments?
C Typically, we connect with designers we are already familiar with, particularly those who we feel produce very high quality work. We're also often introduced to designs through our readers directly. Beyond that, our

m

168

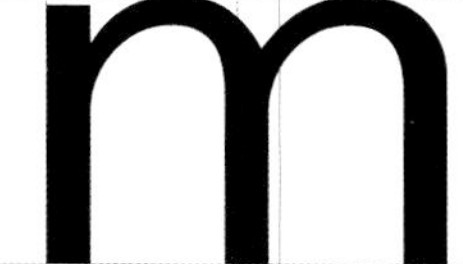

editors have a lot of creative freedom on what they would like to write about, but we essentially run with a feature that we think fits our aesthetic as well as being something our readers may enjoy.

N Will we ever see Minimalissimo in print?
C Yes you will. We're actually working on our first printed issue at the moment. It's a hugely exciting project for us. Depending on the success of the printed magazine, there may be more of a balance, but our web articles will continue for the foreseeable future, simply because we love sharing beautiful design on a daily basis.

N Why do you think the "less is more" philosophy is having its golden age? Are we all desperately in need of some space?!
C There's no doubt that a "less is more" philosophy is becoming more essential to many people of today—paring everything down to produce a clutter-free environment, where space exactly matches one's requirements. Yet I can only really speak for myself in that it brings a sense of calm, organisation, and beauty. Whether that is in the way I work, the way I design my home, or the way I dress.

N Do you (team) have similar ways of thinking about minimal design? If not, is the exciting part of the collaboration that you have different angles?
C Some of us have different tastes and perspectives on minimal design, which brings a refreshing diversity to our features, but at the same time I like for us all to be moving in the same creative direction. It does introduce some interesting discussions about design though, particularly when an editor is passionate about a particular potential feature. It's an awesome collaborative experience though. I really enjoy it.

N While we see minimalism as a recent wave in the west, it is the backbone of Japanese culture with a historic background. Do you ever think of the subjectivity and interpretation of minimalism?
C I have certainly considered the interpretation of minimalism when it comes to design and how it can be interpreted differently by anyone. For me though, minimalism is about exposing the essence of a subject in order to communicate what is valuable. It's about finding the archetype—minimizing the number of forms, colours, sizes, sounds, and so on. Now interpreting minimalism beyond that and considering Zen, simplicity and minimalism in life and understanding the differences between these, is very interesting. I actually recently chatted with a friend, Bhagavati, who's a Zen teacher and writer on this very subject.

My understanding is that minimalism is not Zen, and Zen is not minimalism, any more than minimalism is not simplicity, and yet it can be. Both simplicity and minimalism can be found in Zen as there is common ground to be found between the three. Ultimately, the word Zen means simply, meditation on our true nature. And to know our true nature is enlightenment. And in enlightenment, life is stripped bare of all concepts. The ultimate minimalism.

N Which minimalist product made you go "wow" recently?
C I think it would have to be the monochrome Geo Series designed by Nicholai Wiig Hansen for Normann Copenhagen. I have got to own that for my kitchen! I don't yet, but I'll have it soon enough.

N So what is next for Minimalissimo?
C It's the printed magazine issue, which we're hoping to publish early next year. It will essentially include many of our favourite features since 2009 as well as some exclusive interviews. It will also be available worldwide, so you guys can certainly pick up a copy.

169

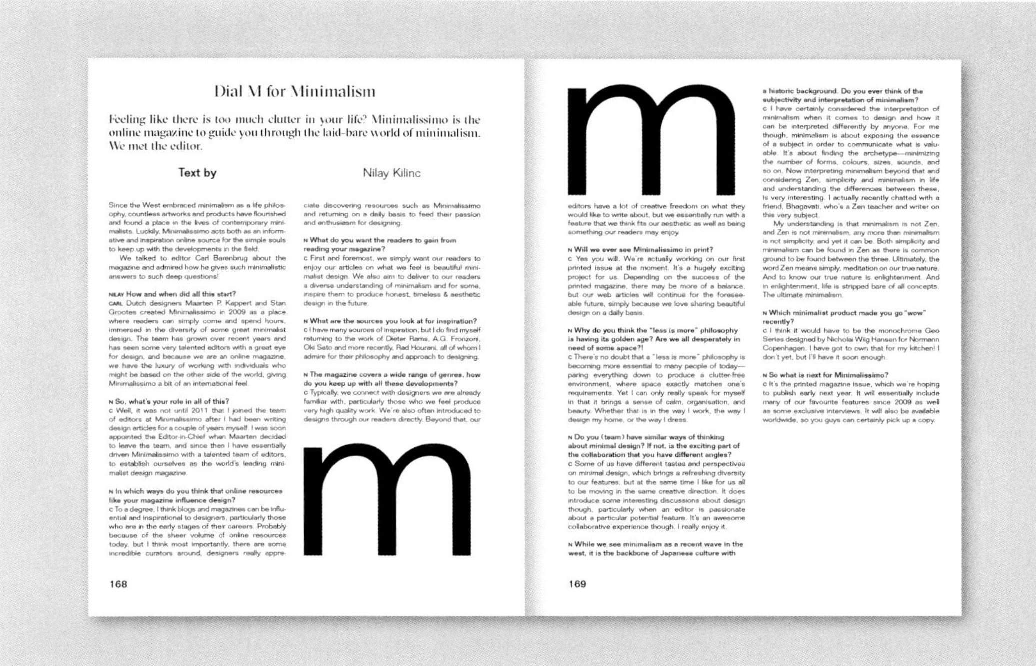

配色：■ □　　字体：GT Sectra　　尺寸：200 mm × 265 mm　　页数：175页

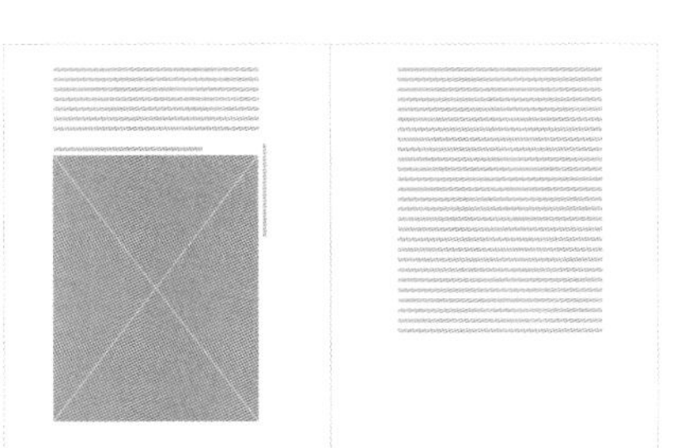

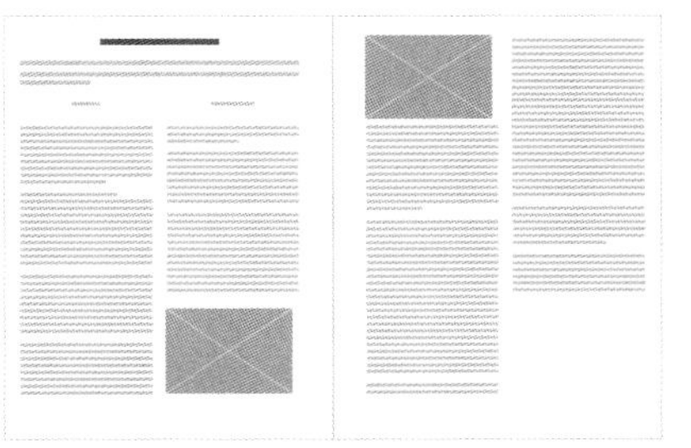

ADRIAN So then, what does make the perfect liquorice?

NILS The taste of course, the balance in taste; the ingredients should be pure, as pure as possible. We want to keep the shortest list of ingredients.

JAKE It should not be too sticky, of course; it should coat your mouth and have a long finish.

chilli flakes, citron peel, cold smoking and, of all things, algae. Due to the ingredients of the latter four, those are entirely unique to Kolsvart.

—We want people to eat it as if it was a delicacy, you shouldn't just eat it as candy. Take one bite at a time and savour. Our idea is to make it the opposite of chewing gum, the more you chew it, the more flavour you should have in your mouth. We appeal to people who are interested in flavours, said Nils.

The smoked and chilli products and the no-frills branding do, as Jake suggests, give the impression that they are not chasing the kids' market. They are not letting their products be sold in supermarkets, instead opting to distribute in stores they feel personally reflect their own tastes and can represent what Kolsvart means to them.

The packaging is about as minimalist as you can get, it has a certain utilitarian, bordering "army surplus" look about it.

—That is an interesting story, at our first production we brought our idea to the factory and said we want to use a brown wax paper. We have our company name and what we wanted on the back, but we never sent a logo, or a font or anything like that. So this factory guy just chose something and put it on and that's what it is today. Arial Bold, it's one of the first you get to when you scroll through the list of fonts. I think that is one of the reasons we're being successful.

All the liquorice now is being packaged in embossed, glossy boxes with shiny plastic bags inside and all this garbage that no-one really wants—people want the liquorice, they don't really want the packaging, said Jake.The process from that initial flavour brainwave to getting the sweets to the store can be just as short as a month. First batches are produced, taste tested and amendments made. With only the need to change a few words on the packaging, it is a relatively pain free procedure.

—Everyone who tastes it just loves it, and just our sales tell us we're making something tasty. The retailers tell us the staff are constantly stealing the liquorice—that's a good sign!, added Jake.

The future is looking dark, but when you brand yourself "jet black", that is certainly no bad thing!

122 123

5 MALE NUDE INSTAGRAMMERS TO FOLLOW

Hard Cider
Francisco Hortz
John MacConnell
Luke Austin
Summer Diary Project

@hardcidermy

104 105

Digital Art: iPaints & iPads

The digital age may be racing ahead, but there is no reason why art cannot keep up. While the internet is stockpiling images of smug selfies and cutesy cats, meet the artist who is finding his way via his iPad.

Text by
Amanda Pommer

Photos by
Roberto Esquerra

24 25

Digital Art: iPaints & iPads

The digital age may be racing ahead, but there is no reason why art cannot keep up. While the internet is stockpiling images of smug selfies and cutesy cats, meet the artist who is finding his way via his iPad.

Text by
Amanda Pommer

Photos by
Roberto Esquerra

In this modern day and age, it no longer seems strange to love your digital tools just as much as your old mum. However, rumour has it that there was once a world where the World Wide Web had yet to be invented. A world where artists could create and display their work in more of an old school way, never having to consider "going digital". Along came technology and despite most people sporting a "happy-go-lucky" mentality towards it, artists were struggling to fit in and find new tools to stay interesting. Thankfully, they didn't have to wait long before the ever so lovely technology presented them with a solution. Within a single year both the handy iPad and narcissist's best friend Instagram came to the rescue—changing the way we see art forever.

Roberto Esquerra is a self taught LA-based artist who makes art with his iPad. His works are abstract and rich, pulling you into their orbits and gently pushing on the boundaries of your imagination. A self professed fan for the tablet's portability and versatility, Roberto can take advantage of inspiration at any moment and anywhere. Although artists after all seem to have found their place in the digital world, it's hard not to wonder what will happen if most of them continue to reflect their images solely into cyberspace. Instagram: @spiritus_ottavi

24

25

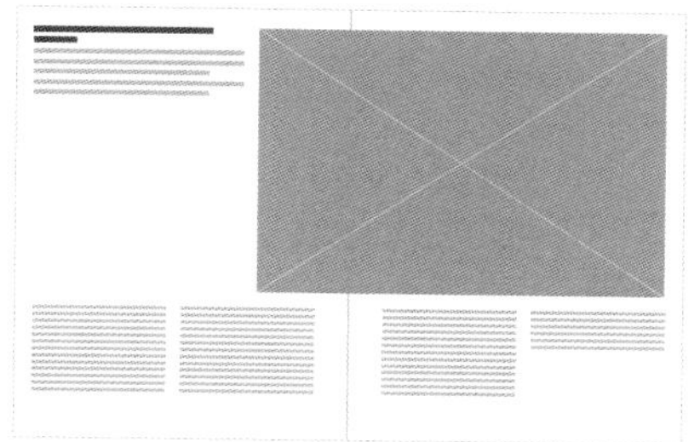

主要字体GT Sectra是由Grilli Type公司设计的一款衬线字体，基于宽笔尖的书法形式。锐利的笔画使该字体散发着当代气息。该杂志的版面设计是基于4栏4行的网格系统。

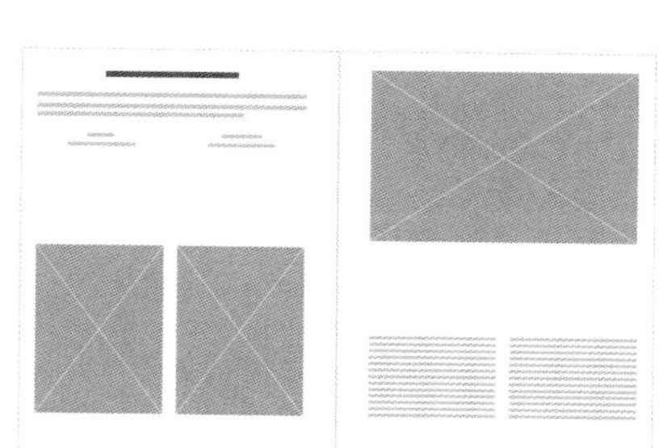

《奥迪》

设计工作室：**博尔舍事务所**
艺术指导：**米尔科·博尔舍（Mirko Borsche）**
客户：**奥迪（Audi）**

德国奥迪公司邀请米尔科·博尔舍作为其企业杂志《奥迪》（第4期）担任创意指导。米尔科指导整个创作过程，并对《奥迪》杂志进行了改版。经过大刀阔斧精简后，该杂志的版面给了图片更多的展示空间，同时利用留白，整体上更加符合其奢华汽车品牌的全新外观。粗体、超大号的字体排印，使用"奥迪红"（Audi Red）的小图等，如此的搭配塑造了该杂志的现代审美。

TO SINGULARITY

Denkanstöße rund um die drohende Disruption aufzusaugen und zu diskutieren.

Bislang haben rund 3.000 Teilnehmer die teuren Intensivkurse im Schatten von Technologiegiganten wie Google, Apple und Facebook durchlaufen. Wer in diesen kleinen Kreis aufgenommen werden will, muss sich bewerben und unter anderem die Frage beantworten, wie er oder sie persönlich die Welt verbessern will. „Es ist eine einmalige Gelegenheit, Fragen rund um exponentielle Technologien zu stellen und den unglaublichen Innovationsgeist des Silicon Valley zu spüren“, sagt Tobias Regenfuß, der beim Beratungshaus Accenture in München den Bereich Cloud & Infrastructure Services leitet und am letzten Executive Program im Winter 2017 teilnahm. „Egal ob man die Vision der Singularity nun 1:1 teilt – die Geschwindigkeit, mit der sich Dinge verändern, haben wir alle in der Vergangenheit unterschätzt. Was ich hier mitnehme, kann ich auf meine Arbeit und für meine Kunden anwenden“, lobt Regenfuß. Pinar Emirdag, eine aus der Türkei stammende Physikerin, schätzt vor allem, dass sie mit einem frischen Blick auf die Welt zu ihrem Job als Leiterin eines kleinen Innovationsteams der State Street Bank in London zurückkehren wird. „Es ist enorm wichtig, dass man die größeren sozialen und ökonomischen Folgen von technischen Neuerungen begreift. Aber erst einmal muss man sich öffnen und seine gesamte Sicht- und Denkweise ändern.“

Um den Wandel auf breiter Front zu beschleunigen, fördert Singularity seit Kurzem auch vielversprechende Start-ups von Kenia bis Kalifornien und investiert in sie. Teams, die innovative Ideen zu den großen Themen wie Armut, Gesundheit und Bildung vorschlagen, können ein sieben Wochen langes Programm im Singularity-Inkubator absolvieren, bevor sie ihre Konzepte und Prototypen auf einer „Demo Fair“ präsentieren. Sobald aus der Idee ein Start-up geworden ist, beteiligt sich Singularity Ventures an der Neugründung und stellt wertvolle Kontakte zu Mentoren, potenziellen Geschäftspartnern und Kapitalgebern her. Seit seiner Gründung 2016 haben insgesamt elf Teams den Inkubator durchlaufen, berichtet Ventures-Chefin Monique Giggy. Die Mehrzahl von ihnen wurden anschließend zu Portfolio-Firmen. Insgesamt hat Singularity Ventures in 58 Start-ups investiert, die bislang 220 Millionen Dollar Kapital eingesammelt und mehr als 500 Arbeitsplätze geschaffen haben. Zu den Erfolgen des Programms gehören der Drohnen-Pionier Matternet und Majik Water, mit dessen Technologie arme Kommunen in Kenia natürlich vorkommende Luftfeuchtigkeit in Trinkwasser umwandeln können. „Start-ups, die zu uns finden“, sagt Giggy, „sind mit unglaublicher Leidenschaft bei der Sache, um einen Unterschied in der Welt zu machen.“ Ab 2018 sollen diese Gründer ihren Elan auch den Teilnehmern des Executive Programs nahebringen. Führungskräfte können dann in Moffett Field den direkten Kontakt zum Nachwuchs herstellen, damit die Vision eines einvernehmlichen Miteinanders von Mensch und Maschinen noch schneller Realität wird.

Für eine weltweite Präsenz der Singularity University sorgen aktuell 83 Ortsgruppen in 48 Ländern, die Teilnehmer der Intensivkurse und Gipfeltreffen in aller Welt ins Leben gerufen haben, um die Ideen weiterzutragen.

Die Nimbus-Kunstwerke von Berndnaut Smilde inszenieren Augenblicke flüchtiger Präsenz an ausgewählten Orten. Smilde interessiert vor allem der temporäre Charakter seiner Werke: „Seit jeher empfinden die Menschen eine starke metaphysische Verbundenheit mit Wolken, und über die Zeit hinweg haben sie viele Vorstellungen auf sie projiziert. Die Installationen existieren nur für wenige Sekunden und lösen sich dann wieder auf. Man kann sie als Darstellung der Vergänglichkeit oder der Entstehung auffassen oder aber Fragmente klassischer Gemälde darin sehen. Der physische Aspekt ist elementar, aber die Arbeit besteht am Ende nur als Fotografie weiter. Die Fotos fungieren als Dokumentation eines Ereignisses, das an einem bestimmten Ort stattgefunden hat und mittlerweile Vergangenheit ist.“

149

配色：■ □ ■
字体：Sabon
尺寸：210 mm × 270 mm
页数：174页

奥迪公司规定了杂志的主要字体。为增强文本可读性，米尔科加入了Sabon字体。该杂志的版面设计是基于双栏网格系统。

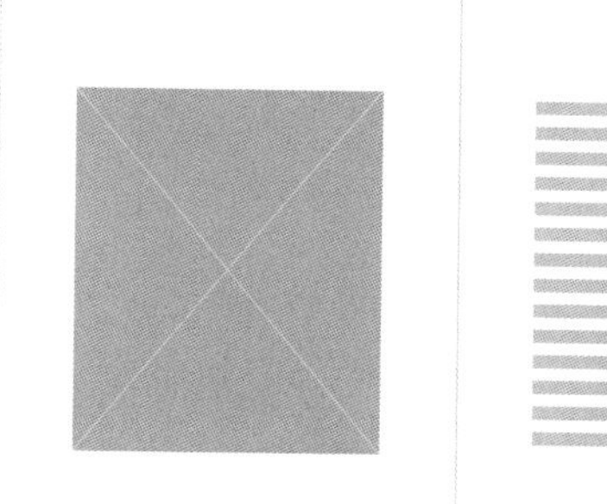

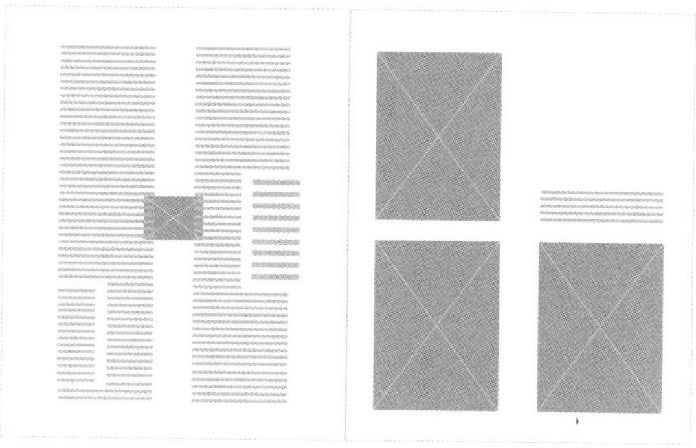

《闪灵》影迷杂志

设计：**卡拉·卡布拉斯（Carla Cabras）**
客户：**个人项目**

《闪灵》（*The Shining*）是由斯坦利·库布里克（Stanley Kubrick）编剧[与小说家黛安·约翰逊（Diane Johnson）合著]、制作和执导的一部恐怖电影。该电影改编自史蒂芬·金（Stephen King）著于1977年的同名小说。卡布拉斯的这个项目基于《闪灵》剧本，设计制作成为一本影迷杂志。版面中使用的所有文本和图像的版权均归华纳兄弟电影公司（Warner Bros）所有。

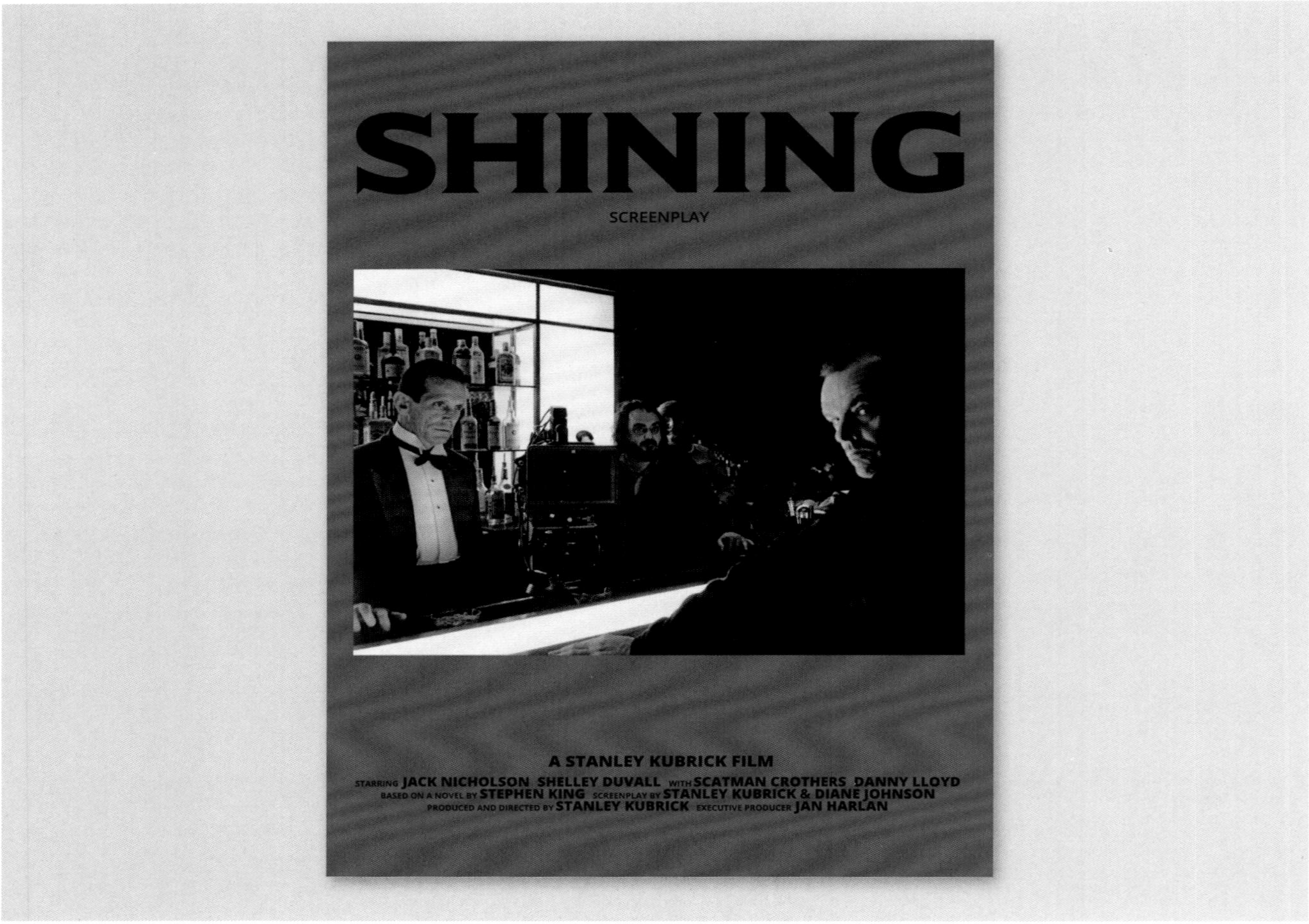

SHINING
SCREENPLAY
A STANLEY KUBRICK FILM
STARRING JACK NICHOLSON SHELLEY DUVALL WITH SCATMAN CROTHERS DANNY LLOYD
BASED ON A NOVEL BY STEPHEN KING SCREENPLAY BY STANLEY KUBRICK & DIANE JOHNSON
PRODUCED AND DIRECTED BY STANLEY KUBRICK EXECUTIVE PRODUCER JAN HARLAN

"THE SHINING."
Post Production Script.
A STANLEY KUBRICK FILM
EXECUTIVE PRODUCER:
JAN HARLAN
PRODUCED AND DIRECTED BY:
STANLEY KUBRICK
A STANLEY KUBRICK FILM
July, 1980
"THE SHINING."
THE INTERVIEW.
49.

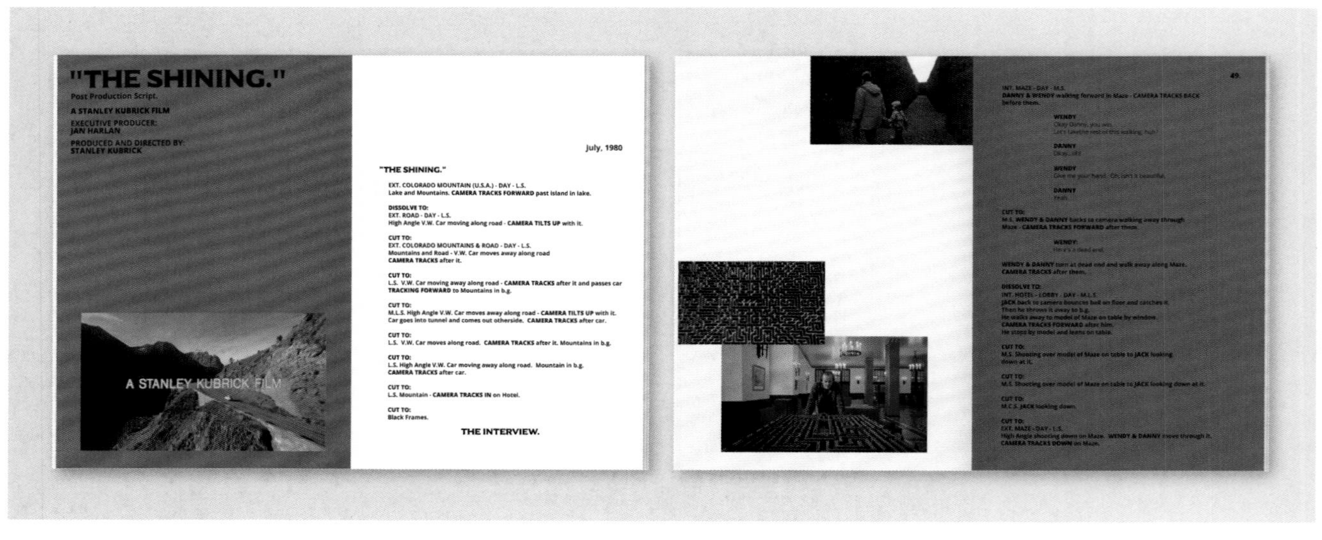

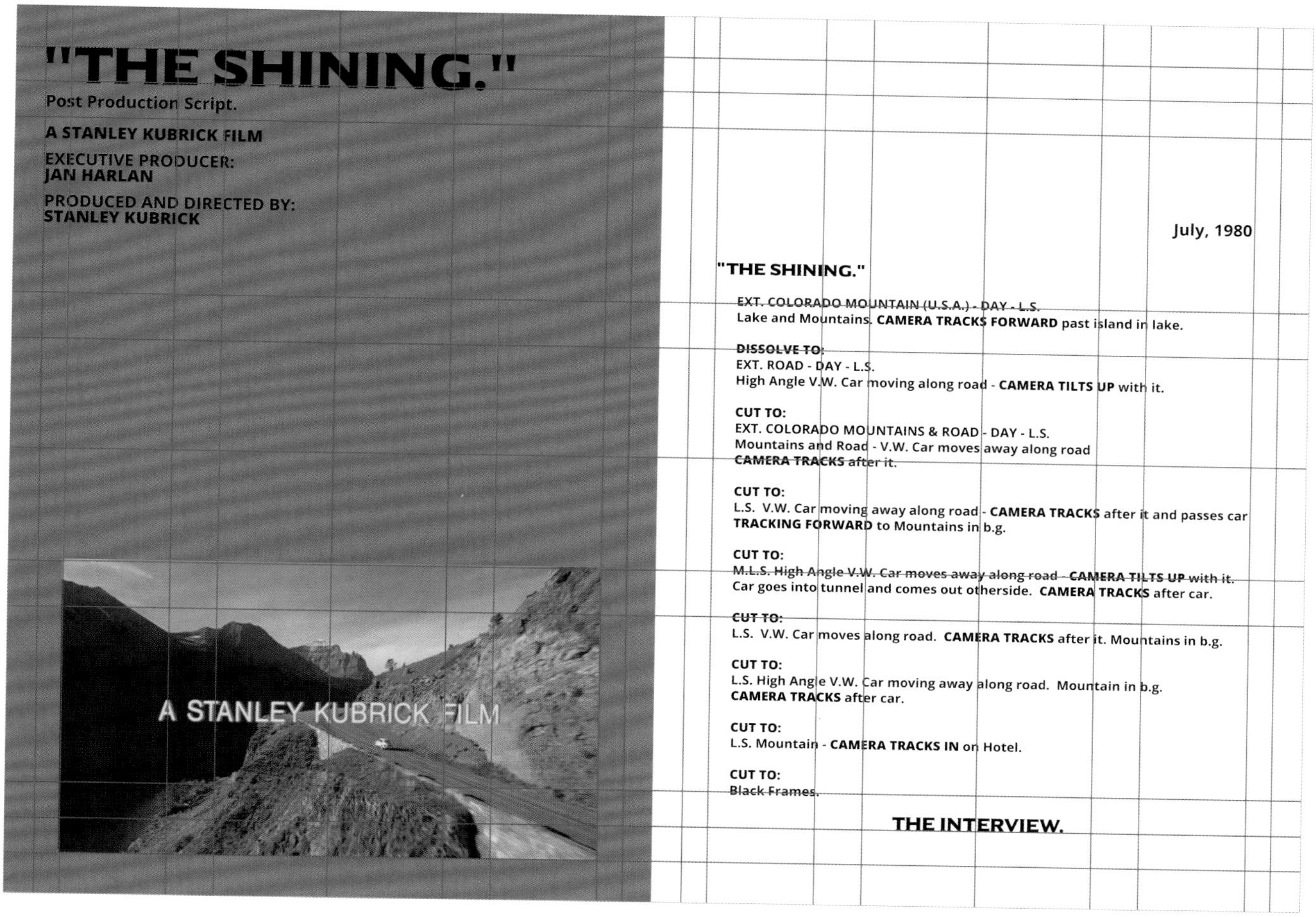

"THE SHINING."

Post Production Script.

A STANLEY KUBRICK FILM

EXECUTIVE PRODUCER:
JAN HARLAN

PRODUCED AND DIRECTED BY:
STANLEY KUBRICK

A STANLEY KUBRICK FILM

July, 1980

"THE SHINING."

EXT. COLORADO MOUNTAIN (U.S.A.) - DAY - L.S.
Lake and Mountains. **CAMERA TRACKS FORWARD** past island in lake.

DISSOLVE TO:
EXT. ROAD - DAY - L.S.
High Angle V.W. Car moving along road - **CAMERA TILTS UP** with it.

CUT TO:
EXT. COLORADO MOUNTAINS & ROAD - DAY - L.S.
Mountains and Road - V.W. Car moves away along road
CAMERA TRACKS after it.

CUT TO:
L.S. V.W. Car moving away along road - **CAMERA TRACKS** after it and passes car
TRACKING FORWARD to Mountains in b.g.

CUT TO:
M.L.S. High Angle V.W. Car moves away along road - **CAMERA TILTS UP** with it.
Car goes into tunnel and comes out otherside. **CAMERA TRACKS** after car.

CUT TO:
L.S. V.W. Car moves along road. **CAMERA TRACKS** after it. Mountains in b.g.

CUT TO:
L.S. High Angle V.W. Car moving away along road. Mountain in b.g.
CAMERA TRACKS after car.

CUT TO:
L.S. Mountain - **CAMERA TRACKS IN** on Hotel.

CUT TO:
Black Frames.

THE INTERVIEW.

配色：

字体：Universal Serif和Open Sans

尺寸：210 mm × 297 mm (A4)

页数：216页

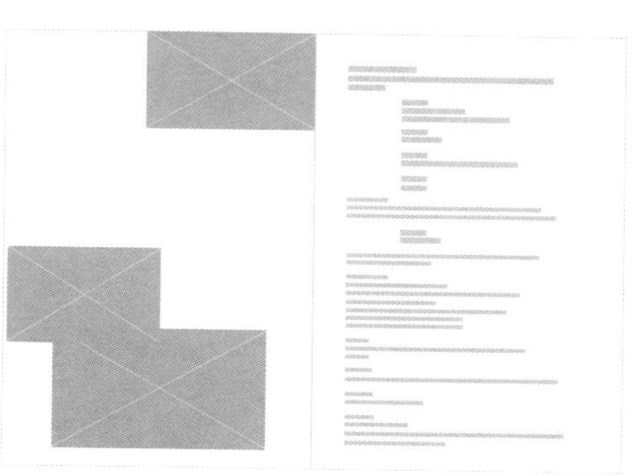

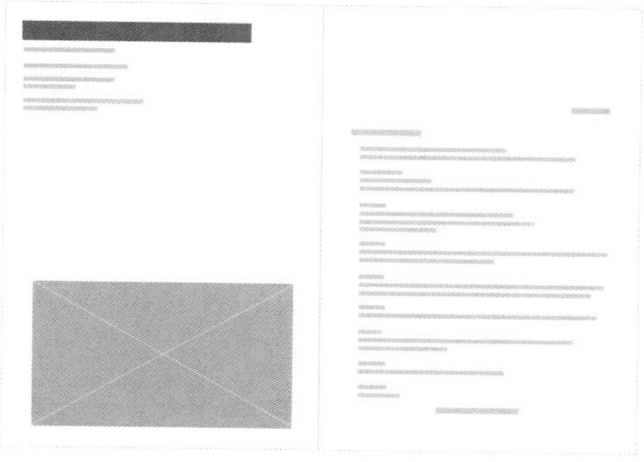

在确定字体之前，卡布拉斯花了很长时间思考和试验不同的文本，因为文本是版式设计的基础元素。她喜欢用衬线体和无衬线体制造对比，但要避免使用太多，以免字体排印风格显得杂乱无章。通常，她在一个设计中会使用两款字体。在《闪灵》影迷杂志中，她选择Universal Serif(一款古典的衬线体）和Open Sans，二者形成一种鲜明而优雅的对比。

SHINING

A STANLEY KUBRICK FILM

STARRING JACK NICHOLSON SHELLEY DUVALL WITH SCATMAN CROTHERS DANNY LLOYD
BASED ON A NOVEL BY STEPHEN KING SCREENPLAY BY STANLEY KUBRICK & DIANE JOHNSON
PRODUCED AND DIRECTED BY STANLEY KUBRICK EXECUTIVE PRODUCER JAN HARLAN

STANLEY KUBRICK ON THE GOLD ROOM BAR
SET OF THE SHINING,
WITH ACTORS JOE TURKEL AND JACK NICHOLSON

GOLD ROOM BAR

14.

DANNY
Tony, why don't you want to go to the hotel?

DANNY wiggles forefinger.

TONY (OFF)
I don't know.

DANNY
You do too know, now come on tell me.

DANNY wiggles forefinger.

TONY (OFF)
I don't want to.

DANNY
Please...

DANNY wiggles forefinger.

TONY (OFF)
No.

DANNY
Now Tony, tell me.

CUT TO:

INT. HOTEL - LOBBY - M.L.S.
Shooting towards doors of lifts. Blood gushes in from L.side of lift and in from corridors L. and R. of lift doors - surging towards camera.

CUT TO:
INT. HOTEL/CORRIDOR - M.S.
Two Little GRADY girls holding hands.

CUT TO:
INT. HOTEL/LOBBY - M.L.S.
Blood gushing in from corridors L-R of lift doors and surging towards camera.

CUT TO:

15.

INT. BOULDER APARTMENT - M.C.S.
DANNY screaming.

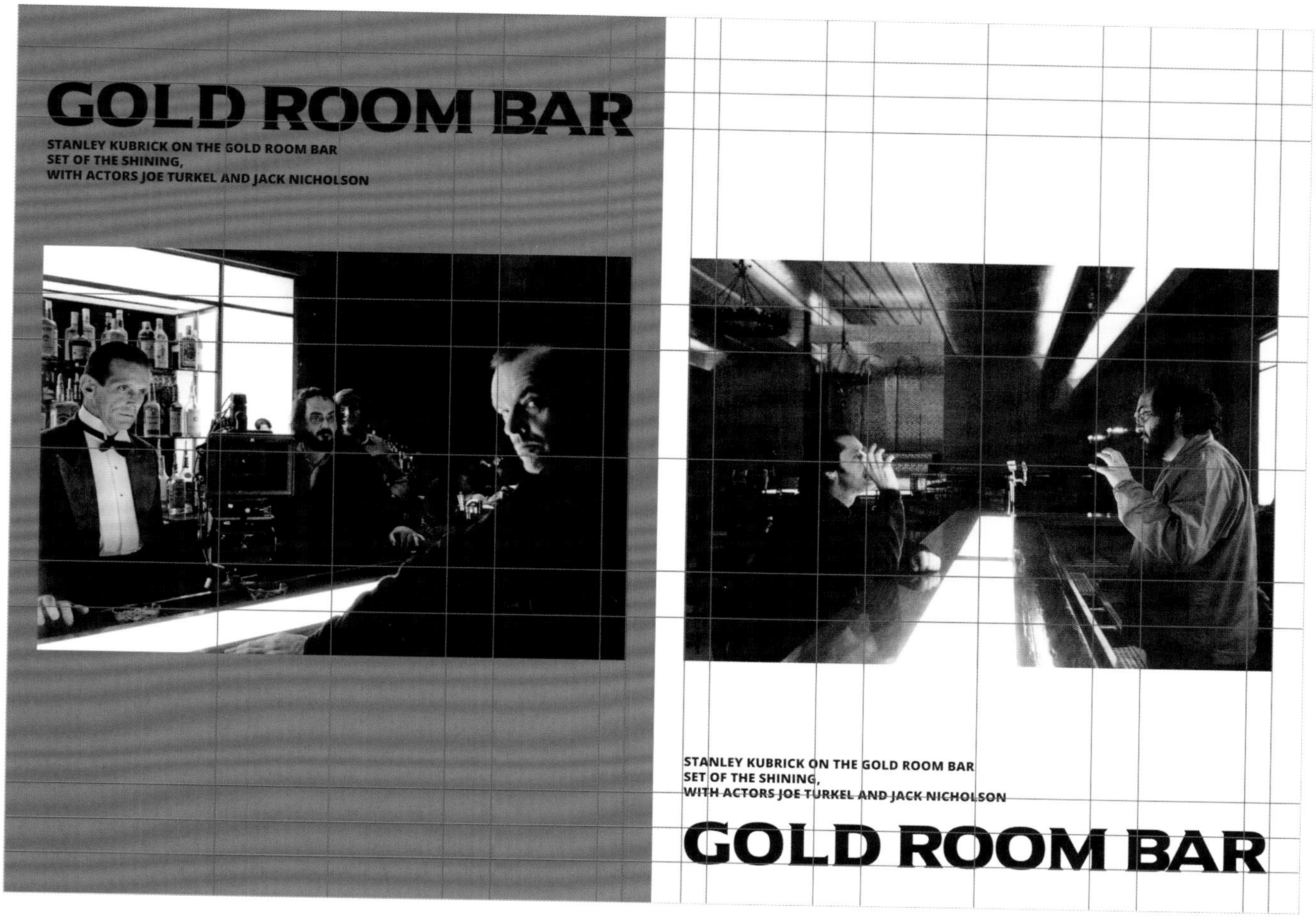

GOLD ROOM BAR

STANLEY KUBRICK ON THE GOLD ROOM BAR
SET OF THE SHINING,
WITH ACTORS JOE TURKEL AND JACK NICHOLSON

STANLEY KUBRICK ON THE GOLD ROOM BAR
SET OF THE SHINING,
WITH ACTORS JOE TURKEL AND JACK NICHOLSON

GOLD ROOM BAR

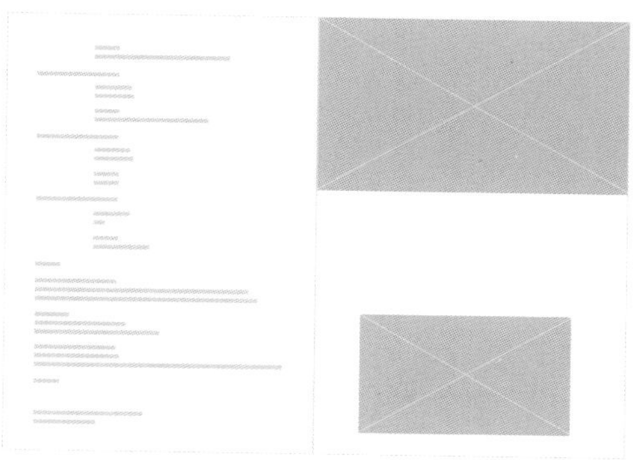

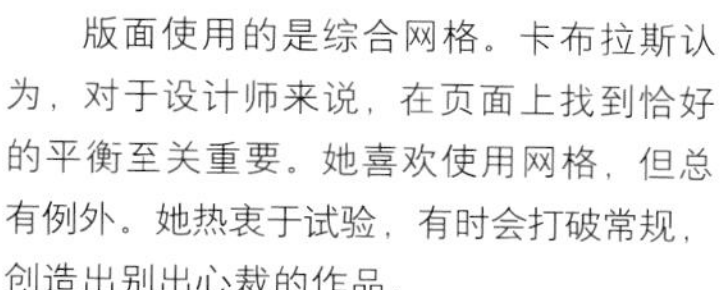

版面使用的是综合网格。卡布拉斯认为，对于设计师来说，在页面上找到恰好的平衡至关重要。她喜欢使用网格，但总有例外。她热衷于试验，有时会打破常规，创造出别出心裁的作品。

《岩浆》

设计：**克里斯托瓦尔·列斯科（Cristóbal Riesco）**
客户：**个人项目（非商业性）**

《岩浆》（*Magma*）是一本关注地质学的科学杂志，因优质的科学研究而著称。杂志强调了地球在形状、颜色和纹理上的美感。这是克里斯托瓦尔在西班牙巴塞罗那自治大学（EINA University）设计与艺术学院研读研究生时，为"摄影与版式设计"课程设计的项目。杂志的版面设计是基于8栏网格系统。

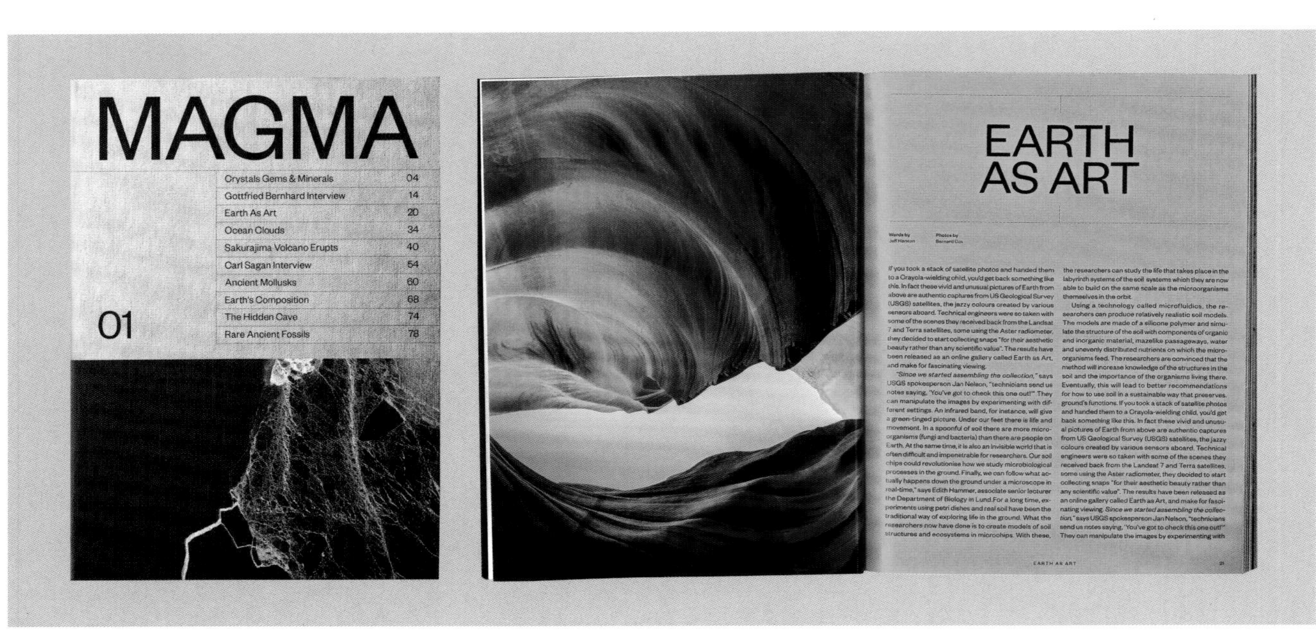

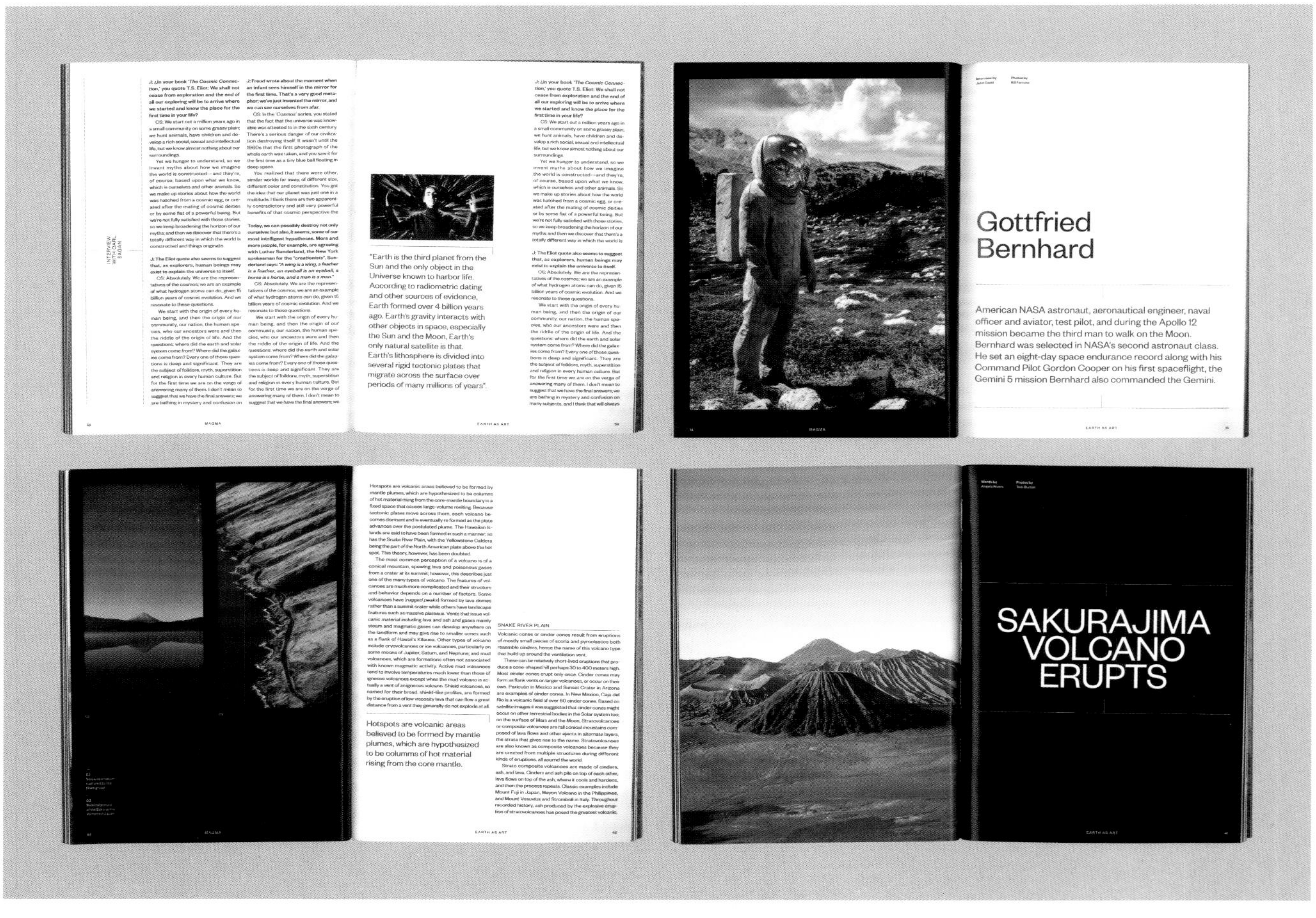

"Earth is the third planet from the Sun and the only object in the Universe known to harbor life. According to radiometric dating and other sources of evidence, Earth formed over 4 billion years ago. Earth's gravity interacts with other objects in space, especially the Sun and the Moon, Earth's only natural satellite is that. Earth's lithosphere is divided into several rigid tectonic plates that migrate across the surface over periods of many millions of years".

Gottfried Bernhard

American NASA astronaut, aeronautical engineer, naval officer and aviator, test pilot, and during the Apollo 12 mission became the third man to walk on the Moon. Bernhard was selected in NASA's second astronaut class. He set an eight-day space endurance record along with his Command Pilot Gordon Cooper on his first spaceflight, the Gemini 5 mission Bernhard also commanded the Gemini.

Hotspots are volcanic areas believed to be formed by mantle plumes, which are hypothesized to be columns of hot material rising from the core mantle.

SAKURAJIMA VOLCANO ERUPTS

INTERVIEW WITH CARL SAGAN

J: ¿In your book '*The Cosmic Connection*,' you quote T.S. Eliot: We shall not cease from exploration and the end of all our exploring will be to arrive where we started and know the place for the first time in your life?

CS: We start out a million years ago in a small community on some grassy plain; we hunt animals, have children and develop a rich social, sexual and intellectual life, but we know almost nothing about our surroundings.

Yet we hunger to understand, so we invent myths about how we imagine the world is constructed—and they're, of course, based upon what we know, which is ourselves and other animals. So we make up stories about how the world was hatched from a cosmic egg, or created after the mating of cosmic deities or by some fiat of a powerful being. But we're not fully satisfied with those stories, so we keep broadening the horizon of our myths; and then we discover that there's a totally different way in which the world is constructed and things originate.

J: The Eliot quote also seems to suggest that, as explorers, human beings may exist to explain the universe to itself.

CS: Absolutely. We are the representatives of the cosmos; we are an example of what hydrogen atoms can do, given 15 billion years of cosmic evolution. And we resonate to these questions.

We start with the origin of every human being, and then the origin of our community, our nation, the human species, who our ancestors were and then the riddle of the origin of life. And the questions: where did the earth and solar system come from? Where did the galaxies come from? Every one of those questions is deep and significant. They are the subject of folklore, myth, superstition and religion in every human culture. But for the first time we are on the verge of answering many of them. I don't mean to suggest that we have the final answers; we are bathing in mystery and confusion on

J: Freud wrote about the moment when an infant sees himself in the mirror for the first time. That's a very good metaphor; we've just invented the mirror, and we can see ourselves from afar.

CS: In the '*Cosmos*' series, you stated that the fact that the universe was knowable was attested to in the sixth century. There's a serious danger of our civilization destroying itself. It wasn't until the 1960s that the first photograph of the whole earth was taken, and you saw it for the first time as a tiny blue ball floating in deep space.

You realized that there were other, similar worlds far away, of different size, different color and constitution. You got the idea that our planet was just one in a multitude. I think there are two apparently contradictory and still very powerful benefits of that cosmic perspective the

Today, we can possibly destroy not only ourselves but also, it seems, some of our most intelligent hypotheses. More and more people, for example, are agreeing with Luther Sunderland, the New York spokesman for the "*creationists*". Sunderland says: "*A wing is a wing, a feather is a feather, an eyeball is an eyeball, a horse is a horse, and a man is a man.*"

CS: Absolutely. We are the representatives of the cosmos; we are an example of what hydrogen atoms can do, given 15 billion years of cosmic evolution. And we resonate to these questions.

We start with the origin of every human being, and then the origin of our community, our nation, the human species, who our ancestors were and then the riddle of the origin of life. And the questions: where did the earth and solar system come from? Where did the galaxies come from? Every one of those questions is deep and significant. They are the subject of folklore, myth, superstition and religion in every human culture. But for the first time we are on the verge of answering many of them. I don't mean to suggest that we have the final answers; we

"Earth is the third planet from the Sun and the only object in the Universe known to harbor life. According to radiometric dating and other sources of evidence, Earth formed over 4 billion years ago. Earth's gravity interacts with other objects in space, especially the Sun and the Moon, Earth's only natural satellite is that. Earth's lithosphere is divided into several rigid tectonic plates that migrate across the surface over periods of many millions of years".

J: ¿In your book '*The Cosmic Connection*,' you quote T.S. Eliot: We shall not cease from exploration and the end of all our exploring will be to arrive where we started and know the place for the first time in your life?

CS: We start out a million years ago in a small community on some grassy plain; we hunt animals, have children and develop a rich social, sexual and intellectual life, but we know almost nothing about our surroundings.

Yet we hunger to understand, so we invent myths about how we imagine the world is constructed—and they're, of course, based upon what we know, which is ourselves and other animals. So we make up stories about how the world was hatched from a cosmic egg, or created after the mating of cosmic deities or by some fiat of a powerful being. But we're not fully satisfied with those stories, so we keep broadening the horizon of our myths; and then we discover that there's a totally different way in which the world is

J: The Eliot quote also seems to suggest that, as explorers, human beings may exist to explain the universe to itself.

CS: Absolutely. We are the representatives of the cosmos; we are an example of what hydrogen atoms can do, given 15 billion years of cosmic evolution. And we resonate to these questions.

We start with the origin of every human being, and then the origin of our community, our nation, the human species, who our ancestors were and then the riddle of the origin of life. And the questions: where did the earth and solar system come from? Where did the galaxies come from? Every one of those questions is deep and significant. They are the subject of folklore, myth, superstition and religion in every human culture. But for the first time we are on the verge of answering many of them. I don't mean to suggest that we have the final answers; we are bathing in mystery and confusion on many subjects, and I think that will always

配色：

字体：Founders Grotesk

尺寸：180 mm × 245 mm

页数：84页

《Komma》第18期

设计：《Komma》杂志团队
摄影：《Komma》杂志团队，
弗朗西斯科·菲特雷（Francesco Futterer）（内容）

《Komma》第18期涉及的话题是冲突。冲突被定义为"至少两方之间的碰撞"，多数情况下带有贬义。然而，本期杂志关注点是：即使是最具毁灭性的冲突，也可能催生新的洞见、呼唤进步。因此，该杂志分成两部分，代表两种不同的设计思维。这种诙谐的版面构成旨在突破格式、网格和设计传统的藩篱，使每篇文章尽可能地引人入胜。本期编辑团队包括主编斯蒂芬·奥泰尔（Steffen Hotel）以及编辑莫林·霍尔曼（Mareen Hollmann）、茱莉亚·哈夫（Julia Haaf）、沃尔克·亨齐（Volker Henze）、米丽娅姆·屈恩（Myriam Kühn）、凯文·诺伊茨（Kevin Neutz）、施特菲·施努克（Steffi Schnuck）、丽莎·鲁道夫（Lisa Rudolf）。

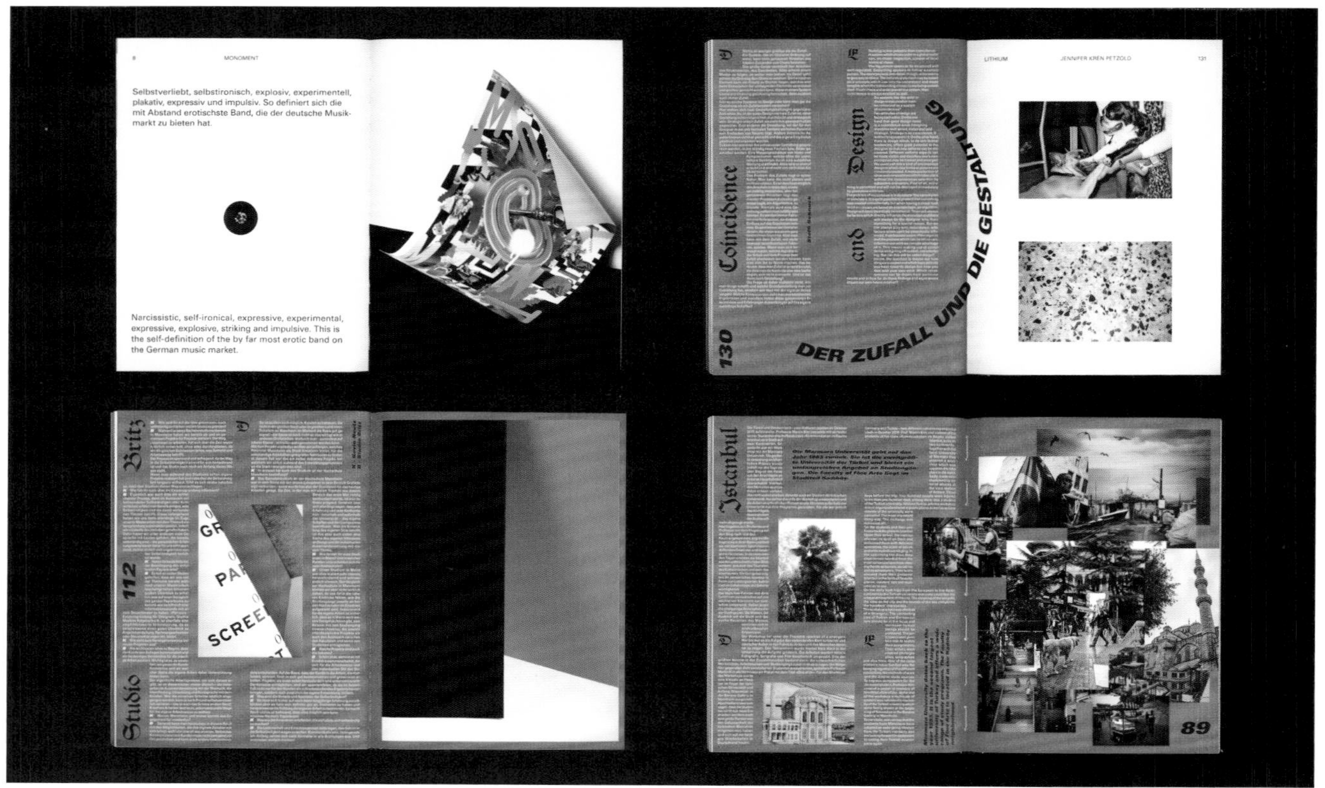

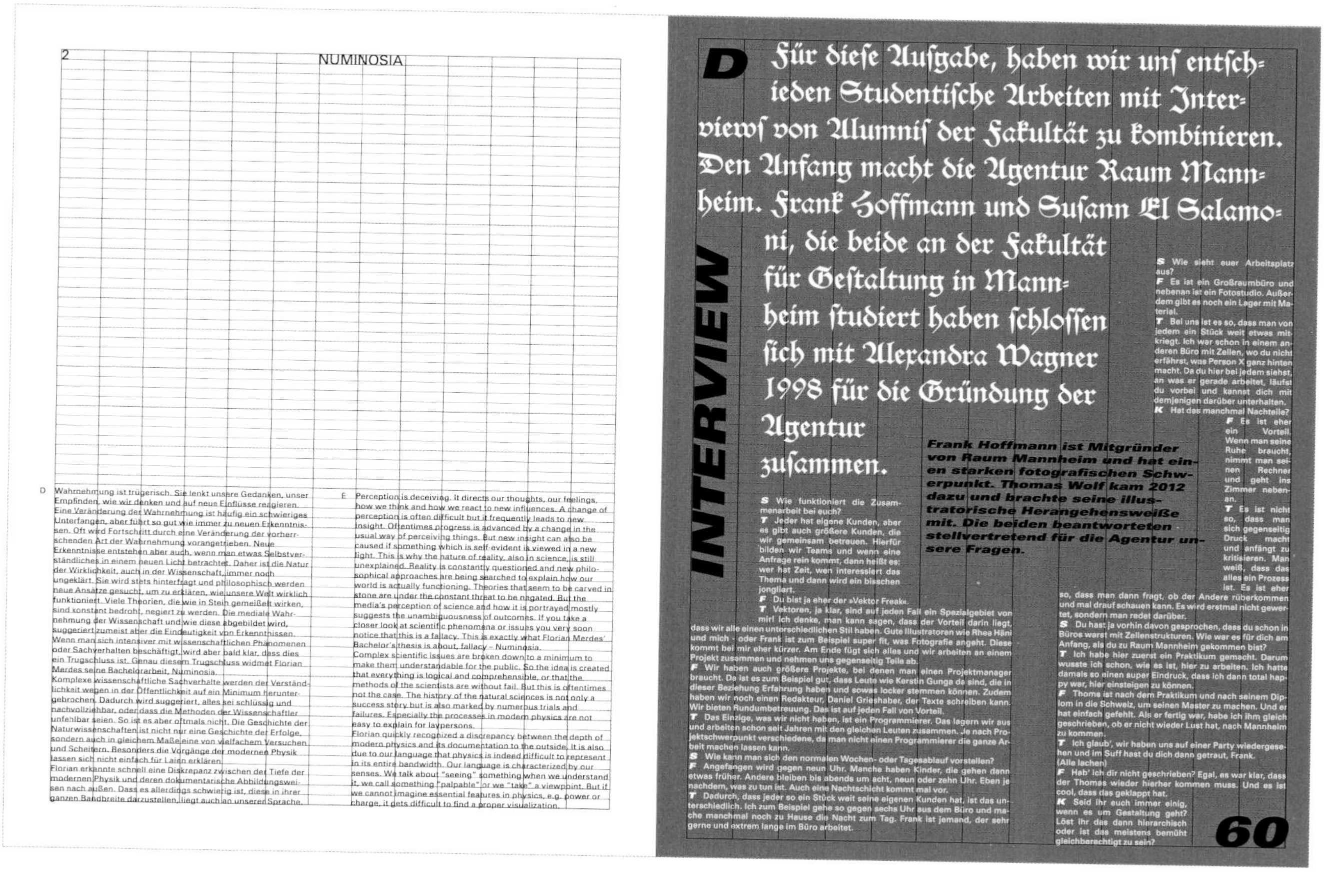

2 NUMINOSIA

D Wahrnehmung ist trügerisch. Sie lenkt unsere Gedanken, unser Empfinden, wie wir denken und auf neue Einflüsse reagieren. Eine Veränderung der Wahrnehmung ist häufig ein schwieriges Unterfangen, aber führt so gut wie immer zu neuen Erkenntnissen. Oft wird Fortschritt durch eine Veränderung der vorherrschenden Art der Wahrnehmung vorangetrieben. Neue Erkenntnisse entstehen aber auch, wenn man etwas Selbstverständliches in einem neuen Licht betrachtet. Daher ist die Natur der Wirklichkeit, auch in der Wissenschaft, immer noch ungeklärt. Sie wird stets hinterfragt und philosophisch werden neue Ansätze gesucht, um zu erklären, wie unsere Welt wirklich funktioniert. Viele Theorien, die wie in Stein gemeißelt wirken, sind konstant bedroht, negiert zu werden. Die mediale Wahrnehmung der Wissenschaft und wie diese abgebildet wird, suggeriert zumeist aber die Eindeutigkeit von Erkenntnissen. Wenn man sich intensiver mit wissenschaftlichen Phänomenen oder Sachverhalten beschäftigt, wird aber bald klar, dass dies ein Trugschluss ist. Genau diesem Trugschluss widmet Florian Merdes seine Bachelorarbeit, Numinosia.

Komplexe wissenschaftliche Sachverhalte werden der Verständlichkeit wegen in der Öffentlichkeit auf ein Minimum heruntergebrochen. Dadurch wird suggeriert, alles sei schlüssig und nachvollziehbar, oder dass die Methoden der Wissenschaftler unfehlbar seien. So ist es aber oftmals nicht. Die Geschichte der Naturwissenschaften ist nicht nur eine Geschichte der Erfolge, sondern auch in gleichem Maße eine von vielfachem Versuchen und Scheitern. Besonders die Vorgänge der modernen Physik lassen sich nicht einfach für Laien erklären.

Florian erkannte schnell eine Diskrepanz zwischen der Tiefe der modernen Physik und deren dokumentarische Abbildungsweisen nach außen. Dass es allerdings schwierig ist, diese in ihrer ganzen Bandbreite darzustellen, liegt auch an unseren Sprache.

E Perception is deceiving. It directs our thoughts, our feelings, how we think and how we react to new influences. A change of perception is often difficult but it frequently leads to new insight. Oftentimes progress is advanced by a change in the usual way of perceiving things. But new insight can also be caused if something which is self-evident is viewed in a new light. This is why the nature of reality, also in science, is still unexplained. Reality is constantly questioned and new philosophical approaches are being searched to explain how our world is actually functioning. Theories that seem to be carved in stone are under the constant threat to be negated. But the media's perception of science and how it is portrayed mostly suggests the unambiguousness of outcomes. If you take a closer look at scientific phenomena or issues you very soon notice that this is a fallacy. This is exactly what Florian Merdes' Bachelor's thesis is about, fallacy – Numinosia.

Complex scientific issues are broken down to a minimum to make them understandable for the public. So the idea is created that everything is logical and comprehensible, or that the methods of the scientists are without fail. But this is oftentimes not the case. The history of the natural sciences is not only a success story but is also marked by numerous trials and failures. Especially the processes in modern physics are not easy to explain for laypersons.

Florian quickly recognized a discrepancy between the depth of modern physics and its documentation to the outside. It is also due to our language that physics is indeed difficult to represent in its entire bandwidth. Our language is characterized by our senses. We talk about "seeing" something when we understand it, we call something "palpable" or we "take" a viewpoint. But if we cannot imagine essential features in physics, e.g. power or charge, it gets difficult to find a proper visualization.

INTERVIEW

D Für dieſe Aufgabe, haben wir unſ entſchieden Studentiſche Arbeiten mit Interviewſ von Alumniſ der Fakultät zu kombinieren. Den Anfang macht die Agentur Raum Mannheim. Frank Hoffmann und Suſann El Salamoni, die beide an der Fakultät für Geſtaltung in Mannheim ſtudiert haben ſchloſſen ſich mit Alexandra Wagner 1998 für die Gründung der Agentur zuſammen.

Frank Hoffmann ist Mitgründer von Raum Mannheim und hat einen starken fotografischen Schwerpunkt. Thomas Wolf kam 2012 dazu und brachte seine illustratorische Herangehensweiße mit. Die beiden beantworteten stellvertretend für die Agentur unsere Fragen.

S Wie funktioniert die Zusammenarbeit bei euch?

T Jeder hat eigene Kunden, aber es gibt auch größere Kunden, die wir gemeinsam betreuen. Hierfür bilden wir Teams und wenn eine Anfrage rein kommt, dann heißt es: wer hat Zeit, wen interessiert das Thema und dann wird ein bisschen jongliert.

F Du bist ja eher der »Vektor Freak«.

T Vektoren, ja klar, sind auf jeden Fall ein Spezialgebiet von mir! Ich denke, man kann sagen, dass der Vorteil darin liegt, dass wir alle einen unterschiedlichen Stil haben. Gute Illustratoren wie Rhea Häni und mich - oder Frank ist zum Beispiel super fit, was Fotografie angeht. Diese kommt bei mir eher kürzer. Am Ende fügt sich alles und wir arbeiten an einem Projekt zusammen und nehmen uns gegenseitig Teile ab.

F Wir haben auch größere Projekte, bei denen man einen Projektmanager braucht. Da ist es zum Beispiel gut, dass Leute wie Kerstin Gunga da sind, die in dieser Beziehung Erfahrung haben und sowas locker stemmen können. Zudem haben wir noch einen Redakteur, Daniel Grieshaber, der Texte schreiben kann. Wir bieten Rundumbetreuung. Das ist auf jeden Fall von Vorteil.

T Das Einzige, was wir nicht haben, ist ein Programmierer. Das lagern wir aus und arbeiten schon seit Jahren mit den gleichen Leuten zusammen. Je nach Projektschwerpunkt verschiedene, da man nicht einen Programmierer die ganze Arbeit machen lassen kann.

S Wie kann man sich den normalen Wochen- oder Tagesablauf vorstellen?

F Angefangen wird gegen neun Uhr. Manche haben Kinder, die gehen dann etwas früher. Andere bleiben bis abends um acht, neun oder zehn Uhr. Eben je nachdem, was zu tun ist. Auch eine Nachtschicht kommt mal vor.

T Dadurch, dass jeder so ein Stück weit seine eigenen Kunden hat, ist das unterschiedlich. Ich zum Beispiel gehe so gegen sechs Uhr aus dem Büro und mache manchmal noch zu Hause die Nacht zum Tag. Frank ist jemand, der sehr gerne und extrem lange im Büro arbeitet.

S Wie sieht euer Arbeitsplatz aus?

F Es ist ein Großraumbüro und nebenan ist ein Fotostudio. Außerdem gibt es noch ein Lager mit Material.

T Bei uns ist es so, dass man von jedem ein Stück weit etwas mitkriegt. Ich war schon in einem anderen Büro mit Zellen, wo du nicht erfährst, was Person X ganz hinten macht. Da du hier bei jedem siehst, an was er gerade arbeitet, läufst du vorbei und kannst dich mit demjenigen darüber unterhalten.

K Hat das manchmal Nachteile?

F Es ist eher ein Vorteil. Wenn man seine Ruhe braucht, nimmt man seinen Rechner und geht ins Zimmer nebenan.

T Es ist nicht so, dass man sich gegenseitig Druck macht und anfängt zu kritisieren. Man weiß, dass das alles ein Prozess ist. Es ist eher so, dass man dann fragt, ob der Andere rüberkommen und mal drauf schauen kann. Es wird erstmal nicht gewertet, sondern man redet darüber.

S Du hast ja vorhin davon gesprochen, dass du schon in Büros warst mit Zellenstrukturen. Wie war es für dich am Anfang, als du zu Raum Mannheim gekommen bist?

T Ich habe hier zuerst ein Praktikum gemacht. Darum wusste ich schon, wie es ist, hier zu arbeiten. Ich hatte damals so einen super Eindruck, dass ich dann total happy war, hier einsteigen zu können.

F Thoms ist nach dem Praktikum und nach seinem Diplom in die Schweiz, um seinen Master zu machen. Und er hat einfach gefehlt. Als er fertig war, habe ich ihm gleich geschrieben, ob er nicht wieder Lust hat, nach Mannheim zu kommen.

T Ich glaub', wir haben uns auf einer Party wiedergesehen und im Suff hast du dich dann getraut, Frank. (Alle lachen)

F Hab' ich dir nicht geschrieben? Egal, es war klar, dass der Thomas wieder hierher kommen muss. Und es ist cool, dass das geklappt hat.

K Seid ihr euch immer einig, wenn es um Gestaltung geht? Löst ihr das dann hierarchisch oder ist das meistens bemüht gleichberechtigt zu sein?

60

配色：■ □ ■

字体：Alte Schwabacher和 Univers LT Std Roman

尺寸：180 mm × 250 mm

页数：150页

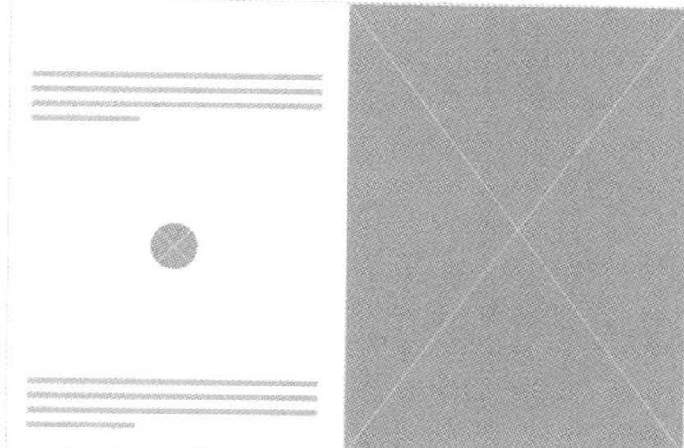

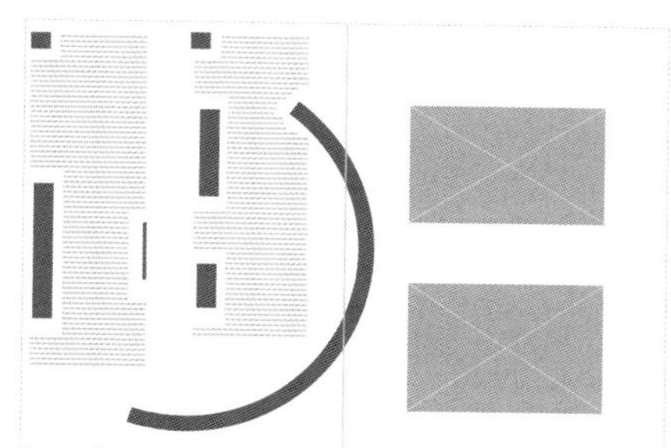

《F!nePrint》

设计：**刘书尧（Brian Liu）**

《F!nePrint》杂志是一份周刊，每期会根据前一周最热门的话题，提出一个一针见血的问题。在一个存在着无稽之谈、欺诈、意外出错以及浑然不自知的庸才的世界里，要让公众意识到“提出问题”的重要性，这无疑是一个令人望而却步的任务，更别提追求绝对真理了。该杂志不仅想要赞美提问的行为本身，也想致敬一部分社群和人们，因为他们改变了公众对一些世界议题的看法。

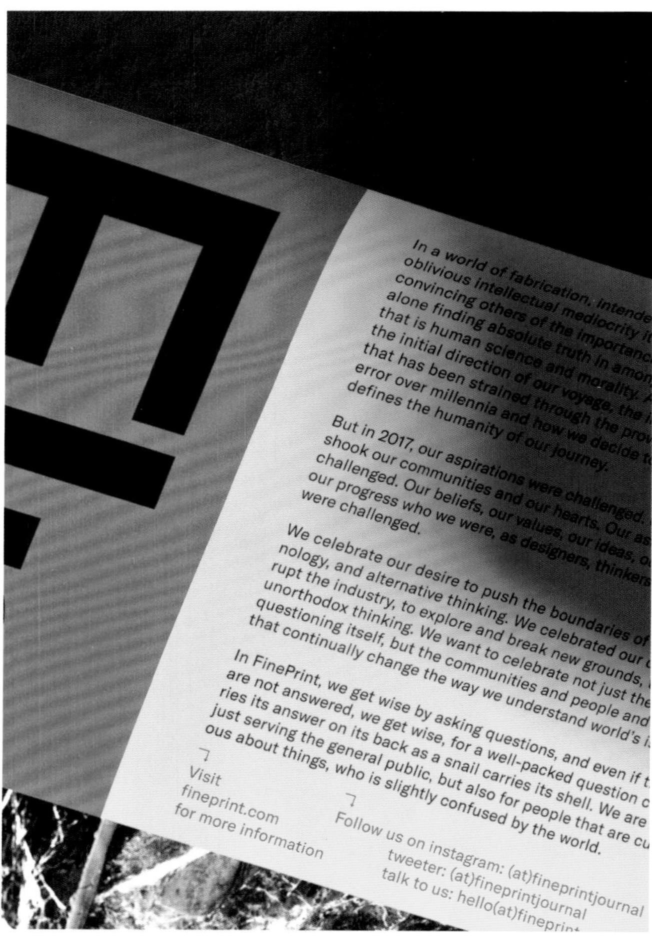

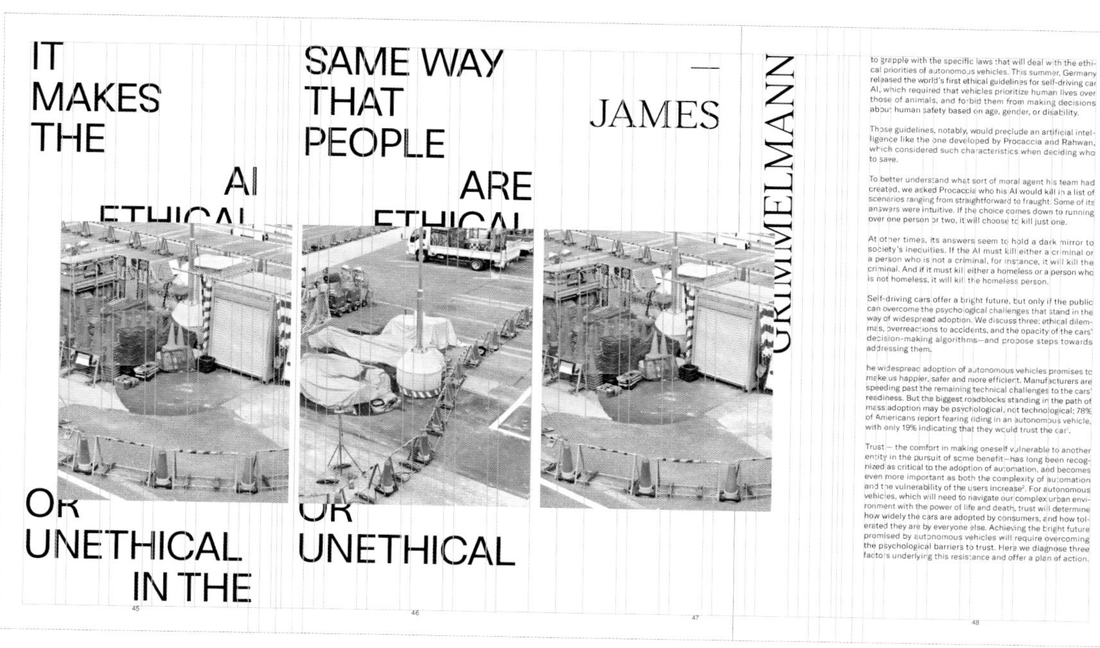

Another approach for developing procedures that automatically make moral decisions is based on *machine learning* (see, e.g., Mitchell (1997)). We can assemble a training set of moral decision problem instances labeled with human judgments of the morally correct decision(s), and allow our AI system to generalize. (Other work has focused on obtaining human judgments not of the actions themselves, but of *persuasion strategies* in such scenarios (Stock et al., 2016).) To evaluate this approach with current technology, it is insufficient to represent the instances in natural language; instead, we must represent them more abstractly. What is the right representation scheme for this purpose, and what features are important? How do we construct and accurately label a good training set?

Abstractly Representing Moral Dilemmas: A Game Theoretic Approach

When we try to classify a given action in a given moral dilemma as morally right or wrong (as judged by a given human being), we can try to do so based on *various features (or attributes)* of the action. In a restricted domain, it may be relatively clear what the relevant features are. When a self-driving car must decide whether to take one action or another in an impending-crash scenario, natural features include the expected number of lives lost for each course of action, which of the people involved were at fault, etc. When allocating a kidney, natural features include the probability that the kidney is rejected by a particular patient, whether that patient needs the kidney urgently, etc. Even in these scenarios, identifying all the relevant features may not be easy. (E.g., is it relevant that one potential kidney recipient has made a large donation to medical research and the other has not?) However, the primary goal of a general framework for moral decision making is to identify abstract features that apply across domains, rather than to identify every nuanced feature that is potentially relevant to isolated scenarios. The literature in moral psychology and cognitive science may guide us in identifying these general concepts. For example, Haidt and Joseph (2004) have proposed five moral foundations harm/care, fairness/reciprocity, loyalty, authority, and purity. Recent research has added new foundations and subdivided some of these foundations (Clifford et al., 2015). The philosophy literature can similarly be helpful; e.g., Gert (2004) provides a very inclusive list of morally relevant features.

57

Classifying Actions as Morally Right or Wrong

Given a labeled dataset of moral dilemmas represented as lists of feature values, we can apply standard machine learn ing techniques to learn to classify actions as morally right or wrong. In ethics it is often seen as important not only to act in accordance with moral principles but also to be able to explain why one's actions are morally right (Anderson, 2007; Bostrom and Yudkowsky,); *hence, interpretability* of the resulting classifier will be important.

Of course, besides making a binary classification of an action as morally right or wrong, we may also make a quantitative assessment of how morally wrong the action is (for example using a regression), an assessment of how probable it is that the action is morally wrong (for example using a Bayesian framework), or some combination of the two. Many further complicating factors can be added to this simple initial framework.

Discussion

A machine learning approach to automating moral judgements is perhaps more flexible as than a game-theoretic approach, but the two can complement each other. For example, we can apply moral game-theoretic concepts to moral dilemmas and use the output (say, "right" or "wrong" according to this concept) as one of the features in our machine learning approach. On the other hand, the outcomes of the machine learning approach can help us see which key moral aspects are missing from our moral game-theoretic concepts, which will in turn allow us to refine them.

It has been suggested that machine learning approaches to moral decisions will be limited because they will at best result in human-level moral decision making; they will never exceed the morality of humans. (Such a worry is raised, for example, *by Chaudhuri and Vardi* (2014).) But this is not necessarily so. First, aggregating the moral views of multiple humans (through a combination of machine learning andsocial-choice theoretic techniques) may result in a morally better system than that of any individual human, for example because idiosyncratic moral mistakes made by individual humans are washed out in the aggregate. Indeed, the learning algorithm may well decide to output a classifier that disagrees with the labels of some of the instances in the training set (see Guarini (2006) for a discussion of the importance of being able to revise initial classifications). Second, machine learning approaches may identify of moral decision making that humans were not aware of before. These principles can then be used to improve our moral intuitions in general. For now, moral AI systems are in their infancy, so creating even human-level automated moral decision making would be a great accomplishment.

Acknowledgments

This work is partially supported by the project "How to Build Ethics into Robust Artificial Intelligence" funded by the Future of Life Institute. Conitzer is also thankful for support from ARO under grants W911NF-12-1-0550 and W911NF-11-1-0332, NSF under awards IIS-1527434 and CCF-1337215, and a Guggenheim Fellowship.

References

Michael Anderson and Susan Leigh Anderson. Machine ethics: Creating an ethical intelligent agent. *AI Magazine*, 28(4):15–26, 2007.

Joyce Berg, John Dickhaut, and Kevin McCabe. *Trust, reciprocity, and social history. Games and Economic Behavior, 10:122–142*, 1995.

Jean-François Bonnefon, Azim Shariff, and Iyad Rahwan. *The social dilemma of autonomous vehicles. Science, 352(6293):1573–1576*.

Nick Bostrom and Eliezer Yudkowsky. *The ethics of artificial intelligence. In W. Ramsey and K. Frankish, editors, Cambridge Handbook of Artificial Intelligence. Cambridge University Press, 2014.*

Felix Brandt, Vincent Conitzer, and *Ulle Endriss. Computational social choice. In Gerhard Weiss, editor, Multiagent Systems, pages 213–283. MIT Press, 2013.*

Felix Brandt, Vincent Conitzer, Ulle *Endriss, Jer' ome Lang and Ariel D. Procaccia. Handbook of Computational Social Choice. Cambridge University Press, 2015.*

Colin F. Camerer. *Behavioral Game Theory: Experiments in Strategic Interaction.* Princeton University Press.

58

Swarat Chaudhuri and Moshe Vardi. Reasoning about machine ethics, 2014. In *Principles of Programming Languages (POPL) - Off the Beaten Track (OBT)*.

Scott Clifford, Vijeth Iyengar, Roberto E. Cabeza, and Walter Sinnott-Armstrong. Moral foundations vignettes: A standardized stimulus database of scenarios based on moral foundations theory. *Behavior Research Methods*.

John P. Dickerson and Tuomas Sandholm. FutureMatch: Combining human value judgments and machine learning to match in dynamic environments. In *Proceedings of the Twenty-Ninth AAAI Conference on Artificial Intelligence*, pages 622–628, Austin, TX, USA, 2015.

Drew Fudenberg and Jean Tirole. *Game Theory*. MIT Press, October 1991. Bernard Gert.

Common Morality: Deciding What to Do. Oxford University Press, 2004.

Joshua Greene, Francesca Rossi, John Tasioulas, Kristen Brent Venable, and Brian C. Williams. Embedding ethical principles in collective decision support systems. *In Proceedings of the Thirtieth AAAI Conference on Artificial Intelligence*, pages 4147–4151, Phoenix, AZ, USA, 2016.

Marcello Guarini. Particularism and the classification and reclassification of moral cases. *IEEE Intelligent Systems*, 21(4):22–28, 2006.

Jonathan Haidt and Craig Joseph. Intuitive ethics: how innately prepared intuitions generate culturally variable virtues. *Daedalus*, 133(4):55–56, 2004.

Daniel Kahneman and Amos Tversky. *Choices, Values, and Frames.* Cambridge University Press, 2000.

Joshua Letchford, Vincent Conitzer and Kamal Jain. An ethical game-theoretic solution concept for two-player perfect-information games. *In Proceedings of the Fourth Workshop on Internet and Network Economics (WINE)*, pages 696–707, Shanghai, China, 2008.

John Mikhail. Universal moral gramar: theory, evidence and as the future. *Trends as in the Cognitive Sciences*, 11(4):143–152, 2007.

Tom Mitchell. *Machine Learning*. McGraw-Hill, 1997.

James H. Moor. The nature, importance, and difficulty of machine ethics. *IEEE Intelligent Systems*, 21(4):18–21, 2006.

Francesca Rossi. Moral preferences. *In The 10th Workshop on Advances in Preference Handling* (MPREF), New York, NY, USA, 2016.

Walter Sinnott-Armstrong. Framing moral intuitions. In W. Sinnott-Armstrong, editor, *Moral Psychology, Volume 2: The Cognitive Science of Morality*, pages 47–76. MIT Press, 2008.

59

Conclusion

In some applications, AI systems will need to be equipped with moral reasoning capability before we can grant them autonomy in the world. One approach to doing so is to find ad-hoc rules for the setting at hand. However, historically, the AI community has significantly benefited from adopting methodologies that generalize across applications. The concept of expected utility maximization has played a key part in this. By itself, this concept falls short for the purpose of moral decision making. In this paper, we have consid ered two (potentially complementary) paradigms for designing general moral decision making methodologies: extending as game-theoretic solution concepts to incorporate ethical aspects, and using machine learning on human-labeled instances. Much work remains to be done on both of these, and still other paradigms may exist. All the same, these two paradigms show promise for designing moral AI.

60

配色：

字体：GT America和Untitled Sans　　尺寸：120 mm × 266 mm　　页数：156页

《精神食粮》

设计：**索菲娅·费尔盖拉斯（Sofia Felgueiras）**

《精神食粮》（*Food for Thought*）是一本以美食原创故事为特色的杂志。在第1期中，该刊物展示了食物与艺术、时尚等领域的紧密联系。本期的重磅话题是早午餐（brunch）的再次流行。早午餐在19世纪风靡一时，宿醉的有钱人在周日总是乐此不疲，如今这一潮流再度回归。

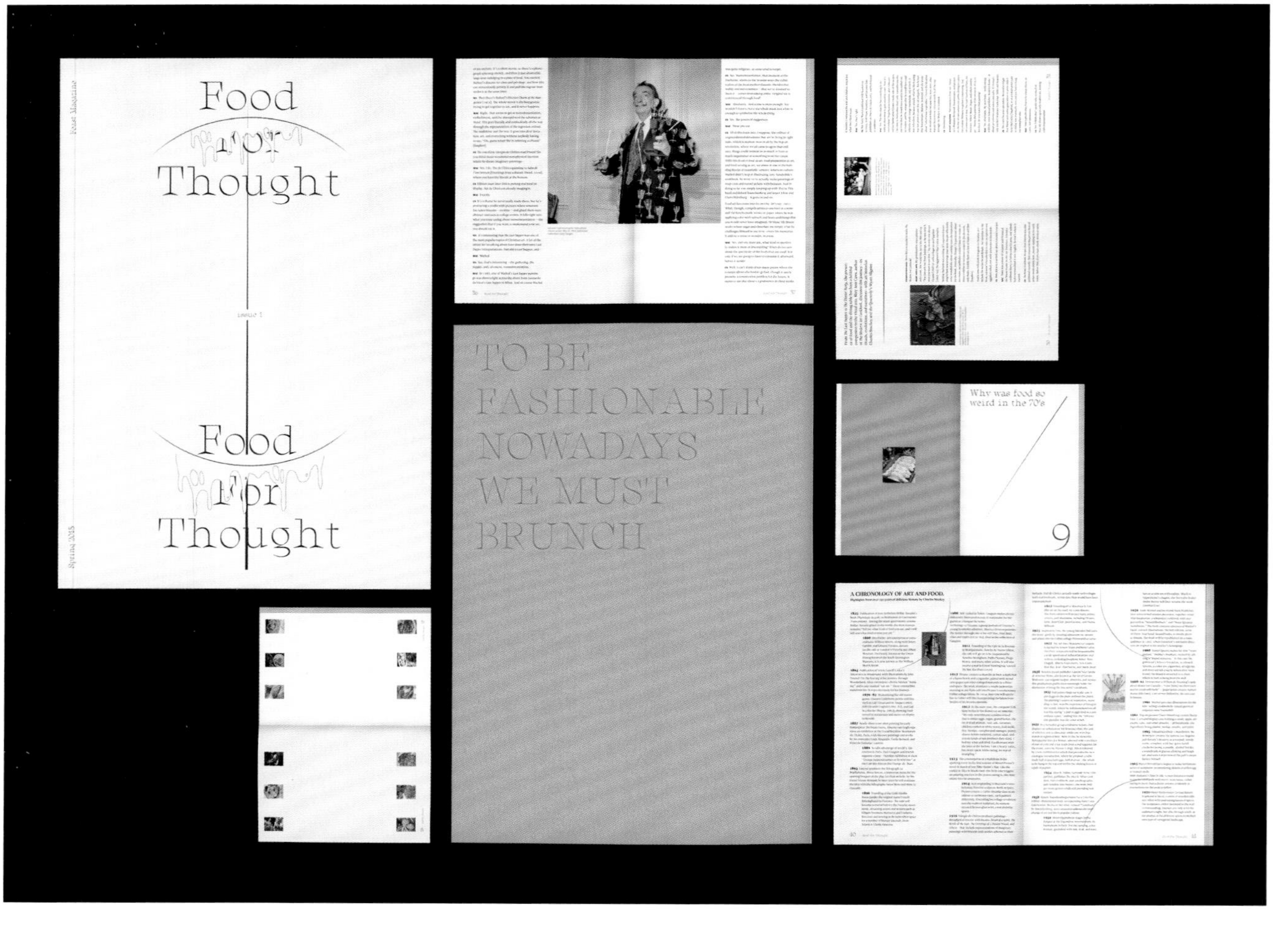

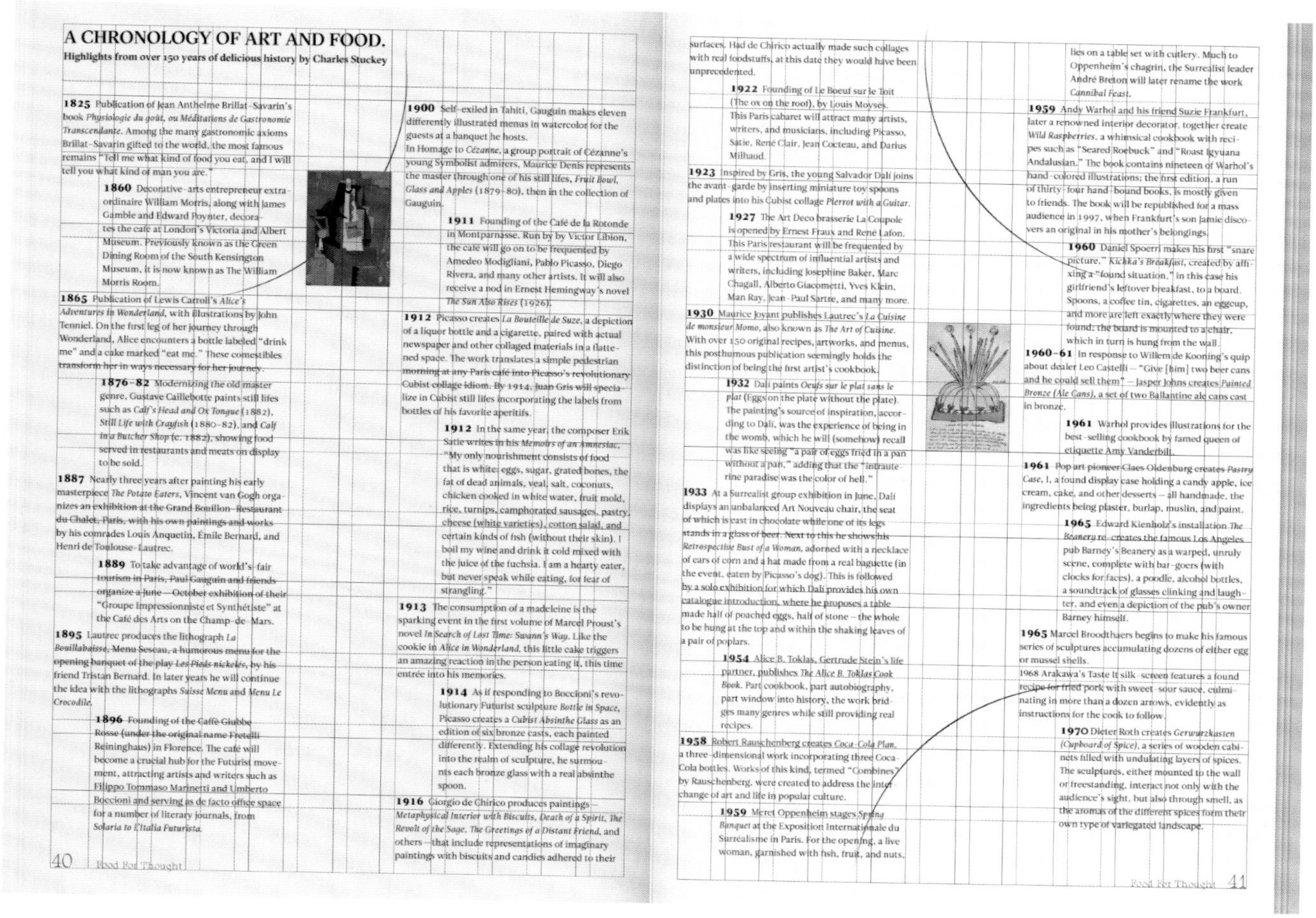

A CHRONOLOGY OF ART AND FOOD.

Highlights from over 150 years of delicious history by Charles Stuckey

1825 Publication of Jean Anthelme Brillat-Savarin's book *Physiologie du goût, ou Méditations de Gastronomie Transcendante*. Among the many gastronomic axioms Brillat-Savarin gifted to the world, the most famous remains "Tell me what kind of food you eat, and I will tell you what kind of man you are."

1860 Decorative-arts entrepreneur extraordinaire William Morris, along with James Gamble and Edward Poynter, decorates the café at London's Victoria and Albert Museum. Previously known as the Green Dining Room of the South Kensington Museum, it is now known as The William Morris Room.

1865 Publication of Lewis Carroll's *Alice's Adventures in Wonderland*, with illustrations by John Tenniel. On the first leg of her journey through Wonderland, Alice encounters a bottle labeled "drink me" and a cake marked "eat me." These comestibles transform her in ways necessary for her journey.

1876–82 Modernizing the old master genre, Gustave Caillebotte paints still lifes such as *Calf's Head and Ox Tongue* (1882), *Still Life with Crayfish* (1880–82), and *Calf in a Butcher Shop* (c. 1882), showing food served in restaurants and meats on display to be sold.

1887 Nearly three years after painting his early masterpiece *The Potato Eaters*, Vincent van Gogh organizes an exhibition at the Grand Bouillon-Restaurant du Chalet, Paris, with his own paintings and works by his comrades Louis Anquetin, Émile Bernard, and Henri de Toulouse-Lautrec.

1889 To take advantage of world's-fair tourism in Paris, Paul Gauguin and friends organize a June–October exhibition of their "Groupe Impressionniste et Synthétiste" at the Café des Arts on the Champ-de-Mars.

1895 Lautrec produces the lithograph *La Bouillabaisse*, Menu Seseau, a humorous menu for the opening banquet of the play *Les Pieds nickelés*, by his friend Tristan Bernard. In later years he will continue the idea with the lithographs *Suisse Menu* and *Menu Le Crocodile*.

1896 Founding of the Caffè Giubbe Rosse (under the original name Fretelli Reininghaus) in Florence. The café will become a crucial hub for the Futurist movement, attracting artists and writers such as Filippo Tommaso Marinetti and Umberto Boccioni and serving as de facto office space for a number of literary journals, from *Solaria* to *L'Italia Futurista*.

1900 Self-exiled in Tahiti, Gauguin makes eleven differently illustrated menus in watercolor for the guests at a banquet he hosts.
In Homage to *Cézanne*, a group portrait of Cézanne's young Symbolist admirers, Maurice Denis represents the master through one of his still lifes, *Fruit Bowl, Glass and Apples* (1879–80), then in the collection of Gauguin.

1911 Founding of the Café de la Rotonde in Montparnasse. Run by by Victor Libion, the café will go on to be frequented by Amedeo Modigliani, Pablo Picasso, Diego Rivera, and many other artists. It will also receive a nod in Ernest Hemingway's novel *The Sun Also Rises* (1926).

1912 Picasso creates *La Bouteille de Suze*, a depiction of a liquor bottle and a cigarette, paired with actual newspaper and other collaged materials in a flattened space. The work translates a simple pedestrian morning at any Paris café into Picasso's revolutionary Cubist collage idiom. By 1914, Juan Gris will specialize in Cubist still lifes incorporating the labels from bottles of his favorite aperitifs.

1912 In the same year, the composer Erik Satie writes in his *Memoirs of an Amnesiac*, "My only nourishment consists of food that is white: eggs, sugar, grated bones, the fat of dead animals, veal, salt, coconuts, chicken cooked in white water, fruit mold, rice, turnips, camphorated sausages, pastry, cheese (white varieties), cotton salad, and certain kinds of fish (without their skin). I boil my wine and drink it cold mixed with the juice of the fuchsia. I am a hearty eater, but never speak while eating, for fear of strangling."

1913 The consumption of a madeleine is the sparking event in the first volume of Marcel Proust's novel *In Search of Lost Time: Swann's Way*. Like the cookie in *Alice in Wonderland*, this little cake triggers an amazing reaction in the person eating it, this time entrée into his memories.

1914 As if responding to Boccioni's revolutionary Futurist sculpture *Bottle in Space*, Picasso creates a *Cubist Absinthe Glass* as an edition of six bronze casts, each painted differently. Extending his collage revolution into the realm of sculpture, he surmounts each bronze glass with a real absinthe spoon.

1916 Giorgio de Chirico produces paintings—*Metaphysical Interior with Biscuits, Death of a Spirit, The Revolt of the Sage, The Greetings of a Distant Friend*, and others—that include representations of imaginary paintings with biscuits and candies adhered to their surfaces. Had de Chirico actually made such collages with real foodstuffs, at this date they would have been unprecedented.

1922 Founding of Le Boeuf sur le Toit (The ox on the roof), by Louis Moysès. This Paris cabaret will attract many artists, writers, and musicians, including Picasso, Satie, René Clair, Jean Cocteau, and Darius Milhaud.

1923 Inspired by Gris, the young Salvador Dalí joins the avant-garde by inserting miniature toy spoons and plates into his Cubist collage *Pierrot with a Guitar*.

1927 The Art Deco brasserie La Coupole is opened by Ernest Fraux and René Lafon. This Paris restaurant will be frequented by a wide spectrum of influential artists and writers, including Josephine Baker, Marc Chagall, Alberto Giacometti, Yves Klein, Man Ray, Jean-Paul Sartre, and many more.

1930 Maurice Joyant publishes Lautrec's *La Cuisine de monsieur Momo*, also known as *The Art of Cuisine*. With over 150 original recipes, artworks, and menus, this posthumous publication seemingly holds the distinction of being the first artist's cookbook.

1932 Dalí paints *Oeufs sur le plat sans le plat* (Eggs on the plate without the plate). The painting's source of inspiration, according to Dalí, was the experience of being in the womb, which he will (somehow) recall was like seeing "a pair of eggs fried in a pan without a pan," adding that the "intrauterine paradise was the color of hell."

1933 At a Surrealist group exhibition in June, Dalí displays an unbalanced Art Nouveau chair, the seat of which is cast in chocolate while one of its legs stands in a glass of beer. Next to this he shows his *Retrospective Bust of a Woman*, adorned with a necklace of ears of corn and a hat made from a real baguette (in the event, eaten by Picasso's dog). This is followed by a solo exhibition for which Dalí provides his own catalogue introduction, where he proposes a table made half of poached eggs, half of stone—the whole to be hung at the top and within the shaking leaves of a pair of poplars.

1954 Alice B. Toklas, Gertrude Stein's life partner, publishes *The Alice B. Toklas Cook Book*. Part cookbook, part autobiography, part window into history, the work bridges many genres while still providing real recipes.

1958 Robert Rauschenberg creates *Coca-Cola Plan*, a three-dimensional work incorporating three Coca-Cola bottles. Works of this kind, termed "Combines" by Rauschenberg, were created to address the interchange of art and life in popular culture.

1959 Meret Oppenheim stages *Spring Banquet* at the Exposition Internationale du Surréalisme in Paris. For the opening, a live woman, garnished with fish, fruit, and nuts, lies on a table set with cutlery. Much to Oppenheim's chagrin, the Surrealist leader André Breton will later rename the work *Cannibal Feast*.

1959 Andy Warhol and his friend Suzie Frankfurt, later a renowned interior decorator, together create *Wild Raspberries*, a whimsical cookbook with recipes such as "Seared Roebuck" and "Roast Igyuana Andalusian." The book contains nineteen of Warhol's hand-colored illustrations; the first edition, a run of thirty-four hand-bound books, is mostly given to friends. The book will be republished for a mass audience in 1997, when Frankfurt's son Jamie discovers an original in his mother's belongings.

1960 Daniel Spoerri makes his first "snare picture," *Kichka's Breakfast*, created by affixing a "found situation," in this case his girlfriend's leftover breakfast, to a board. Spoons, a coffee tin, cigarettes, an eggcup, and more are left exactly where they were found; the board is mounted to a chair, which in turn is hung from the wall.

1960–61 In response to Willem de Kooning's quip about dealer Leo Castelli—"Give [him] two beer cans and he could sell them"—Jasper Johns creates *Painted Bronze (Ale Cans)*, a set of two Ballantine ale cans cast in bronze.

1961 Warhol provides illustrations for the best-selling cookbook by famed queen of etiquette Amy Vanderbilt.

1961 Pop art pioneer Claes Oldenburg creates *Pastry Case, I*, a found display case holding a candy apple, ice cream, cake, and other desserts—all handmade, the ingredients being plaster, burlap, muslin, and paint.

1965 Edward Kienholz's installation *The Beanery* re-creates the famous Los Angeles pub Barney's Beanery as a warped, unruly scene, complete with bar-goers (with clocks for faces), a poodle, alcohol bottles, a soundtrack of glasses clinking and laughter, and even a depiction of the pub's owner Barney himself.

1965 Marcel Broodthaers begins to make his famous series of sculptures accumulating dozens of either egg or mussel shells.

1968 Arakawa's Taste It silk-screen features a found recipe for fried pork with sweet-sour sauce, culminating in more than a dozen arrows, evidently as instructions for the cook to follow.

1970 Dieter Roth creates *Gerwürzkasten (Cupboard of Spice)*, a series of wooden cabinets filled with undulating layers of spices. The sculptures, either mounted to the wall or freestanding, interact not only with the audience's sight, but also through smell, as the aromas of the different spices form their own type of variegated landscape.

40 Food For Thought

Food For Thought 41

配色：

字体：Charon和Leitura

尺寸：190 mm × 297 mm

页数：46页

《欢迎来瑞典》——《新型印记》章节

设计工作室：**阿曼达 & 埃里克（Amanda & Erik）**
艺术指导：**安德里斯·松德罗尔·维斯达尔（Andris Søndrol Visdal）**
客户：**《新型印记》**

《新型印记》（*A New Type of Imprint*）是一本关注创意文化和设计的季刊，由挪威ANTI工作室发行。第11期开辟了一个章节，致敬瑞典设计师和创意人士。阿曼达&埃里克受委托设计本章的版面。他们把版面分成6栏4行的网格，选择了Druk和Europa两款字体。Druk字体的字高较大，适合用于标题文本，同时也隐喻瑞典狭长的国土外形；Europa字体简约，具几何结构，带有瑞典功能主义的风格。

A New Type of Imprint

Volume 11

Welcome To Sweden

64

Sol, vind

och vatten

配色：　　字体：Druk和Europa　　尺寸：240 mm × 300 mm　　页数：54页

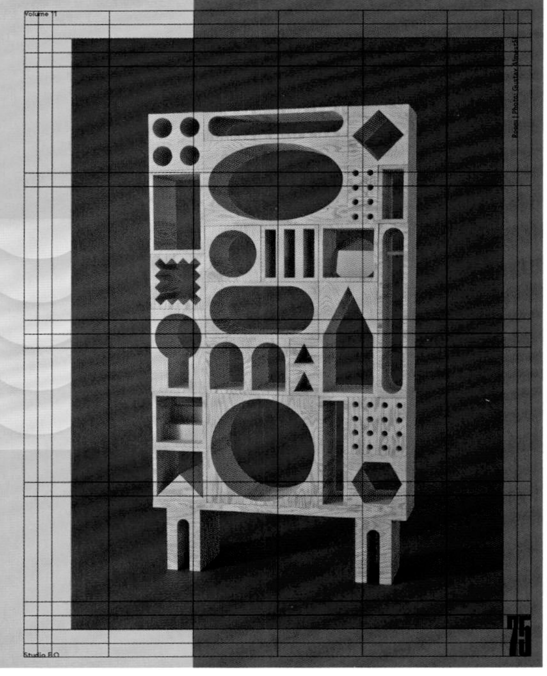

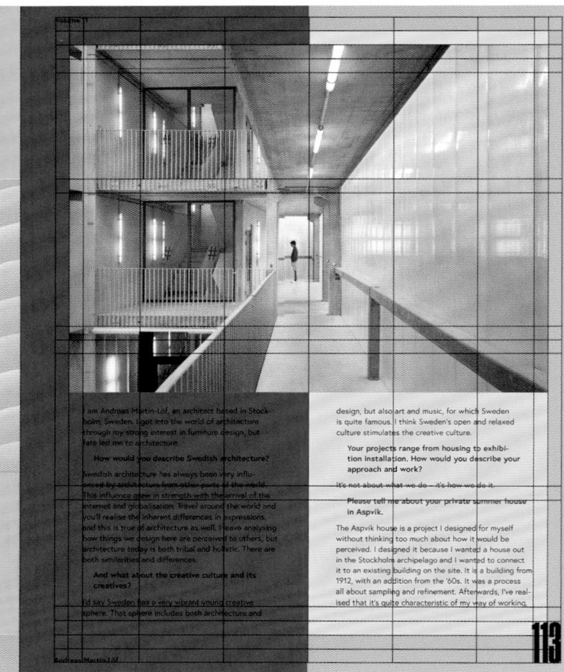

BOOK

书籍

《伦敦字体》

设计工作室：Pyramid
内容编辑：Pyramid，鲁珀特·墨菲（Rupert Murphy）
客户：个人项目
摄影：Pyramid

《伦敦字体》（*London Type*）是一本摄影集，收录Pyramid工作室花了1年时间拍摄的伦敦商店招牌的照片，以及他们在城市各个角落发现和收集到的字体。该书用字体视觉来记录伦敦这座城市，体现多元文化及其影响。它们塑造了伦敦今天的面貌。

PYRAMID 访谈

由比阿特丽斯·科亚斯（Beatriz Cóias），若昂·查维斯（João Chaves）创立

01. 你们如何创立的Pyramid工作室？

大学毕业以后，我（比阿特丽斯）开始为一些本土乐队设计作品。在经济危机期间找一份工作实属不易，因此若昂和我决定联手，创立一家专门为音乐产业服务的工作室，希望做一些我们喜欢的项目。渐渐地，我们做了很多版式设计的项目。

02. 字体排印在版式设计中非常重要，在为项目挑选合适字体时，你们都有哪些考虑？请以《伦敦字体》为例。

字体不仅视觉上要美观，其概念也要契合内容。我们在《伦敦字体》这本书中使用的主要字体是ITC Johnston字体，这款字体是爱德华·约翰斯顿（Edward Johnston）于1916年专门为伦敦地铁设计的，沿用至今。至于其他字体的选择，我认为克里斯蒂安·施瓦茨（Christian Schwartz）受商店门面的手写体和招牌启发而设计的Local Gothic字体也很适合这个项目。

03. 你们喜欢使用网格系统吗？你们认为网格系统在版式设计中扮演着什么样的角色？

我总会使用网格，虽然有时我用的网格很自由、松散。网格是一个好设计的起点。即使你想突破网格，也得先了解网格的原理。

04. 在接手一个新项目的时候，你们如何选择合适的字体、网格、配色等？请分享下你们的设计过程。

接到新项目的提案后，我总会迅速对预期效果作出粗略的设想。带着这个设想，我开始搜集一些有用的资料。这是一个不断试错的过程。我会试验不同的网格、配色、字体和版面构成，直至找到正中我下怀、能奠定项目基础的方案。

05. 你们如何定义优秀的版式设计？

优秀的版式设计是考虑周全、恰到好处的。

06. 在版式设计中，您认为设计（版面构成、字体、配色等）与内容文本哪个更重要？你们怎么看待内容文本和设计之间的关系？

这因出版物的类型而异，一般设计师不要太过自以为是，忘记出版物本身的目的——传达信息。当然，这也是分情况的。有时，大胆的设计会令图像和文本稍显逊色，这也有其合理性。有时，设计师也要保持克制，懂得合理安排所有元素，使其在版面上平分秋色。

07. 有人说，纸质读物日渐式微，作为一个版式设计师，你们如何回应这种声音？

依我看，纸质读物不会彻底消亡。但我想，设计师确实需要追随时代的步伐，拥抱新兴数字媒介，比如说，调整版面以适应网站。对数字出版或印刷出版而言，这可能并不是坏事。

08. 在您看来，纸质读物的版式设计的魅力何在？

版式设计是一种非常有趣的挑战。作为设计师，能够在有限的页面上把玩尺寸、图像和文本等元素，并亲眼见证一些特别的东西从中诞生，是一件令人愉悦的事。触摸实体书、感受纸的分量、闻到书香，这种感觉很美妙。某种程度上，它关系到读者在阅读一本纸质书和Kindle电子书时所获得的不同感觉，这就好比人们面对面聊天和线上交流，是两种不同的体验。

86

From all the shops signs and a bits of typography found while compiling the book there are a few recurrent fonts used around London, from which the classics like Albertus, Johnston and also some more quirky ones like Brush Script, Ballon and Art Nouveau fonts. There's a tendency for very bold black fonts as well.

87

22

East London

WHEELER STREET, E1

By the seventies, when gentrification was already well under way, London was more multiculturally vibrant than ever before.

Families moved to London from far and wide searching for a better life.

Many started their own businesses. These came with their own visual identities, sitting alongside the equally idiosyncratic identities of native business owners - each a small part of the rich and diverse look and feel of the city.

23

60

West London

61

22

East London

WHEELER STREET, E1

23

By the seventies, when gentrification was already well under way, London was more multiculturally vibrant than ever before.

Families moved to London from far and wide searching for a better life.

Many started their own businesses. These came with their own visual identities, sitting alongside the equally idiosyncratic identities of native business owners - each a small part of the rich and diverse look and feel of the city.

配色：■
字体：ITC Johnston和Local Gothic
尺寸：148 mm × 210 mm (A5)
页数：108页

《仿生学》

设计工作室：Fréro工作室（Studio Fréro）
客户：个人项目
摄影：Fréro工作室

《仿生学》（*Biomimesis*）是一本探索仿生学和建筑学的书籍。仿生学是一门研究自然界的形状、图案、材料和物质特性，并从中获得灵感的艺术。这种探索从自然界汲取灵感，寻找能够解决人类当下所面临的社会、能源和环境危机的方案。

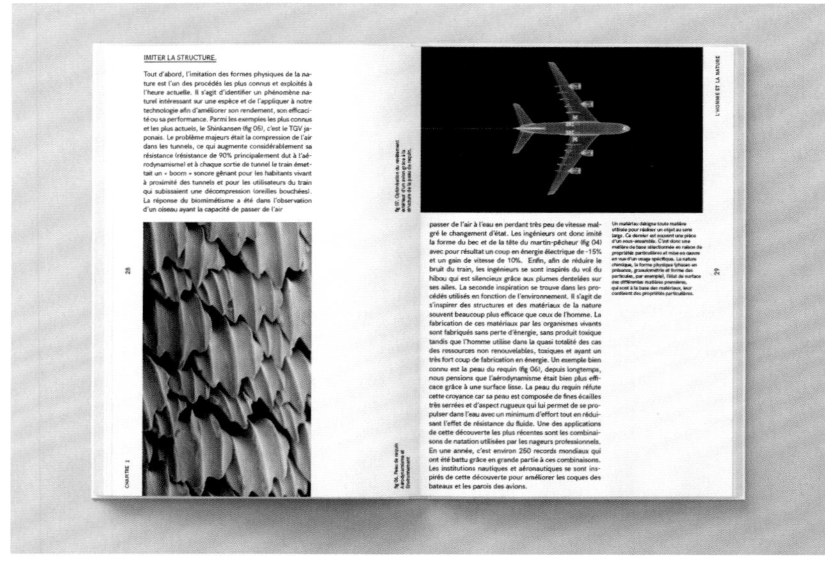

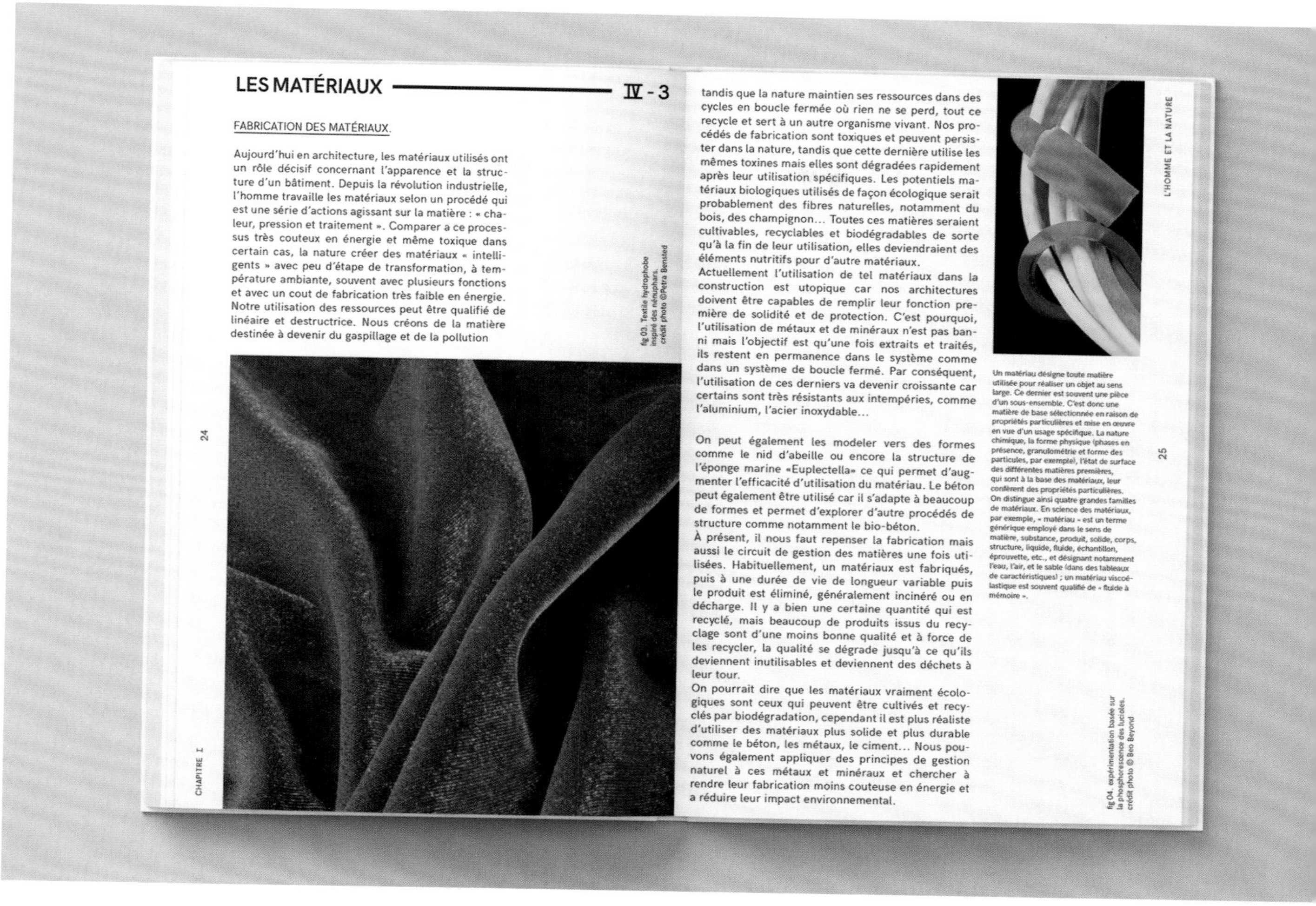

LES MATÉRIAUX — IV - 3

FABRICATION DES MATÉRIAUX.

Aujourd'hui en architecture, les matériaux utilisés ont un rôle décisif concernant l'apparence et la structure d'un bâtiment. Depuis la révolution industrielle, l'homme travaille les matériaux selon un procédé qui est une série d'actions agissant sur la matière : « chaleur, pression et traitement ». Comparer a ce processus très couteux en énergie et même toxique dans certain cas, la nature créer des matériaux « intelligents » avec peu d'étape de transformation, à température ambiante, souvent avec plusieurs fonctions et avec un cout de fabrication très faible en énergie. Notre utilisation des ressources peut être qualifié de linéaire et destructrice. Nous créons de la matière destinée à devenir du gaspillage et de la pollution tandis que la nature maintien ses ressources dans des cycles en boucle fermée où rien ne se perd, tout ce recycle et sert à un autre organisme vivant. Nos procédés de fabrication sont toxiques et peuvent persister dans la nature, tandis que cette dernière utilise les mêmes toxines mais elles sont dégradées rapidement après leur utilisation spécifiques. Les potentiels matériaux biologiques utilisés de façon écologique serait probablement des fibres naturelles, notamment du bois, des champignon... Toutes ces matières seraient cultivables, recyclables et biodégradables de sorte qu'à la fin de leur utilisation, elles deviendraient des éléments nutritifs pour d'autre matériaux.

Actuellement l'utilisation de tel matériaux dans la construction est utopique car nos architectures doivent être capables de remplir leur fonction première de solidité et de protection. C'est pourquoi, l'utilisation de métaux et de minéraux n'est pas banni mais l'objectif est qu'une fois extraits et traités, ils restent en permanence dans le système comme dans un système de boucle fermé. Par conséquent, l'utilisation de ces derniers va devenir croissante car certains sont très résistants aux intempéries, comme l'aluminium, l'acier inoxydable...

On peut également les modeler vers des formes comme le nid d'abeille ou encore la structure de l'éponge marine «Euplectella» ce qui permet d'augmenter l'efficacité d'utilisation du matériau. Le béton peut également être utilisé car il s'adapte à beaucoup de formes et permet d'explorer d'autre procédés de structure comme notamment le bio-béton.

À présent, il nous faut repenser la fabrication mais aussi le circuit de gestion des matières une fois utilisées. Habituellement, un matériaux est fabriqués, puis à une durée de vie de longueur variable puis le produit est éliminé, généralement incinéré ou en décharge. Il y a bien une certaine quantité qui est recyclé, mais beaucoup de produits issus du recyclage sont d'une moins bonne qualité et à force de les recycler, la qualité se dégrade jusqu'à ce qu'ils deviennent inutilisables et deviennent des déchets à leur tour.

On pourrait dire que les matériaux vraiment écologiques sont ceux qui peuvent être cultivés et recyclés par biodégradation, cependant il est plus réaliste d'utiliser des matériaux plus solide et plus durable comme le béton, les métaux, le ciment... Nous pouvons également appliquer des principes de gestion naturel à ces métaux et minéraux et chercher à rendre leur fabrication moins couteuse en énergie et a réduire leur impact environnemental.

fig 03. Textile hydrophobe inspiré des nénuphars. crédit photo ©Petra Bensted

fig 04. expérimentation basée sur la phosphorescence des lucioles. crédit photo © Beo Beyond

Un matériau désigne toute matière utilisée pour réaliser un objet au sens large. Ce dernier est souvent une pièce d'un sous-ensemble. C'est donc une matière de base sélectionnée en raison de propriétés particulières et mise en œuvre en vue d'un usage spécifique. La nature chimique, la forme physique (phases en présence, granulométrie et forme des particules, par exemple), l'état de surface des différentes matières premières, qui sont à la base des matériaux, leur confèrent des propriétés particulières. On distingue ainsi quatre grandes familles de matériaux. En science des matériaux, par exemple, « matériau » est un terme générique employé dans le sens de matière, substance, produit, solide, corps, structure, liquide, fluide, échantillon, éprouvette, etc., et désignant notamment l'eau, l'air, et le sable (dans des tableaux de caractéristiques) ; un matériau viscoélastique est souvent qualifié de « fluide à mémoire ».

CHAPITRE I — 24 — L'HOMME ET LA NATURE — 25

配色：■ □

字体：HK Grotesk

尺寸：155 mm × 230 mm

页数：100页

本书使用的HK Grotesk字体是一款可读性较强的现代无衬线字体。Fréro工作室受大自然的启发，使用黄金比例原理作为该项目的网格基础。他们把版面分成3栏，其中2栏用于放置主要内容，1栏用于次要内容，如注解和图例。

UN IMPACT SUR NOTRE QUOTIDIEN ?

Cette façon de vivre se rapproche étrangement de cas existants qui sont aujourd'hui considérés plus comme des singularités que des exemples à suivre.
En terme de changement de notre mode de vie et d'une nouvelle façon d'habiter nous nous dirigeons de plus en plus vers un modèle que je comparerais à celui de la cité radieuse (fig 28, 29) de Le Corbusier à Marseille (construit en 1952).
Cette comparaison n'intervient pas sur le biomimétisme, mais sur l'acte de construire des architectures où il est question d'économie d'espace et de bien être des habitants. En effet, Le Corbusier à réussi à optimiser au maximum les architectures pour y faire cohabiter le plus confortablement possible un grand nombres de personnes mais également de créer des lieux de vie qui reconnectent les habitants entre eux comme une école, des commerces, des bureaux, des espaces verts...

Le tout forme donc « une ville dans la ville » comme dans certains projets futuristes destinés à optimiser les villes pour accueillir une population qui s'accroit rapidement. Modifier nos architectures aura donc forcement un impact sur notre mode de vie. Optimiser l'utilisation d'énergie va changer notre fonctionnement habituel. Par exemple avoir des bureaux et des logements dans le même immeuble permettrait d'optimiser le chauffage pour les logements aux heures ou les bureaux sont vides et inversement, c'est un des exemples qui permettrait de se diriger vers des architectures multifonctionnelles. Un exemple de ces potentiels futurs architectures est le projet « Dragonfly » (fig 30, 31) pour la ville de New York imaginé par Vincent Callebaut. Cette architecture est un gratte ciel inspiré dans la forme et la fonction par les ailes de libellules, mais également du nid d'abeille. Il est principalement composé de verre et d'acier et à plusieurs fonctions.

C'est une ferme verticales comprenant des cultures de fruits et de légumes, des élevages d'animaux et même des bureaux et des logements. Ce projet est très utopique, aussi bien dans la forme que dans la fonction, néanmoins il prend en compte de nombreux critères actuels et proposent une alternative pour effectuer une transition écologique tout en favorisant le confort et la biodiversité. Ce bâtiment serait à même de produire plus d'énergie qu'il ne lui en faut grâce au énergie solaire et éolien, et également plus de nourriture qu'il ne contient d'habitant. De tel édifices deviennent alors autonome et même producteur de ressources pour les bâtiments anciens avoisinants.

41

CHAPITRE II

fig 28. Architecture le Corbusier (toit) par Le Corbusier. Situé à Marseille, France

Un matériau désigne toute matière utilisée pour réaliser un objet au sens large. Ce dernier est souvent une pièce d'un sous-ensemble. C'est donc une matière de base sélectionnée en raison de propriétés particulières et mise en œuvre en vue d'un usage spécifique. La nature chimique, la forme physique (phases en présence, granulométrie et forme des particules, par exemple), l'état de surface des différentes matières premières, qui sont à la base des matériaux, leur confèrent des propriétés particulières.

BOUCLER LA BOUCLE

42

fig 29. Architecture (façade) le Corbusier par Le Corbusier. Situé à Marseille, France

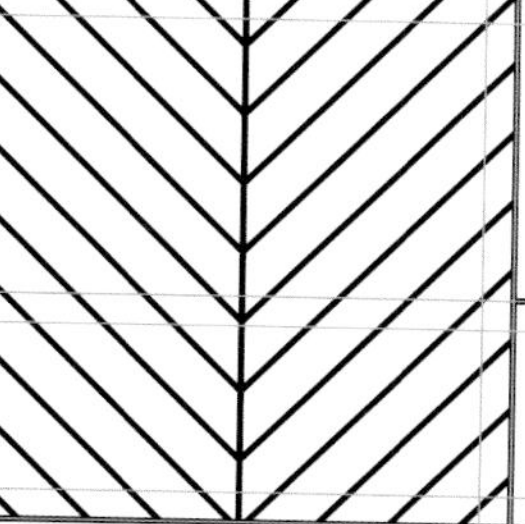

IV

« L'architecture n'est pas seulement un art, pas seulement l'image des heures passées, vécues par nous et par les autres: c'est d'abord et surtout le cadre, la scène où se déroule notre vie. » Bruno Zevi, Apprendre à voir l'architecture.

16

L'HOMME ET LA NATURE

17

UN IMPACT SUR NOTRE QUOTIDIEN ?

Cette façon de vivre se rapproche étrangement de cas existants qui sont aujourd'hui considérés plus comme des singularités que des exemples à suivre.
En terme de changement de notre mode de vie et d'une nouvelle façon d'habiter nous nous dirigeons de plus en plus vers un modèle que je comparerais à celui de la cité radieuse (fig 28, 29) de Le Corbusier à Marseille (construit en 1952).
Cette comparaison n'intervient pas sur le biomimétisme, mais sur l'acte de construire des architectures où il est question d'économie d'espace et de bien être des habitants. En effet, Le Corbusier à réussi à optimiser au maximum les architectures pour y faire cohabiter le plus confortablement possible un grand nombres de personnes mais également de créer des lieux de vie qui reconnectent les habitants entre eux comme une école, des commerces, des bureaux, des espaces verts...

Le tout forme donc « une ville dans la ville » comme dans certains projets futuristes destinés à optimiser les villes pour accueillir une population qui s'accroit rapidement. Modifier nos architectures aura donc forcement un impact sur notre mode de vie. Optimiser l'utilisation d'énergie va changer notre fonctionnement habituel. Par exemple avoir des bureaux et des logements dans le même immeuble permettrait d'optimiser le chauffage pour les logements aux heures ou les bureaux sont vides et inversement, c'est un des exemples qui permettrait de se diriger vers des architectures multifonctionnelles. Un exemple de ces potentiels futurs architectures est le projet « Dragonfly » (fig 30, 31) pour la ville de New York imaginé par Vincent Callebaut. Cette architecture est un gratte ciel inspiré dans la forme et la fonction par les ailes de libellules, mais également du nid d'abeille. Il est principalement composé de verre et d'acier et à plusieurs fonctions.

C'est une ferme verticales comprenant des cultures de fruits et de légumes, des élevages d'animaux et même des bureaux et des logements. Ce projet est très utopique, aussi bien dans la forme que dans la fonction, néanmoins il prend en compte de nombreux critères actuels et proposent une alternative pour effectuer une transition écologique tout en favorisant le confort et la biodiversité. Ce bâtiment serait à même de produire plus d'énergie qu'il ne lui en faut grâce au énergie solaire et éolien, et également plus de nourriture qu'il ne contient d'habitant. De tel édifices deviennent alors autonome et même producteur de ressources pour les bâtiments anciens avoisinants.

41

CHAPITRE II

fig 28. Architecture le Corbusier (toit) par Le Corbusier. Situé à Marseille, France.

Un matériau désigne toute matière utilisée pour réaliser un objet au sens large. Ce dernier est souvent une pièce d'un sous-ensemble. C'est donc une matière de base sélectionnée en raison de propriétés particulières et mise en œuvre en vue d'un usage spécifique. La nature chimique, la forme physique (phases en présence, granulométrie et forme des particules, par exemple), l'état de surface des différentes matières premières, qui sont à la base des matériaux, leur confèrent des propriétés particulières.

BOUCLER LA BOUCLE

fig 29. Architecture (façade) le Corbusier par Le Corbusier. Situé à Marseille, France

42

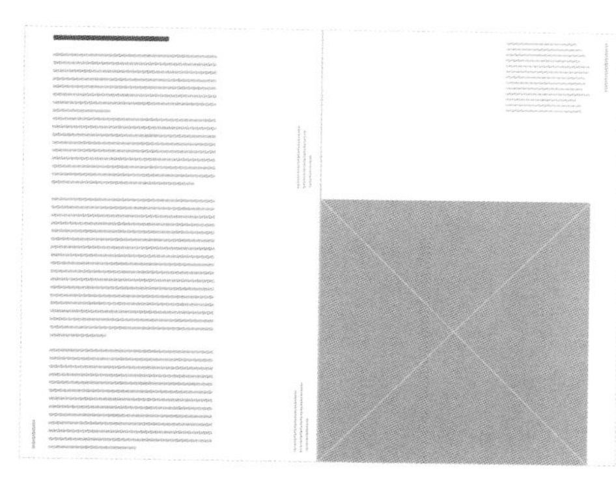

《太空漫游第一人》

设计：**莱蒂西亚·奥廷（Leticia Ortín），安杰拉·蒙蒂罗（Ângela Monteiro）**

《太空漫游第一人》（*First: The Human in Space*）讲述的是苏联和美国于20世纪为争夺航天实力的最高地位而展开的太空竞赛。本书记录了人类征服太空的第一座里程碑，同时从人文主义的视角，讲述亲历者的故事。本书分成三个章节，采用倒叙手法叙事，模拟火箭发射时的倒计时场景。本书的设计围绕两个主要概念：其一，逐渐消失的重力；其二，地球与太空在时间轴上的对比。随着故事铺陈开来，版面布局逐渐打破严谨的网格，愈发自由、大胆，同时也反映了人类这个创举的戏剧性本质。

III. Count Down

Polish Corridor in which the German minority would vote on secession. The Poles refused to comply with the German demands and on the night of 30–31 August in a violent meeting with the British ambassador Neville Henderson, Ribbentrop declared that Germany considered its claims rejected.

In Operation Paperclip, beginning in 1945, the United States imported 1,600 German scientists and technicians, as part of the intellectual reparations owed to the US and the UK, including about $10 billion (US$123 billion in 2016 dollars) in patents and industrial processes. In late 1945, three German rocket-scientist groups arrived in the U.S. for duty at Fort Bliss, Texas, and at White Sands Proving Grounds, New Mexico, as "War Department Special Employees".

The wartime activities of some Operation Paperclip scientists would later be investigated. Arthur Rudolph left the United States in 1984, in order to not be prosecuted. Similarly, Georg Rickhey, who came to the United States under Operation Paperclip in 1946, was returned to Germany to stand trial at the Mittelbau-Dora war crimes trial in 1947. The Soviets began Operation Osoaviakhim which took place on 22 October 1946.

During World War II, American women entered the workforce in unprecedented numbers. The industry of munition heavily recruited women workers, as represented by the U.S. government "Rosie the Riveter" propaganda campaign

NKVD and Soviet army units effectively deported thousands of military-related technical specialists from the Soviet occupation zone of post-war Germany to the Soviet Union. The Soviets used 92 trains to transport the specialists and their families, an estimated 10,000-15,000 people. Much related equipment was also moved, the aim being to virtually transplant research and production centres, such as the relocated V-2 rocket centre at Mittelwerk Nordhausen, from Germany to the Soviet Union. Among the people moved were Helmut Gröttrup and about two hundred scientists and technicians from Mittelwerk. Personnel were also taken from AEG, BMW's Stassfurt jet propulsion group, IG Farben's Leuna chemical works, Junkers, Schott AG, Siebel, Telefunken, and Carl Zeiss AG. The operation was commanded by NKVD deputy Colonel General Serov, outside the control of the local Soviet Military Administration. The major reason for the operation was the Soviet fear of being condemned for noncompliance with Allied Control Council agreements on the liquidation of German military installations. Some Western observers thought Operation Osoaviakhim was a retaliation for the failure of the Socialist Unity Party in elections, though Osoaviakhim was clearly planned before that.

32

Second World War

The course of the war

On 1 September 1939, Germany invaded Poland under the false pretext that the Poles had carried out a series of sabotage operations against German targets near the border. Two days later, on 3 September, after a British ultimatum to Germany to cease military operations was ignored, Britain and France, followed by the fully independent Dominions of the British Commonwealth — Australia (3 September), Canada (10 September), New Zealand (3 September), and South Africa (6 September) — declared war on Germany. However, initially the alliance provided limited direct military support to Poland, consisting of a cautious, half-hearted French probe into the Saarland. The Western Allies also began a naval blockade of Germany, which aimed to damage the country's economy and war effort. Germany responded by ordering U-boat warfare against Allied merchant and warships, which was to later escalate into the Battle of the Atlantic.

On 17 September 1939, after signing a cease-fire with Japan, the Soviets invaded Poland from the east. The Polish army was defeated and Warsaw surrendered to the Germans on 27 September, with final pockets of resistance surrendering on 6 October. Poland's territory was divided between Germany and the Soviet Union, with Lithuania and Slovakia also receiving small shares. After the defeat of Poland's armed forces, the Polish resistance established an Underground State and a partisan Home Army. About 100,000 Polish military personnel were evacuated to Romania and the Baltic countries; many of these soldiers later fought against the Germans in other theatres of the war. Poland's Enigma codebreakers were also evacuated to France. On 6 October Hitler made a public peace overture to Britain and France, but said that the future of Poland was to be determined exclusively by Germany and the Soviet Union. Chamberlain rejected this on 12 October, saying "Past experience has shown that no reliance can be placed upon the promises of the present German Government." After this rejection Hitler ordered an immediate offensive against France, but bad weather forced repeated postponements until the spring of 1940.

Right after signing the German–Soviet Treaty of Friendship, Cooperation and Demarcation, the Soviet Union forced the Baltic countries — Estonia, Latvia and Lithuania — to allow it to station Soviet troops in their countries under pacts of "mutual assistance". Finland rejected territorial demands, prompting a Soviet invasion in November 1939. The resulting Winter War ended in March 1940 with Finnish concessions. Britain and France, treating the Soviet attack on Finland as tantamount to its entering the war on the side of the Germans, responded to the Soviet invasion by supporting the USSR's expulsion from the League of Nations. In June 1940, the Soviet Union forcibly annexed Estonia, Latvia and Lithuania, and the disputed Romanian regions of Bessarabia, Northern Bukovina and Hertza. Meanwhile, Nazi-Soviet political rapprochement and economic co-operation gradually stalled, and both states began preparations for war. In April 1940, Germany invaded Denmark and Norway to protect shipments of iron ore from Sweden, which the Allies were attempting to cut off by unilaterally mining neutral Norwegian waters. Denmark capitulated after a few hours, and despite Allied support, during which the important harbour of Narvik temporarily was recaptured from the Germans, Norway was conquered within two months. British discontent over the Norwegian campaign led to the replacement of the British Prime Minister, Neville Chamberlain, with Winston Churchill on 10 May 1940.

Germany launched an offensive against France and, adhering to the Manstein Plan also attacked many neutral nations like Belgium, the Netherlands, and

Sergeant J. D. Eilbeck uses a portrait of Adolf Hitler to make a 'no exit' sign at 158th Brigade Headquarters, April 1945

33

配色：■ ■

字体：Venus、Universe和ITC Cheltenham

尺寸：200 mm × 280 mm

页数：230页

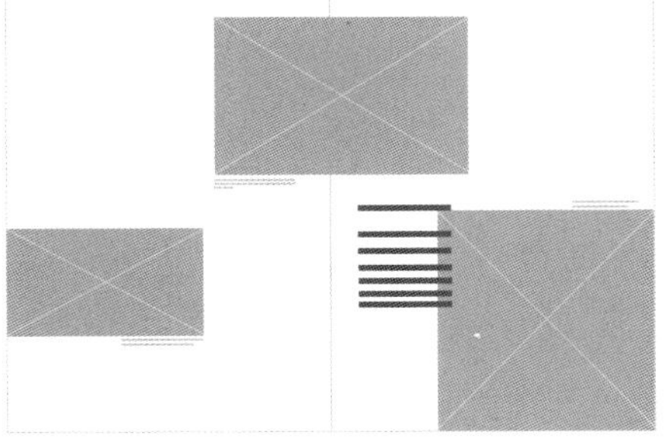

奥廷为本书的每个章节选择了一款特定字体。Venus字体（字面意思为"金星"）和Universe字体（字面意思为"宇宙"）与本书的太空主题遥相呼应，渲染了一种神秘的氛围。这本书的版面设计是基于6栏8行的网格系统。

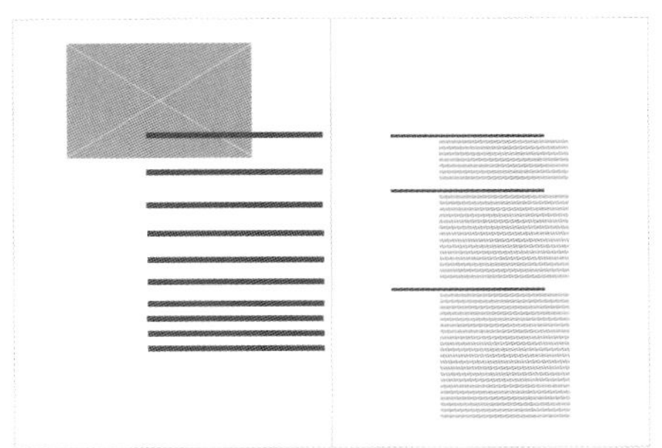

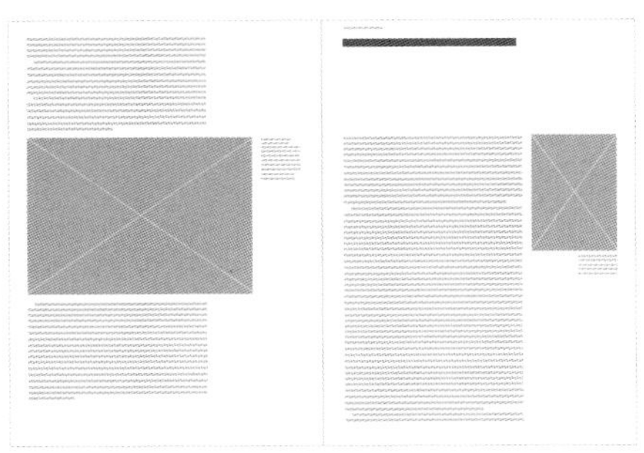

《拉杜丽：马卡龙的快乐》

设计：**克拉拉·贝伦（Clara Belén）**
艺术指导：**克拉拉·贝伦**
客户：**个人项目**

这是克拉拉·贝伦的个人项目，灵感来自拉杜丽（Ladurée）的历史和美学。拉杜丽是一家成立于1862年的法国高级甜点屋，以美味精致的马卡龙著称。本书介绍了拉杜丽的历史、食谱、收藏和制作完美马卡龙的小贴士。克拉拉·贝伦选择了Bodoni字体和Bulter字体。正文、章节标题和脚注用的是Bodoni字体；主标题则是使用Butler字体。这使得本书散发出清新、现代的气息。本书使用的所有信息和照片均收集于公共领域的资料，而非拉杜丽公司的一手资料。

"Lo más importante es conseguir el equilibrio perfecto entre todos los ingredientes, una masa crujiente, un suave relleno y un color vibrante"

1

La masa

Merengue, almendras, huevo y azúcar. Estos son los ingredientes básicos para conseguir una buena masa. Es importante respetar los tiempos y dejar asentar la mezcla antes de hornear, este paso es crucial para obtener un macaron esponjoso y suave.

2

El relleno

¡Deja volar tu imaginación! La crema para el relleno ofrece infinitas posibilidades, desde el clásico de chocolate, vainilla o fruta a otros más sofisticados de champagne o yuzu. La claves es combinar los sabores y enfriar la mezcla antes de rellenar.

74 EL Secreto

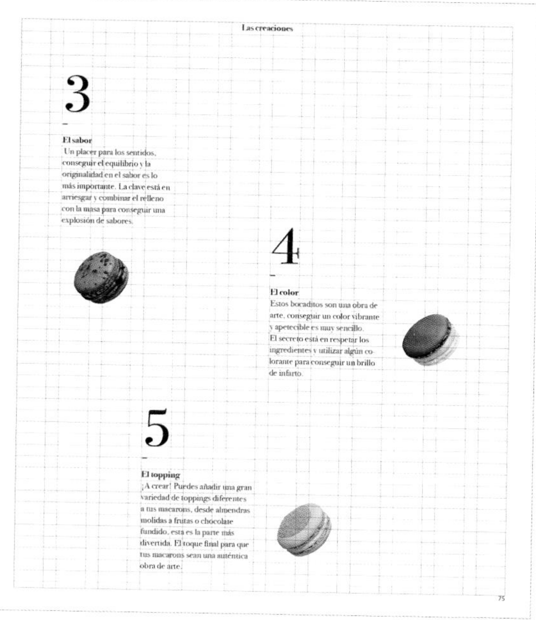

Las creaciones

3

El sabor

Un placer para los sentidos, conseguir el equilibrio y la originalidad en el sabor es lo más importante. La clave está en arriesgar y combinar el relleno con la masa para conseguir una explosión de sabores.

4

El color

Estos bocaditos son una obra de arte, conseguir un color vibrante y apetecible es muy sencillo. El secreto está en respetar los ingredientes y utilizar algún colorante para conseguir un brillo de infarto.

5

El topping

¡A crear! Puedes añadir una gran variedad de toppings diferentes a tus macarons, desde almendras molidas a frutas o chocolate fundido, esta es la parte más divertida. El toque final para que tus macarons sean una auténtica obra de arte.

75

María Antonieta de Austria.
Martin II Mytens, 1770.

Una mañana del 16 de octubre de 1793, el pintor parisino Jacques-Louis David, cómodamente instalado en la terraza del café La Régence, en la calle de Saint-Honoré, realizó un boceto de la reina María Antonieta camino a su condena. La llevaban sentada en una carreta e iba a ser ejecutada en la guillotina tras más de un año y medio de calvario para el pueblo francés. El dibujo presentaba a la reina como un fantoche patético, una caricatura de su realeza comiendo dulces y pronunciando, en tono jocoso, ante la escasez de su pueblo la frase que, posiblemente, provoco su condena "Que coman pasteles". En sus labios, crispados por la agonía, se muestra el orgullo que parece desafiar a la plebe. El artista quiso desposeer a su víctima de todo residuo de esplendor o hermosura, mostrando en ella la fiera que ya no podría ejercer más sus perversidades. Para la multitud, María Antonieta era la encarnación del mal, para muchos otros fue una mártir, símbolo de entereza y virtud. Sin duda, aquel despojo que David vio rumbo al cadalso aquella mañana se había convertido en la reina más revolucionaria de Europa.

56 El Macaron 57

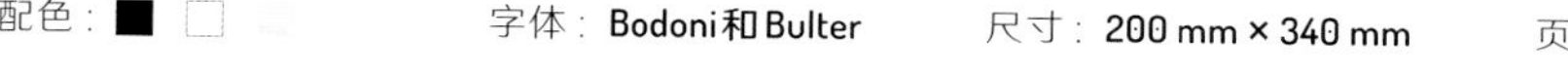

配色： ■ □

字体： Bodoni和Bulter　　尺寸： 200 mm × 340 mm　　页数： 100页

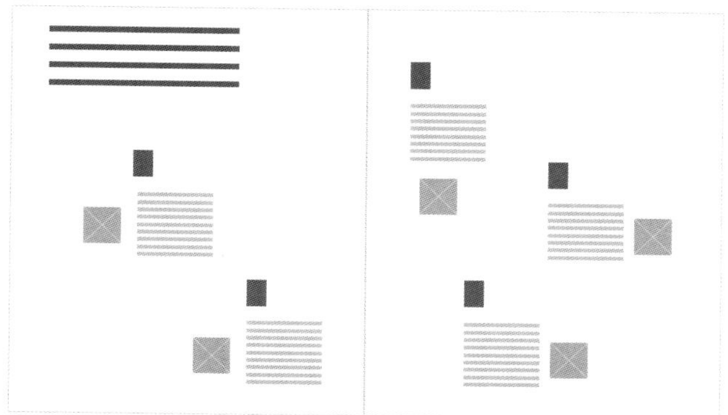

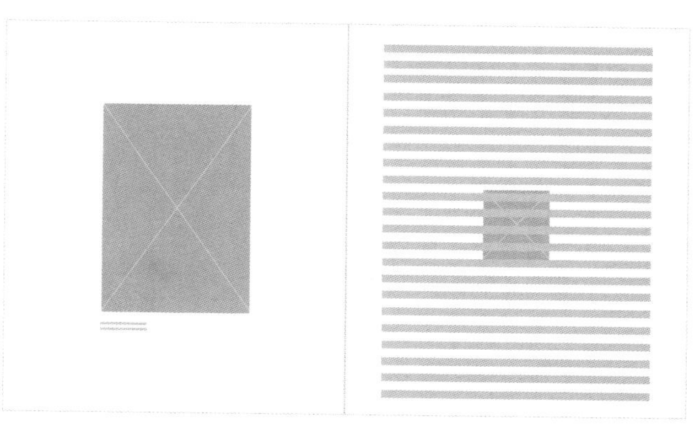

《达·芬奇：女性肖像》

设计工作室：creanet
艺术指导：**何塞·莫雷诺**

《达·芬奇：女性肖像》《*Da Vinci, Ladies Portraits*》是由桑迪·米廖雷（Sandy Migliore）编著的一本书。她致力于研究科学家、艺术家及其作品，尤其是达·芬奇创作的女性肖像画。

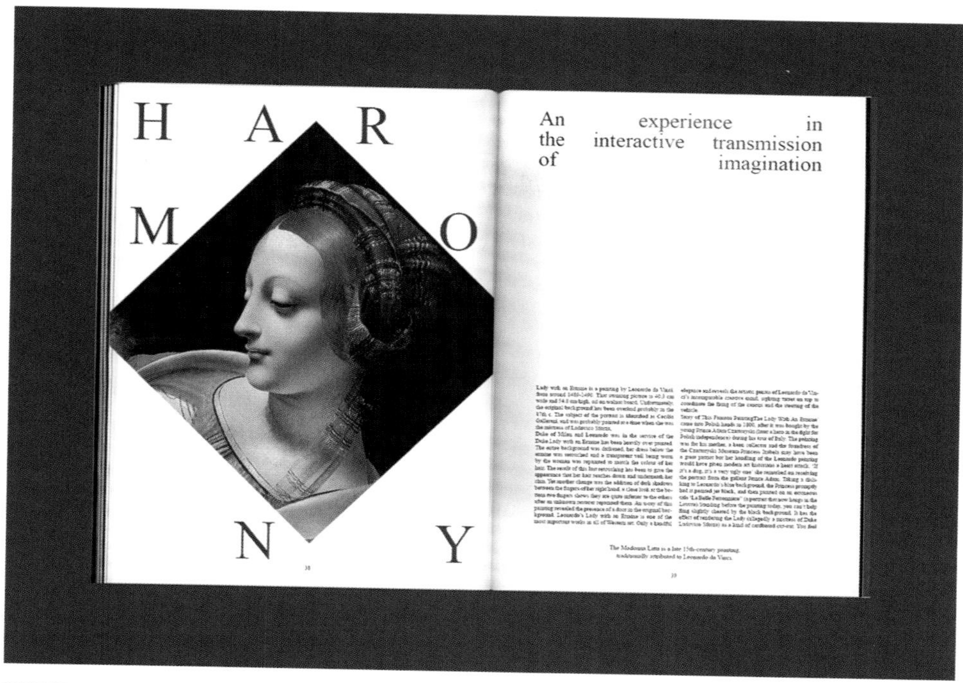

配色：■ □　　字体：Times New Roman　　尺寸：210 mm × 300 mm　　页数：80页

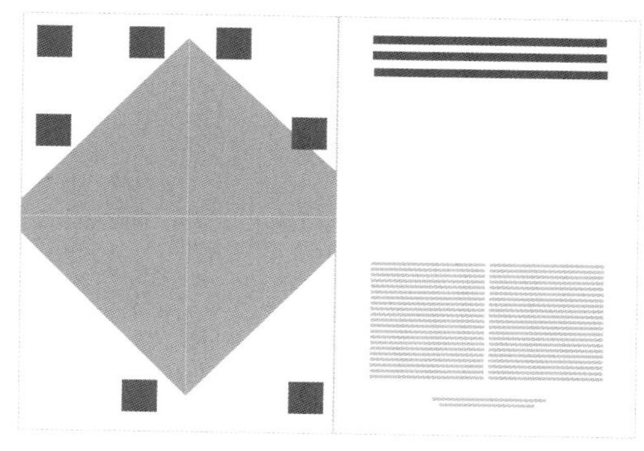

《当代维也纳进行时》

设计工作室：Sagmeister & Walsh
创意指导：**施德明（Stefan Sagmeister）**
设计：**菲利普·休伯特（Philipp Hubert）**

本书是畅游当代维也纳的全新指南。全书共有17个章节，涵盖建筑、设计、时尚、艺术、餐厅、杂志、游戏、音乐、电影、舞蹈和表演等话题。Sagmeister & Walsh试图创作一本便于读者浏览的实用书籍。同时，他们希望本书具备实用性之余，以一种活泼、有趣的设计语言来呈现当代维也纳的文化。这种混搭风格在整本书中比比皆是，比如，满版底色的页面上装饰着五彩缤纷的纸屑元素，图像和插画种类繁多，字体排印风格多样。

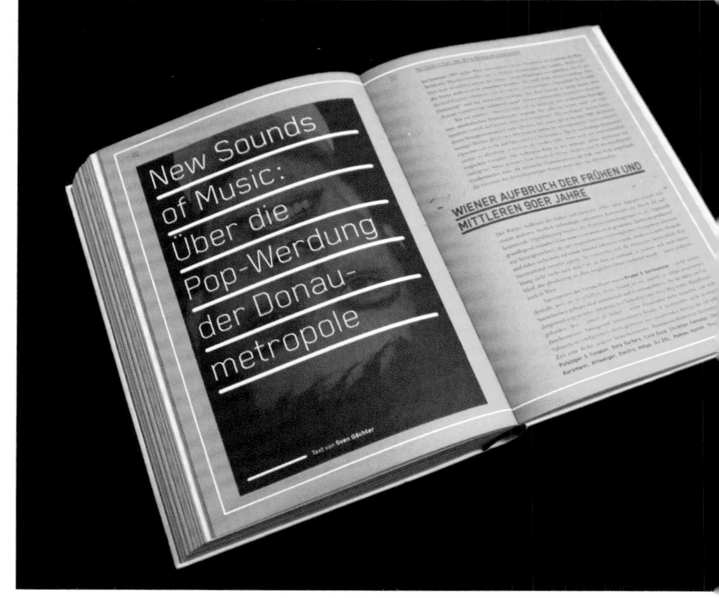

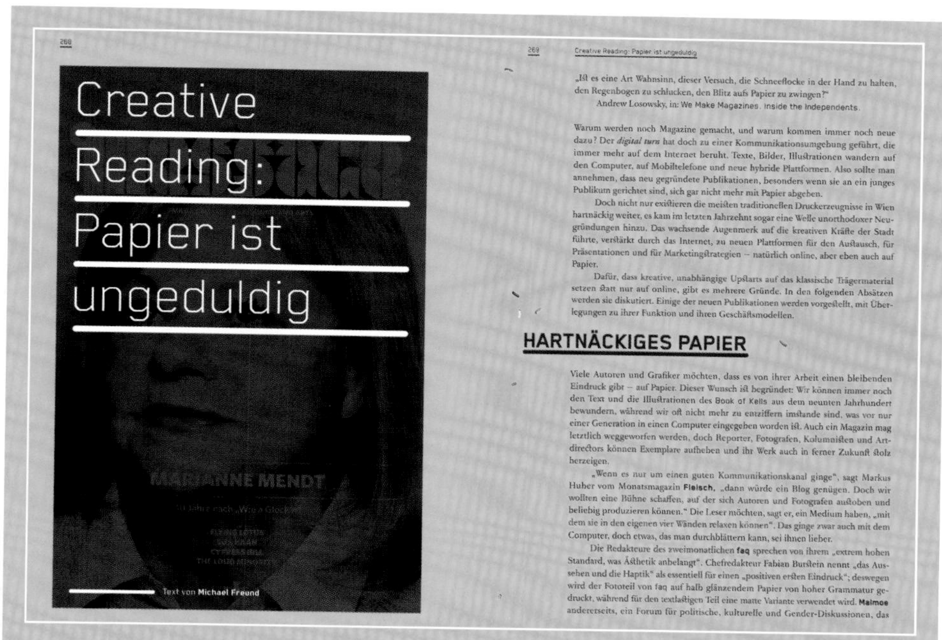

269 Creative Reading: Papier ist ungeduldig

„Ist es eine Art Wahnsinn, dieser Versuch, die Schneeflocke in der Hand zu halten, den Regenbogen zu schlucken, den Blitz aufs Papier zu zwingen?"
Andrew Losowsky, in: We Make Magazines. Inside the Independents.

Warum werden noch Magazine gemacht, und warum kommen immer noch neue dazu? Der *digital turn* hat doch zu einer Kommunikationsumgebung geführt, die immer mehr auf dem Internet beruht. Texte, Bilder, Illustrationen wandern auf den Computer, auf Mobiltelefone und neue hybride Plattformen. Also sollte man annehmen, dass neu gegründete Publikationen, besonders wenn sie an ein junges Publikum gerichtet sind, sich gar nicht mehr mit Papier abgeben.

Doch nicht nur existieren die meisten traditionellen Druckerzeugnisse in Wien hartnäckig weiter, es kam im letzten Jahrzehnt sogar eine Welle unorthodoxer Neugründungen hinzu. Das wachsende Augenmerk auf die kreativen Kräfte der Stadt führte, verstärkt durch das Internet, zu neuen Plattformen für den Austausch, für Präsentationen und für Marketingstrategien – natürlich online, aber eben auch auf Papier.

Dafür, dass kreative, unabhängige Upstarts auf das klassische Trägermaterial setzen statt nur auf online, gibt es mehrere Gründe. In den folgenden Absätzen werden sie diskutiert. Einige der neuen Publikationen werden vorgestellt, mit Überlegungen zu ihrer Funktion und ihren Geschäftsmodellen.

HARTNÄCKIGES PAPIER

Viele Autoren und Grafiker möchten, dass es von ihrer Arbeit einen bleibenden Eindruck gibt – auf Papier. Dieser Wunsch ist begründet: Wir können immer noch den Text und die Illustrationen des Book of Kells aus dem neunten Jahrhundert bewundern, während wir oft nicht mehr zu entziffern imstande sind, was vor nur einer Generation in einen Computer eingegeben worden ist. Auch ein Magazin mag letztlich weggeworfen werden, doch Reporter, Fotografen, Kolumnisten und Artdirectors können Exemplare aufheben und ihr Werk auch in ferner Zukunft stolz herzeigen.

„Wenn es nur um einen guten Kommunikationskanal ginge", sagt Markus Huber vom Monatsmagazin **Fleisch**, „dann würde ein Blog genügen. Doch wir wollten eine Bühne schaffen, auf der sich Autoren und Fotografen austoben und beliebig produzieren können." Die Leser möchten, sagt er, ein Medium haben, „mit dem sie in den eigenen vier Wänden relaxen können". Das ginge zwar auch mit dem Computer, doch etwas, das man durchblättern kann, sei ihnen lieber.

Die Redakteure des zweimonatlichen **faq** sprechen von ihrem „extrem hohen Standard, was Ästhetik anbelangt". Chefredakteur Fabian Burstein nennt „das Aussehen und die Haptik" als essentiell für einen „positiven ersten Eindruck"; deswegen wird der Fototeil von faq auf halb glänzendem Papier von hoher Grammatur gedruckt, während für den textlastigen Teil eine matte Variante verwendet wird. **Malmoe** andererseits, ein Forum für politische, kulturelle und Gender-Diskussionen, das

配色：

字体：Lineto Lord、Blender和LaPolice　　尺寸：175 mm × 245 mm

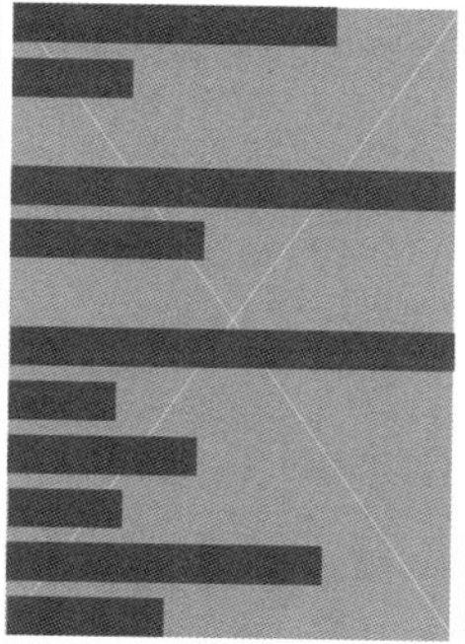

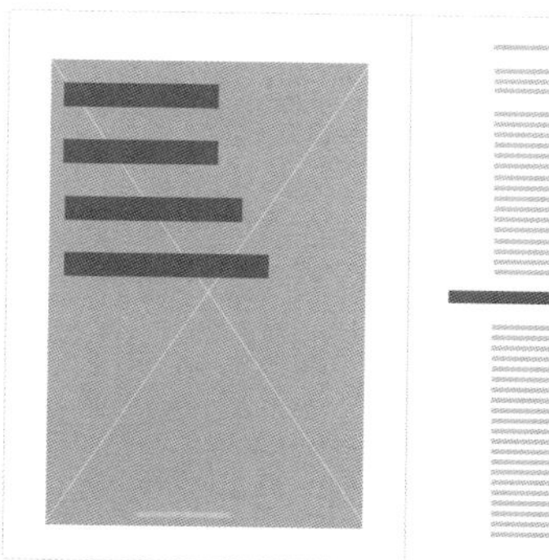

Poets, Writers and Literature in Vienna

Text by **Gerhard Ruiss**

Vienna as a home for writers, a place of residence, of birth; a main or secondary residence, permanent or temporary abode, workplace, final home; monuments and memorials for poets, buried in Vienna, honorary graves for Viennese poets, and literary estates in Vienna.

Where writers come from and the city and region, the country, the literature with which they are affiliated, should be simple to determine. Yet does Franz Kafka's death in a sanatorium in Klosterneuburg make him a Klosterneuburger? Can one consider Bertolt Brecht's oeuvre as Austrian literature because in the 1950s, on his way back from political exile in the U.S., he considered staying in Austria rather than

"Not at home, and still not in the fresh air."

Peter Altenberg, 1859–1919

city erected Flak towers and set up an emergency cemetery here. The palace is used as school and dorms for the Vienna Boy's Choir, and Gustinus Ambrosi was granted his exclusive residence and studio in the park in 1953. Today, Ambrosi is a controversial figure due to his close association with national socialists, but his sculpture collection can be viewed at any time as an outpost of Belvedere. And right next door is his former studio, now called **Augarten Contemporary**, an experimental exhibition hall including restaurant and artist-in-residence apartment.

VIENNA CAN BE APPRECIATED AS BAROQUE AND-OR CONTEMPORARY

A further home for contemporary art is still under construction. Within walking distance of the castle is the **20er Haus**, which is being simultaneously—how could it be otherwise—reconstructed and entirely rebuilt. The historical stages of Viennese culture and politics meet here, too, as the assignment to Belvedere is but the most recent turn of events. Originally built by Karl Schwanzer as the Austrian pavilion for the 1958 Brussels World's Fair, the temporary exhibition hall was set up in Vienna's Schweizergarten and opened in 1962 as the Museum of the 20th Century. The cube, commonly known as "20er Haus," soon became too small. In an amazing display of joy in contrasts, the museum obtained the **Palais Liechtenstein** at the other end of the city as a second venue in 1979. The Republic then presented the permanent collection of modern art there, in the imperial eighteenth-century city palace. Thanks to the temporary loan and later endowment of 250 artworks by Mr. and Mrs. Ludwig, in the 1980s the classicist modern was expanded to include contemporary art, first Pop Art, and later, the steady acquisitions by the associated foundation. With the endowment in 1991, the name also changed to **Museum Moderner Kunst Stiftung Ludwig Wien**. 20er Haus and Palais Liechtenstein were, however, only temporary solutions. At the end of the century, a new structure was built for the museum. The move to the new building in Vienna's MuseumsQuartier took place in 2001. In the same year, the new director Edelbert Köb shortened the rather lengthy name to a catchy label: **MUMOK.** Since then, over ten exhibitions on eight floors take place every year. In 2009, the museum had 241,300 visitors—a considerable achievement for a building that has no baroque elements to show for itself. Nonetheless, it is the most important museum for Austrian and international artists—thus proving that Vienna can be appreciated as baroque and/or contemporary.

Surprisingly, MUMOK does not have any external locations. But that will change soon. Plans for MUMOK21 are constantly being presented. But they require a bit of castling: one plan foresees the MUMOK taking over the spaces of the adjacent **KUNSTHALLE Wien**, one of the most exciting exhibition sites for local and global art. The KUNSTHALLE would then move to the **Künstlerhaus** on Karlsplatz, where **Project Space**, its so-called second building, is already located—naturally, the KUNSTHALLE also has several locations.

Museum Moderner Kunst Stiftung Ludwig Wien (MUMOK),
House Attack by Erwin Wurm (installation view 2006)

Avantgarde-Subkultur-Zentrum **fluc**, ist das **WUK** – das Wiener Werkstätten- und Kulturhaus, das sowohl soziale Plattform als auch Konzertveranstalter ist – mit seinem Theater- und Performance-Programm in den letzten Jahren zu einem der Hot Spots der Stadt geworden. Langsam kommen auch die internationalen Stars der Szene wie Showcase Beat Le Mot ins Haus. Zusammen mit den avanciertesten Vertretern des neuen performativen Genres der Stadt, zum Beispiel der radikalen Trash-Truppe God's Entertainment, entsteht hier um Johannes Maile ein neues performatives Zentrum.

Kontexte und Netzwerke sind auch die Themen der wohl erstaunlichsten performativen Revolution der Stadt Wien. 2007 wurden Thomas Frank und Haiko Pfost nach Wien geholt, um aus dem ehemaligen dietheater Wien mit neuer finanzieller Kraft ein performatives Vorzeigehaus zu machen. An drei Spielstätten und im öffentlichen Raum agierend, ist **brut** zum wohl spannendsten Unternehmen der Stadt geworden, ein Theater neuer Prägung, das im Verbund mit allen erdenklichen innovativen Szenen der Stadt, von Tanz, Theater, Performance, Live Art, Musik, Club-Kultur, Medienkunst, Literatur und Musiktheater internationale Netzwerke als Koproduktionshaus kreiert, die bisher in Wien noch nicht da gewesen sind. brut ist „das Theater neuer Prägung", ein Zentrum innovativer Kreativ-Kräfte, das das Theater jenseits bildungsbürgerlicher Altprägung als einen inhaltlich aufgeladenen Club neu definiert. Ein Kunst-Club, in dem unterschiedliche Medien und Sparten ebenso zusammenfließen wie internationale und lokale Netzwerke. Ein Ort, an dem gesellschaftsrelevante Themen Teil eines interdisziplinären Kunstschaffens werden, ein Ort, an dem Gesellschaft und Kunst gleichermaßen entstehen und hinterfragt werden. Ein Theater des 21. Jahrhunderts!

Tomas Zierhofer-Kin ist seit 2005 künstlerischer Leiter des Donaufestivals und hauptverantwortlich für dessen inhaltliche Neupositionierung. Er war künstlerischer Leiter des Zeitfluss Festivals in Salzburg und Kurator für die Wiener Festwochen, die Szene Salzburg und Kontra.com (gemeinsam mit Max Hollein).

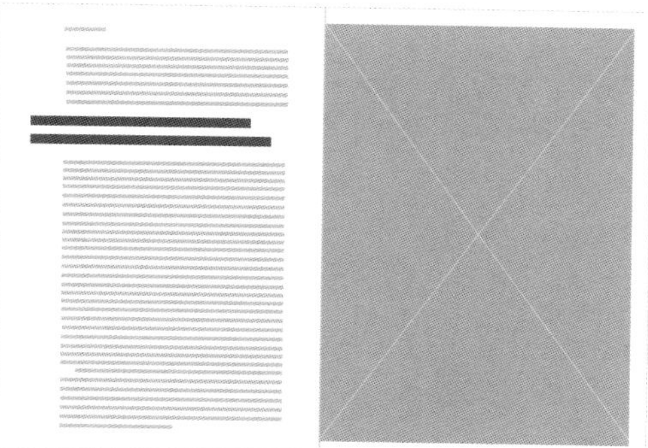

《忏悔录》

设计：**克里斯托瓦尔·列斯科（Cristóbal Riesco），卡米洛·罗亚（Camilo Roa）**
客户：**个人项目（非商业性）**

《忏悔录》揭露了倡导“道格玛95”电影运动（Dogme95）的导演和拥护者如何违反自己制定的规则。1995年，丹麦导演拉斯·冯·提尔（Lars von Trier）和托马斯·温特伯格（Thomas Vinterberg）发起了“道格玛95”电影运动。他们主张电影要回归故事、表演和主题的传统价值。书中列举的忏悔内容类似于罗马天主教忏悔祷文，因而揭示了制定规则和打破规则之间的悖论。这本书是克里斯托瓦尔和卡米洛在巴塞罗那设计与工程学院（ELISAVA Barcelona School of Design and Engineering）攻读研究生时，为“平面设计与出版设计”这门课程做的项目。

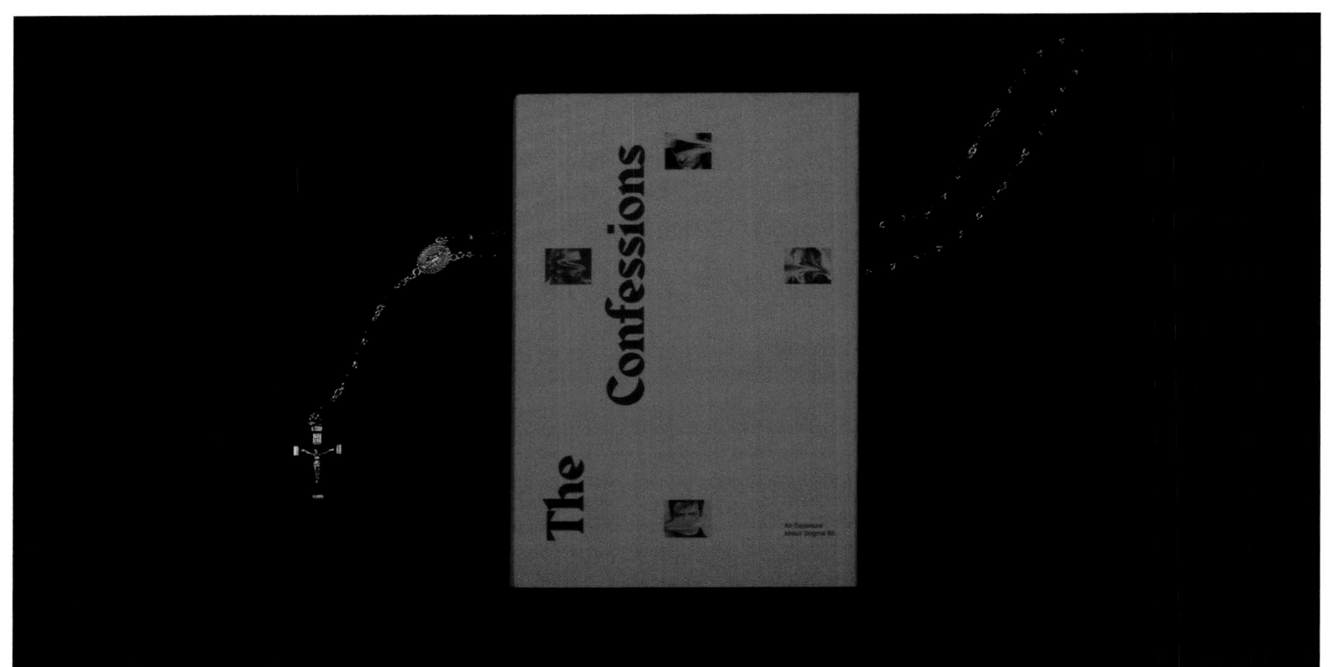

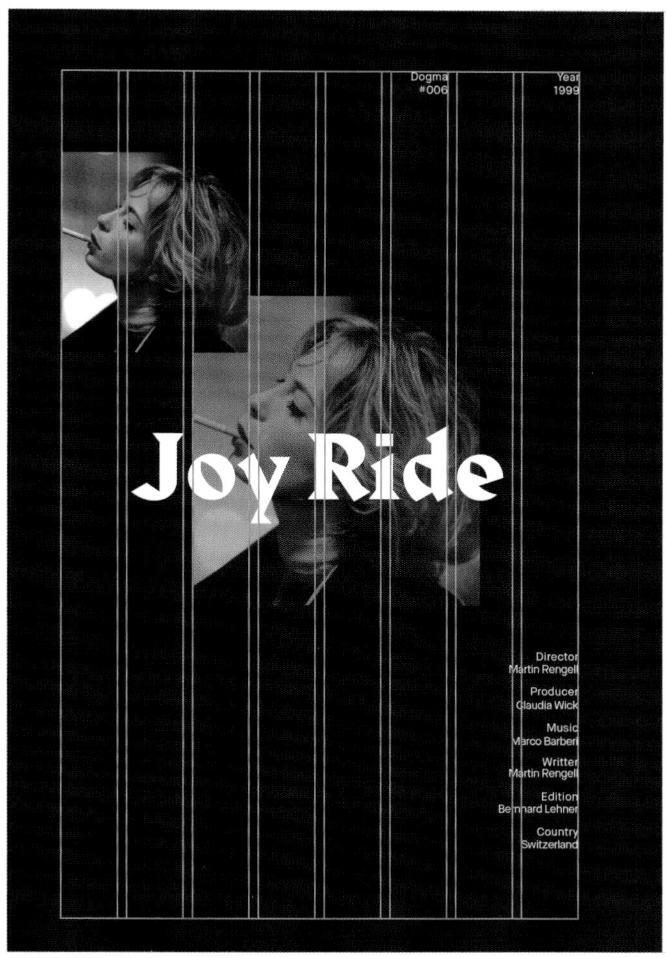

KILL YOUR DARLINGS

Fig 01.
Steve Zahn using a fake cigarrette in this famous shoot.

Joy Ride is a 2001 American horror thriller film. The film was written by J. J. Abrams and Clay Tarver and directed by John Dahl and starring Steve Zahn, Paul Walker, and Leelee Sobieski.

Although not a strong commercial hit, the film received enthusiastic reviews by critics. The film also goes under numerous other titles in other countries. In Australia, Sweden, Finland, Ireland and some other European countries the film was retitled Roadkill. Never Play with Strangers in Israel and Spain, Radio Killer in Italy. Never talk to strangers in Greece, Road Killer in Japan, and Mortal Frequency in Mexico. The film went under the working titles of Candy Cane, Highway Horror, Deadly Frequency, and Squelch. On the DVD release, there is a 29-minute long alternate ending, and four other shorter alternate endings. The main one featured Rusty Nail's shotgun suicide and numerous bodies are found in impression that the Manifesto and the Vow of Chastity were no more than an ironic gesture, a postmodern pastiche of the tradition of the modernistic manifesto – of which Paris, which Walter Benjamin had called 'the capital of the the century' and which was widely regarded in the the century as the capital of film, was the birthplace. In the already postmodern atmosphere of how could anyone be expected to take a document with such a title seriously? Both their gestures and tones made the Manifesto and the Vow of Chas-

CHAPTER 2 *Acknowledge* 77

配色：■ ■
字体：Harbour、Maison Neue和Times Ten
尺寸：140 mm × 210 mm
页数：192页

克里斯托瓦尔和卡米洛采用的版面设计是基于8栏的网格系统。他们挑选出3款年轻、设计精巧的字体，通过字体排印传达这本书背后的思想。

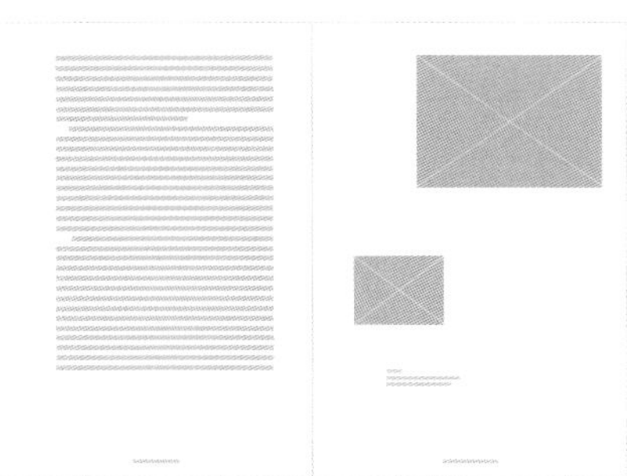

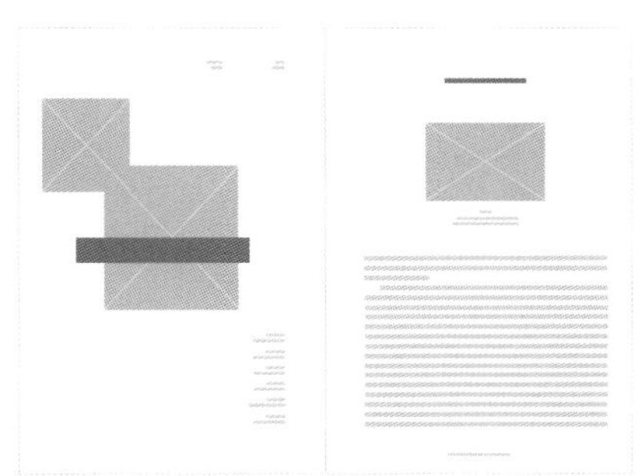

035 《IBM，保罗·兰德的平面 设计标准手册》

设计：**Syndicat工作室**

保罗·兰德（Paul Rand）亲自操刀为IBM设计的平面设计系统被认为是20世纪非常经典的平面设计作品。IBM的经典标志让品牌在全球范围内都可以被迅速识别，并沿用至今。从20世纪60年代开始，IBM制作了公司的品牌设计标准和规范用法，进行存档并定期更新，使所有接手的设计师都能够迅速掌握标志字体、图形元素和字体排印标准，以及公司内部文件、宣传文件、导视和空间应用等设计标准。Syndicat工作室与IBM携手重新梳理这些文件，并尽可能全面地收录了IBM近年的其他平面设计。

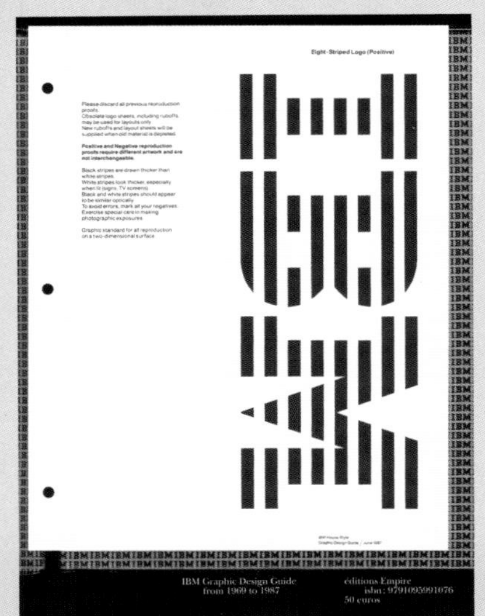

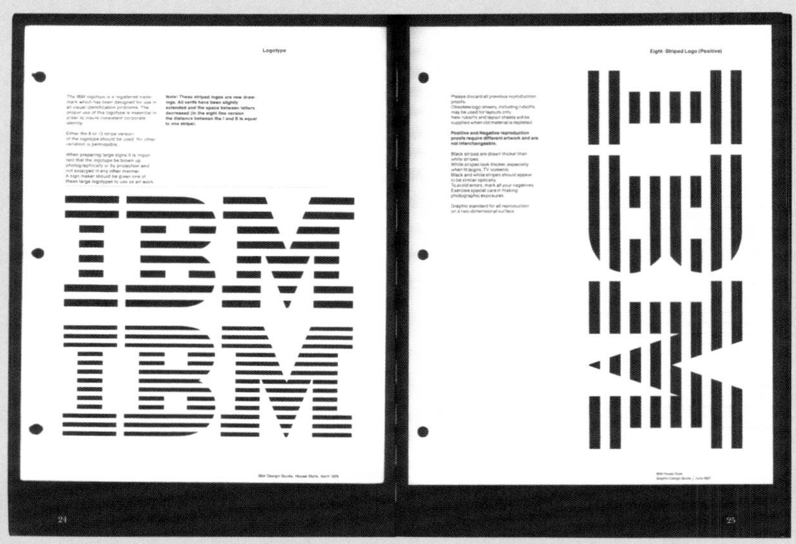

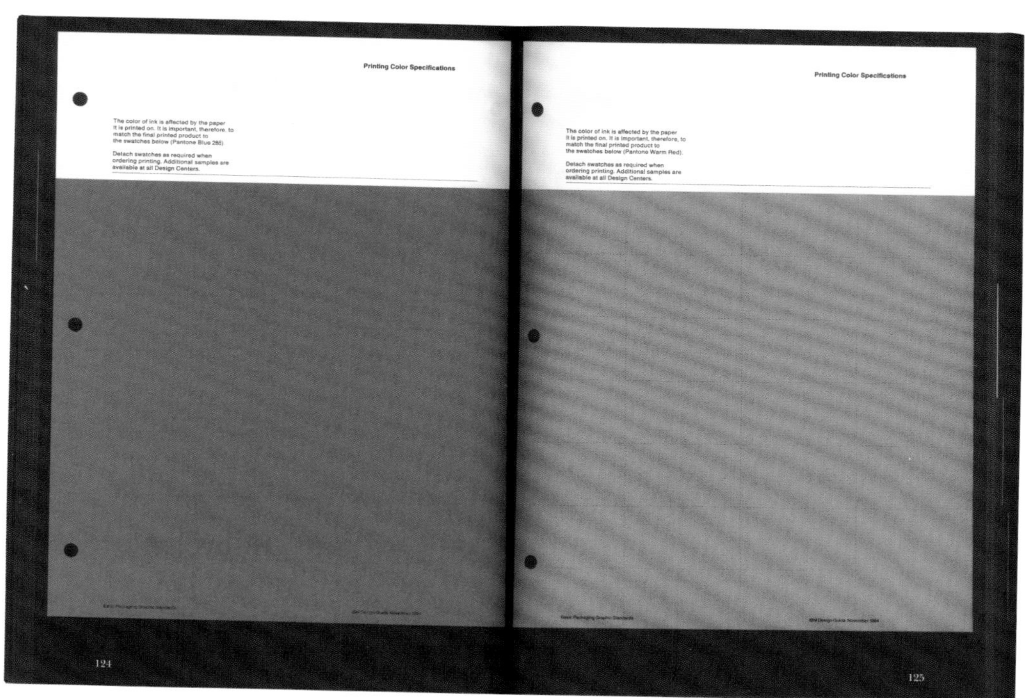

配色：

字体：Times New Roman　　尺寸：235 mm × 320 mm　　页数：336页

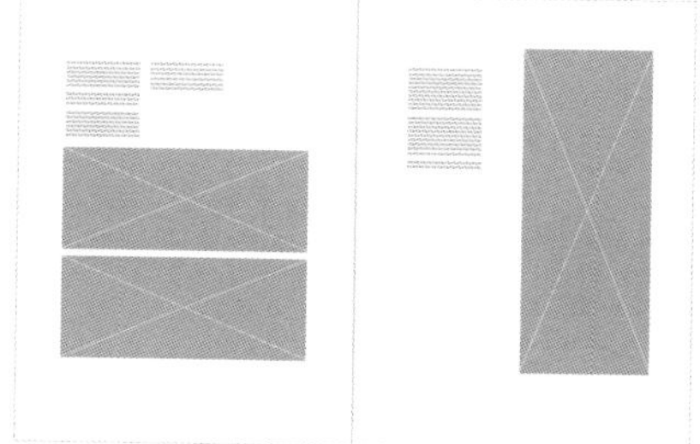

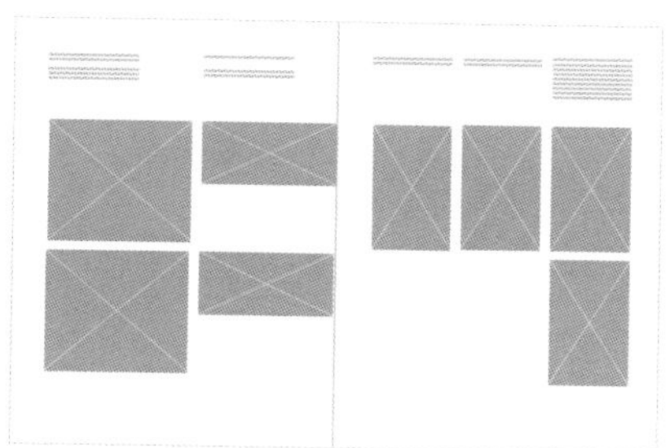

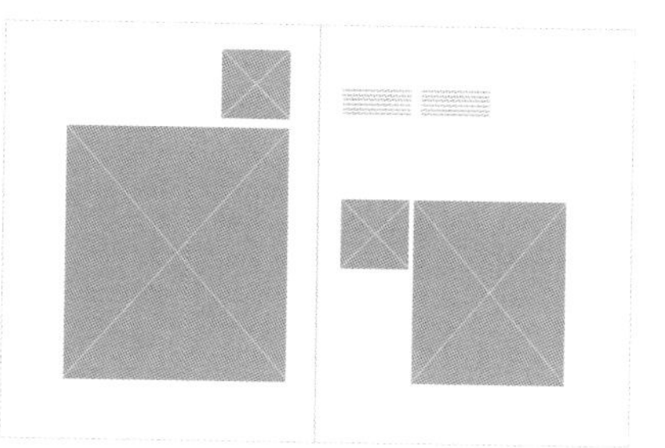

《切尔西酒店》

设计：加利纳·达乌托娃（Galina Dautova），卡琳娜·雅泽林安（Karina Yazylyan）

《切尔西酒店》（*The Chelsea Hotel*）介绍了纽约历史上一座著名的酒店和地标建筑。该酒店落成于1883年至1885年，因其住客的显要身份而闻名遐迩，数不清的传奇作家、音乐家、艺术家和演员都曾在此入住。本书探讨了这座酒店的历史及其影响，由3个部分组成：正文内容是人物访谈；前附文主要展示酒店的照片；后附文记录了住客及其房号等史实。

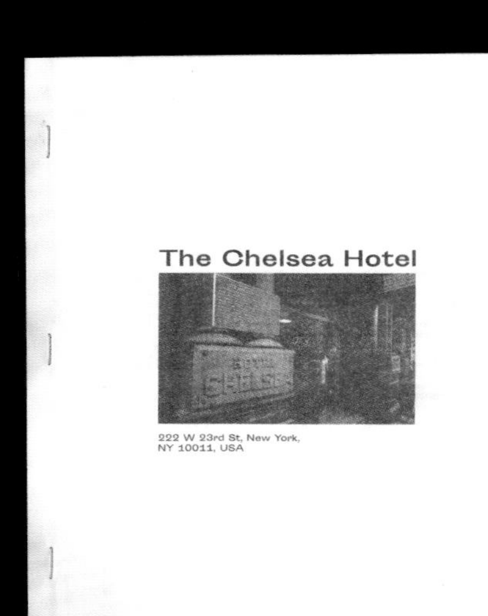

This is the oral history about life in the Chelsea Hotel in the words of its past and current residents who have lived, worked, caroused and died there.

Nicola L.
artist, current resident

The first time I came to the Chelsea, I was invited to New York to perform at La MaMa in 1968. I remember the first floor was only prostitutes and pimps. One pimp had pink shoes. For me it was unbelievable. It made Paris look like the provinces by comparison. But prostitutes and pimps were a part of the package of the Chelsea. And artists—I will not say that they are prostitutes, but they are selling themselves.

Scott Griffin
theater producer and developer, former resident

You had a constantly changing cast of residents, some of whom had been there for a hundred years, some who were only there for a month. There was an incredible cross-pollination of people of all ages, social classes, and levels of accomplishment. And it was all curated by Stanley Bard. It was a vibrant, dynamic place to be, particularly as a young person. You could go to one floor and talk about the theater with Stefan Brecht and go to another floor and talk to Arnold Weinstein about poetry and then have dinner downstairs with Arthur Miller. There aren't many buildings in New York like that.

Gerald Busby
composer, current resident

Stanley Bard had a sense of who was really an artist. He also had a sense for rich dilettantes. He himself was a dilettante who wanted to be part of the artistic scene and wanted to be identified with it. So he became the landlord daddy for artists. It was an astonishing role that he created for himself. His relationship with every tenant was personal. That was the way he behaved—he took everything personally.

Milos Forman
film director

I finished a movie in 1967, and I didn't have any money. Somebody told me that Stanley Bard would let me stay at the Chelsea until I would be able to pay him back. At the time all I knew about the Chelsea was that some people in the hippie world were staying there. But I didn't know that it had the slowest elevator in the whole country.

interview

23

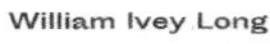

William Ivey Long

I had this fabulous apartment in the front: #411. It proved to be very exciting, because it's also the number that people dial for information. I was always answering people's questions in some strange way. Sometimes, though, I would actually give them the number they wanted. I would look it up for them. My next-door neighbor was Neon Leon. He had a white girlfriend and a black girlfriend and, I think, children with each. They would

Viva
writer, painter, a... dilettante

Gerald Busb...

Nicola L.

interview

30

big hole in the wall. There was a big duel with Stanley about that. She always chose the best moment to fight with him, like noon, when all the tourists were checking out.

Ed Hamilton
writer, author of Legends of the Chelsea Hotel: Living with Artists and Outlaws of New York's

I loved it immediately because it was my ideal of bohemian heaven. People left their doors open; they'd invite you in for a glass of wine. It had a vital energy. At the same

room 105

Edie Sedgwick* sets fire to her room

All the self-dramatising of Andy Warhol's world was epitomised by its starriest of "superstars" setting fire to her room in 1966. Despite a warning from Leonard Cohen, Sedgwick fell asleep with candles burning and was thereafter considered such a liability by the hotel's staff that they moved her into a room above the lobby, where she could be monitored. The footage of Sedgwick shot for Warhol's movie Chelsea Girls (filmed in the hotel) was removed in the end and that same year she suffered a nervous breakdown and moved out of the hotel.

*American actress and fashion model. She is best known for being one of Andy Warhol's superstars. Sedgwick became known as "The Girl of the Year" in 1965 after starring in several of Warhol's short films in the 1960s. She was dubbed an "It Girl", while Vogue magazine also named her a "Youthquaker".

rooms and residents

interview

31

This is the oral history about life in the Chelsea Hotel in the words of its past and current residents who have lived, worked, caroused and died there.

Nicola L.
artist, current resident

The first time I came to the Chelsea, I was invited to New York to perform at La MaMa in 1968. I remember the first floor was only prostitutes and pimps. One pimp had pink shoes. For me it was unbelievable. It made Paris look like the provinces by comparison. But prostitutes and pimps were a part of the package of the Chelsea. And artists—I will not say that they are prostitutes, but they are selling themselves.

Scott Griffin
theater producer and developer, former resident

You had a constantly changing cast of residents, some of whom had been there for a hundred years, some who were only there for a month. There was an incredible cross-pollination of people of all ages, social classes, and levels of accomplishment. And it was all curated by Stanley Bard. It was a vibrant, dynamic place to be, particularly as a young person. You could go to one floor and talk about the theater with Stefan Brecht and go to another floor and talk to Arnold Weinstein about poetry and then have dinner downstairs with Arthur Miller. There aren't many buildings in New York like that.

Gerald Busby
composer, current resident

Stanley Bard had a sense of who was really an artist. He also had a sense for rich dilettantes. He himself was a dilettante who wanted to be part of the artistic scene and wanted to be identified with it. So he became the landlord daddy for artists. It was an astonishing role that he created for himself. His relationship with every tenant was personal. That was the way he behaved—he took everything personally.

Milos Forman
film director

I finished a movie in 1967, and I didn't have any money. Somebody told me that Stanley Bard would let me stay at the Chelsea until I would be able to pay him back. At the time all I knew about the Chelsea was that some people in the hippie world were staying there. But I didn't know that it had the slowest elevator in the whole country.

interview

23

room 1017

Robert Mapplethorpe* takes his first photographs

In 1969, room 1017, ("Famous for being the smallest in the hotel," as Patti Smith writes in her memoir Just Kids) became hers and Mapplethorpe's for $55 a week. It was, in Smith's words, "a tremendous stroke of luck to land up there... to dwell in this eccentric and damned hotel provided a sense of security as well as a stellar education". That education included, crucially, Mapplethorpe's introduction to photography. The artist Sandy Daley, whose room was completely white, save for silver helium balloons, lent him her Polaroid camera and Mapplethorpe's first pictures were taken with it.

*American photographer, known for his sensitive yet blunt treatment of controversial subject-matter in the large-scale, highly stylized black and white medium of photography.

rooms and residents

配色：■ ■

字体：Sporting Grotesque

尺寸：190 mm × 240 mm,
150 mm × 185 mm
(插页)

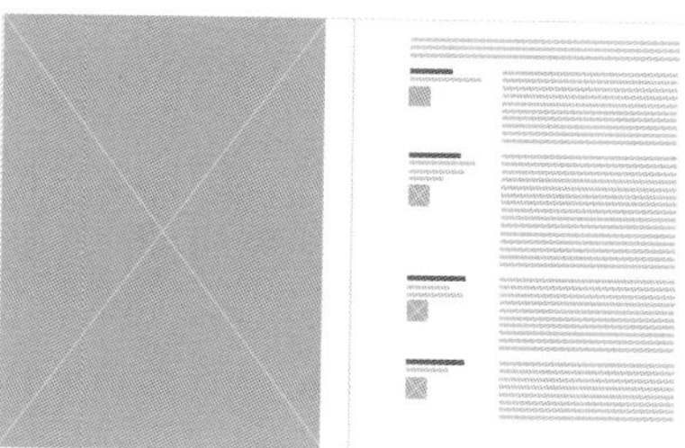

《追踪小丑》

设计：Lampejo工作室（Estúdio Lampejo）
客户：哈瓦利出版社（Editora Javali）
摄影：阿多斯·苏扎（Athos Souza）

《追踪小丑》（*No Encalço dos Bufões*）是哈瓦利出版社出版的一本书。作者为华金·伊莱亚斯·科斯塔（Joaquim Elias Costa）。该书以小丑为原型。小丑，亦称丑角、滑稽戏演员等，是艺术史上广泛出现的一种角色。受到书中所描摹的小丑心理和历史画像的启发，本书的设计力求打破常规。因此，设计师创作了两个一模一样的封面，引导读者按照两种不同顺序阅读。字体的曲线和结构十分优雅，且富有现代感，与书中怪诞的图片形成鲜明的对比。

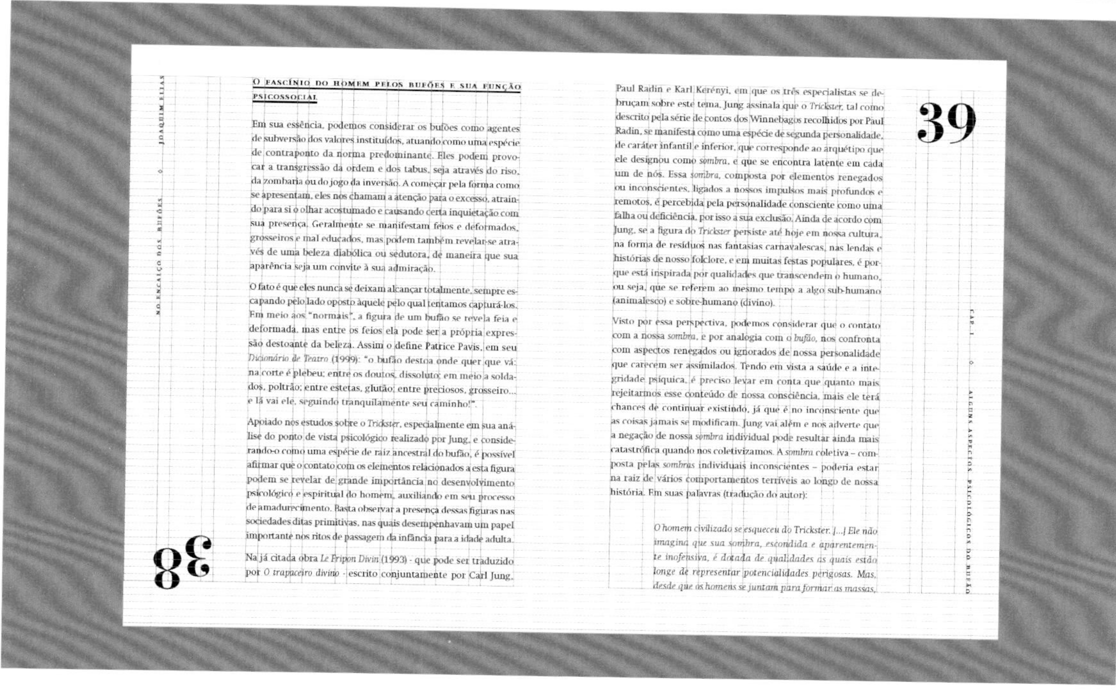

配色：■ ■　　字体：Bauer Bodoni、Bodoni和Swift　　尺寸：160 mm × 220 mm　　页数：164页

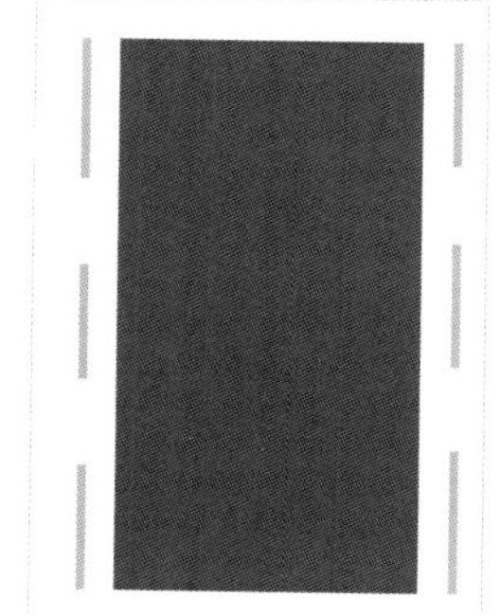

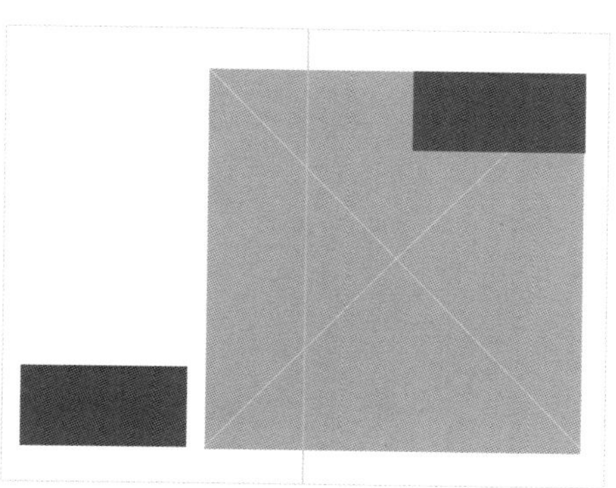

《卡佩 24小时食谱》

设计工作室：**Bond创意事务所（Bond Creative Agency）**
艺术指导：**卡斯佩里·萨洛瓦拉（Kasperi Salovaara），杰斯珀·班格（Jesper Bange）**
客户：**卡里·艾希宁（Kari Aihinen）**
食物造型：**基尔西卡·辛贝里（Kirsikka Simberg）**
摄影：**萨米·雷波（Sami Repo）（内容），帕沃·莱赫托宁（Paavo Lehtonen）（书）**

卡里·艾希宁是一名芬兰厨师，又名卡佩（Kape）。他想要出版一本能在众多美食图书中脱颖而出的原创美食书籍。本书的设计灵感来自卡佩的工作理念及其全天候的工作状态。Bond创意事务所也想要宣扬这位大厨的工匠精神。于是，《卡佩 24小时食谱》诞生了。本书的大厨食谱和版式设计结合了小餐馆和高级餐厅的特点。版面布局清晰、实用，纪录片式的照片配以手绘元素则为严谨的页面增添一份随意。精致的烫金边缘和粗糙的封面纸板对比鲜明而又相得益彰。本书不仅面向烹饪爱好者，也面向美学家，因为它本身就是一个设计作品。

144

4 annosta

4 kuningasravun koipea
oliiviöljyä

Kuningasrapumajoneesi
2 dl kypsää kuningasravunkoipea
1 dl majoneesia
suolaa maun mukaan
vastapuristettua sitruunamehua

Suolaheinävinegretti
2 ruukkua persiljaa
2 dl rypsiöljyä
1 ruukku suolaheinää
½ dl valkoviinietikkaa
suolaa ja sokeria maun mukaan
mustapippuria myllystä

Suolaheinä on täydellinen yrtti: kirkkaanvihreä ja upean makuinen. Villiyrttibuumin myötä se on löytänyt tiensä myös suomalaisiin kotikeittiöihin. Suolaheinävinegretti on upea kumppani hienostuneelle kuningasravulle.

. . .

Lämmitä uuni 60 asteeseen. Puhdista kuningasravun koivet ja pyöräytä ne kevyesti öljyssä. Kypsennä koipia uunissa noin 10–15 minuuttia tai kunnes koipiliha on kypsää.

Leikkaa koipilihan paksuin osa annospaloiksi. Hienonna loput majoneesia varten.

. . .

Yhdistä hienonnettu ravunliha majoneesiin. Sekoita. Mausta suolalla ja sitruunamehulla.

. . .

Laita persilja ja öljy tehosekoittimeen. Aja täydellä teholla, kunnes öljy alkaa höyrytä. Siivilöi persiljaöljy ja jäähdytä.

Hienonna suolaheinä veitsellä. Yhdistä loput raaka-aineet vinegretiksi ennen tarjoilua.

"Pääraaka-aine jalossa muodossa"

Haudutettua kuningasrapua ja suolaheinää

配色：■ ■
字体：Eksell Display和Calibre
尺寸：215 mm × 280 mm
页数：276页

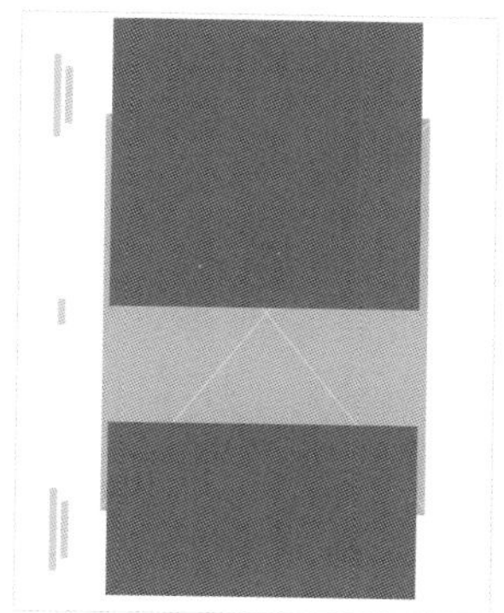

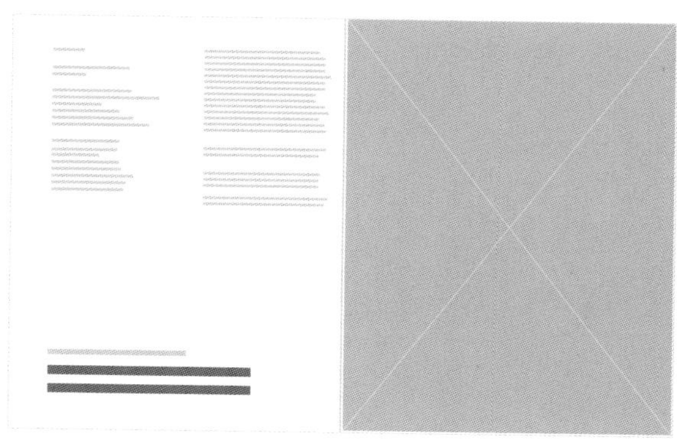

《苏联物理学史》

设计：蒂姆尔·巴比夫（Timur Babaev）
策划：叶夫根尼·科尔内夫（Evgeny Korneev）
客户：俄罗斯莫斯科高等经济大学艺术与设计学院（HSE Art and Design School）
摄影：斯维特拉娜·萨文库娃（Svetlana Savenkova）

本书旨在介绍苏联物理学史及其对现代科学文化发展的深远影响。蒂姆尔为了展现苏联物理学中兼而有之的粗犷和精细，在该书中使用了两种字体：Robert beta（主要字体）和Akzidenz-Grotesk Pro（次要字体）。蒂姆尔还为封面和标题设计了一款定制字体Physics+Lyrics，代表苏联著名的模板印刷风格。这本书的版面设计是基于12栏12行的网格系统。

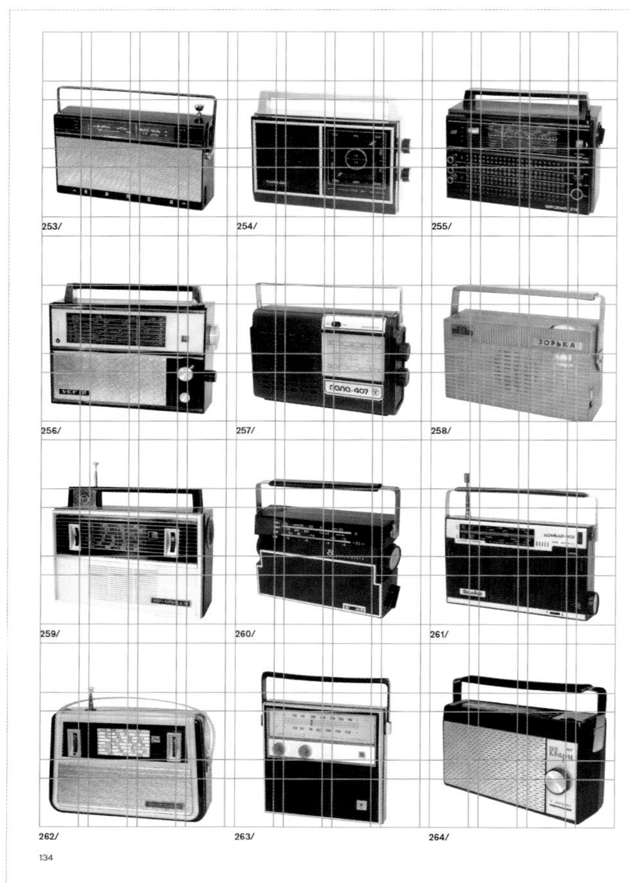

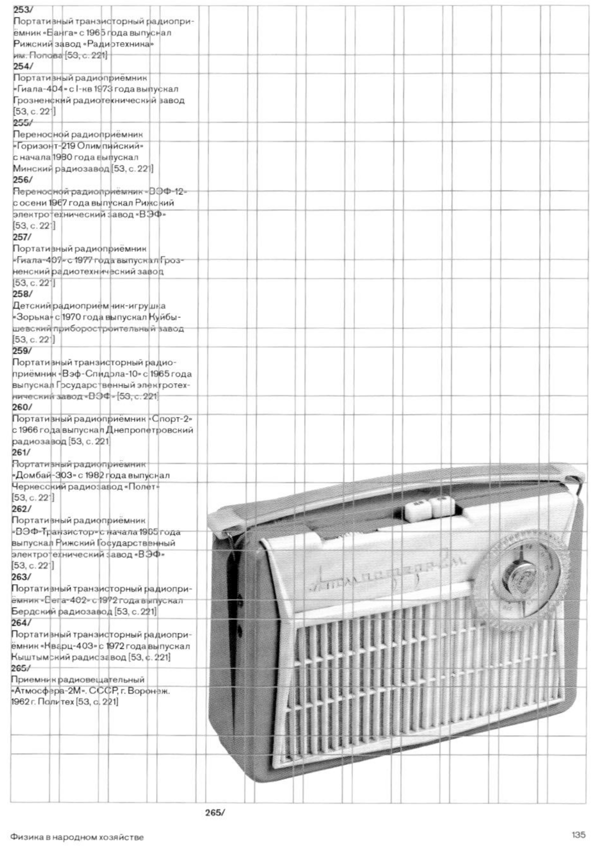

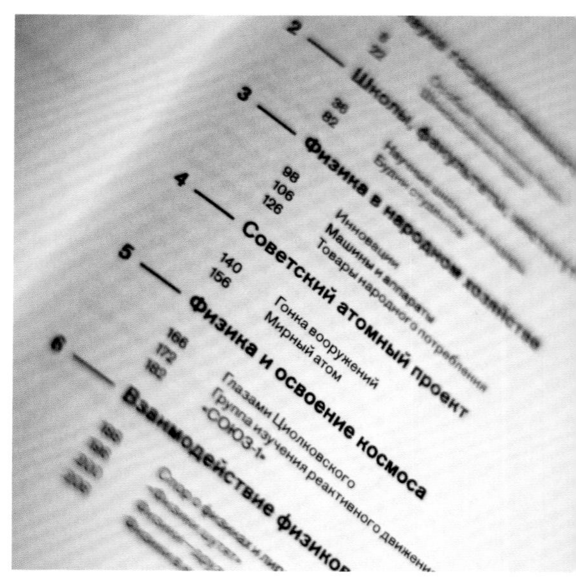

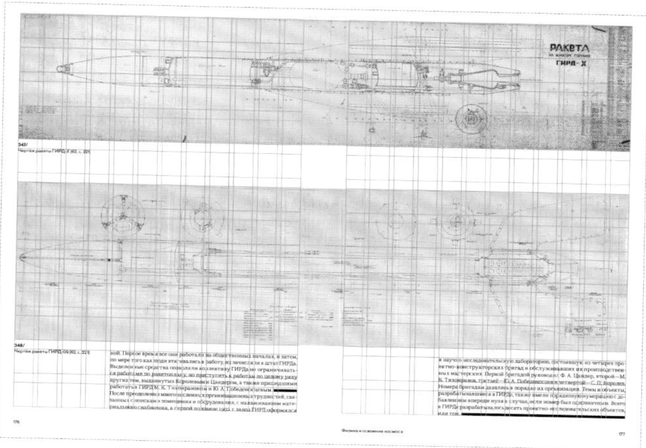

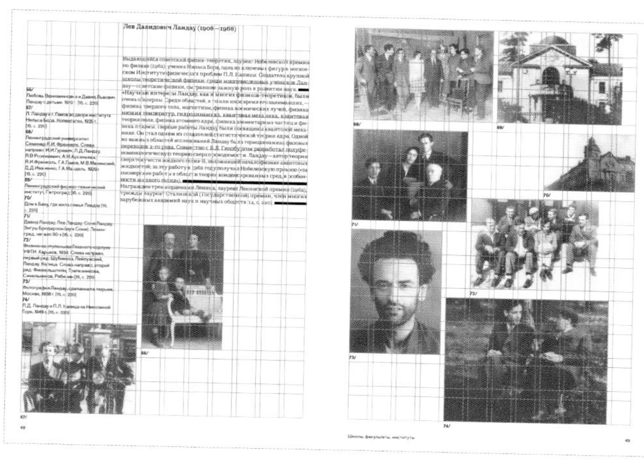

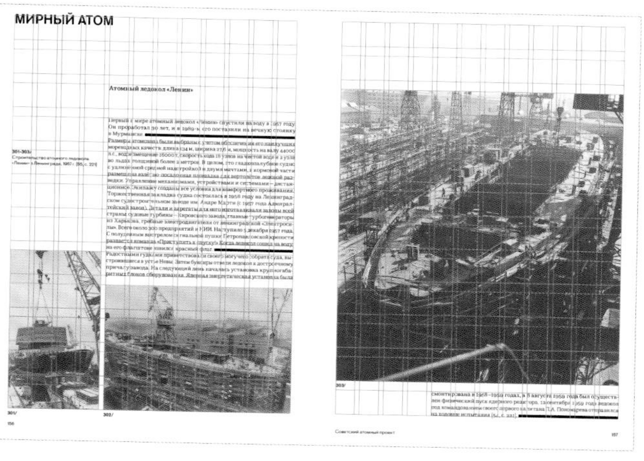

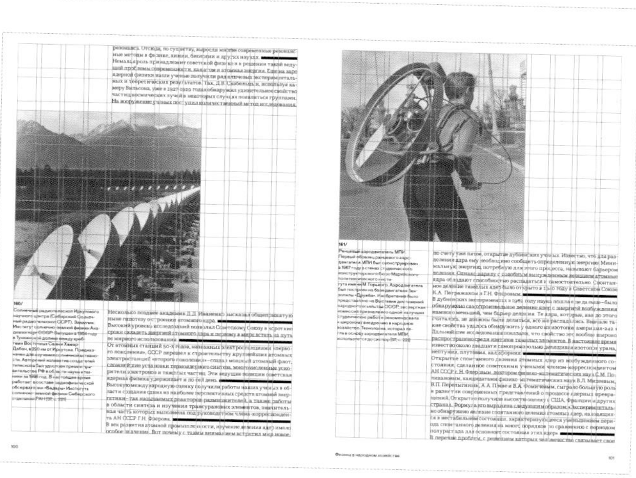

配色：■ □

字体：Robert (Beta)、Akzidenz-Grotesk和Physics+Lyrics

尺寸：200 mm × 280 mm

页数：224页

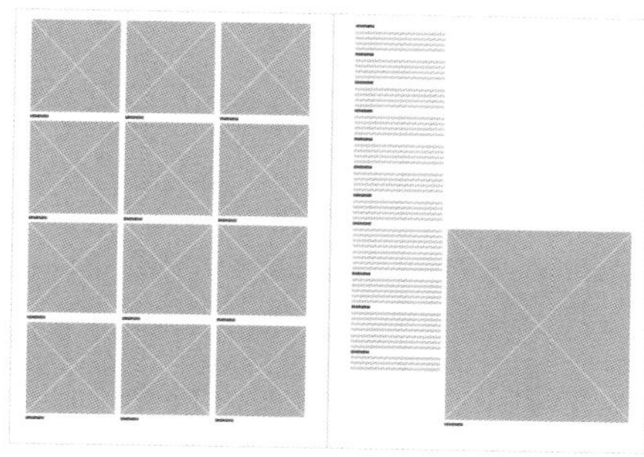

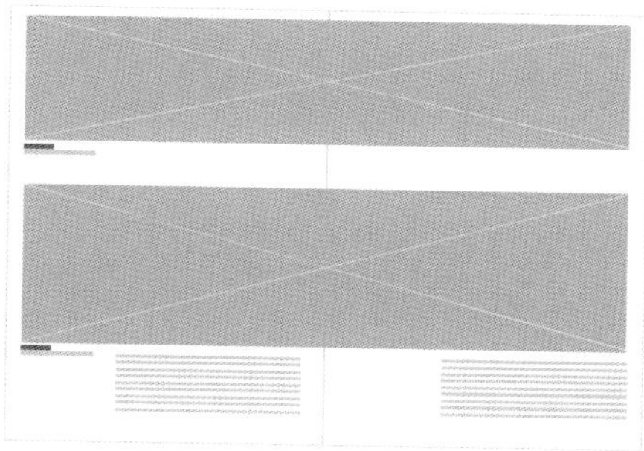

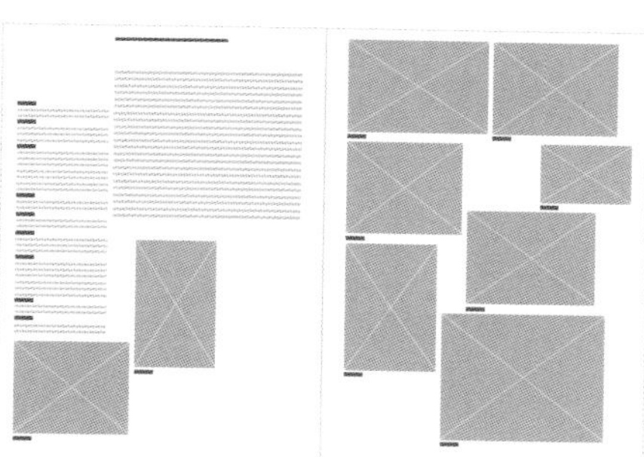

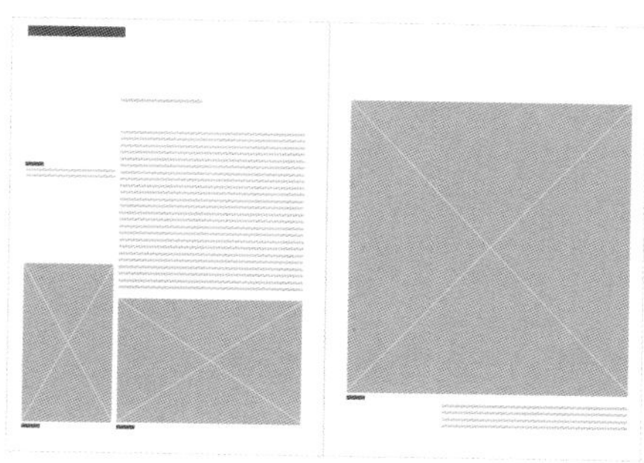

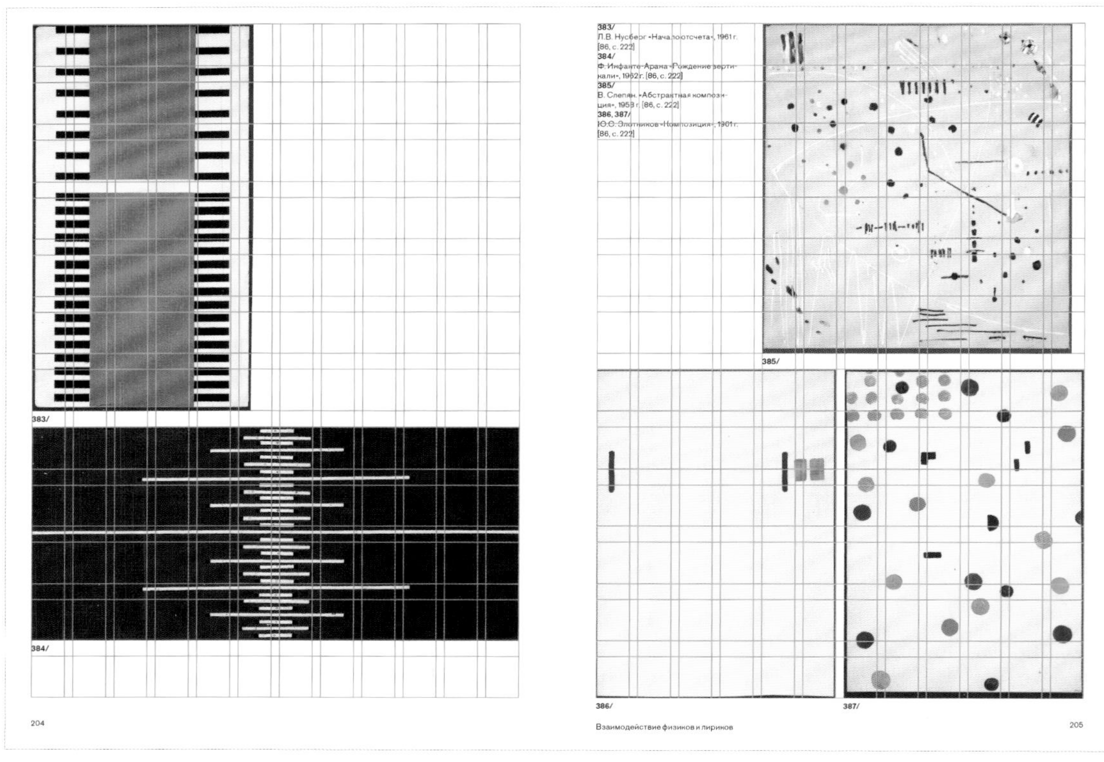
383/
Л.В. Нусберг «Начало отсчета», 1961 г. [86, с. 222]
384/
Ф. Инфанте-Арана «Рождение вертикали», 1962 г. [86, с. 222]
385/
В. Слепян. «Абстрактная композиция», 1959 г. [86, с. 222]
386, 387/
Ю.С. Злотников «Композиция», 1961 г. [86, с. 222]

383/

384/

385/

386/

387/

204

Взаимодействие физиков и лириков

205

POSTER

海报

都柏林实验电影学会系列海报

设计：普雅·艾哈迈迪

都柏林实验电影学会（Experimental Film Society，简称EFS）是爱尔兰一家致力于摄制和放映实验电影的公司，前身是伊朗前卫电影制片人鲁兹贝赫·拉希迪（Rouzbeh Rashidi）创立的实验电影协会（Experimental Film Society Collective）。EFS以致力于独立电影和实验电影而与众不同。这些电影采用一种探索性的、且通常很诗意的方法进行电影拍摄，突显前景基调，烘托氛围，掌控视觉节奏，与观众进行视听互动。EFS是爱尔兰实验电影新潮流的中心。

"
inspired by
Re-modern-ist Film Manifesto
Featuring : James Devereaux
CLOSURE OF CATHARSIS
100 Min / HD / Stereo / B/W / UK and Ireland / 2011
Produced By Experimental Film Society © 2011.
MUSIC : Cian Walker
Rouzbeh Rashidi : idea and director

FILMORE
60+MINUTES
HIGH-DEFINITION
VIDEO
STEREO
BLACK
WHITE
IRELAND / 2011
IDEA & DIRECTOR : ROUZBEH RASHIDI
DOP, EDIT & SOUND : ROUZBEH RASHIDI
FEATURING : MAN & WOMAN

A COUPLE IN THEIR GARDEN IS FILMED FROM A SINGLE, DISTANT ANGLE FOR AN HOUR. THE AUDIENCE DOES NOT HEAR WHAT THEY SAY. YET THE SUBTLE SHIFTS IN THEIR BODILY INTERACTION SPEAK VOLUMES ABOUT THEIR RELATIONSHIP AND, AS THE EROTIC TENSION BUILDS BETWEEN THEM, FILMORE DEVELOPS INTO A SUBTLY GRIPPING EXPERIENCE. ROUZBEH RASHIDI'S NINTH FEATURE FILM IS THE MOST RADICALLY MINIMALIST ROMANTIC COMEDY IN FILM HISTORY!

SHOT ON D CAMCORDER
POST PRODUCTION ON FINAL CUT PRO
PRODUCED BY EXPERIMENTAL FILM SOCIETY
© 2011 / IRELAND

EFS

普雅·艾哈迈迪访谈

· 平面设计师
· 艺术指导

01. 请介绍下您的背景。

我是一位常居芝加哥的平面设计师、研究者和教师。目前，我正在经营自己的工作室。我主要做版式设计和品牌视觉形象项目，主要服务于文化组织和一些小型公司。另外，我还是《Amalgam Journal》杂志的设计师兼编辑。该杂志旨在探索字体排印、语言和视觉艺术之间的交集。

在搬到芝加哥之前，我在瑞士巴塞尔设计学院（Basel School of Design in Switzerland）学习视觉传达和图像研究。在那里，我有机会深入了解瑞士字体排印的历史成就（以国际风格著称）及其在当今设计界的地位。此前，我在德黑兰大学（University of Tehran）学习平面设计。

02. 您为EFS设计了一系列海报。在为这些海报挑选合适字体时，您都有哪些考虑？

内容总会给我的设计，比如版面构成、字体排印和图像使用等带来灵感。在EFS海报项目中，我更愿意将字体像人物角色一样看待。字体、图像和其他字体排印元素之间的特殊互动反映了电影的整体概念。因此，我一直以这种方式对待每一张海报中的字体和图像，即：使它们互相对话。在字体和（偶尔很突兀的）电影截图之间，总隐藏着一种反反复复的对话。因此，从某种程度上说，这些海报从现代主义运动中汲取灵感，却又遵循着一种非常批判性、系统性的方法——一种"再现代主义"（Re-modernist）的转变，也许可以这么说。

每一张海报都与电影呈现的概念有直接关系。比如电影《Closure of Catharsis》，其主题是一个男人——詹姆斯·德弗罗（James Devereaux）——坐在公园长凳上，与摄像头对话，努力编织着一个不着边际的想法，同时评论着过路人，即所谓的他的"客人"……神秘图像穿插其间，打破公园长凳独白的寂静。神秘图像与被其打断的言语之间的持续冲突塑造了海报的结构。相比之下，鲁兹贝赫·拉希迪执导的另一部故事片《Filmore》，则从一个单调的、远距离的视角，拍摄一对夫妇在花园里度过的一个小时。观众听不见他们的对话，但两人身体互动的微妙变化却道尽了他们的关系。随着两人的欲望越来越急切，《Filmore》带给观众一种微妙的、扣人心弦的体验。该海报的字体排印直接反映了这个特别的概念。我们专门为这个海报的标题设计了一款字体。在海报中，字体从上到下发生了细微的变形，从无衬线体演变成衬线体，形象地表现了整部电影中越来越浓烈的情感。正文部分微小的、支离破碎的字体象征着这对夫妇之间不为人所知的密语。

03. 正如您提到的，您本身反对使用网格。为什么？如果您不使用网格，那您以什么作为参考，来保证版面井然有序？

我有一种非常特殊的网格使用方法。对我来说，建立网格的主要原因是质疑它们存在的必要性。基于不同内容，我会采取不同方式实践这个方法论。我主要利用一些常规参数，而不是纯粹依靠网格来设计版面的布局。这些参数的范围可能很广，它们可能非常松散，但通常会提供一种合理的系统来协助我设计。

04. 在接手一个新项目的时候，你们如何选择合适的字体、网格、配色等？请分享下你们的设计过程。

正如我上述所说，于我而言，设计源于内容，这很关键。它意味着我首先得花时间去钻研内容。一旦我把项目概念吃透了，我通常会试着把它转化成一套字体排印逻辑和一系列参数。然而，总有些时候，我需要根据情况放弃那套逻辑。

05. 你们如何定义优秀的版式设计？

一个优秀的版式设计是对其所包含的内容的解说。它是内容的延伸。它揭露潜台词。

06. 您认为设计师在版式的图文组合上，应该注意哪些东西？

我只能谈谈我个人处理文本和图像的方式——关注图像的内在逻辑。图像有自己的语言，设计师的任务是发现这些语言，并与之对话。一旦我把图像的内涵理解透彻了，我会用字体排印的形式把这些内涵表达出来。

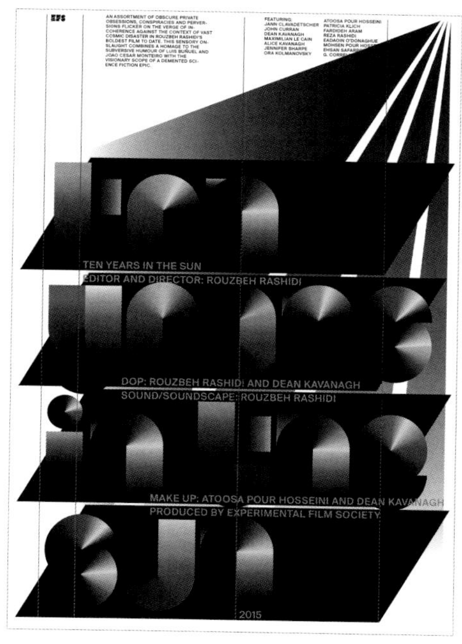

Phantom Islands
A Film by
Rouzbeh Rashidi
Daniel Fawcett
Clara Pais
Image, Sound and Edit:
Rouzbeh Rashidi
Assistant Director:
and Production Assistant
Jann Clavadetscher
Producers:
Conor Horgan
Maximilian Le Cain
Atoosa Pour Hosseini
Music:
Amanda Feery
Additional Music:
Cinema Cyanide
Color Grading:
Michael Higgins
Additional Sound:
Vicky Langan
Produced by
Experimental Film
Society
Funded by The Arts Council
of Ireland/ An Chomhairle Ealaíon
under the Reel Art scheme
2018/experimentalfilmsociety.com
filmbase

29 19 07 00 11
HELLO OPERATOR
Mohammad Nick Dell
Mahdi Safarali
Navid Salajegheh
Bahar Samadi
Jann Clavadetscher
Behzad Haki
Pouya Ahmadi
Kamyar Kordestani
Michael Higgins
Maximilian Le Cain
Rouzbeh Rashidi
Hamid Shams
THE FIRST
EXPERI-
MENTAL
FILM
SOCIETY
SCREEN-
ING
This programme,
curated and presented
by Rouzbeh Rashidi,
will feature works by all
twelve Experimental
Film Society members.
Several of the
filmmakers will also
be present.
EFS

THIS FILM IS DEDICATED TO JEAN - CLAUDE ROUSSEAU
zoetrope
A Film
ireland/
2011/ hd/
73 min
By :Rouzbeh
Rashidi
still
photo-
graphs :
reza
rashidi
camera,
edit and
sound
:
rouzbeh
rashidi
EFS
Pro-
duced
by :
Experi-
mental
Film
Society
titling
and
graphics
: pouya
ahmadi
featuring :
rashidi /
pour hosseini /
eslahy /
reza
rouzbeh
nasser
atoosa
mahasty
rashidi/
rashidi/

配色：

字体：Mercury、Interstate、Futwora、Suisse Int'l和Bluu Next

尺寸：610 mm × 915 mm

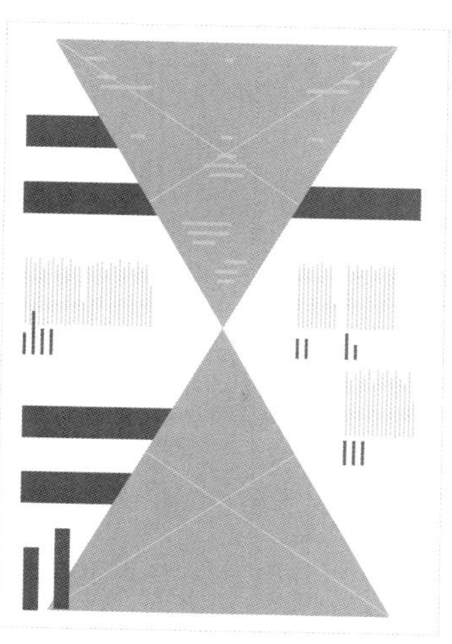

“就是这样”海报设计

设计：莱纳斯·洛霍夫（Linus Lohoff）

“就是这样”（It Is What It Is）是一个不断更新的海报系列。设计师通过含蓄地使用平面构成、配色、素材和光线来描绘概念性图片插画。莱纳斯抛弃所有语境意义，试着让元素自我表达，同时鼓励观者把所思所想投射在海报上。

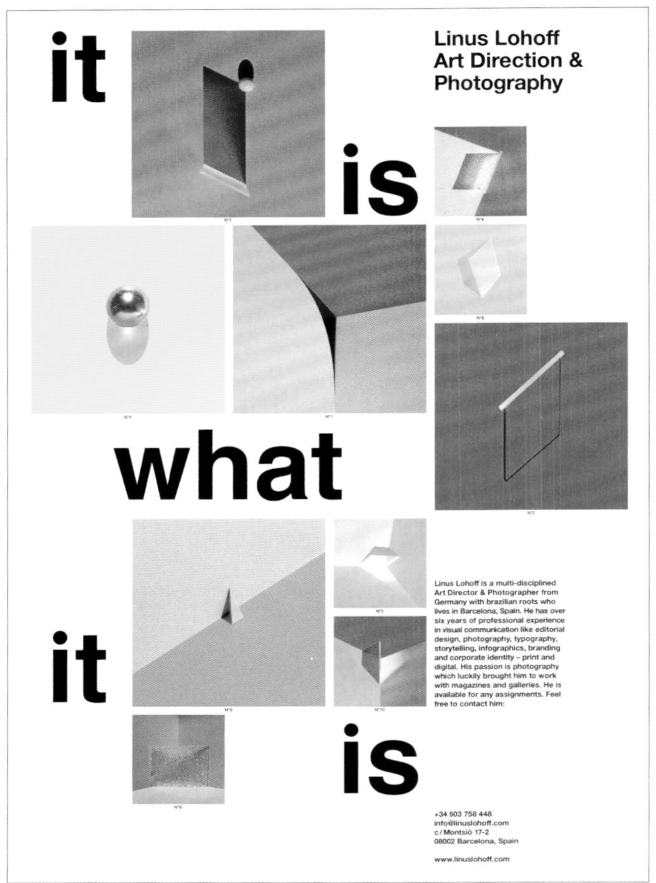

莱纳斯·洛霍夫访谈

· 艺术指导
· 摄影师

01. 请介绍一下您的背景。

我的父亲是一位摄影师，确切地说，是一位建筑摄影师。我常常玩他的相机和设备。这是我最早的“创作经验”。15岁时，我在一家照相馆当志愿者，在那儿学到一些打光和构图的经验。随着时间推移，我对平面设计的好奇心与日俱增，最终，我到德国杜塞尔多夫应用科学大学（the University of App lied Sciences in Duesseldorf）学习视觉传达。在校期间，我获得《INTRO》杂志的实习机会。《INTRO》是一本音乐杂志。我从这份实习中学到许多字体排印和版式设计的知识，开始将其视作一门顶级学科。后来，我出国到巴塞罗那高等设计学院（Escola Superior de Disseny，简称BAU）深造一年。在这一年里，我在一些时尚品牌和设计工作室当过修图师。目前，我在Vasava工作室担任艺术指导。

02. 字体排印在版式设计中非常重要，在为项目挑选合适字体时，您都有哪些考虑？

字体的选择通常取决于项目类型以及我想要表达的内容。是想要大胆的、含蓄的抑或现代的？想要花哨的还是平实的？这都取决于最终的设计手法。在〝就是这样〞海报项目中，我想创造一些非常中性的东西，让图像变成主角，夺人眼球。我选择了Helvetica字体，Helvetica的特点在于其笔画总是在x字高、水平轴或垂直轴线上终止，字形不算出众，但恰到好处。为了给字形一点曲线和独特性，我把字母〝i〞上的点做成了圆点。

03. 作为一名版式设计师，您是如何看待网格系统的？

网格是整合设计的结构。就像设计过程中的其他工具，它没有绝对的标准。我们应当把它当作一种灵活的工具。因此在必要的时候，应该对网格进行调整，若发现更奏效的设计方法，甚至可以舍弃它。话虽如此，我很喜欢使用网格，对我来说，它就是参照物，维持设计的秩序和层级。

04. 您如何定义优秀的版式设计？

对我来说，版式设计是视觉传达中的一门顶级学科（有些人可能不太同意）。您必须用字体排印、摄影、插画和平面设计等元素传达特定内容，同时保持整个版面的视觉协调感。您必须利用设计技巧创作出一个自成体系的产物，它具有力量和感染力。此外，版式设计不应止步于赏心悦目，还应给读者一种恍然大悟的体验。只有眼到、心到，才能窥得其精髓。总而言之，我没有资格评判什么是优秀的版式设计，因为从根本上说，这取决于个人品位和思想。但对我来说，我欣赏构思精妙的版式设计。博尔舍事务所设计的《时代周报》（*Zeit Magazin*）总令我感到惊叹。我觉得双封面的概念很好，它提供了多种叙事的可能性。

05. 您的设计方法是怎样的？

先从我的个人作品说起，我只是享受创作的过程罢了，别无他想。近来，我喜欢试验一些简单的平面构成、配色和纹理，把它们放进极简、抽象的艺术作品里。这可能是我痴迷于灯光和阴影的结果。我想，很重要的一点是可以天马行空，享受这个过程，感觉对了就停下来。

至于客户的项目，则取决于他们的提案给了我多大的自由。比起特定的框架，我更喜欢自己钻研主题，从不同角度分析它。但最后，我也可能会把所有研究通通扔掉，给出一个迥然不同的方案。创造性抑或视觉传达意味着您有完全的思想自由。世界上不存在一成不变的工作程序或设计方法。先理解客户，再制订设计计划，这无可厚非。但是，把每个项目视为独一无二的存在，更为重要。

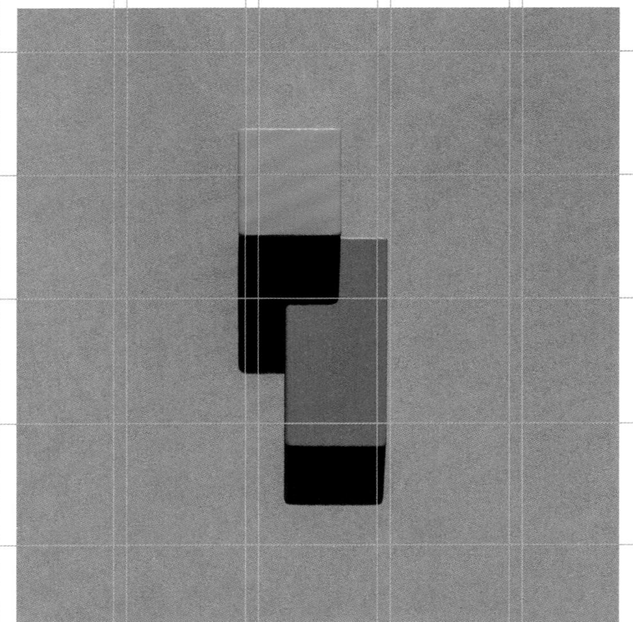
it is
what
it is
Nº13
Linus Lohoff
Art Direction &
Photography
Linus Lohoff is a multi-disciplined Art Director & Photographer from Germany with brazilian roots who lives in Barcelona, Spain. He has over six years of professional experience in visual communication like editorial design, photography, typography,
storytelling, infographics, branding and corporate identity – print and digital. His passion is photography which luckily brought him to work with magazines and galleries. He is available for any assignments. Feel free to contact him:
+34 603 758 448
info@linuslohoff.com
c/Montsiò 17-2
08002 Barcelona, Spain
www.linuslohoff.com

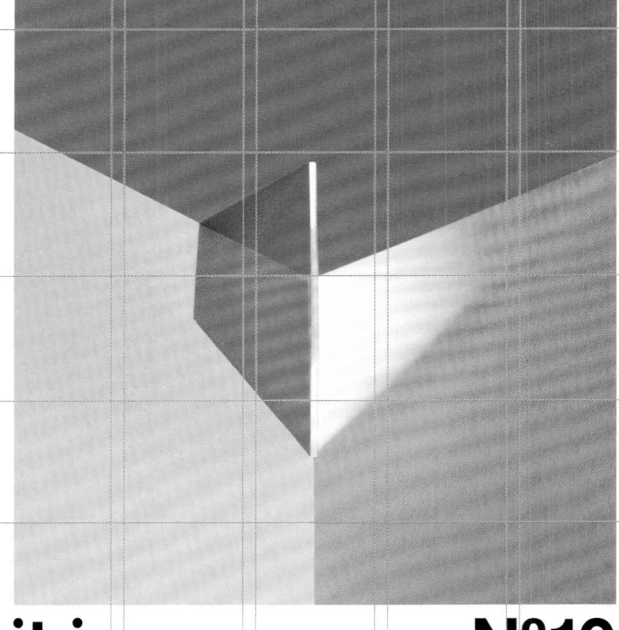
it is
what
it is
Nº10
Linus Lohoff
Art Direction &
Photography
Linus Lohoff is a multi-disciplined Art Director & Photographer from Germany with brazilian roots who lives in Barcelona, Spain. He has over six years of professional experience in visual communication like editorial design, photography, typography,
storytelling, infographics, branding and corporate identity – print and digital. His passion is photography which luckily brought him to work with magazines and galleries. He is available for any assignments. Feel free to contact him:
+34 603 758 448
info@linuslohoff.com
c/Montsiò 17-2
08002 Barcelona, Spain
www.linuslohoff.com

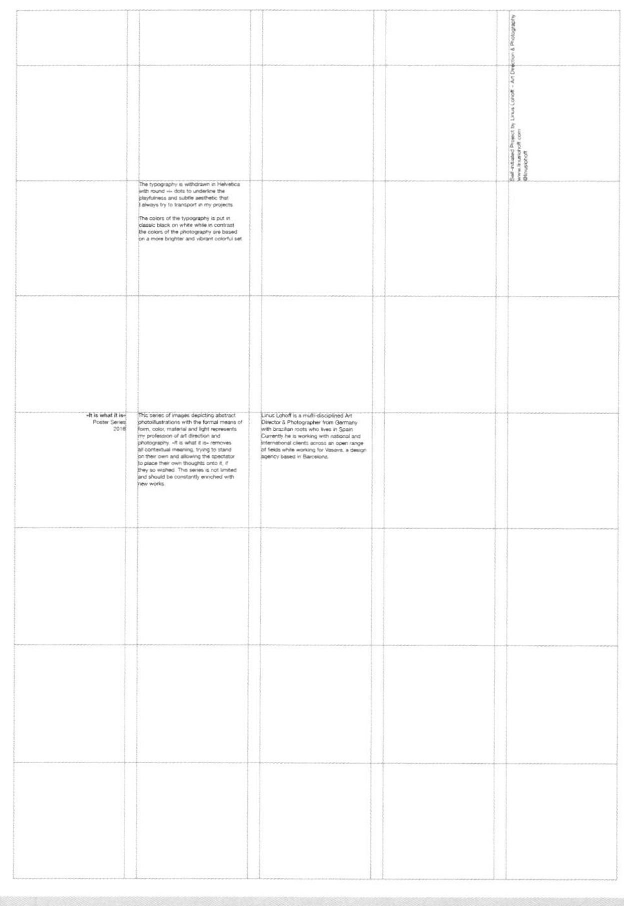
The typography is withdrawn in Helvetica with round »·« dots to underline the playfulness and subtle aesthetic that I always try to transport in my projects.
The colors of the typography is put in classic black on white while in contrast the colors of the photography are based on a more brighter and vibrant colorful set.
»It is what it is«
Poster Series
2016
This series of images depicting abstract photoillustrations with the formal means of form, color, material and light represents my profession of art direction and photography. »It is what it is« removes all contextual meaning, trying to stand on their own and allowing the spectator to place their own thoughts onto it, if they so wished. This series is not limited and should be constantly enriched with new works.
Linus Lohoff is a multi-disciplined Art Director & Photographer from Germany with brazilian roots who lives in Spain. Currently he is working with national and international clients across an open range of fields while working for Vasava, a design agency based in Barcelona.

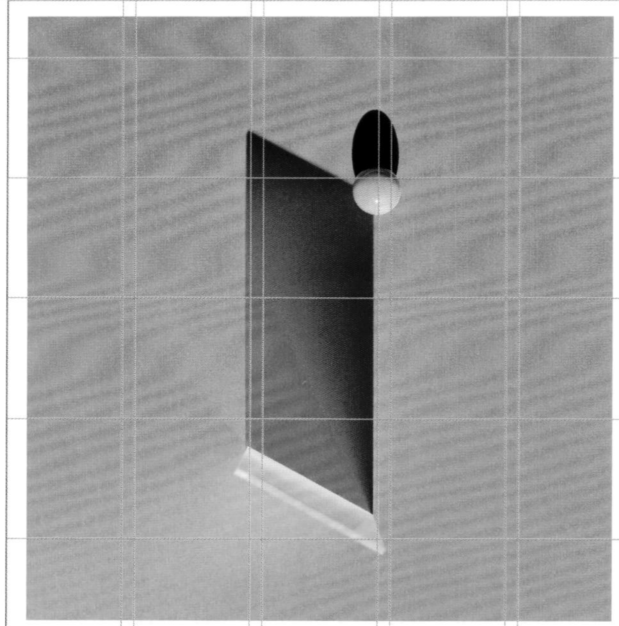
it is
what
it is
Nº7
Linus Lohoff
Art Direction &
Photography
Linus Lohoff is a multi-disciplined Art Director & Photographer from Germany with brazilian roots who lives in Barcelona, Spain. He has over six years of professional experience in visual communication like editorial design, photography, typography,
storytelling, infographics, branding and corporate identity – print and digital. His passion is photography which luckily brought him to work with magazines and galleries. He is available for any assignments. Feel free to contact him:
+34 603 758 448
info@linuslohoff.com
c/Montsiò 17-2
08002 Barcelona, Spain
www.linuslohoff.com

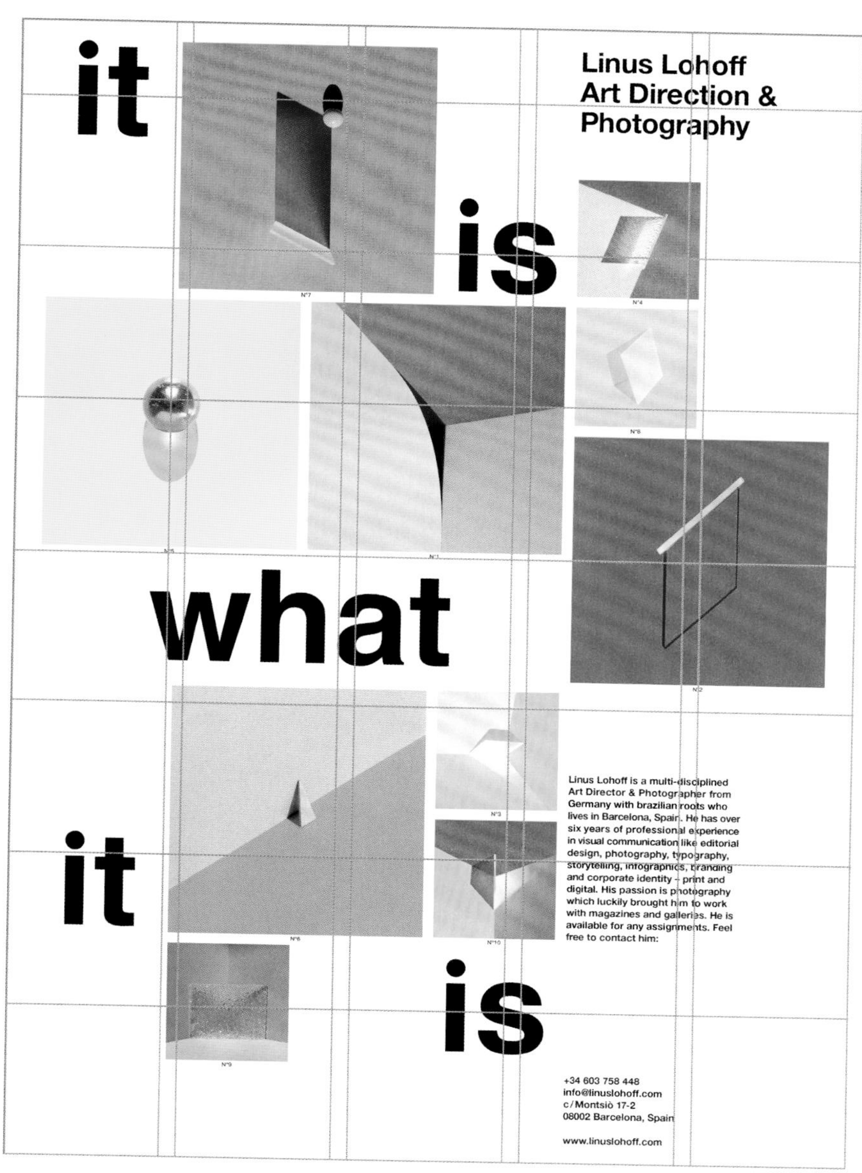

配色：■ □　　字体：Helvetica　　尺寸：297 mm × 420 mm

《384,400千米》

设计：**莱蒂西亚·奥廷，**
米格尔·阿诺尼莫（Miguel Anónimo）

莱蒂西亚·奥廷与米格尔·阿诺尼莫合作，为《384,400 千米》设计了一系列（11张）海报。《384,400 千米》是一份以NASA（National Aeronautics and Space Administration，简称NASA，美国国家航空航天局）在阿波罗11号（Apollo 11）太空旅行期间所拍摄的摄影作品为题材的爱好者杂志。阿波罗11号标志着人类首次登陆月球。这些海报的设计概念就是让各种元素（字体、图像和数据等）在页面上悬浮，模拟人在太空中的失重感。

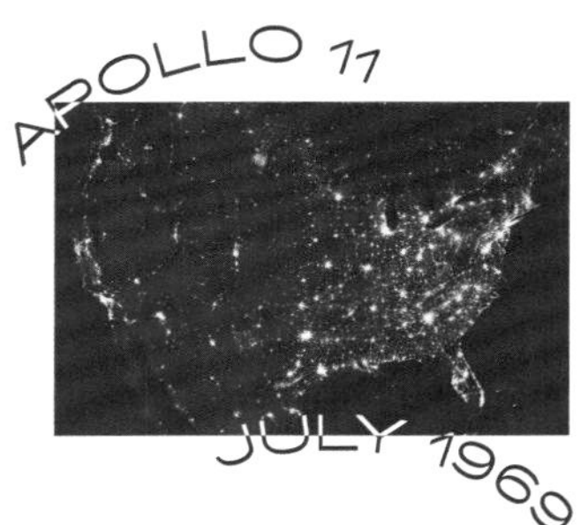

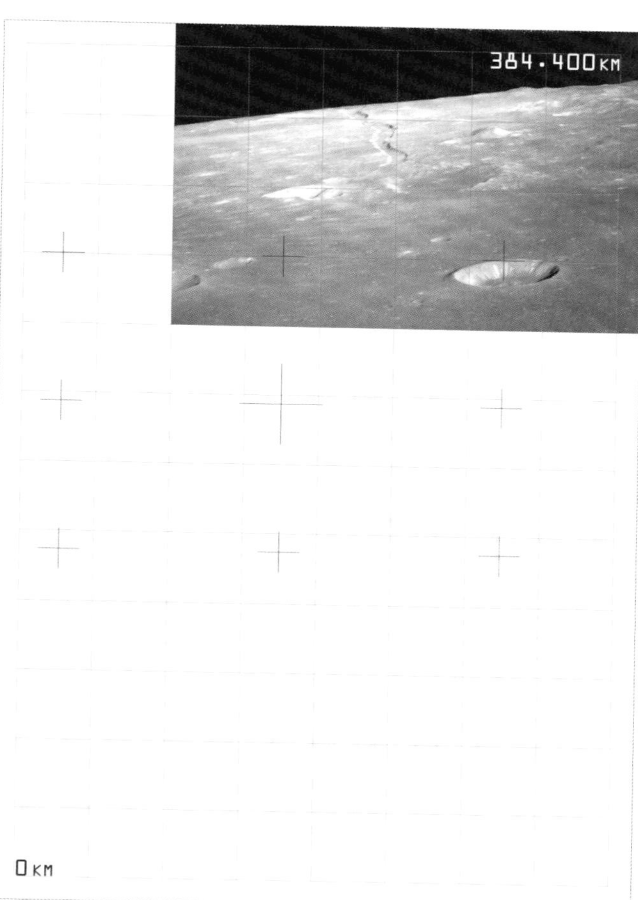

配色：■ □　　字体：Ace Lim和OCR-A　　尺寸：210 mm × 297 mm (A4)

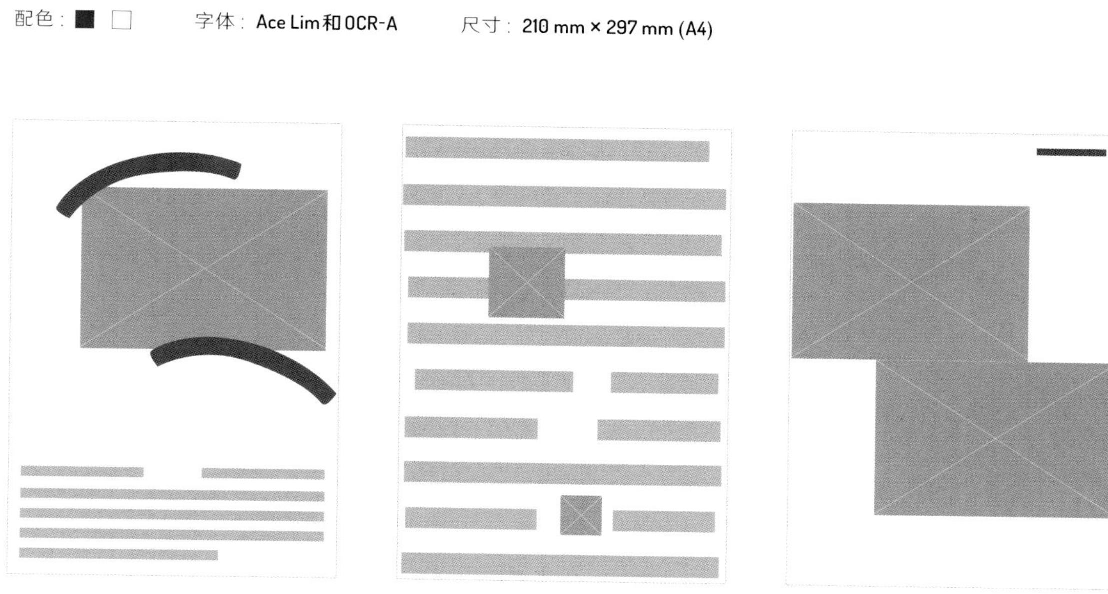

这个系列海报的版面设计是基于8栏12行的网格系统。莱蒂西亚和米格尔选择了两款字体：Ace Lim和OCR-A。Ace Lim是一款粗扁字体；OCR-A字体有一种严谨、科学的风格，适合用在海报的那些数据上。

新浪潮 2018：海报设计

设计工作室：M.Giesser
艺术指导：**玛莎·戈勒玛克（Marsha Golemac）**
摄影：**摩根·希金博特姆（Morgan Hickinbotham）**
客户：**新浪潮（Next Wave）**

“新浪潮”（Next Wave）是澳大利亚最具包容性的艺术平台，旨在鼓舞新生代艺术家进行创意试验。“新浪潮”不仅推出一些史无前例的学习项目，还策划了一个两年一度的节日，以反映其对维护社会文化多样性、环境可持续性和种族融合的宗旨。整个品牌视觉形象包括小册子、海报和其他印刷物料的设计，以下是海报设计部分。

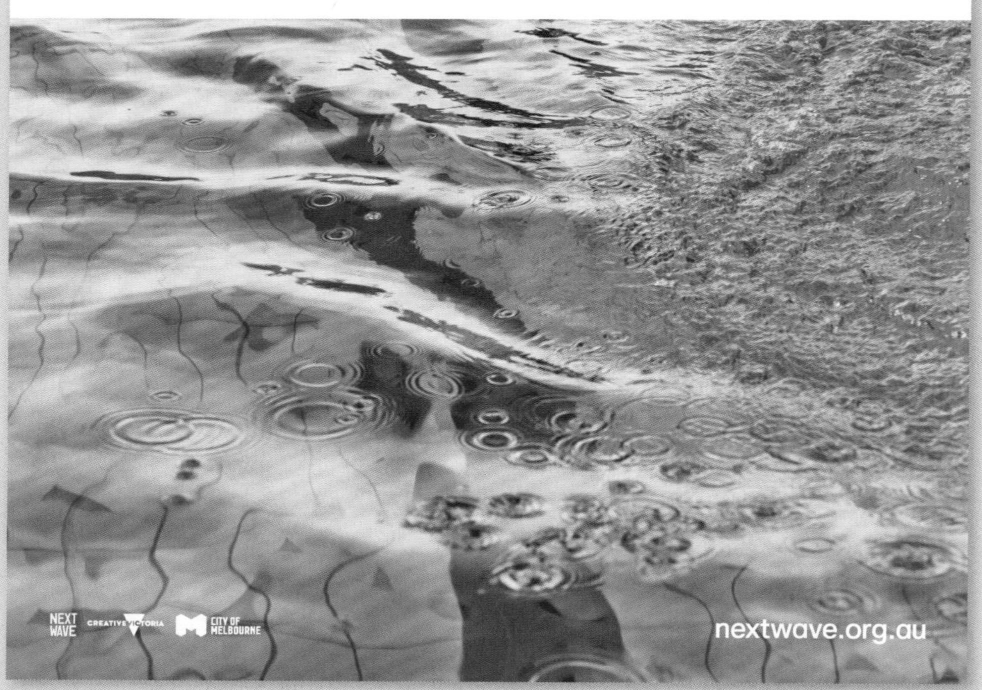

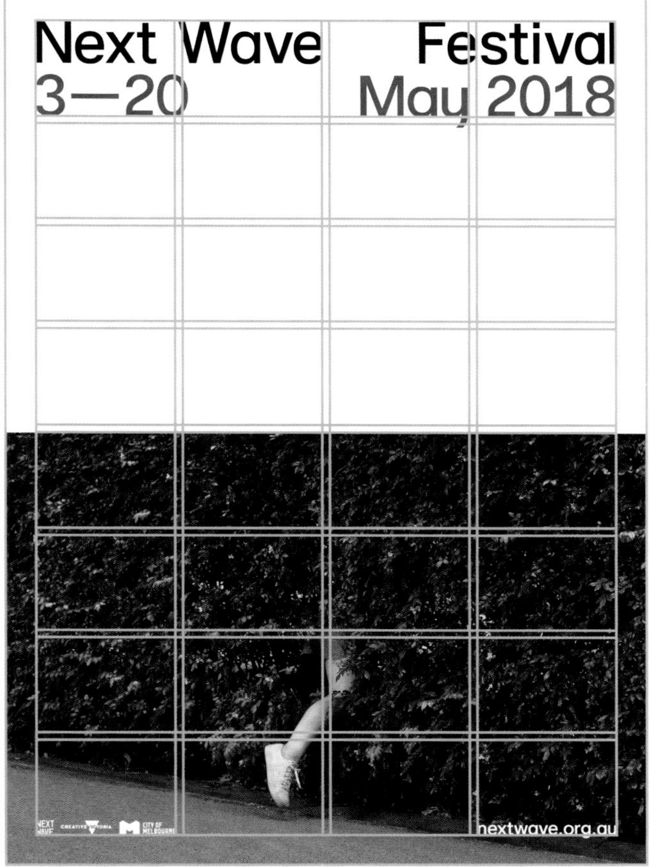

配色：■ □ ■　　字体：Oracle　　尺寸：196 mm × 270 mm

M.Giesser把版面布局一分为二，基于4栏8行的网格系统。整个视觉被转化成两个风格迥异的对立部分，形成戏剧效果和张力，令观者能从中获得安宁、空旷的感觉。

康斯坦丁·布朗库西

设计：**布兰多·科拉迪尼（Brando Corradini）**

布兰多设计了一系列（6张）海报，致敬人类史上伟大的雕塑家——罗马尼亚雕塑家康斯坦丁·布朗库西（Constantin Brâncuși）。布兰多惊叹于布朗库西的作品，尤其佩服其创意思想。在布兰多看来，一个艺术家不应是雕塑、绘画、诗歌或音乐等特定艺术形式的“囚徒”，而应该是具有献身精神、忠诚精神、艺术思想的“传道者”。他敬佩这位伟大的艺术家，为其谦卑、质朴和智慧所折服。康斯坦丁·布朗库西曾说过：“我不相信创作会给人带来痛苦。艺术的目的是创造快乐。艺术家只有在安宁、平静的心态中完成的作品才能称其为艺术作品。”

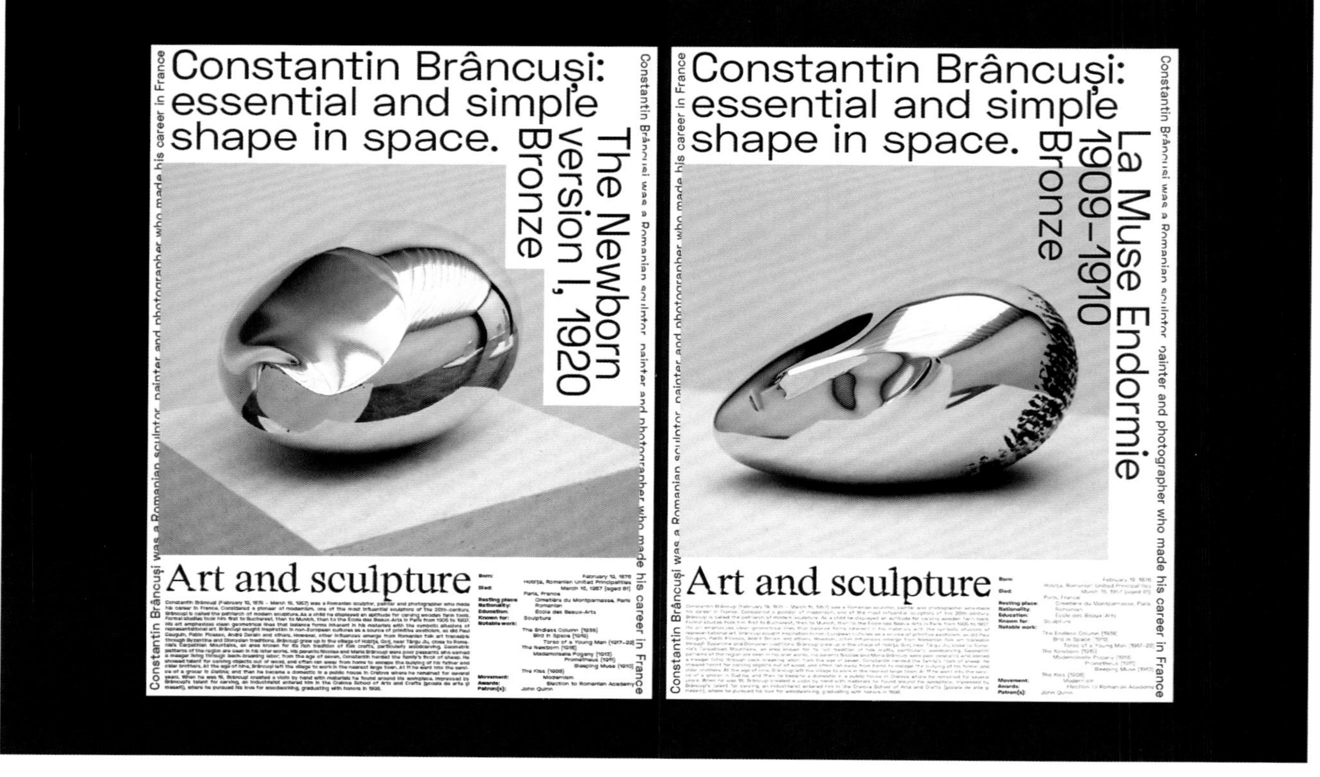

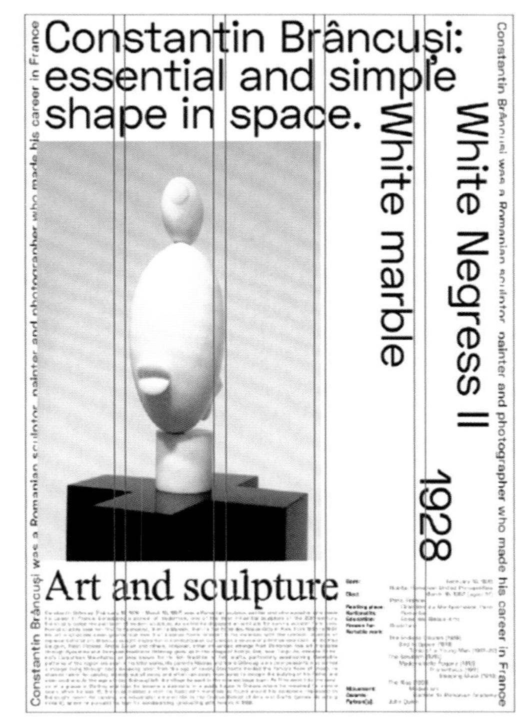

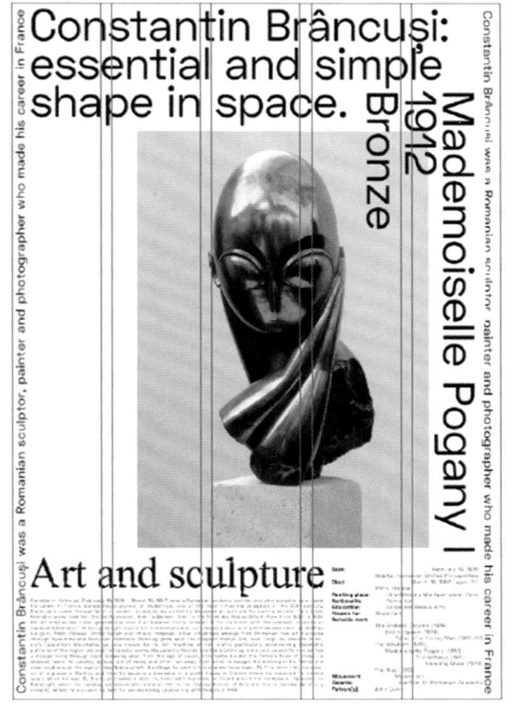

配色：■ □　　字体：Space Text和Stanley Smith　　尺寸：297 mm × 420 mm (A3)

这个系列海报的版面设计是基于5栏的网格系统。使用的两款字体分别是Florian Karsten设计的Space Text和Studio Address与Colophon共同设计的Stanley Smith。布兰多认为，字体的选择必须符合信息的语义内容和内涵。当一个句子读起来就像一个人在大声呐喊时，字体就必须把这种心情传达出来；相反，处理微妙而冷静的信息时，设计师应该使用瘦长而优雅的字体。

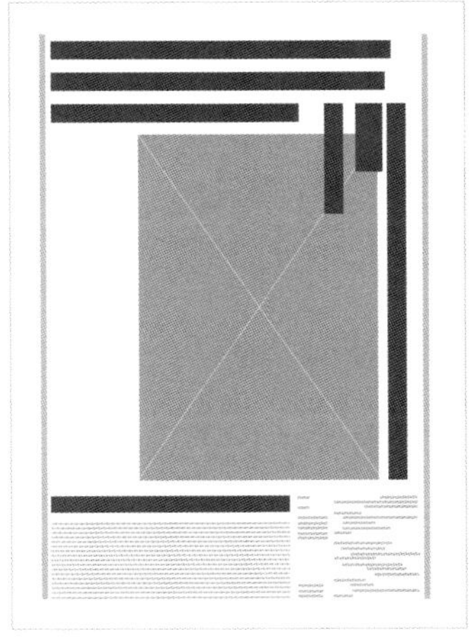

图德尔芭蕾教室

设计工作室：**Due设计所（Due Collective）**
设计：**阿莱西奥·蓬珀德拉（Alessio Pompadura），马西米利亚诺·维蒂（Massimiliano Vitti）**

Due设计所受委托为图德尔芭蕾教室（Tuder Ballet Studio）的2017至2018学年创作一系列推广海报。他们使用了一个自由的网格系统进行设计，让信息的呈现如芭蕾舞一般，表现出流动感。页边距设置为15毫米。为了突出现代感，他们选择了Swiss Typefaces公司设计的两款字体：Suisse Int'l(常规体)，Suisse Works(常规体)。

ANNO
ACCADEMICO
2017/18
DIREZIONE
ARTISTICA
MAIDA
MAZZUOLI
CORSI
Primi passi (da 4 a 6 anni)
Avvio alla danza (da 6 a 8 anni)
Pre accademici (da 8 a 10 anni)
Corsi accademici di danza classica
Modern
Danza contemporanea
Street dance
Danza amatoriale per adulti
→ prove gratuite dal 18.09 al 30.09
ISCRIZIONI
Circolo Culturale Sportivo / CSD Giovanili Todi
Ponterio di Todi – PG
info: 349 8225479 facebook: tuder ballet studio
TUDER BALLET STUDIO

配色：■ □　　字体：Suisse Int'l和Suisse Works　　尺寸：500 mm × 700 mm

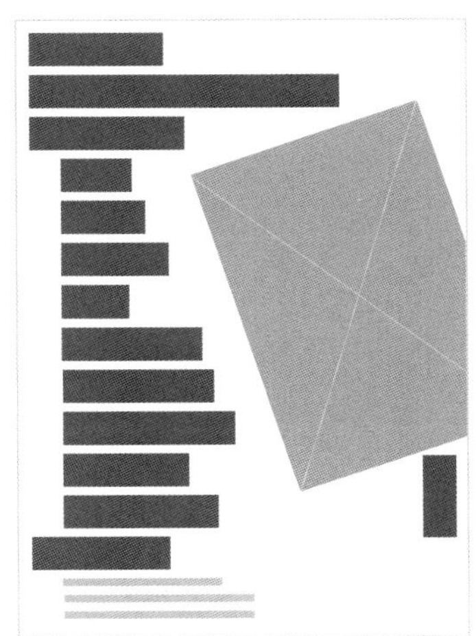

046

巴伐利亚广播交响乐团2018~2019年海报设计

设计工作室：**博尔舍事务所**
客户：**巴伐利亚广播交响乐团**
(Bavarian Radio Symphony Orchestra)

巴伐利亚广播交响乐团（简称BRSO）蜚声国际，每年，他们从总部慕尼黑出发，到世界各地巡回演出。自2010年起，BRSO成为博尔舍事务所的长期客户。乐团的视觉形象系统以黑白为基调，其灵感来自乐团的舞台风姿——管弦乐队的黑白礼服着装。为了进一步呈现乐团的核心价值，博尔舍事务所为其设计了一款定制字体，结合衬线体和哥特无衬线体，就像乐团演奏的协奏曲和变奏曲一样。这种大胆而极简的设计应用在乐团的印刷物料、商品和数字媒体中。

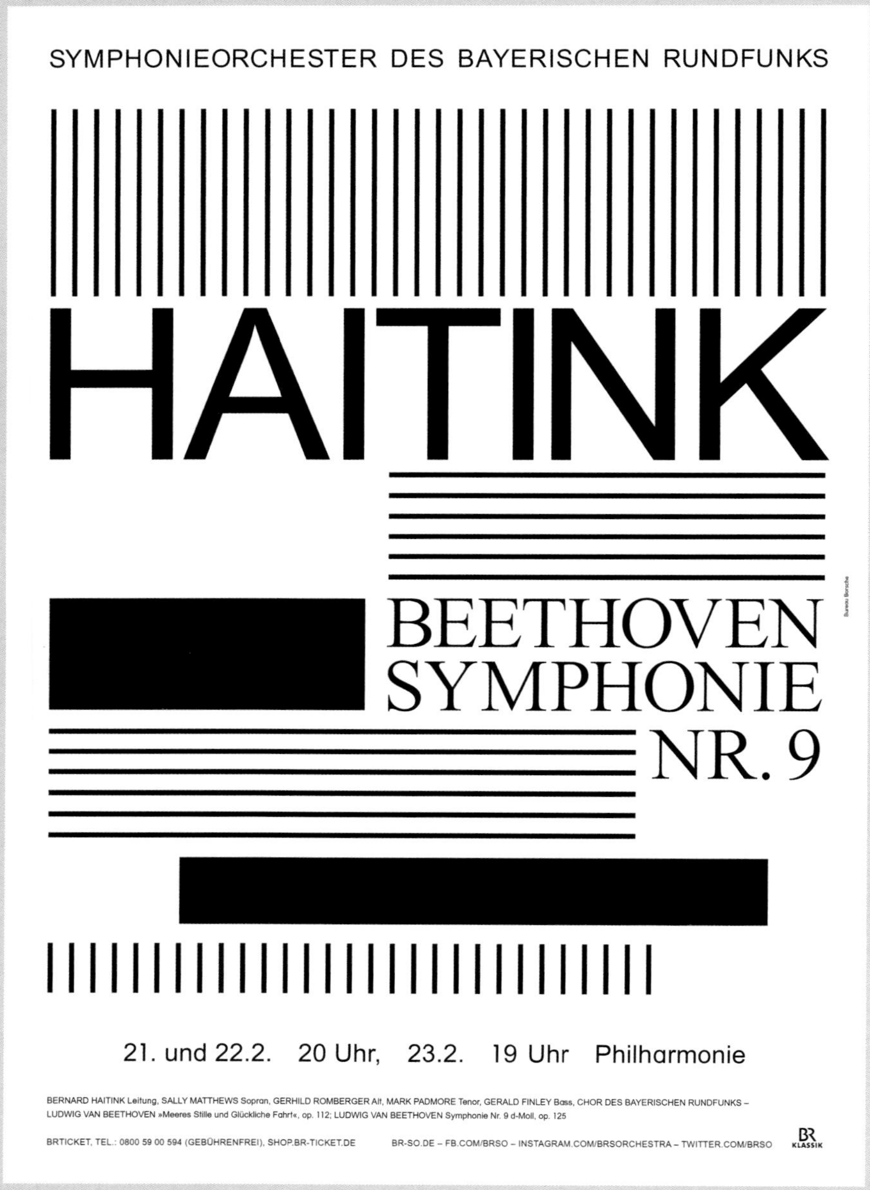

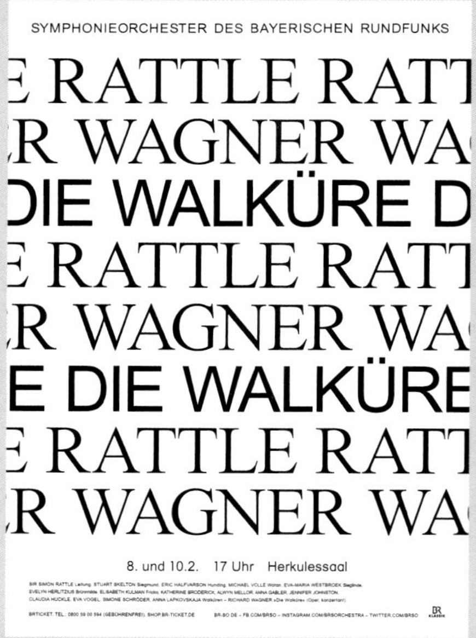

SYMPHONIEORCHESTER DES BAYERISCHEN RUNDFUNKS
HAITINK
BEETHOVEN
SYMPHONIE
NR. 9
21. und 22.2. 20 Uhr, 23.2. 19 Uhr Philharmonie
BERNARD HAITINK Leitung, SALLY MATTHEWS Sopran, GERHILD ROMBERGER Alt, MARK PADMORE Tenor, GERALD FINLEY Bass, CHOR DES BAYERISCHEN RUNDFUNKS – LUDWIG VAN BEETHOVEN »Meeres Stille und Glückliche Fahrt«, op. 112; LUDWIG VAN BEETHOVEN Symphonie Nr. 9 d-Moll, op. 125
BRTICKET, TEL.: 0800 59 00 594 (GEBÜHRENFREI), SHOP.BR-TICKET.DE
BR-SO.DE – FB.COM/BRSO – INSTAGRAM.COM/BRSORCHESTRA – TWITTER.COM/BRSO
BR KLASSIK

SYMPHONIEORCHESTER DES BAYERISCHEN RUNDFUNKS
6.7. 20 Uhr Max-Joseph-Saal
7.7 18 Uhr Evangelische Akademie Tutzing
MARINA VIOTTI Mezzosopran, NATALIE SCHWAABE Altflöte, KLAUS-PETER WERANI Viola, JÜRGEN RUCK Gitarre, CHRISTIAN PILZ und MARKUS STECKELER Schlagzeug, JOSEPH BASTIAN Leitung (Boulez)
STEVE REICH »Clapping Music«; TŌRU TAKEMITSU »Towards the Sea« für Altflöte und Gitarre; LUCIANO BERIO »Naturale« für Viola, Schlagzeug und Tonband; PIERRE BOULEZ »Le marteau sans maître« für Gesang und sechs Instrumente
BRticket, Tel.: 0800 59 00 594 (gebührenfrei), br-klassikticket.de
BR KLASSIK

SYMPHONIEORCHESTER DES BAYERISCHEN RUNDFUNKS
RATTLE RAT
WAGNER WA
DIE WALKÜRE
RATTLE RAT
WAGNER WA
DIE WALKÜRE
RATTLE RAT
WAGNER WA
8. und 10.2. 17 Uhr Herkulessaal
BRTICKET, TEL.: 0800 59 00 594 (GEBÜHRENFREI), SHOP.BR-TICKET.DE
BR-SO.DE – FB.COM/BRSO – INSTAGRAM.COM/BRSORCHESTRA – TWITTER.COM/BRSO
BR KLASSIK

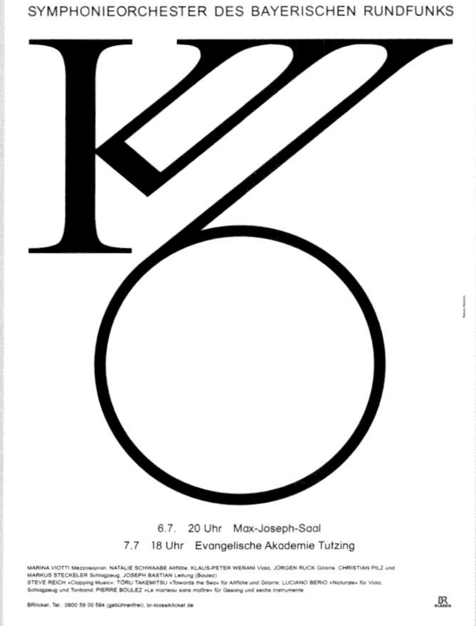

SYMPHONIEORCHESTER DES BAYERISCHEN RUNDFUNKS

RATTLE RATT
R WAGNER WA
DIE WALKÜRE D
RATTLE RATT
R WAGNER WA
E DIE WALKÜRE
RATTLE RATT
R WAGNER WA

8. und 10.2. 17 Uhr Herkulessaal

SIR SIMON RATTLE Leitung, STUART SKELTON Siegmund, ERIC HALFVARSON Hunding, MICHAEL VOLLE Wotan, EVA-MARIA WESTBROEK Sieglinde, EVELYN HERLITZIUS Brünnhilde, ELISABETH KULMAN Fricke, KATHERINE BRODERICK, ALWYN MELLOR, ANNA GABLER, JENNIFER JOHNSTON, CLAUDIA HUCKLE, EVA VOGEL, SIMONE SCHRÖDER, ANNA LAPKOVSKAJA Walküren – RICHARD WAGNER »Die Walküre« (Oper, konzertant)

BRTICKET, TEL.: 0800 59 00 594 (GEBÜHRENFREI), SHOP.BR-TICKET.DE BR-SO.DE – FB.COM/BRSO – INSTAGRAM.COM/BRSORCHESTRA – TWITTER.COM/BRSO

BR KLASSIK

配色：■ □　　字体：BR Ariala和JHA Times Now　　尺寸：594 mm × 841 mm (A1)

字体排印海报系列

设计：**法提赫·哈达尔（Fatih Hardal）**

作为一个字体排印和字体爱好者，法提赫坚持认为，字体排印是平面设计中最重要的工具，设计师通过巧妙地使用字体，能够增强设计效果，形成清晰的层级。法提赫为了培养自己的眼光和审美，坚持每天设计一张字体排印海报。

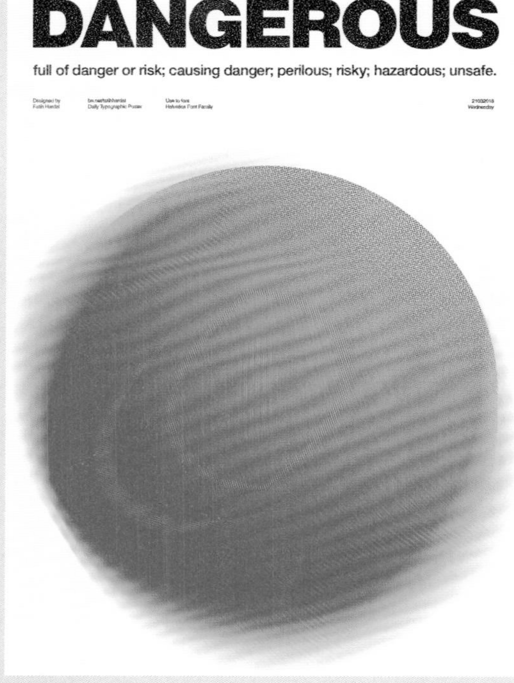

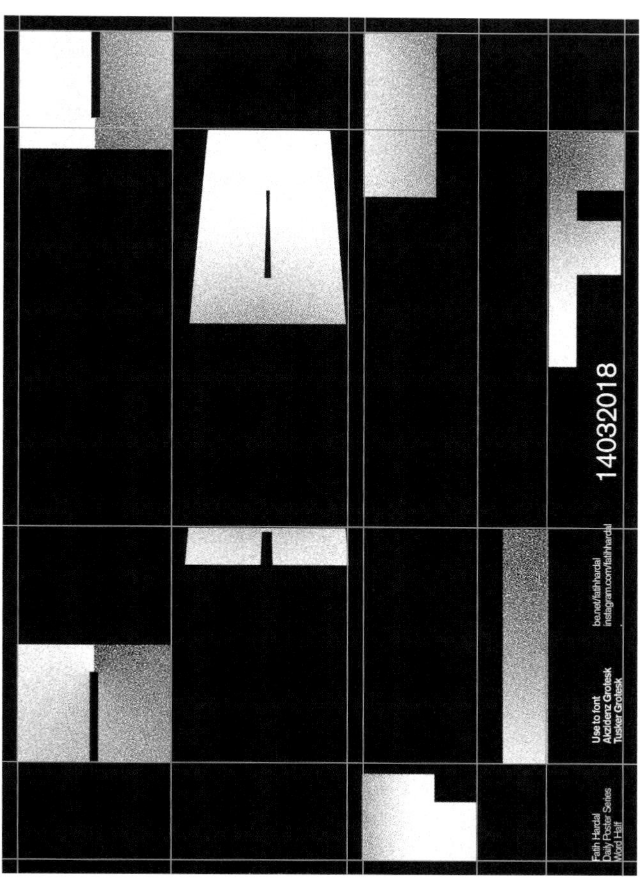

配色：■ □ ▦　　字体：Tusker Grotesk和Helvetica　　尺寸：500 mm × 700 mm

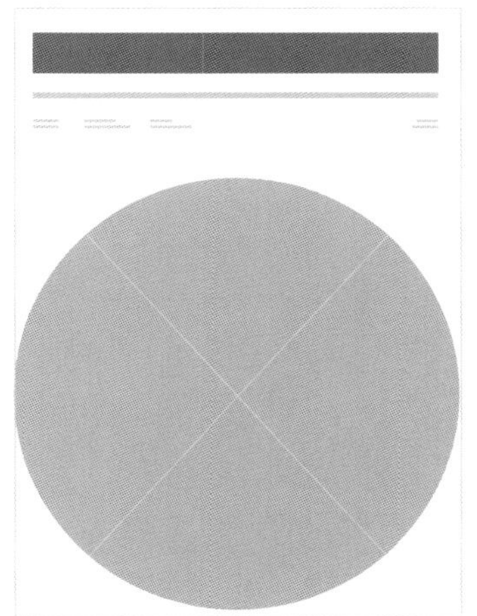

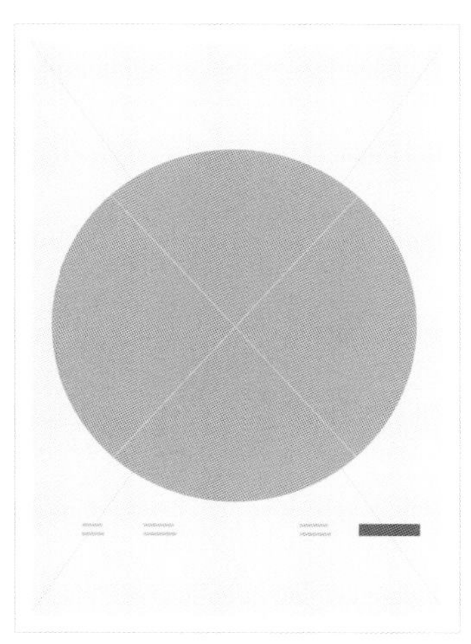

法提赫经常从旧项目中挑选字体。有时，当他找不到合适的字体时，他甚至会自己设计字体。这个系列海报的版面设计是多数基于4栏5行的网格系统。

048 “社区年鉴”个人出版海报

设计工作室：**Muttnik**

Muttnik为举办于佛罗伦萨L’Appartamento社区的“版式图形设计”课程制作了一系列海报。这些海报旨在探索构图的可能性，以及文本和图像在版面上的布局。

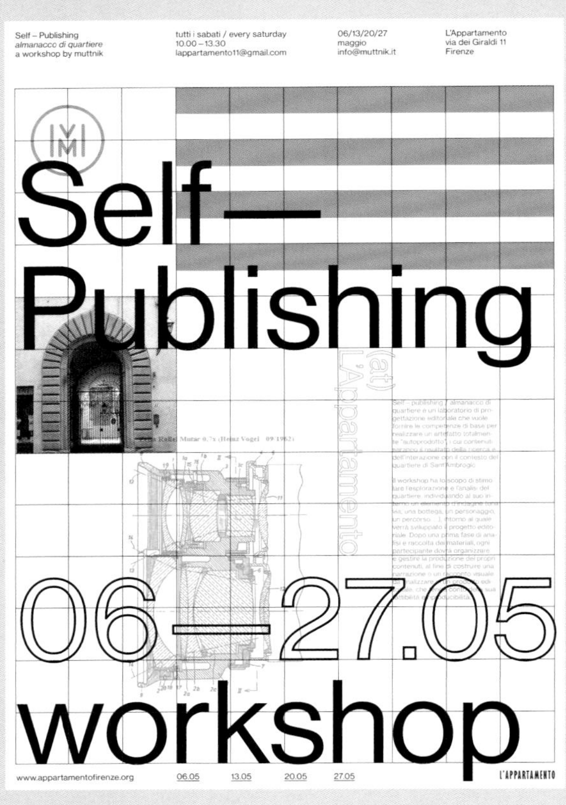

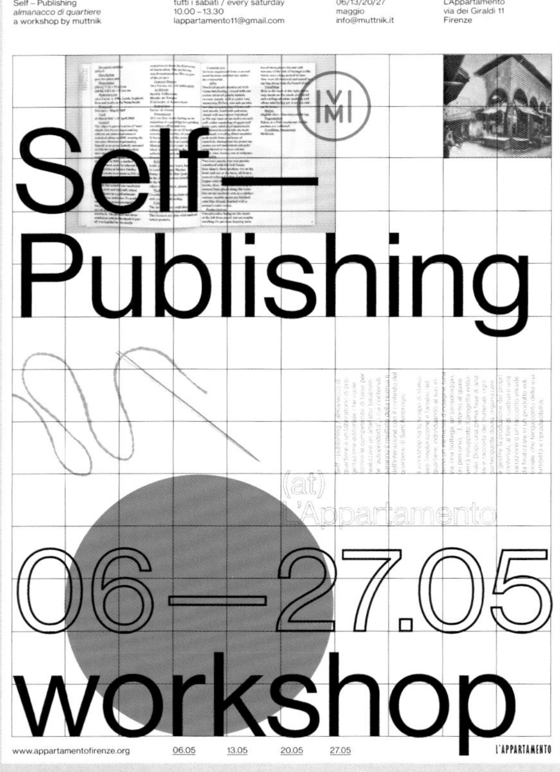

配色：

字体：Neue Haas Grotesk

尺寸：210 mm × 297 mm (A4)

在每张海报上，Muttnik都注重字体的选择，探索不同字体在不同语境下的应用。他们有一份清单，记录着自己喜欢的字体公司，并据此密切追踪这些字体公司推出的每一款新字体。这个系列海报的版面设计基于10栏14行的网格系统。

NOW

设计工作室：My Name is Wendy
设计：卡罗尔·戈蒂埃（Carole Gautier），
欧金尼娅·法夫尔（Eugénie Favre）

这一系列海报是My Name is Wendy的个人项目，除此之外，他们还设计了同名的动态设计。

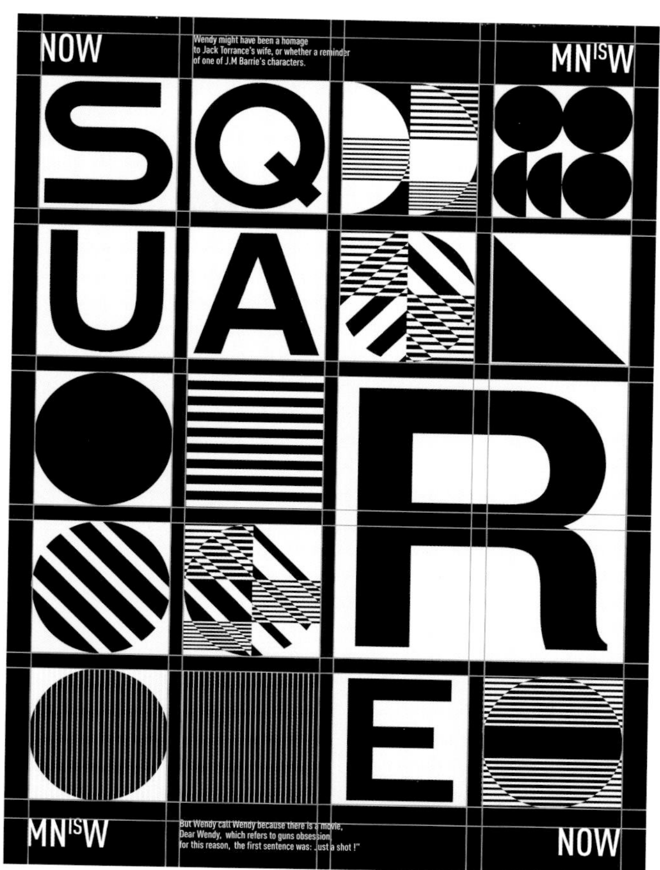

配色：

字体：DIN

尺寸：840 mm × 1186 mm (A0), 594 mm × 841 mm (A1)

剧院字体排印海报

设计：**埃尔苏·吉尔玛诺娃（Alsu Gilmanova）**

埃尔苏为莫斯科斯坦尼斯拉夫斯基电剧院（Stanislavsky Electrotheatre）创作了一系列（3张）海报。斯坦尼斯拉夫斯基电剧院建立于1915年，当时被称为“艺术电剧院”（Ars Electrotheatre，当时俄语中称电影院作“Electrotheatre”）。后来，它更名为“康斯坦丁·斯坦尼斯拉夫斯基歌剧及戏剧工作室”（Konstantin Stanislavsky's opera and drama studio），不久之后，又易名为“斯坦尼斯拉夫斯基戏剧院”（the Stanislavsky Drama Theatre）。因此，现今的斯坦尼斯拉夫斯基电剧院继承了它历史中的三个身份的象征性遗产——电影院、歌剧工作室和戏剧院。

配色：■ □　　字体：Helvetica Neue Cyrillic　　尺寸：700 mm × 1000 mm

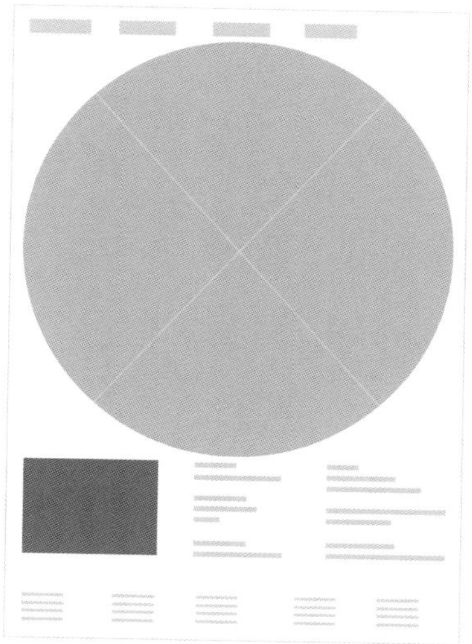

在这些海报中，埃尔苏没有使用特定的网格系统。她想借用大胆的字体和平面构成，让观者更加关注信息的内容。

OTHER FORMAT

其他纸质印刷品

小册子

目录

年度报告

报纸

新浪潮2018：小册子

设计工作室：M. Giesser
艺术指导：玛莎·戈勒玛克
摄影：摩根·希金博特姆
客户：新浪潮（Next Wave）

新浪潮是澳大利亚最具包容性的艺术平台，旨在鼓舞新生代艺术家进行创意试验。新浪潮不仅推出一些史无前例的学习项目，还策划了一个两年一度的节日，以反映其对维护社会文化多样性、环境可持续性和种族融合的宗旨。整个品牌视觉形象包括小册子、海报和其他印刷物料的设计。

M. Giesser 访谈

由M. Giesser创立

01. 请介绍下您的背景。

我在1998年完成学业，之后到过多伦多、阿姆斯特丹和墨尔本，在不同的设计工作室待过。一直以来，我对写作情有独钟。中学时，我开始用传统的方法，如裁剪、拼贴、影印，自己制作杂志。后来，有一位老师问我是否对电脑排版课程感兴趣。那时我还不知道什么是电脑排版，但我觉得以更易操作、更省时的方式编辑文字和照片，这个想法很妙。我第一天上课就被深深吸引了。从那时起，我开始全身心投入到品牌视觉形象和出版项目中，偶尔也会关注数字设计。

2015年，我决定离开工作室圈子，开始独立的设计生涯。从此，我在合作的客户面前拥有了更多话语权。过去，我与大型企业的客户合作甚密。如今，我的客户多半是中小型企业、组织和机构。这使我能够直接与决策者打交道。而且大多数时候，这个人就是老板。

02. 字体排印在版式设计中非常重要，在为项目挑选合适字体时，您都有哪些考虑？请以新浪潮项目为例。

一般来说，我会先挑出可能适用于这个项目的6到8种字体。接着，我让文字与我对话。通常，我会挖掘一款字体和项目之间独特的内在关系。我常常发现，一些字体的名称与我手上的项目之间存在某种奇妙的联系，这让我无意识地选择了这款字体。比如，在新浪潮项目中，我最初的想法是，透过水晶球的透镜，使字体产生一系列变形。而我最终选中的字体刚好名为"Oracle"（意为神谕）。该款字体由Dinamo Typefaces公司设计。另一个例子是维多利亚州立图书馆（State Library of Victoria）的品牌视觉形象重塑项目。在这个项目中，我选择了由Colophon公司设计的Reader（意为读者）字体。这完全是巧合，项目进行了好几个月后，我才如梦初醒。

03. 您喜欢使用网格系统吗？您认为网格系统在版式设计中扮演着什么样的角色？

诚然，网格决定我的成败。即使是规模很小的、紧急的一次性设计项目，我都必须从网格系统入手。它加快了信息排布的过程。网格系统确立了，就是一个好的开头。然后，您可以尽情地改动它。如果做得好，网格系统会抹去设计的痕迹，使读者更快地吸收内容。设计师通过建立网格系统，提高信息传达的清晰度。

04. 请分享下您的设计过程。

这听起来像陈词滥调，但却很有道理——必须从内容本身开始。项目类型、需求、图像素材、写作风格、目标读者、品牌、预算、页数……这些都会影响你的设计。如果客户没有要求，全权交给设计师，恐怕我花一辈子的时间也完成不了这个设计。

05. 您如何定义优秀的版式设计？

从根本上说，它必须有助于传达故事或想法本身。

06. 您认为设计师在版式的图文组合上，应该注意哪些东西？

这因人而异。但在我看来，文本和图像之间必须有清晰的间隔和区别。而同时，两者必须互相支撑、映衬，但如果互动过于频繁，整个设计就接近于插画了。在设计中，可以赋予文本和图像一定的互动，从而建立内容的层级关系，让内容得以区分和过渡；但这种互动必须是谨慎的、适度的。确切地说，是不要使这两种元素互相干扰，设计应该是让读者能够独立地解析文本和图像。如果一本出版物以图像为主，则图像应为主角，文本为配角。反过来，图像虽然可以用来解释复杂的文本，但如果它破坏了文本的连贯性，它也可能妨碍读者理解。

07. 有人说，印刷品日渐式微，作为一个版式设计师，您如何回应这种声音？

这话没错，但也不全对。我认为，在品牌识别系统领域，印刷产业确实每况愈下。每个公司都会印制一些商业名片，但对于大多数中小型企业来说，商业名片可能是它们唯一需要的印刷物料了。其他一切都已数字化，因此，我最主要的工作也变成：设计优秀的电子版式模板。

而说到纸质读物，我认为，现在纸质读物可能比过去20年的任何时候都要流行。杂志行业经历过兴衰浮沉，但在我看来，它看起来还是相当繁荣的。出版物和其他纸质读物大多是情怀的产物。没有人想靠做书或杂志发财，因此，这个行业更讲究的是热情、奉献以及坚持。如果一本书的想法够好、够独特，总会有读者愿意买单。哪怕这个想法很微不足道，题材多么小众或者晦涩，每个读者翻阅的时候，都会有所触动。

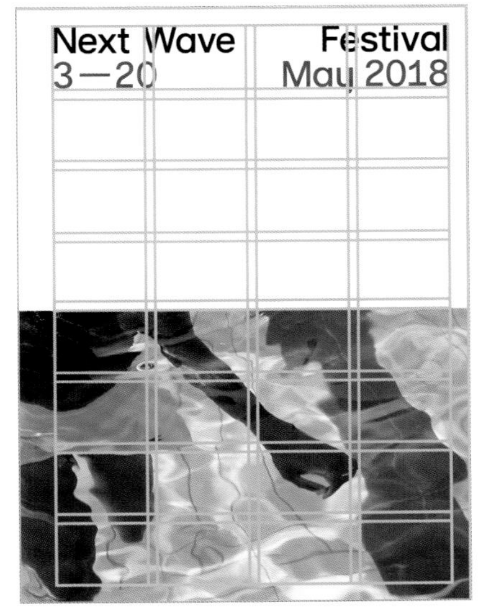

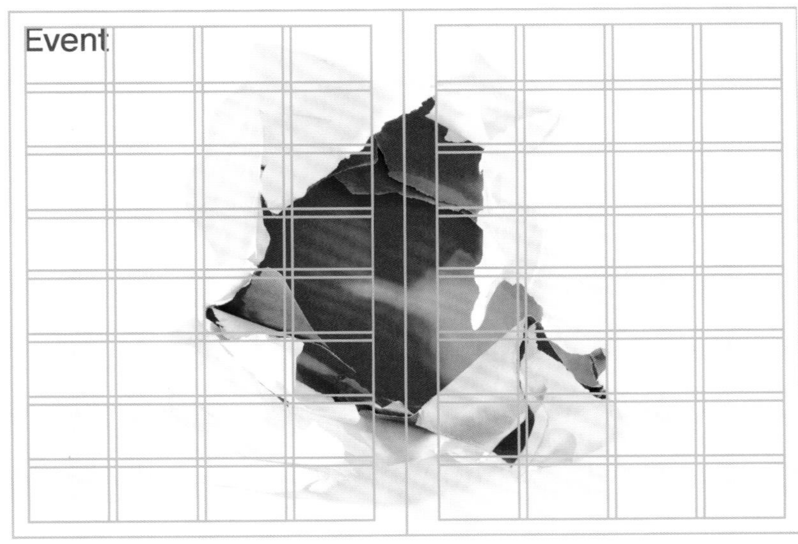

Event Planner

Event	Artist/Company	Venue	Pg
Performance			
SEER	House of Vnholy	Darebin Arts Centre	13
Crunch Time	Nathan Sibthorpe	Darebin Arts Centre	12
Estrogenesis	Embittered Swish	Brunswick Mechanics Institute	14
salt.	Selina Thompson	Arts House	18
Baby Cake	Yuhui Ng-Rodriguez & Kerensa Diball	Northcote Town Hall	16
Lady Example	Slown, Smallened & Son	The Substation	19
Lifestyle of the Richard & Family	Harriet Gillies	Meat Market	15
Exhale	Black Birds	Arts House	17
Bureau of Meteroanxiety	Alex Tate & Olivia Tartaglia	Dirty Dozen & Blindside	20
Jupiter Orbiting	Joshua Pether	Northcote Town Hall	21
Canine Choreography	Danielle Reynolds	Testing Grounds	22
mi:wi	Taree Sansbury	Northcote Town Hall	25
Apokalypsis	Zachary Pidd & Charles Purcell	The Substation	23
Future City Inflatable	Ellen Davies & Alice Heyward	Abbotsford Convent	24
Shimmer of the Numinous	Harrison Ritchie-Jones	Brunswick Mechanics Institute	26
intestine in my eye	Rosie Isaac	Supreme Court Library Precinct	27
Exhibition			
Bloodlines	Sancintya Mohini Simpson	Blak Dot (Inside)	30
Daydreamer Wolf	Elyas Alavi	Abbotsford Convent	31
Daydreamer Wolf	Elyas Alavi	Chapter House Lane	31
Not Good Place	Josh Muir & Adam Ridgeway	Testing Grounds	32
Not Good Place	Josh Muir & Adam Ridgeway	Blak Dot (Outside)	32
tracing transcendence	Shireen Taweel	The Substation	33
Deep Water Dream Girl	Athena Thebus	Testing Grounds	34
On The Border of Things	James Nguyen & Nguyen Cong Ai	Various/Roving	35
Wayfind	Amelia Winata	Emely Baker Building, Edinburgh Gardens	36
M/other Land	Roberta Rich	Arts House	37
I am a...	Luke Duncan King	Bus Projects	38
Great Movements of Feeling	Zara Sigglekow	Gertrude Contemporary	39
Event			
Welcome to Country		Blak Dot	—
Opening Night Party		Brunswick Mechanics Institute	42
Ritual	Various Artists	Various/Roving	8
Endless Romantica	Field Theory	Brunswick Mechanics Institute	44
PRECOG	Makeda & Sezzo Snot	The Tote Hotel	45
Wild Tongue Vol. 2	Azja Kulpińska & Timmah Ball	Boyd Community Hub	46
SANKOFA the love vibration	Sista Zai Zanda	Arts House	48
Kickstart Helix Info Session #1		Brunswick Mechanics Institute	47
Kickstart Helix Info Session #2		Testing Grounds	47
Barrio // Baryo Sound System	Caroline Garcia & Lucreccia Quintanilla	Brunswick Mechanics Institute	49

60

May 3 4 5 6 7 8 9 10 11 12 13 14 15 16 17 18 19 20

61

Festival Opening Party
Presented by Archie Rose

42

Come over to our place and get your Festival off to a cracking start, courtesy of our friends at Archie Rose! With tunes, drinks, art and great company, Brunswick Mechanics Institute will be your second home during Next Wave Festival 2018, so find your favourite corner and settle on in. It'll be just like a house party, if your friend lived in a heritage theatre and their bestie was a distiller.

Dates
3 May, 8pm 'til late
Venue
Brunswick Mechanics Institute
Tickets
Free
Hashtag
#nextwave18
Access
♿

Image: Greg Holland

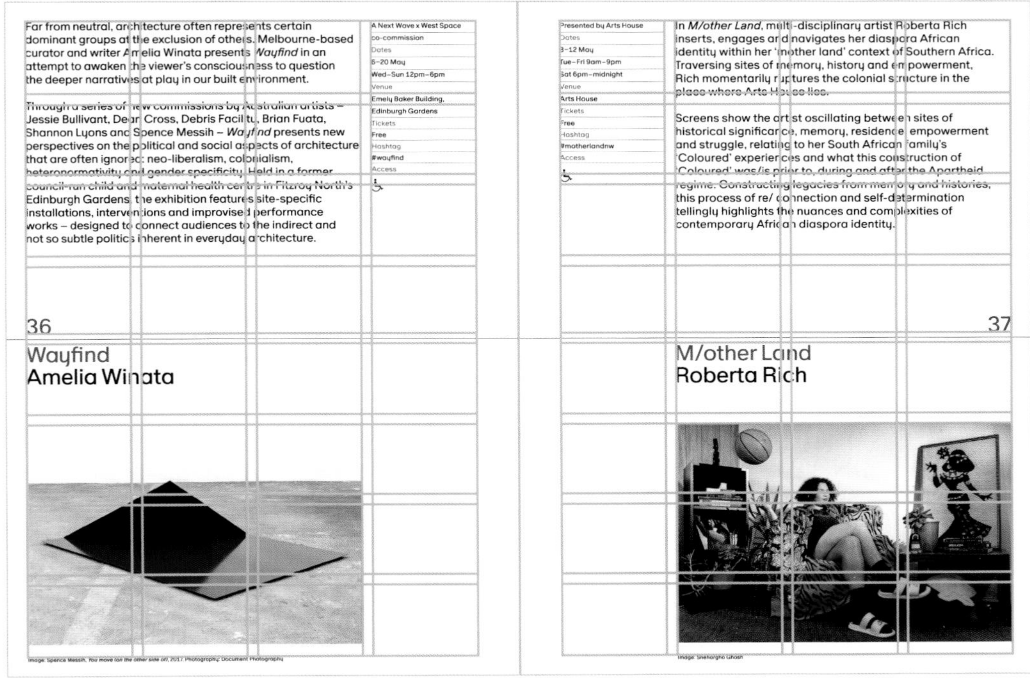

配色：■ □ ■　　字体：Oracle　　尺寸：96 mm × 270 mm　　页数：68页

艺术之家2018年第一季活动

艺术之家是澳大利亚最令人兴奋的当代艺术场所，其活动非常多元，包括跨领域创意作品的开发和展示，同时也举办高水准、大胆的艺术节。

设计工作室：**M. Giesser**
艺术指导：**玛莎·戈勒玛克**
摄影：**托马斯·弗里莫尔（Tomas Friml）**
客户：**艺术之家（Arts House）**

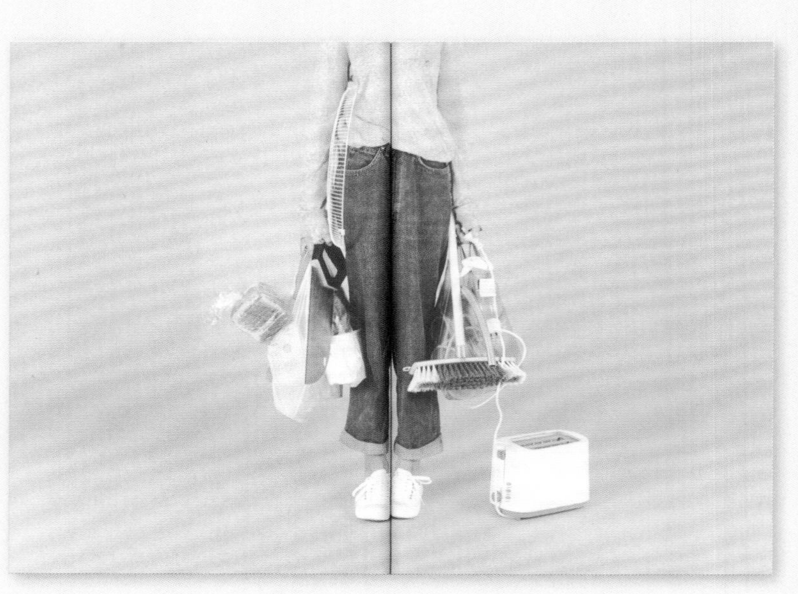

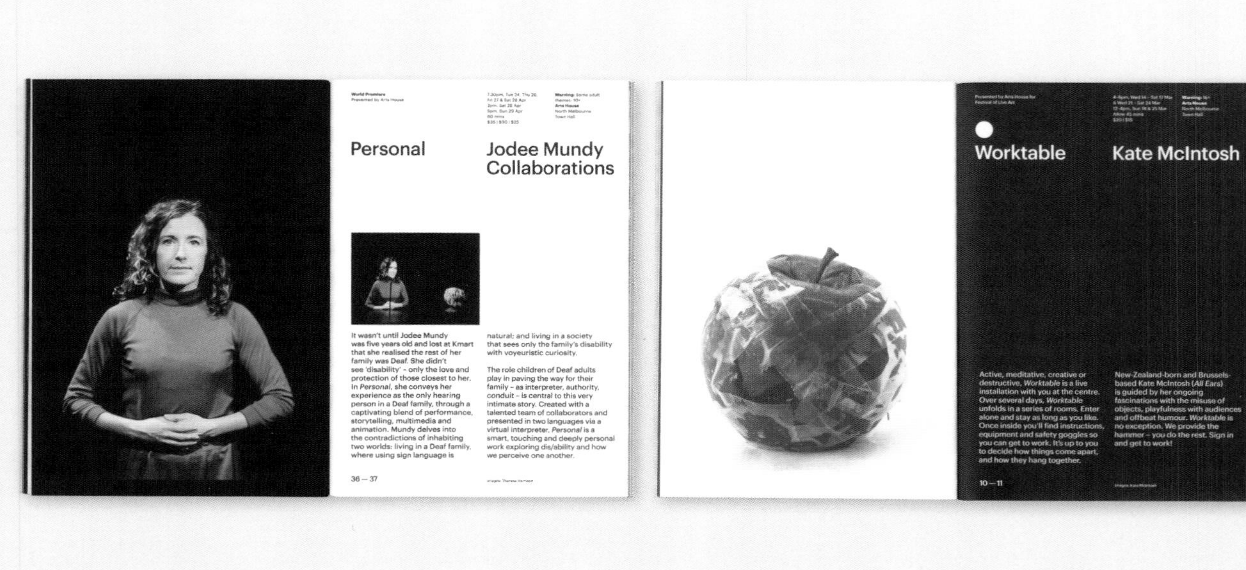

Presented by Arts House for Festival of Live Art

4–10pm, Wed 21 Mar – Sat 24 Mar
12–6pm, Sun 25 Mar
Enter and leave as you please
FREE

Warning:
Adult themes
Arts House
North Melbourne
Town Hall

Stone Tape Theory

S. J. Norman

Taking its title from an obscure paranormal hypothesis, *Stone Tape Theory* mines the haunted terrain of memory, mediated through sound. In a darkened space for six hours a day over five days, a relay of performers utters an unedited stream of their own associative memories, recorded onto multiple cassette tapes. These thoughts range from descriptions of ordinary events to detailed reconstructions of painful, traumatic life experiences. As one tape plays, another is erased and re-recorded, creating loops of increasingly layered feedback.

Visitors find and lose their bearings in the darkness; fragments of narrative surface and disappear in a seething wash of sound. From flesh to speech, *Stone Tape Theory* is an audio palimpsest; an evolving sonic landscape of disembodied voices, continually rewound.

16

Image: Guido Mencari

World Premiere
Presented by Arts House for Festival of Live Art

6.30pm & 7.30pm, Wed 21 – Sat 24 Mar
2.30pm & 3.30pm, Sun 25 Mar
30 mins
$20 | $15

Arts House
North Melbourne
Town Hall

TLSQ x ASMR

The Letter String Quartet

ASMR. Autonomous. Sensory. Meridian. Response.

"...a static-like or tingling sensation on the skin that typically begins on the scalp and moves down the back of the neck and upper spine ... commonly triggered by soft voices, personal attention, ambient sounds or watching people work quietly..."

Do you get ASMR? Wanna try?

Enter into a short, intense, intimate performance of quiet sounds and gently triggering music. Specially designed using string quartet, voices, electronics and visual stimuli, *TLSQ x ASMR* immerses you in the strange and subtle world of online ASMR whisper-videos and TLSQ's musical responses to this mysterious feeling. Let TLSQ get you (quietly) euphoric.

17

Image: Anthony Paine

配色：■ □ ■

字体：Graphik

尺寸：170 mm × 240 mm

页数：68页

这个项目的主要字体是Commercial Type公司设计的Graphik字体，延续艺术之家的品牌字体。该项目的版面设计基于4栏8行的网格系统。

BWA弗罗茨瓦夫画廊手册

设计：**卡罗利娜·皮耶奇克（Karolina Pietrzyk），马特乌什·齐耶莱涅斯基 Mateusz Zieleniewski）**
客户：**BWA弗罗茨瓦夫（BWA Wroclaw）**

BWA弗罗茨瓦夫是波兰一个推广当代艺术的项目，旗下有4家画廊，分别是Awangarda、Dizajn、Studio和SiC!。画廊策划各类演出、展览、活动和出版物，题材涵盖当代视觉创作，以及社会、政治、思想界的新思潮等。BWA弗罗茨瓦夫委托卡罗丽娜·皮耶奇克和马特乌什·齐耶莱涅斯基为其旗下画廊设计双语小册子，推广这4家画廊1月至4月举办的所有展览。

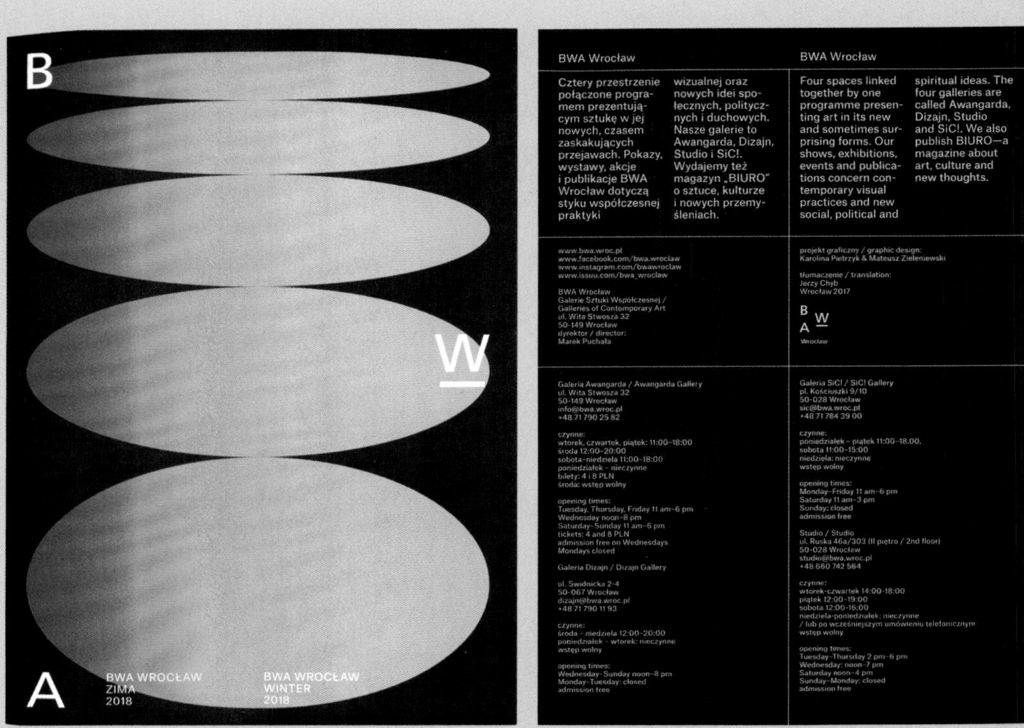

PRZEŹROCZYSTOŚĆ

6 berlińskich artystek

do 3.02.2018

Punktem wyjścia wystawy jest zastanowienie się nad percepcją rzeczywistości przenikającej do nas za pośrednictwem ludzkiego narządu wzroku. Artystki w swoich pracach starają się pokazać jak bardzo jest on zawodny i nieprecyzyjny w odbieraniu i także wizualnym interpretowaniu otaczającego nas świata.

✦ artystki: Vanessa Enriquez, Monika Goetz, Johanna Jaeger, Hannah Gieseler, Edith Kollath, Alanna Lawley

✦ kuratorka: Paulina Olszewska

✦ partner wystawy: Goethe-Institut

Specjalne podziękowania dla berlińskich galerii COLLECTIVA i SCHWARZ CONTEMPORARY za pomoc w realizacji wystawy.

TRANSPACRENCY

6 Berlin female artists

till 3.02.2018

The starting point for the exhibition is reflecting on the perception of the reality permeating us through various stimuli transmitted by the human eye. The artists will try to show how unreliable and inaccessible it is in receiving and visually interpreting the world around us. The viewers will often be accompanied by a sense of illusion and surprise. Sometimes the original image will be passed through subsequent filters or layers of artistic interaction.

✦ artists: Vanessa Enriquez, Monika Goetz, Johanna Jaeger, Hannah Gieseler, Edith Kollath, Alanna Lawley

✦ curator: Paulina Olszewska

✦ partner of the exhibition: Goethe-Institut

Special thanks to COLLECTIVA Gallery and SCHWARZ CONTEMPORARY for their assistance in preparing the exhibition.

Monika Goetz, Within, 1999–2016, dzięki uprzejmości SCHWARZ CONTEMPORARY, Berlin

TELESKOP

Ganna Grudnytska

✦ kuratorka: Dominika Drozdowska

23.02—14.04.2018

Marcel Proust, największy powieściopisarz XX wieku, autor quasi-autobiograficznego literackiego arcydzieła W poszukiwaniu straconego czasu, określał swój tekst mianem „teleskopu" nakierowanego na jego życie. Przybliżającego dalekie, niezrozumiałe, dosłowne oraz metaforyczne elementy budujące jego rzeczywistość. Swoisty „teleskop" uwypuklał detale oraz odkrywał ich prawdziwe znaczenie. Obnażał problemy, niewygodne i bolesne momenty, dzięki czemu autor był w stanie je zaakceptować, wyciągnąć wnioski, poczuć ulgę i iść dalej — lepszy, oczyszczony. Taki mechanizm analizy codzienności wykorzystuje w swojej strategii artystycznej młoda ukraińska artystka pracująca w szkle — Ganna Grudnytska. W przypadku Prousta tekst literacki stał się strukturą, przestrzenią w obrębie, której artysta analizował siebie. U Ganny takim narzędziem stają się małe szklane obiekty oraz tworzone z ich pomocą czasem surrealistyczne, innym razem bardzo klasyczne w swojej kompozycji, instalacje.

TELESCOPE

Ganna Grudnytska

✦ curator: Dominika Drozdowska

23.02—14.04.2018

Marcel Proust, the most important novelist of the 20th century and author of the quasi-autobiographical masterpiece In Search of Lost Time, called his text a "telescope" focussing on his life. It magnified the distant, obscure, literal and metaphorical elements building his reality. This peculiar "telescope" enhanced the details and discovered their true meanings. It exposed problems, awkward and painful moments, thanks to which the author was able to accept them, draw conclusions, feel relief and move on—better, purified. This mechanism of analysing everyday reality is employed in her artistic strategy by Ganna Grudnytska, a young Ukrainian artist working in glass. In Proust's case, the literary text became a structure, space within which the artist analysed himself. For Ganna, small glass objects become such a tool. Using them, she creates installations, sometimes surrealist, sometimes very classical in their composition.

配色：

字体：Atlas Grotesk

尺寸：148 mm × 210 mm (A5)

页数：20页

STUDIO / STUDIO GALLERY

Ta przestrzeń to laboratorium miasta, które rozwija problemy poruszane w ramach Międzynarodowego Biennale Sztuki Zewnętrznej OUT OF STH. Miejsce łączy w sobie funkcje miejsca rezydencji, otwartej pracowni, czytelni, przestrzeni spotkań i debat zachowując przy tym charakter galerii sztuki.

This space is an urban laboratory. It elaborates on the issues raised by the International Biennale of Urban Art OUT OF STH. Studio is a progressive place that combines the functions of a studio, reading room and meeting space open to debates and workshops, while maintaining the character of an art gallery.

STRATEGIE NIEWIDZIALNOŚCI 9.02—24.03.2018

Jak upodmiotowić technologię? Jaki zysk społeczny może dać jawność technologicznego przedłużenia ciał i zinternalizowanej kontroli? Do czego wykorzystać nowe zjawiska na progu projektowania, nauki i ekonomii? Spędzając godziny w towarzystwie urządzeń, wpatrzeni w ekrany nie zawsze świadomie pozostawiamy ślady swoich obecności w sieci. Trudno uniknąć narzędzi śledzenia i oszukać technologiczne mechanizmy kontroli, które pod pretekstem zapewnienia bezpieczeństwa lub funkcjonalności, gromadzą i przekazują dalej nasze dane.

✦ moderacje: Post-Noviki, Romuald Demidenko, Katarzyna Roj, Magda Roszkowska i inni.

✦ współpraca: Joanna Stembalska

STRATEGIES OF INVISIBILITY 9.02—24.03.2018

How to empower technology? What kind of social advantage may arise from the transparency of technological extension of bodies and internalized control? How to use new phenomena at the intersection of design, science and economics? Spending hours in the company of appliances, looking at screens, we leave traces of our presence online, often inadvertently. Detection tools are difficult to avoid, technological mechanisms of control are hard to cheat. On the pretext of ensuring safety or functionality, they gather and relay our personal data.

✦ moderations: Post-Noviki, Romuald Demidenko, Katarzyna Roj, Magda Roszkowska and others.

✦ cooperation: Joanna Stembalska

WE ASK ... R THIS

Kym Ward, Air Fire, 2017, kadr z wideo. Dzięki uprzejmości artystki

GALERIA DIZAJN / DIZAJN GALLERY

Celem galerii jest promocja środowisk twórczych związanych z tematyką projektowania. Jej działania skupiają się przede wszystkim wokół wystaw kuratorskich, aktywności wydawniczych (książki, plakaty) i warsztatowych.

The aim of the gallery is to promote creative environments related to design. Its activities are focused on curatorial exhibitions as well as publishing activity (books, posters) and workshops.

6

ZOEPOLIS. DIZAJN DLA ROŚLIN I ZWIERZĄT do 14.01.2018

Projektowanie zorientowane na człowieka (human-centred design) to jedno z najpopularniejszych haseł ostatnich lat wśród projektantów i firm. Jednak jeśli się nad tym zastanowimy, okaże się, że dizajn zawsze był nastawiony na człowieka, a — przynajmniej w kulturze zachodniej — *homo sapiens* stanowił miarę wszelkich rzeczy, co świetnie ilustruje słynny rysunek witruwiańskiego mężczyzny stworzony przez Leonarda da Vinci. Co by się stało gdybyśmy zakwestionowali to hasło? Czy możemy w ogóle pomyśleć o projektowaniu, którego podmiotami byliby nie-ludzie: rośliny i zwierzęta? W jaki sposób taki dizajn byłby w stanie przebudować istniejące relacje między ludzkimi a nie-ludzkimi zwierzętami oraz innymi żyjącymi organizmami? Główną część wystawy stanowią prace zrealizowane we współpracy z zaproszonymi projektantami i artystami, które w sposób krytyczny interpretują wybrane zagadnienia, takie jak hierarchia gatunków, zwierzęta towarzyszące czy (nie) ludzka skala w architekturze i urbanistyce. Integralną częścią projektu będzie publikacja, która ukaże się w 2018 roku.

ZOEPOLIS. DESIGN FOR PLANTS AND ANIMALS till 14.01.2018

Human-centered design has been one of the most popular slogans among designers and companies in recent years. But if we look closer, it turns out that design was always focused on mankind and, at least in the Western culture, the *homo sapiens* used to be considered a measure of all things—a perfect example of such an approach could be the famous drawing of the Vitruvian Man created by Leonardo da Vinci. What would happen if we challenged this concept? Can we even think of design whose subjects would be non-humans: plants and animals? How could such an approach rebuild the existing relationships between human and non-human animals as well as other living organisms?
The main part of the exhibition is focused on the project completed in cooperation with invited designers and artists who are critical in interpreting selected issues such as the hierarchy of species, companion animals, or the human scale in architecture and urban planning. An integral part of the project will be the accompanying publication to be released in 2018.

PEEKABOO — POLSKA ILUSTRACJA DLA DZIECI 23.03—6.05.2018

Trudno przecenić znaczenie książek dla dzieci. To dzięki książce dziecko pierwszy raz styka się z kulturą wysoką, literaturą, sztuką wizualną. Bardzo ważne by książki, które proponujemy naszym dzieciom były rzeczywiście wytworami sztuki, zaprojektowanymi mądrze i pięknie. To właśnie książki ukształtują zmysł estetyczny i wrażliwość dziecka na piękno. Polska ilustracja książkowa ma bogatą i prawie dwustuletnią tradycję. W latach 1950—1980 polska ilustracja dla dzieci święciła triumfy na świecie. Jej fenomen tworzyli najwybitniejsi ówcześni polscy artyści, twórcy Polskiej Szkoły Plakatu: Roman Cieślewicz, Janusz Stanny, Henryk Tomaszewski czy Jan Młodożeniec. Wtedy zaczęto mówić o zjawisku „polskiej szkoły ilustracji". Na wystawie *Pekaboo — polska ilustracja dla dzieci* pokazujemy najnowsze osiągnięcia polskich ilustratorów. Przedstawiamy wyjątkowe książki zilustrowane przez 16 rysowników, osobowości polskiej sceny graficznej. Wybór książek pokazuje różnorodność, bezkompromisowość, talent i pomysłowość artystów. Interaktywna forma wystawy ma zachęcić zwiedzających do zabawy i zapoznania się z dorobkiem polskiej grafiki.

PEEKABOO—POLISH GRAPHIC DESIGN FOR CHILDREN 23.03—6.05.2018

The value of children's books cannot be overestimated. It is through books that a child encounters high culture, literature and visual arts for the first time. The books we expose our children to should be true works of art, well and beautifully designed. It is indeed books that shape a child's sense of aesthetics and the ability to appreciate beauty.
Poland has a rich, two-hundred-year long tradition of children's book illustration. In the decades between 1950 and 1980, Polish book illustration was world-renowned. The phenomenon originated with the best Polish artists and creators of the Polish School of Poster, such as Roman Cieślewicz, Janusz Stanny and Henryk Tomaszewski. It was around this time that it started being referred to as the "Polish school of illustration".
In *Peekaboo—Polish Graphic Design for Children*, we showcase the latest achievements of Polish illustrators. We present exceptional books illustrated by 16 graphic artists who are standouts in the field. The chosen books show the variety, boldness, talent and ingenuity of the artists. The interactive form of the exhibition is designed to encourage guests to play with and get to know their work. Visitors will get a chance to become cartoon characters from the presented books thanks to an application that allows them to see themselves with a cartoon head. Moreover, they can animate it all through a dedicated application and animations, which bring the illustrations to life.

10

GALERIA SIC! / SIC! GALLERY

Jako jedyna w Polsce publiczna galeria poświęcona szkłu artystycznemu, studyjnemu i użytkowemu SiC! coraz mocniej zwraca się ku eksperymentowi: ku poszukiwaniom nowego wyrazu i wartości, za pomocą badań percepcji światła i koloru, założeń optyki, a także nowych form i pretekstów. Prezentując szkło bądź ceramikę problematyzuje współczesną rzeczywistość oraz poszukuje powiązań z innymi dziedzinami sztuki, jak teatr, architektura, sztuka w przestrzeni miejskiej czy performance.

As the only public art gallery in Poland dedicated to glassware, studio glass and art glass, SiC! is now increasingly turning to an experiment towards the search for new expressions and values based on research of perception of light and colour, rules of optics, as well as new forms and pretexts. By presenting glass and ceramics, the gallery addresses issues of contemporary time and seeks new links with other art disciplines, such as theatre, architecture, street art or performance.

PEEKABOO — POLSKA ILUSTRACJA DLA DZIECI

23.03—6.05.2018

Trudno przecenić znaczenie książek dla dzieci. To dzięki książce dziecko pierwszy raz styka się z kulturą wysoką, literaturą, sztuką wizualną. Bardzo ważne by książki, które proponujemy naszym dzieciom były rzeczywiście wytworami sztuki, zaprojektowanymi mądrze i pięknie. To właśnie książki ukształtują zmysł estetyczny i wrażliwość dziecka na piękno. Polska ilustracja książkowa ma bogatą i prawie dwustuletnią tradycję. W latach 1950—1980 polska ilustracja dla dzieci święciła triumfy na świecie. Jej fenomen tworzyli najwybitniejsi ówcześni polscy artyści, twórcy Polskiej Szkoły Plakatu: Roman Cieślewicz, Janusz Stanny, Henryk Tomaszewski czy Jan Młodożeniec. Wtedy zaczęto mówić o zjawisku „polskiej szkoły ilustracji".
Na wystawie *Pekaboo — polska ilustracja dla dzieci* pokazujemy najnowsze osiągnięcia polskich ilustratorów. Przedstawiamy wyjątkowe książki zilustrowane przez 16 rysowników, osobowości polskiej sceny graficznej. Wybór książek pokazuje różnorodność, bezkompromisowość, talent i pomysłowość artystów. Interaktywna forma wystawy ma zachęcić zwiedzających do zabawy i zapoznania się z dorobkiem polskiej grafiki.

✦ kuratorka: Ewa Solarz

✦ ilustratorzy: Edgar Bąk, Katarzyna Bogucka, Iwona Chmielewska, Robert Czajka, Agata Dudek, Emilia Dziubak, Małgorzata Gurowska, Monika Hanulak, Marta Ignerska, Aleksandra i Daniel Mizielińscy, Marianna Oklejak, Paweł Pawlak, Ola Płocińska, Dawid Ryski, Piotr Socha, Marianna Sztyma

PEEKABOO—POLISH GRAPHIC DESIGN FOR CHILDREN

23.03—6.05.2018

The value of children's books cannot be overestimated. It is through books that a child encounters high culture, literature and visual arts for the first time. The books we expose our children to should be true works of art, well and beautifully designed. It is indeed books that shape a child's sense of aesthetics and the ability to appreciate beauty.
Poland has a rich, two-hundred-year long tradition of children's book illustration.
In the decades between 1950 and 1980, Polish book illustration was world-renowned. The phenomenon originated with the best Polish artists and creators of the Polish School of Poster, such as Roman Cieślewicz, Janusz Stanny and Henryk Tomaszewski. It was around this time that it started being referred to as the "Polish school of illustration".
In *Peekaboo—Polish Graphic Design for Children*, we showcase the latest achievements of Polish illustrators. We present exceptional books illustrated by 16 graphic artists who are standouts in the field. The chosen books show the variety, boldness, talent and ingenuity of the artists. The interactive form of the exhibition is designed to encourage guests to play with and get to know their work. Visitors will get a chance to become cartoon characters from the presented books thanks to an application that allows them to see themselves with a cartoon head. Moreover, they can animate it all through a dedicated application and animations, which bring the illustrations to life.

✦ curator: Ewa Solarz

✦ illustrators: Edgar Bąk, Katarzyna Bogucka, Iwona Chmielewska, Robert Czajka, Agata Dudek, Emilia Dziubak, Małgorzata Gurowska, Monika Hanulak, Marta Ignerska, Aleksandra i Daniel Mizielińscy, Marianna Oklejak, Paweł Pawlak, Ola Płocińska, Dawid Ryski, Piotr Socha, Marianna Sztyma

10

GALERIA SIC! / SIC! GALLERY

Jako jedyna w Polsce publiczna galeria poświęcona szkłu artystycznemu, studyjnemu i użytkowemu SiC! coraz mocniej zwraca się ku eksperymentowi: ku poszukiwaniom nowego wyrazu i wartości, za pomocą badań percepcji światła i koloru, założeń optyki, a także nowych form i pretekstów. Prezentując szkło bądź ceramikę problematyzuje współczesną rzeczywistość oraz poszukuje powiązań z innymi dziedzinami sztuki, jak teatr, architektura, sztuka w przestrzeni miejskiej czy performance.

As the only public art gallery in Poland dedicated to glassware, studio glass and art glass, SiC! is now increasingly turning to an experiment towards the search for new expressions and values based on research of perception of light and colour, rules of optics, as well as new forms and pretexts. By presenting glass and ceramics, the gallery addresses issues of contemporary time and seeks new links with other art disciplines, such as theatre, architecture, street art or performance.

该手册沿用了BWA弗罗茨瓦夫画廊品牌标志和配色方案，该品牌视觉形象系统由马切伊 · 利扎克（Maciej Lizak）设计。

《帕拉塞尔苏斯年度报告》

设计工作室：**Bruch—Idee & Form**
摄影：**欧文·波兰奇（Erwin Polanc）**

Bruch—Idee & Form受委托为奥地利萨尔斯堡帕拉塞尔苏斯私立医科大学（Paracelsus Medizinische Privatuniversität）设计年度报告书。除了常规内容和年度财务报告，设计师使用了奥地利著名摄影师欧文·波兰奇拍摄的一系列照片，向读者传达该大学的核心价值观。这组照片采用艺术摄影手法，记录了日常生活中的点点滴滴，这说明衡量一所大学是否成功，不仅要参考其财务数据，更要看它所坚持的信仰和价值观。

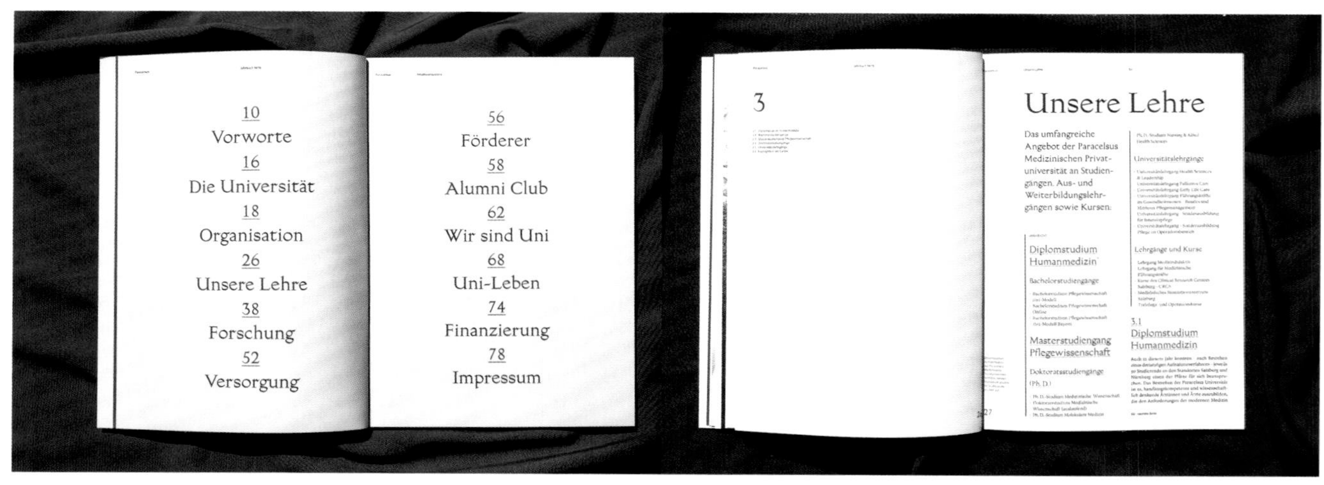

Paracelsus   Unsere Lehre   3.1

Unsere Lehre

Das umfangreiche Angebot der Paracelsus Medizinischen Privatuniversität an Studiengängen, Aus- und Weiterbildungslehrgängen sowie Kursen:

ÜBERSICHT

Diplomstudium Humanmedizin*

Bachelorstudiengänge

- Bachelorstudium Pflegewissenschaft 2in1-Modell
- Bachelorstudium Pflegewissenschaft Online
- Bachelorstudium Pflegewissenschaft 2in1-Modell Bayern

Masterstudiengang Pflegewissenschaft

Doktoratsstudiengänge (Ph. D.)

- Ph. D.-Studium Medizinische Wissenschaft
- Doktoratsstudium Medizinische Wissenschaft (auslaufend)
- Ph. D.-Studium Molekulare Medizin
- Ph. D.-Studium Nursing & Allied Health Sciences

Universitätslehrgänge

- Universitätslehrgang Health Sciences & Leadership
- Universitätslehrgang Palliative Care
- Universitätslehrgang Early Life Care
- Universitätslehrgang Führungskräfte im Gesundheitswesen – Basales und Mittleres Pflegemanagement
- Universitätslehrgang – Sonderausbildung für Intensivpflege
- Universitätslehrgang – Sonderausbildung Pflege im Operationsbereich

Lehrgänge und Kurse

- Lehrgang Medizindidaktik
- Lehrgang für Medizinische Führungskräfte
- Kurse des Clinical Research Centers Salzburg – CRCS
- Medizinisches Simulationszentrum Salzburg
- Trainings- und Operationskurse

3.1 Diplomstudium Humanmedizin

Auch in diesem Jahr konnten – nach Bestehen eines dreistufigen Aufnahmeverfahrens – jeweils 50 Studierende an den Standorten Salzburg und Nürnberg einen der Plätze für sich beanspruchen. Das Bestreben der Paracelsus Universität ist es, handlungskompetente und wissenschaftlich denkende Ärztinnen und Ärzte auszubilden, die den Anforderungen der modernen Medizin

* Diplomstudium Humanmedizin: Die Paracelsus Medizinische Privatuniversität nimmt an beiden Standorten jeweils 50 Studierende pro Jahr auf.

☞ nächste Seite

27

配色：■ ■　　字体：Gill Facia MT　　尺寸：195 mm × 264 mm　　页数：80页

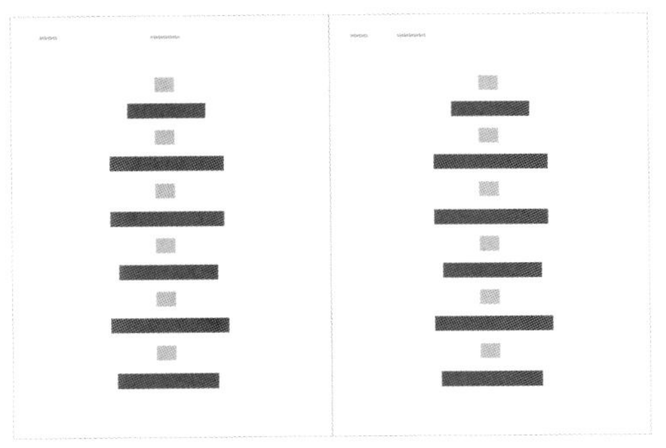

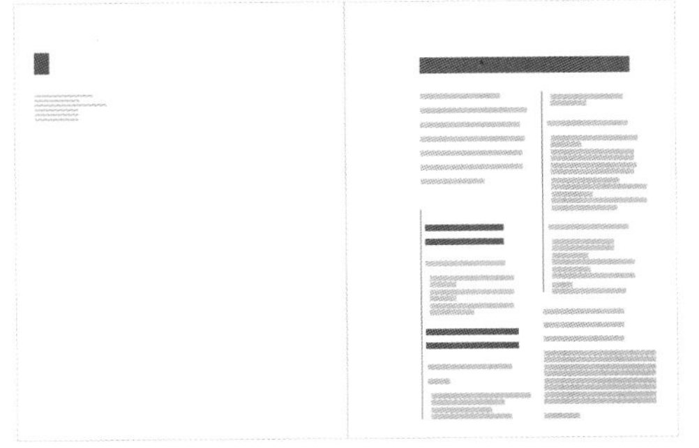

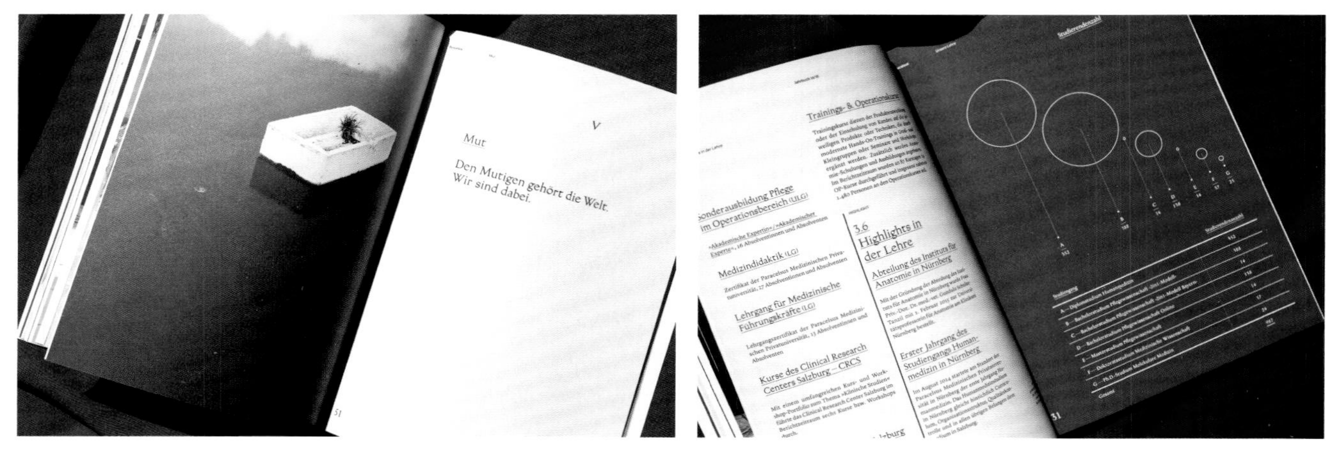

III

Über die Grenzen blicken

Neue Entwicklungen durch Weitblick zulassen.

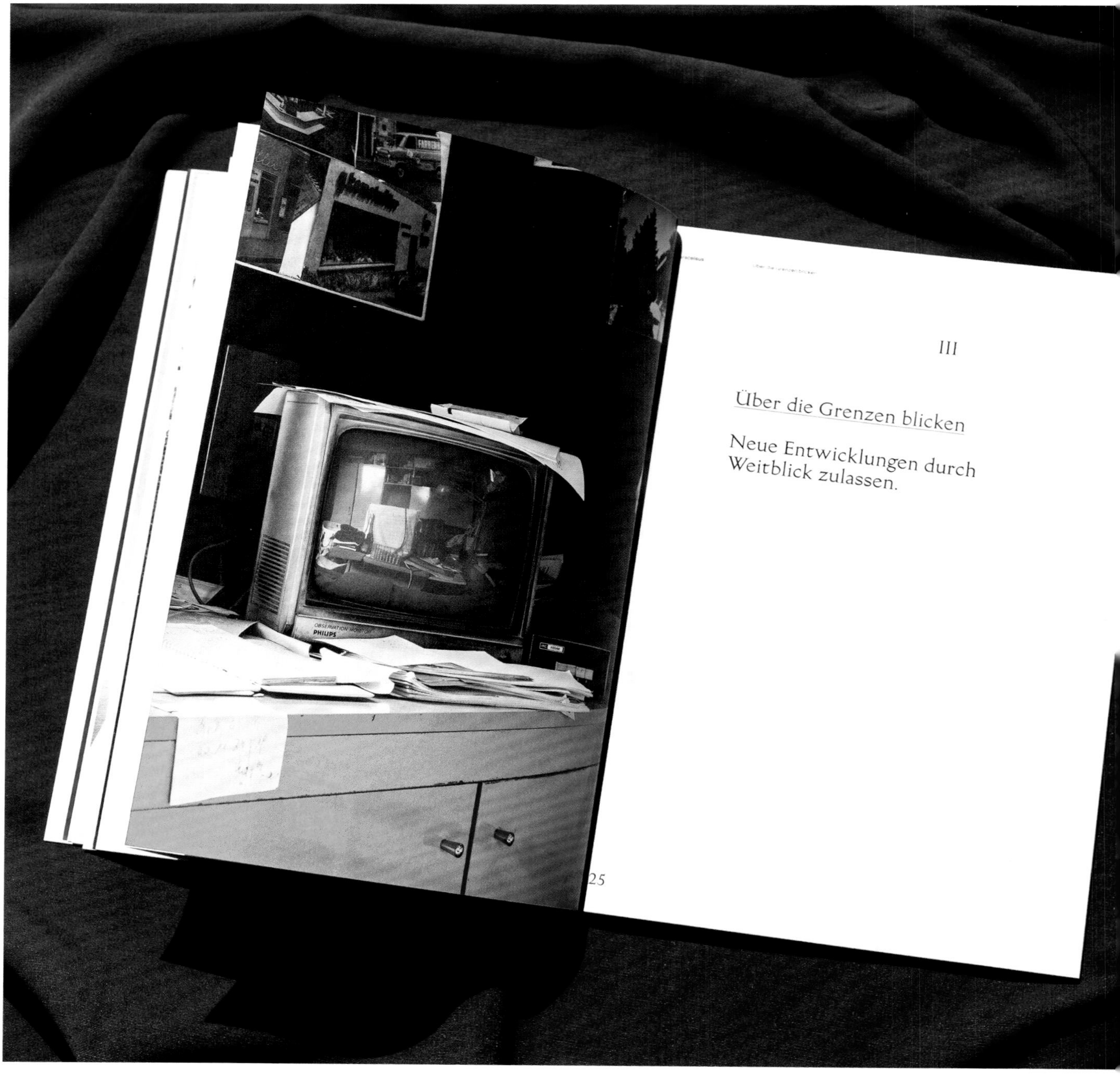

PHILIPS

25

3.6 Highlights in der Lehre

Sonderausbildung Pflege im Operationsbereich (ULG)

»Akademische Expertin«/»Akademischer Experte«, 16 Absolventinnen und Absolventen

Medizindidaktik (LG)

Zertifikat der Paracelsus Medizinischen Privatuniversität, 27 Absolventinnen und Absolventen

Lehrgang für Medizinische Führungskräfte (LG)

Lehrgangszertifikat der Paracelsus Medizinischen Privatuniversität, 13 Absolventinnen und Absolventen

Kurse des Clinical Research Centers Salzburg – CRCS

Mit einem umfangreichen Kurs- und Workshop-Portfolio zum Thema »Klinische Studien« führte das Clinical Research Center Salzburg im Berichtzeitraum sechs Kurse bzw. Workshops durch.

Medizinisches Simulationszentrum Salzburg

Als Aus- und Weiterbildungspartner führte das CRCS, das Trainings, Workshops, Lehrgänge und Kongresse sowie interne und externe Aus- und Weiterbildungen für Medizinerinnen und Mediziner sowie Pflegepersonen aller Ausbildungsstufen konzipiert und abhält, im Berichtzeitraum 23 Simulationskurse durch.

Trainings- & Operationskurse

Trainingskurse dienen der Produktentwicklung oder der Einschulung von Kunden auf die jeweiligen Produkte oder Techniken, die durch modernste Hands-On-Trainings in Groß- und Kleingruppen oder Seminare und Workshops ergänzt werden. Zusätzlich werden Anatomie-Schulungen und Ausbildungen angeboten. Im Berichtzeitraum wurden an 87 Kurstagen 74 OP-Kurse durchgeführt und insgesamt nahmen 1.480 Personen an den Operationskursen teil.

HIGHLIGHT

3.6 Highlights in der Lehre

Abteilung des Instituts für Anatomie in Nürnberg

Mit der Gründung der Abteilung des Instituts für Anatomie in Nürnberg wurde Frau Priv.-Doz. Dr. med.-vet. Gundula Schulze-Tanzil mit 1. Februar 2015 zur Universitätsprofessorin für Anatomie am Klinikum Nürnberg bestellt.

Erster Jahrgang des Studiengangs Humanmedizin in Nürnberg

Im August 2014 startete am Standort der Paracelsus Medizinischen Privatuniversität in Nürnberg der erste Jahrgang Humanmedizin. Das Humanmedizinstudium in Nürnberg gleicht hinsichtlich Curriculum, Organisationsstruktur, Qualitätskontrolle und in allen übrigen Belangen dem Studium in Salzburg.

rechte Seite grafische Übersicht der Studierendenzahl verteilt auf die Studiengänge

☞ nächste Seite

Studierendenzahl

A 352 · B 388 · C 14 · D 138 · E 14 · F 57 · G 25

Studiengang	Studierendenanzahl
A — Diplomstudium Humanmedizin	352
B — Bachelorstudium Pflegewissenschaft ›2in1-Modell‹	388
C — Bachelorstudium Pflegewissenschaft ›2in1-Modell Bayern‹	14
D — Bachelorstudium Pflegewissenschaft Online	138
E — Masterstudium Pflegewissenschaft	14
F — Doktoratsstudium Medizinische Wissenschaft	57
G — Ph.D.-Studium Molekulare Medizin	24
Gesamt	987

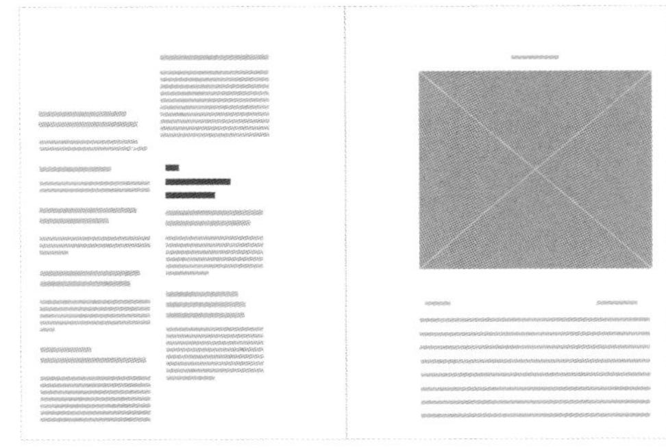

《萨尔斯堡全球组织总裁报告》

设计：**多米尼克·朗厄格（Dominik Langegger）**
市场部总监：**托马斯·比布尔（Thomas Biebl）**
内容文本：**路易丝·霍尔曼（Louise Hallman）**
客户：萨尔斯堡全球组织研讨会
（Salzburg Global Seminar）

这份年度报告采用报纸的开本，封面用潘通金属色（色号 8004C）印刷，局部UV。这份报告回顾萨尔斯堡全球组织研讨会在过去70年来所取得的成就。萨尔斯堡全球组织（Salzburg Global）是一家非营利性组织。世界各地、各世代、各行各业的人才汇聚一堂，消除地区和文化鸿沟，扩大合作，革新体制。

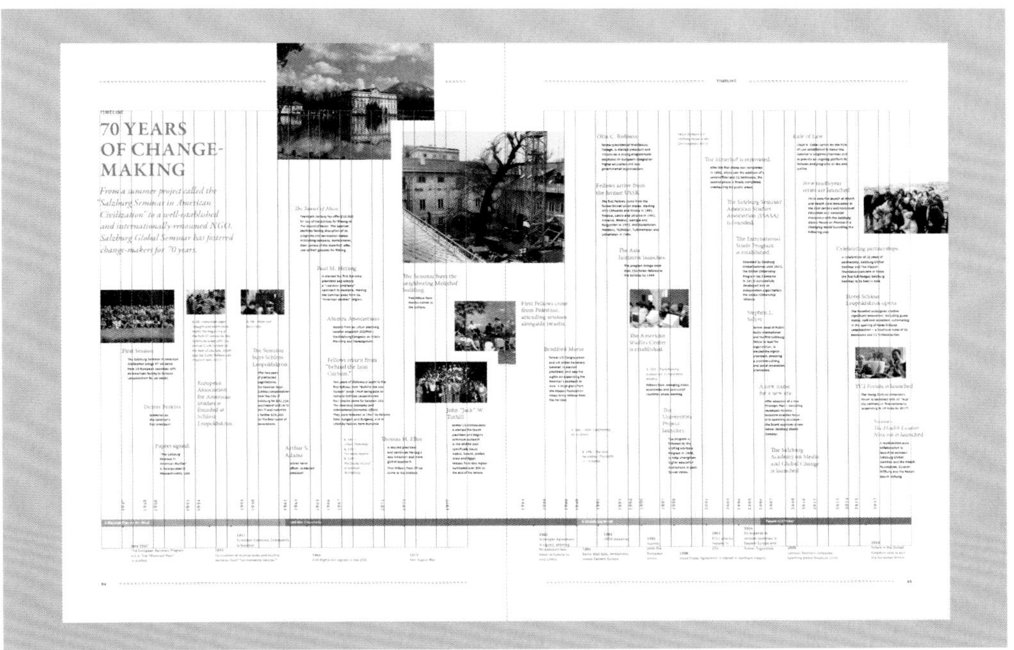

配色：

字体：Garamond Premier Pro、Swift和Meta　尺寸：285 mm × 385 mm　页数：46页

PROFILES
THE FOUNDERS
NOTABLE FELLOWS
RICHARD CAMPBELL
CLEMENS HELLER
SCOTT ELLEDGE
HERB GLEASON

PROFILES
THE RISERS
NOTABLE FELLOWS
JUTTA LIMBACH
MIKLOS MARSCHALL
MUGUR ISARESCU
JUDICIAL CONNECTIONS

PROFILES
THE GLOBALIZERS
KRISTALINA GEORGIEVA
AIKO DODEN
NABIL ALAWI
TIMOTHY PHILLIPS
NOTABLE FACULTY

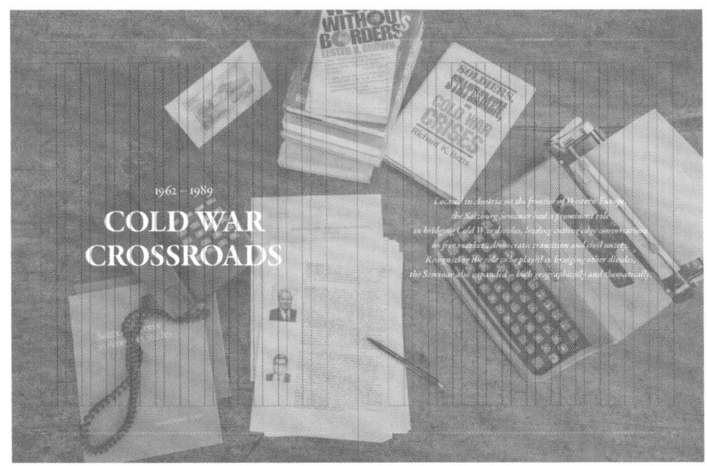

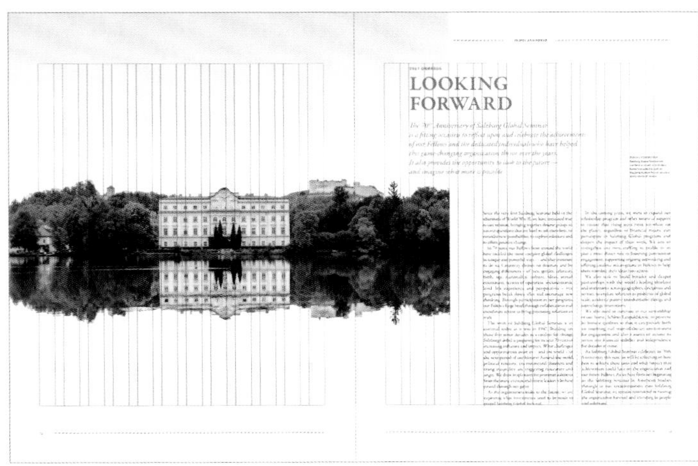

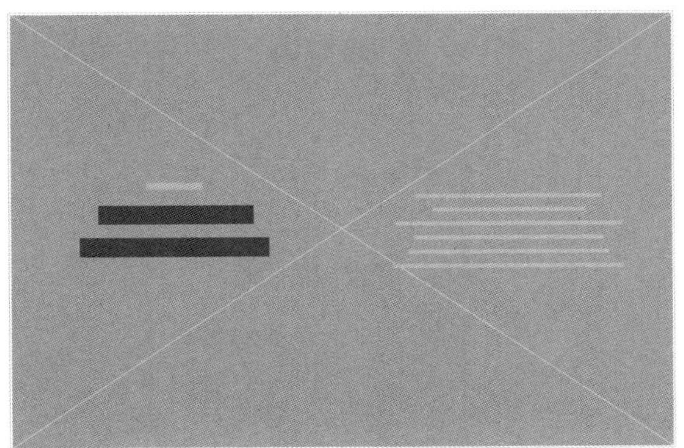

在这份报告中，多米尼克选用了两款萨尔斯堡全球组织研讨会的品牌字体：Swift和Meta，以保持品牌本身的特性。正文部分，多米尼克使用了Garamond Premier Pro字体。这款字体易读性极高，结构优雅，而且字体选择多样，可供设计师精挑细选。萨尔斯堡全球组织使用多种标记，为了与之匹配，设计师需要一款有不同字重和风格的字体。

“占领地球”展览册子

设计：塔尼亚·霍夫伦（Tania Hoffrén）
摄影：希拉·古琦（Hilla Kurki）

“占领地球”（Occupy Earth）是荷兰阿尔托大学（Aalto University）和美国帕森斯设计学院（Parsons School of Design）联合举办的一个合作课程和工作室。霍夫伦为该项目近期举办的展览设计了小册子。在“占领地球”这个项目中，学生以“混合的现实”（mixed reality）为主题进行创作，构建创新形式的虚拟与现实混合体，探索有关21世纪人类面临的生态、气候和环境问题的两极化讨论。

erlands, Bulgaria, Colombia, India, USA, Taiwan, China), currently living and studying in the United States and EU, we give serious consideration to the current global state of war and climate disruption, their resulting interrelated effect on migration, political speech, assembly and negotiation. Much of this problematic can be seen in the lack of political will to address climate change, particularly instantiated in the Trump administration's response to United Nations Climate Change Conference in Paris in 2015, better known as COP21. European writers such as Bruno Latour have suggested that Americans, as well as other large industrialized nations, have two choices. They can either acknowledge that the current system of globalism will very soon run out of resources to consume, and make a large scale change in investing in the redirection of capitalism; or, sink into denial.

Which entities, however, are empowered to take part in these decisions? Recently, humans have begun to consider how non-human entities affected by climate change might gain legal status. In 2017, New Zealand granted "legal rights of personhood" to the Whanganui River. Though humans clearly remain primary in this equation, with two people acting as legal guardians to the 90 mile stretch of River, the discussion of where the river begins and ends proved telling. The river basin was not defined solely by its physical catchment, but also included other non-human living entities, as well as systems of worship, culturally defined by the original inhabitants of the area.

Already having technology necessary to model the effects of climate disruption, one could argue that what people still lack are the skills to negotiate and function as a larger Body Politic that exceeds misguided assumptions of human control over territory. Several student projects responded to the prompt of "climate control," by framing it as an illusion, challenging the primacy of humans as an exceptional species who serve as masters of the Earth's ecology.

One central theme of the course concerned the objectification of nature and the illusion of containment of various environmental structures. These discussions challenged further the idea that the environment could be seen as separate from the human. While the proposition that places nature on a pedestal can be argued to support a sort of conservationist perspective of nature, it is in reality a deeply problematic one since it reinforces the false idea of separation, as Timothy Morton also poignantly underlines.

The utilitarian processes of containment, control and extraction of various environmental realms or biological structures have proven to be extremely useful and efficient in the history of humankind. Nevertheless, we should question the extent to which this containment can reasonably be extended. The idea of containment and control, also ultimately connote separation between these two interconnected agents.

Appreciating the multitude of agents and interactions within these incredibly complex systems might bring better insight into our relation with the "ecological mesh," to again borrow a phrase from Timothy Morton. How might we better acknowledge our position and interconnectedness within this mesh, especially when reflecting on the larger Body Politic that might result from conventional human-centrism?

By Melanie Crean,
Tyler Henry
and Petri Ruikka

CARLA MOLINS PITARCH

(02)

(Parsons)

Co-Individuality focuses on the concept of the individual. This piece becomes an exploration of a person's identity and their relationship with other identities when they feel isolated. Meanwhile, the fracture between Spain & Catalonia affects daily life, it generates anxiety and uncertainty among the population and, ultimately, isolation. Although this instance of isolation emerges from a political situation, the focus of the piece is not on the conflict itself. Instead, it approaches the point of view of a culturally uprooted person.

The goal is to answer one question: is technology able to represent what happens in the liminal space of communication across a border? This liminal space is where everything is possible: what cannot be real in the real world can be real in this space. The answer is a telematics experience shaped as a combination of two camera images / people from two different ends creating an illusion of control of their own communication.

CO-INDIVIDUALITY

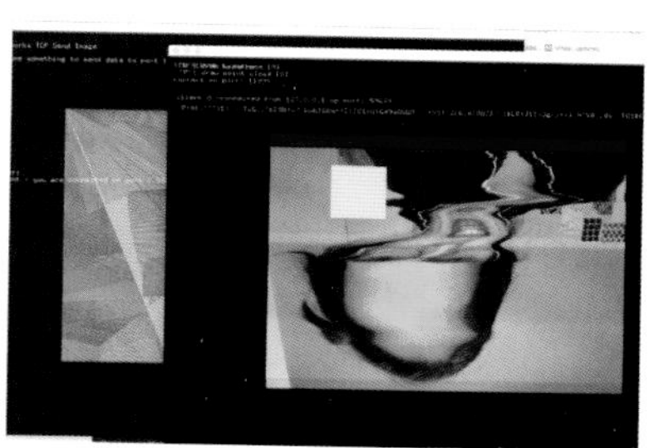

(02)

配色：■ ■ ■　　字体：Helvetica Textbook　　尺寸：138 mm × 200 mm　　页数：36页

057

《设计法则》

设计工作室：**Gusto IDS**
客户：**Acerbis International**
艺术指导：**里卡尔多·拉斯珀（Riccardo Raspa），马西米利亚诺·维蒂**
摄影：**里卡尔多·比安奇（Riccardo Bianchi）**

《设计法则》是一份双封面报纸，是Acerbis家具在2018年意大利米兰国际家具展（Salone del Mobile）上发行的报纸，用于发布其2018年新品和ICONS系列。该报纸的版面设计是基于一个11栏18行的网格系统，页边距设置为10毫米。设计师选择了Laurenz Brunner设计的Circular Std字体，此款字体是Acerbis的品牌字体，红、黑双色配色也是基于该品牌的视觉形象系统。

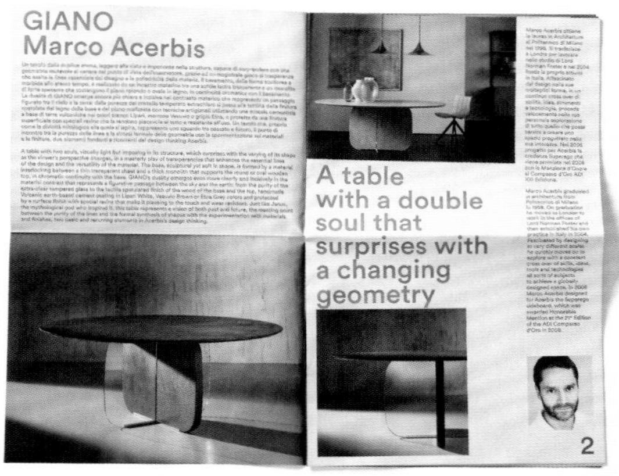

GIANO
Marco Acerbis

Un tavolo dalla duplice anima, leggero alla vista e imponente nella struttura, capace di sorprendere con una geometria mutevole al variare del punto di vista dell'osservatore, grazie ad un magistrale gioco di trasparenze che esalta la linea essenziale del disegno e la poliedricità della materia. Il basamento, dalla forma scultorea e morbida allo stesso tempo, è realizzato da un incastro materico tra una sottile lastra trasparente e un monolite di forte spessore che sostengono il piano rotondo o ovale in legno, in continuità cromatica con il basamento. La dualità di GIANO emerge ancora più chiara e incisiva nel contrasto materico che rappresenta un passaggio figurato tra il cielo e la terra: dalla purezza del cristallo temperato extrachiaro si passa alla tattilità della finitura spatolata del legno della base e del piano realizzata con tecniche artigianali utlizzando una miscela cementizia a base di terre vulcaniche nei colori bianco Lipari, marrone Vesuvio o grigio Etna, e protetta da una finitura superficiale con speciali resine che la rendono piacevole al tatto e resistente all'uso. Un tavolo che, proprio come la divinità mitologica alla quale si ispira, rappresenta uno sguardo tra passato e futuro, il punto di incontro tra la purezza delle linee e la sintesi formale delle geometrie con la sperimentazione sui materiali e le finiture, due elementi fondanti e ricorrenti del design thinking Acerbis.

A table with two souls, visually light but imposing in its structure, which surprises with the varying of its shape as the viewer's perspective changes, in a masterly play of transparencies that enhances the essential lines of the design and the versatility of the material. The base, sculptural yet soft in shape, is formed by a material interlocking between a thin transparent sheet and a thick monolith that supports the round or oval wooden top, in chromatic continuity with the base. GIANO's duality emerges even more clearly and incisively in the material contrast that represents a figurative passage between the sky and the earth: from the purity of the extra-clear tempered glass to the tactile spatulated finish of the wood of the base and the top, handmade Volcanic earth-based cement coating in Lipari White, Vesuvio Brown or Etna Grey colors and protected by a surface finish with special resins that make it pleasing to the touch and wear resistant. Just like Janus, the mythological god who inspired it, this table represents a vision of both past and future, the meeting point between the purity of the lines and the formal synthesis of shapes with the experimentation with materials and finishes, two basic and recurring elements in Acerbis's design thinking.

Marco Acerbis ottiene la laurea in Architettura al Politecnico di Milano nel 1998. Si trasferisce a Londra per lavorare nello studio di Lord Norman Foster e nel 2004 fonda la propria attività in Italia. Affascinato dal design nelle sue molteplici forme, in un continuo cross over di abilità, idee, strumenti e tecnologie, procede velocemente nella sua personale esplorazione di tutto quello che possa servire a creare uno spazio progettato nella sua interezza. Nel 2006 progetta per Acerbis la credenza Superego che viene premiata nel 2008 con la Menzione d'Onore al Compasso d'Oro ADI XXI Edizione.

Marco Acerbis graduated in architecture from Politecnico di Milano in 1998. On graduation he moved to London to work in the offices of Lord Norman Foster and then established his own practice in Italy in 2004. Fascinated by designing at very different scales he quickly moves on to explore with a constant cross over of skills, ideas, tools and technologies all sorts of subjects to achieve a globally designed space. In 2006 Marco Acerbis designed for Acerbis the Superego sideboard, which was awarded Honorable Mention at the 21st Edition of the ADI Compasso d'Oro in 2008.

A table with a double soul that surprises with a changing geometry

2

配色：■ ■　　字体：Circular Std　　尺寸：300 mm × 480 mm　　页数：24页

058

Reyko

设计：**戴维·雷卡（David Reca）**
艺术指导：**戴维·雷卡**

Reyko是一支来自西班牙的电子音乐二人组合。该组合为了发行第一首单曲《Spinning Over You》，在马德里举行了一场音乐会。戴维为这场活动设计了海报、邀请函和明信片。整个设计使用了两款对比鲜明的字体，分别是Futura和Druk，这也正好反映了这支组合是由两个性格截然不同的人所组成的。为使作品更具有视觉冲击力，戴维使用了定制的网格系统，这可以说是一次实验。为引起大家的共鸣，戴维使用了一些受20世纪80年代艺术家启发的图形元素，比如"吻"这个元素，灵感就是来自比利时超现实主义画家勒内·马格利特（René Magritte）的作品。

Para garantizar una experiencia cómoda y una asistencia adecuada al concierto, la admisión a la sala se debe hacer entre las 21:00h y 21:45h.

En concierto viernes 28 de marzo de 2018 a las 22:00 H Sala GALILEO GALILEI c. Galileo 100 madrid

sobre nosotros

En su primera semana, Spinning over you llegó al número 14 de la lista viral de Spotify a nivel internacional. Transmite buen rollo, es muy bailable y en cuanto entra en tu cabeza es difícil dejar de tararearla una y otra vez. Quizá sea exagerado incluirla en las quinielas de canción del verano (aunque tenga todos los ingredientes) pero desde luego es la que pone banda sonora al de Soleil e Igor. Estos dos jóvenes españoles con base en Londres son la vocalista y el productor de Reyko, un dúo de electrónica pop que ha logrado captar la atención de la prensa especializada con apenas un año de vida.

配色：■

字体：Futura和Druk

“新秩序”产品目录

设计工作室：**博尔舍事务所**
艺术指导：**博尔舍事务所，Diez工作室（Diez Office）**
客户：**Hay**
摄影：**耶哈特·谢勒曼（Gerhardt Kellermann），乔纳森·莫卢比埃（Jonathan Mauloubier）**

“新秩序”（New Order）是丹麦家具品牌HAY旗下一个注重多功能性的系列产品。所有家具都是由可拼装的铝制零件组成的模块化组件，因此可以产生多样的组合和用途。产品面向大众，价格亲民。“新秩序”的第二代家具产品由HAY团队和Diez工作室合作推出，进一步将这种结构拓展到桌子、面板、抽屉、门以及办公家具。此外，延续第一代产品的特性，用户可以简单地使用一把六角扳手进行安装。为了表达“新秩序”产品这种简约的高度功能性的设计，设计师采用了6栏的网格系统，每栏可划分为两种不同尺寸的矩形，版面简洁，所有信息井井有条，呈现出简洁的工业化设计气息。

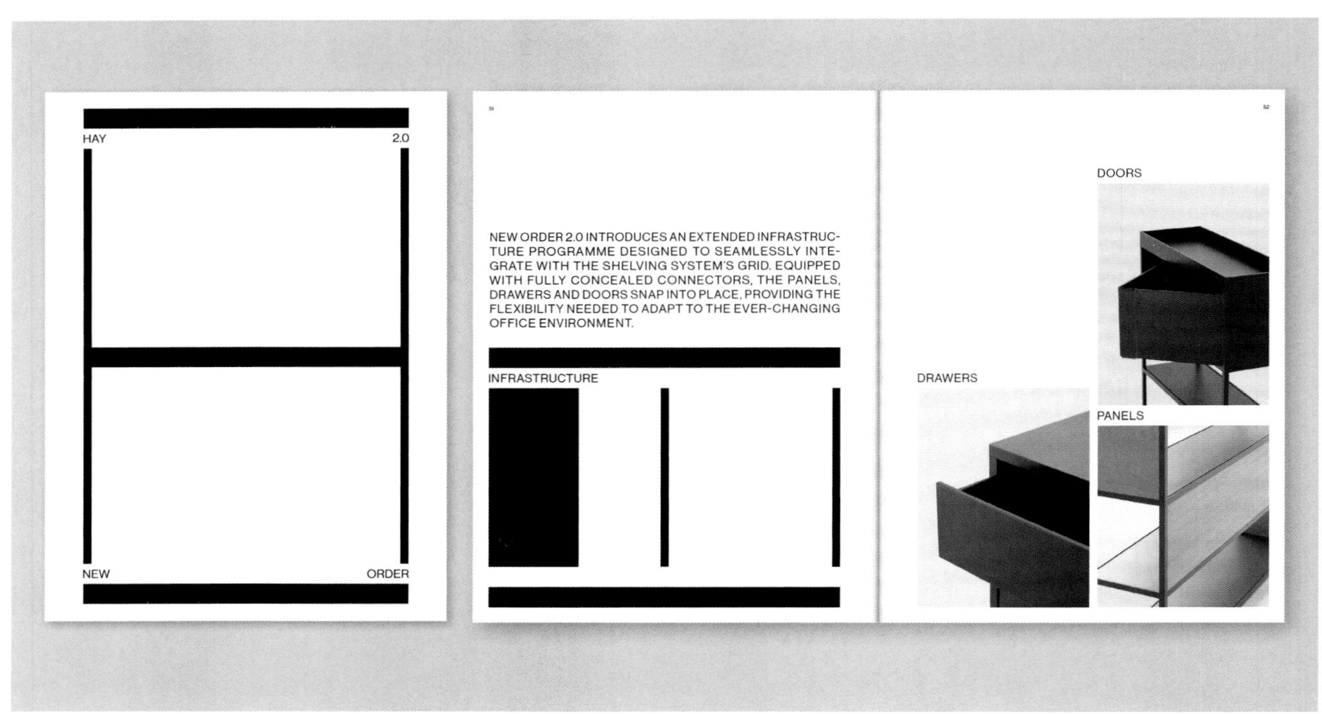

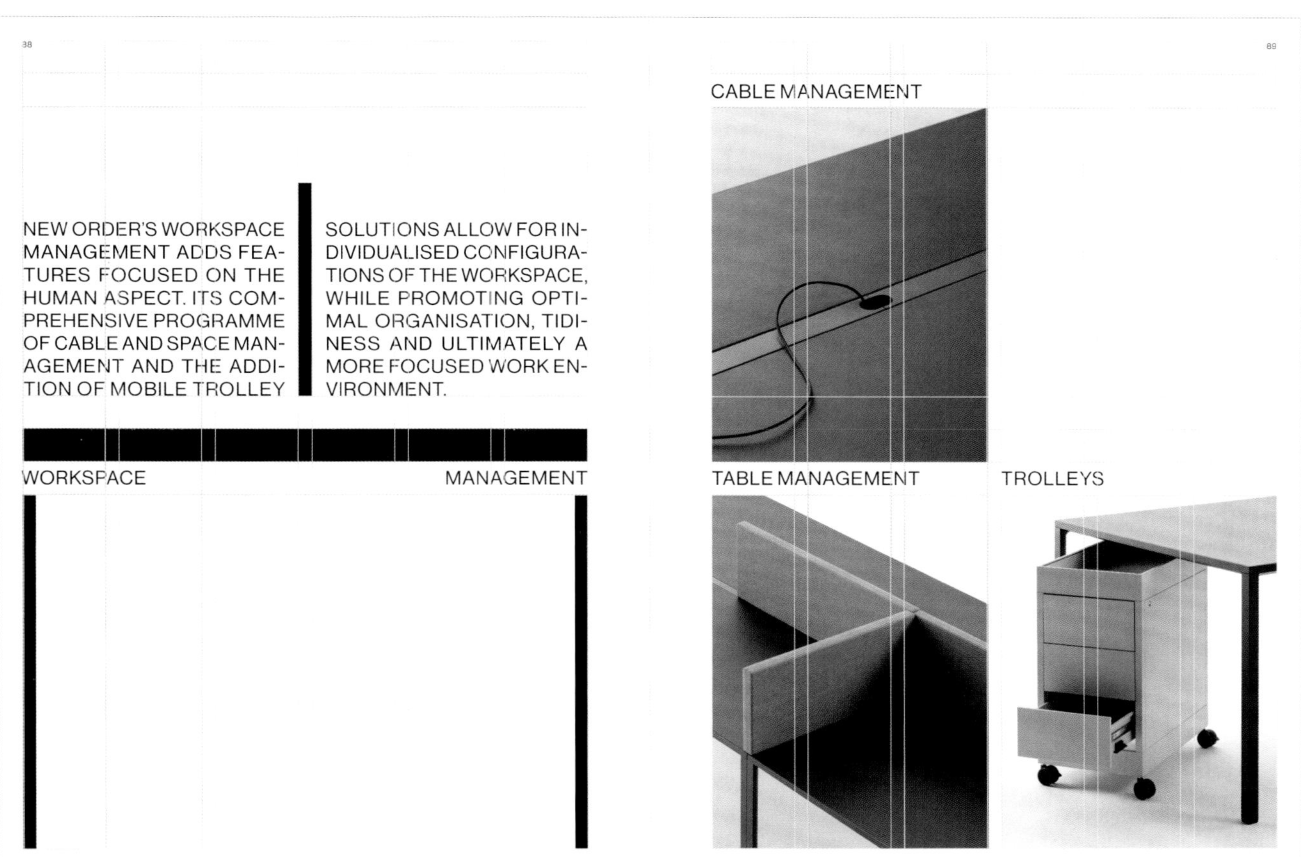

配色：■
字体：Haas Grotesk
尺寸：210 mm × 285 mm
页数：148页

马内·塔图里安品牌

设计：马内·塔图里安
客户：个人项目

这是马内·塔图里安为个人品牌设计的品牌视觉形象系统。设计中所有细节都反映了马内的思想精髓。整体设计概念以简洁性和复杂性为中心，设计师的理念和风格在细节中得到体现。Helvetica Neue字体搭配清晰的版面设计，体现了贯穿文本始终的最纯粹的本质。

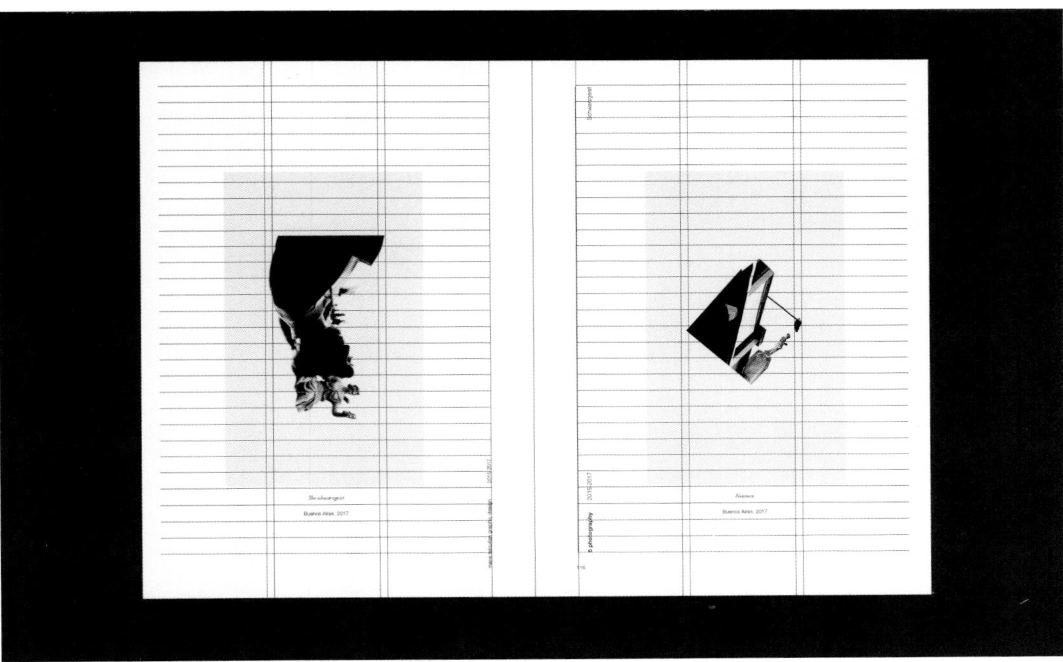

配色：■ 字体：Helvetica Neue 尺寸：210 mm × 297 mm 页数：132页

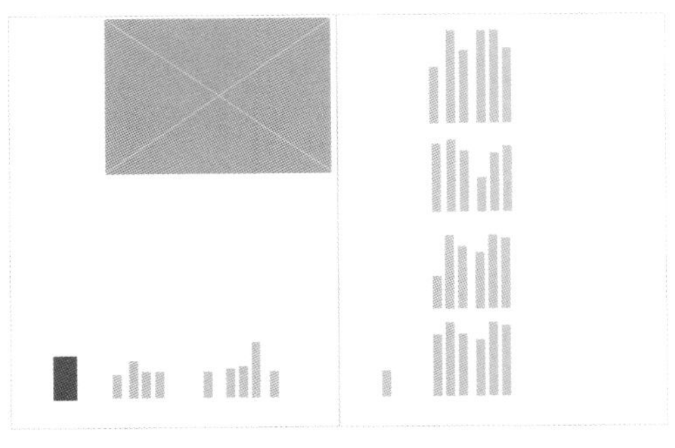

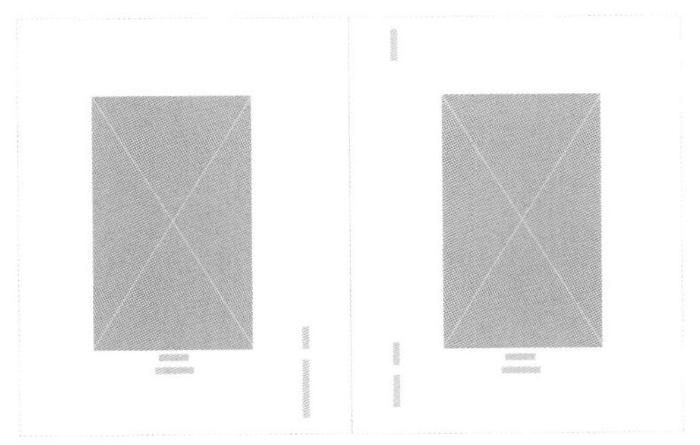

《Hier und Hier》

设计：**卡丽娜·梅勒（Carina Mähler）**
摄影：**卡丽娜·梅勒**

《Hier und Hier》是一个出版物，这是其同名公司的品牌宣传与介绍。版面设计是基于4栏的网格系统。为了强调内容本身，卡丽娜使用黑、白作为主要配色。

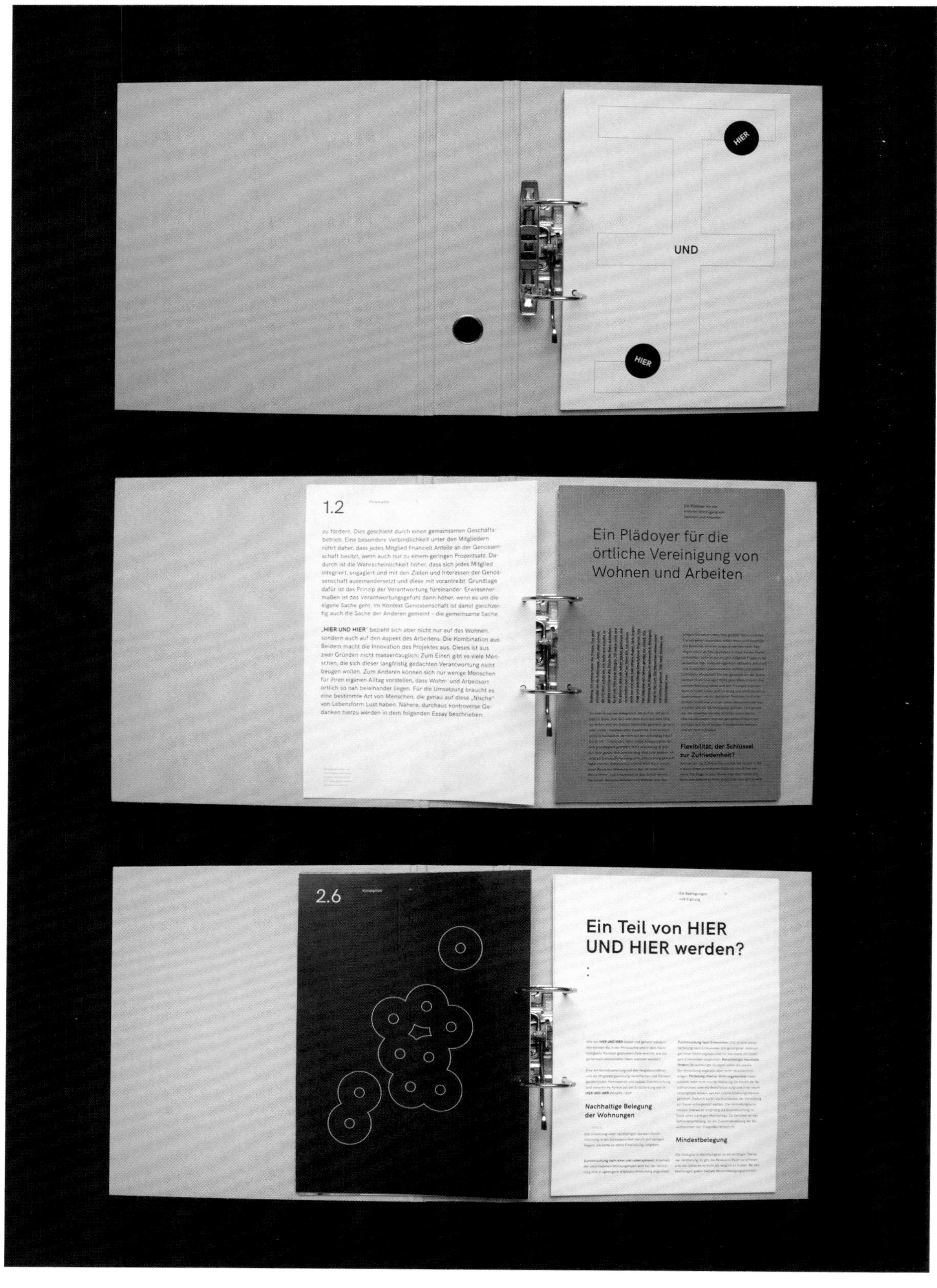

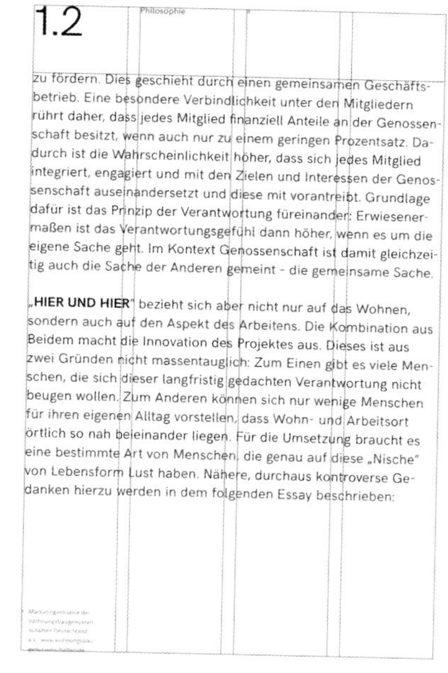
1.2 Philosophie

zu fördern. Dies geschieht durch einen gemeinsamen Geschäftsbetrieb. Eine besondere Verbindlichkeit unter den Mitgliedern rührt daher, dass jedes Mitglied finanziell Anteile an der Genossenschaft besitzt, wenn auch nur zu einem geringen Prozentsatz. Dadurch ist die Wahrscheinlichkeit höher, dass sich jedes Mitglied integriert, engagiert und mit den Zielen und Interessen der Genossenschaft auseinandersetzt und diese mit vorantreibt. Grundlage dafür ist das Prinzip der Verantwortung füreinander: Erwiesenermaßen ist das Verantwortungsgefühl dann höher, wenn es um die eigene Sache geht. Im Kontext Genossenschaft ist damit gleichzeitig auch die Sache der Anderen gemeint - die gemeinsame Sache.

„**HIER UND HIER**" bezieht sich aber nicht nur auf das Wohnen, sondern auch auf den Aspekt des Arbeitens. Die Kombination aus Beidem macht die Innovation des Projektes aus. Dieses ist aus zwei Gründen nicht massentauglich: Zum Einen gibt es viele Menschen, die sich dieser langfristig gedachten Verantwortung nicht beugen wollen. Zum Anderen können sich nur wenige Menschen für ihren eigenen Alltag vorstellen, dass Wohn- und Arbeitsort örtlich so nah beieinander liegen. Für die Umsetzung braucht es eine bestimmte Art von Menschen, die genau auf diese „Nische" von Lebensform Lust haben. Nähere, durchaus kontroverse Gedanken hierzu werden in dem folgenden Essay beschrieben:

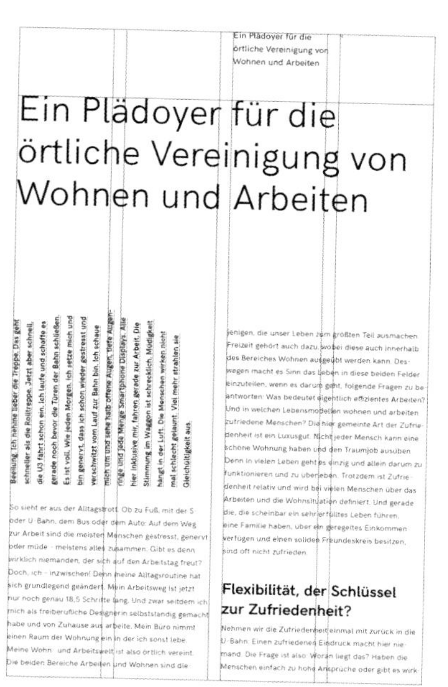
Ein Plädoyer für die örtliche Vereinigung von Wohnen und Arbeiten

Ein Plädoyer für die örtliche Vereinigung von Wohnen und Arbeiten

Beeilung. Ich nehme lieber die Treppe. Das geht schneller als die Rolltreppe. Jetzt aber schnell, die U3 fährt schon ein. Ich laufe und schaffe es gerade noch bevor die Türen der Bahn schließen. Es ist voll. Wie jeden Morgen. Ich setze mich und bin genervt, dass ich schon wieder gestresst und verschwitzt vom Lauf zur Bahn bin. Ich schaue mich um und sehe halb offene Augen, tiefe Augenringe und jede Menge Smartphone Displays. Alle hier inklusive mir, fahren gerade zur Arbeit. Die Stimmung im Waggon ist schrecklich. Müdigkeit hängt in der Luft. Die Menschen wirken nicht mal schlecht gelaunt. Viel mehr strahlen sie Gleichgültigkeit aus.

So sieht er aus der Alltagstrott. Ob zu Fuß, mit der S- oder U-Bahn, dem Bus oder dem Auto: Auf dem Weg zur Arbeit sind die meisten Menschen gestresst, genervt oder müde - meistens alles zusammen. Gibt es denn wirklich niemanden, der sich auf den Arbeitstag freut? Doch, ich - inzwischen! Denn meine Alltagsroutine hat sich grundlegend geändert. Mein Arbeitsweg ist jetzt nur noch genau 18,5 Schritte lang. Und zwar seitdem ich mich als freiberufliche Designerin selbstständig gemacht habe und von Zuhause aus arbeite. Mein Büro nimmt einen Raum der Wohnung ein in der ich sonst lebe. Meine Wohn- und Arbeitswelt ist also örtlich vereint. Die beiden Bereiche Arbeiten und Wohnen sind die-

jenigen, die unser Leben zum größten Teil ausmachen. Freizeit gehört auch dazu, wobei diese auch innerhalb des Bereiches Wohnen ausgeübt werden kann. Deswegen macht es Sinn das Leben in diese beiden Felder einzuteilen, wenn es darum geht, folgende Fragen zu beantworten: Was bedeutet eigentlich effizientes Arbeiten? Und in welchen Lebensmodellen wohnen und arbeiten zufriedene Menschen? Die hier gemeinte Art der Zufriedenheit ist ein Luxusgut. Nicht jeder Mensch kann eine schöne Wohnung haben und den Traumjob ausüben. Denn in vielen Leben geht es einzig und allein darum zu funktionieren und zu überleben. Trotzdem ist Zufriedenheit relativ und wird bei vielen Menschen über das Arbeiten und die Wohnsituation definiert. Und gerade die, die scheinbar ein sehr erfülltes Leben führen, eine Familie haben, über ein geregeltes Einkommen verfügen und einen soliden Freundeskreis besitzen, sind oft nicht zufrieden.

Flexibilität, der Schlüssel zur Zufriedenheit?

Nehmen wir die Zufriedenheit einmal mit zurück in die U-Bahn: Einen zufriedenen Eindruck macht hier niemand. Die Frage ist also: Woran liegt das? Haben die Menschen einfach zu hohe Ansprüche oder gibt es wirk-

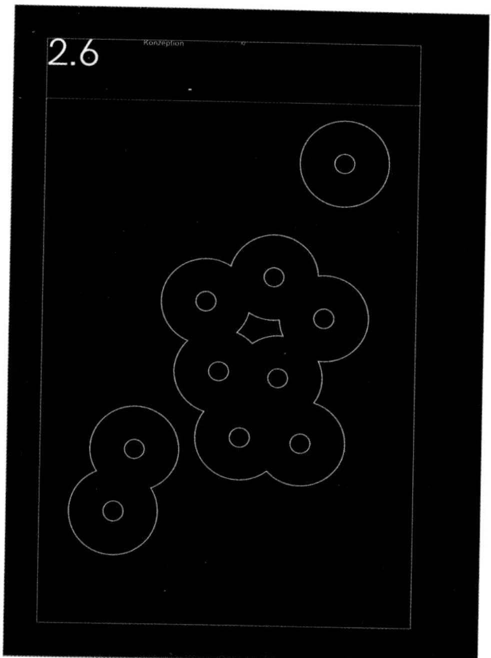
2.6 Konzeption

Die Bedingungen und Eignung

Ein Teil von HIER UND HIER werden?

Wie soll **HIER UND HIER** belebt und genutzt werden? Wie können die in der Philosophie und in dem Nachhaltigkeits-Konzept gesteckten Ziele erreicht, wie die gemeinsam entwickelten Ideen realisiert werden?

Eine Art Betriebsanleitung soll das Vergabeverfahren und die Mitgliedergewinnung vereinfachen und Fairness gewährleisten. Partizipation und soziale Durchmischung sind wesentliche Punkte bei der Entscheidung wer in **HIER UND HIER** einziehen darf.

Nachhaltige Belegung der Wohnungen

Die Umsetzung einer nachhaltigen sozialen Durchmischung in der Genossenschaft beruht auf wenigen Regeln, die keine zu starre Entwicklung vorgeben:

Durchmischung nach Alter und Lebensphasen: Innerhalb der verschiedenen Wohnungstypen wird bei der Vermietung eine ausgewogene Altersdurchmischung angestrebt.

Durchmischung nach Einkommen: Ziel ist eine breite Verteilung nach Einkommen. Die günstigeren Wohnungen eines Wohnungstyps sind für Haushalte mit niedrigem Einkommen vorgesehen. **Benachteiligte Haushalte fördern:** Benachteiligte Gruppen sollen die soziale Durchmischung ergänzen, aber nicht hauptsächlich prägen. **Förderung interner Wohnungswechsel:** Insbesondere, wenn sich in einer Wohnung die Anzahl der Bewohnerinnen oder die Bedürfnisse aufgrund einer neuen Lebensphase ändern, werden interne Wohnungswechsel gefördert. Dadurch sollen die Grundsätze der Vermietung auf Dauer sichergestellt werden. Die Vermietungskommission überwacht langfristig die Durchmischung im Sinne eines ständigen Monitorings. Sie berichtet an der Jahresversammlung, ob die Zusammensetzung der Bewohnerinnen den Zielgrößen entspricht.

Mindestbelegung

Die ökologische Nachhaltigkeit ist ein wichtiges Thema der Vermietung: Es gilt, die Ressource Raum zu schonen und das Gebäude so dicht als möglich zu nutzen. Bei den Wohnungen gelten deshalb Mindestbelegungsvorschrif-

配色：■ □　　字体：HK Grotesk　　尺寸：210 mm × 297 mm (A4)　　页数：64页

《The Journal》第4期

设计：**拉斯穆斯·雅佩·克里斯蒂安森（Rasmus Jappe Kristiansen），佩妮莱·波塞尔特（Pernille Posselt）**
创意指导：**雅各布·卡伦（Jakob Kahlen）**
项目管理：**亨里克·道多尔夫·洛伦森（Henrik Taudorf Lorensen）**
插画：**奥林匹娅·扎尼奥利（Olimpia Zagnoli）**
插画字体：**拉斯穆斯·雅佩·克里斯蒂安森**

《The Journal》是丹麦音响品牌铂傲（B&O PLAY）发行的一份关注品牌文化和产品的纸质报纸。设计团队将视觉元素作为这份报纸的特色，强调平面设计和图像，试图将其打造成一本值得放在杂志架上的报纸。《The Journal》通常会与《Wallpaper》《GQ》杂志和《家居廊》（*Elle Decoration*）等杂志捆绑销售，每期发行量达85万份。这份报纸使用的字体是铂傲的品牌字体：Abril和Gotham。设计师基于12栏的网格系统设计了版面，图片和各种视觉元素在版面中占据了非常突出的位置。这种设计手法打破了传统报纸以文字为中心的编辑手法，将《The Journal》变成了一份充满个性的报刊。

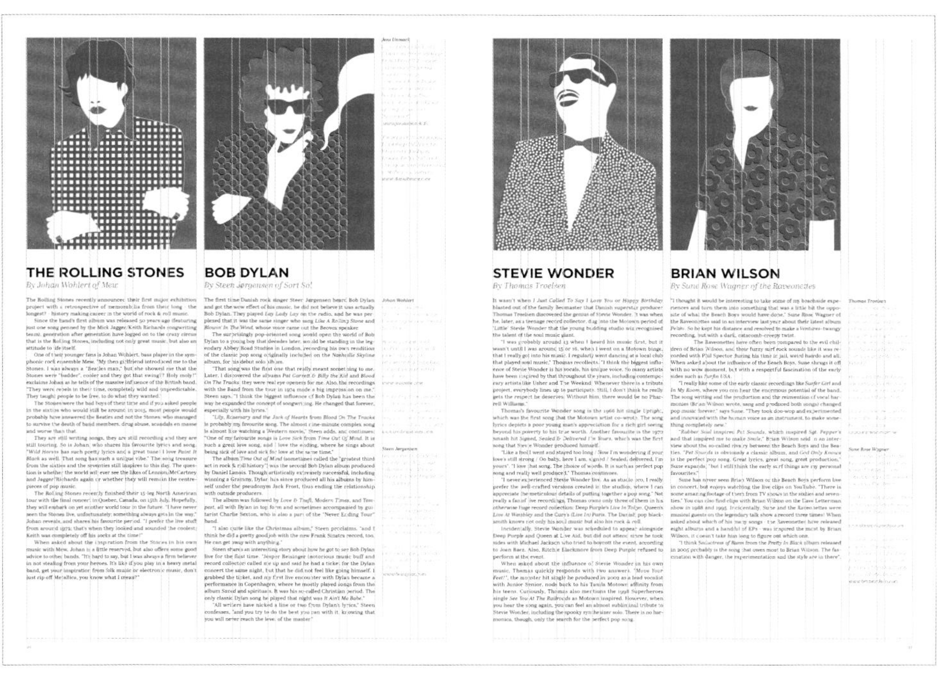

配色：■ ■ ■　　字体：Abril和Gotham　　尺寸：257 mm × 370 mm　　页数：32页

《游戏》

设计：**米里亚姆·柯尼格（Miriam König），安妮·亨克尔（Anne Genkel）**

《游戏》（*Spil*）是包豪斯大学（Bauhaus University）的两位设计师的概念作品。1938年，荷兰历史学家和文化理论家约翰·赫伊津哈（Johan Huizinga）出版了一本名为《游戏的人》（*Homo Ludens*）的著作，这本书讨论了游戏在文化和社会中所起到的重要作用。两位设计师以此为主题进行设计，最终呈现了两位游戏玩家（即设计师）米里亚姆和安妮的视觉对话。

配色：■ ■ ■
字体：Big Caslon和Gill Sans
尺寸：170 mm × 240 mm
页数：192页

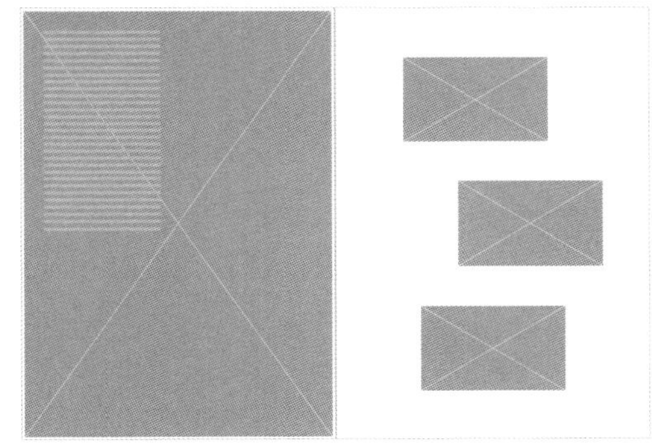

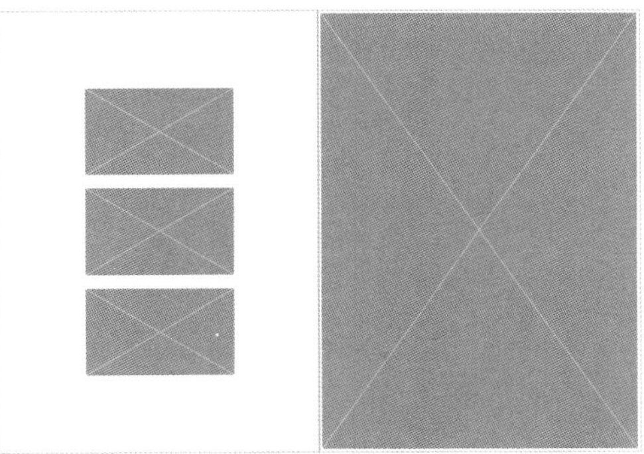

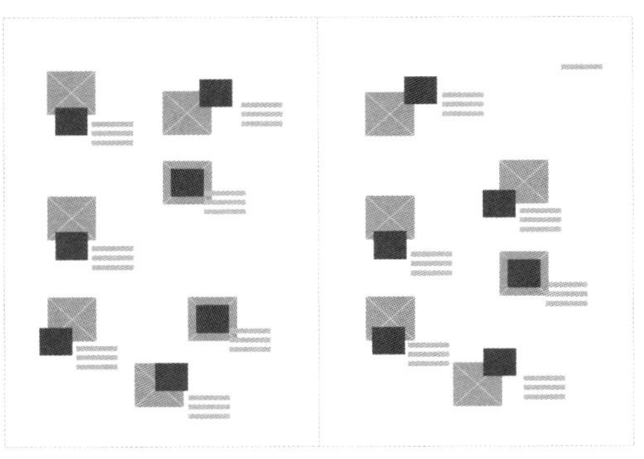

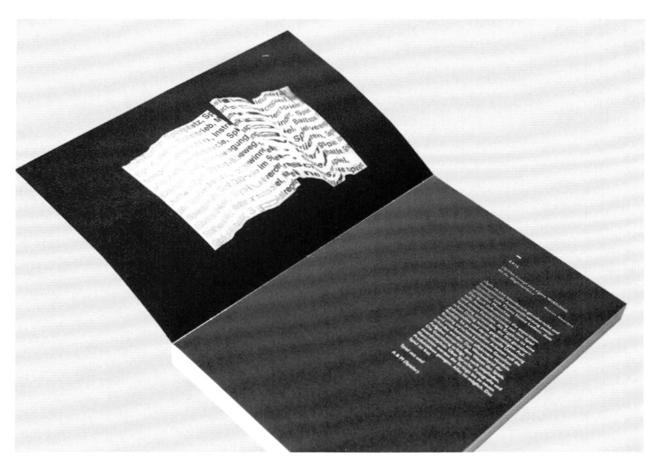

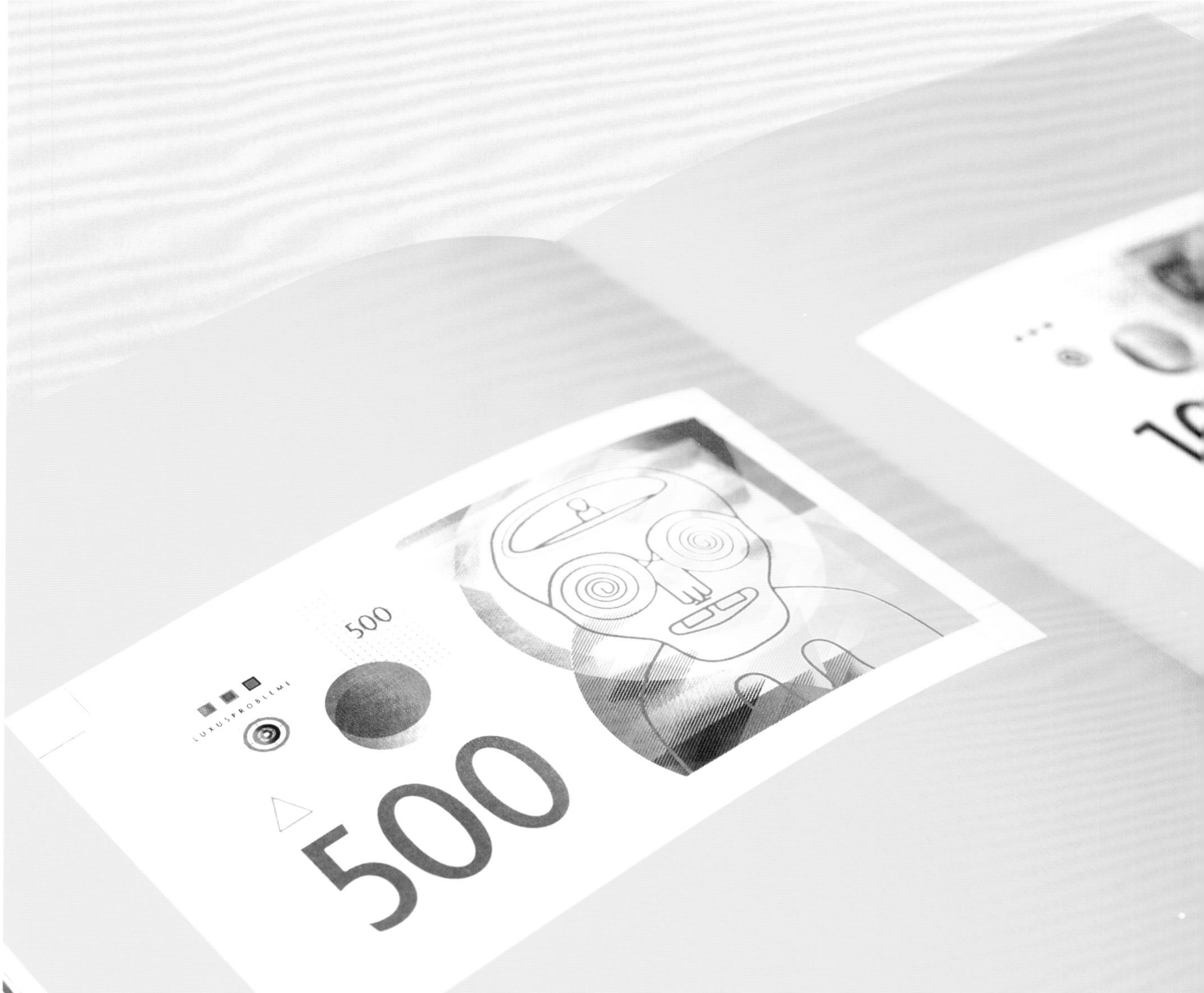

SPIL

*»Spielen erzeugt eine eigene Wirklichkeit:
die der Möglichkeiten.«*

Natias Neutert

»Spil« ist eine künstlerisch-gestalterische und konzeptionelle Auseinandersetzung zweier Gestalter zum Thema Homo Ludens, dem spielenden Menschen.
Die Dokumentation ist das Ergebnis einer experimentellen Auseinandersetzung mit dem Spiel in all seinen Facetten.
Entstanden ist eine Sammlung eines experimentellen Dialogs zwischen den Aufgabenstellungen und der grafischen Umsetzung.
Ziel ist es, die Bindung zwischen bewusstem Gestalten und unterbewusstem affektivem Handeln zu erkunden. Das Wesen des Spiels wird durch die Interaktion mit Gestaltungsstilen und die Herangehensweise durch das gegenseitige Stellen von Aufgaben verknüpft.
Die Gestaltung erfolgt interdisziplinär. Über Sprache, Fotografie und Illustration werden die Stränge bis zu neuen Produktideen gezogen. Alles ist möglich. Das Spiel ist frei.

Spiel mit uns!

A & M (Spieler)

因为作品中使用了许多不同的图像和视觉风格，米里亚姆和安妮决定使用清晰而直接的字体：Big Caslon和Gill Sans。这是因为它们具有较强的可读性，而且不会分散读者对视觉部分的注意力。

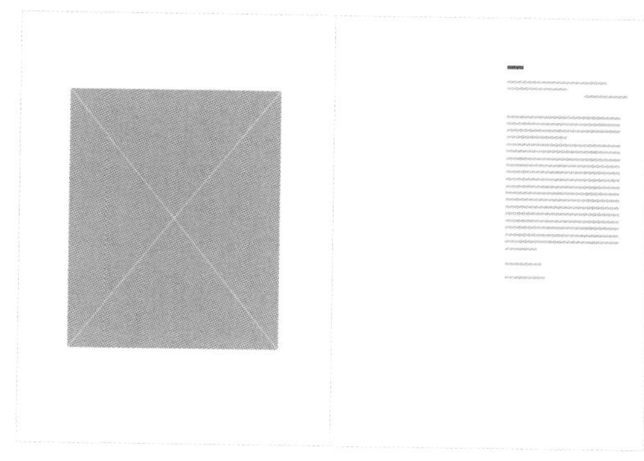

《多伦多国际电影节年度报告》

设计工作室：**Blok设计（Blok Design）**
设计：**瓦妮萨·埃克施泰因（Vanessa Eckstein），贾克琳·赫德森（Jaclyn Hudson）**
创意指导：**瓦妮萨·埃克施泰因，贾克琳·赫德森**
客户：**多伦多国际电影节**

《多伦多国际电影节2016年度报告》是写给电影艺术的一封情书，亦是献给享誉世界、受人尊敬的电影节——多伦多国际电影节（Toronto International Film Festival，简称TIFF）的一曲赞歌。为了抓住TIFF独特性的核心，Blok设计用加粗的动词来表达一些令人意想不到的概念，比如"催化集体性"（catalyse collectivity），"启发时间"（inspire time），"转变梦想/现实"（shift dreams/reality）。受到这些充满诗意的短语的启发，《多伦多国际电影节2016年度报告》颠覆了年报的传统设计，重在传达电影的美好和电影的语言，创造了一种电影艺术的体验。

Saluting Two Film Legacies

The Cinematheque has been a mainstay in TIFF programming for decades, and this past year we once again welcomed legions of dedicated film fanatics to explore the masters of cinema.

Our Abbas Kiarostami retrospective, *The Wind Will Carry Us*, was timely given the current political landscape and his unfortunate passing. Beloved by contemporaries, critics and audiences alike, Kiarostami was a dear friend of TIFF and we were lucky to be able to salute the Iranian master by screening 20 of his features and shorts as part of a deluxe retrospective co-presented with the Aga Khan Museum. We were thrilled to welcome Kiarostami in late 2015 for an exclusive In Conversation With... hosted by Piers Handling as a prelude to this film series. Filmgoers experienced his legacy and learn why he will go down in history as one of the greatest directors of our time.

We also looked at the work of the German New Wave's enfant terrible Rainer Werner Fassbinder, showcasing 36 films from the European wunderkind's highly prolific and whirlwind career. Fassbinder's unique take on sexuality, fame and masculinity were all on display in the retrospective *Imitations of Life*, which featured a special in-person appearance by actress and frequent Fassbinder collaborator Barbara Sukowa. Fassbinder was not just a directorial genius; he was also a dedicated cinephile, and filmgoers were treated to a concurrent series, *All that Heaven Allows: Fassbinder's Favourite Films*, featuring works by some of Fassbinder's most admired directors. A provocateur ahead of his time, his films were equally as impactful to present-day audiences.

Kiarostami & Fassbinder \ Masters of Cinema

配色：

字体：Stanley和Benton Sans

尺寸：240 mm × 340 mm，215 mm × 300 mm（额外的封面）

页数：56页

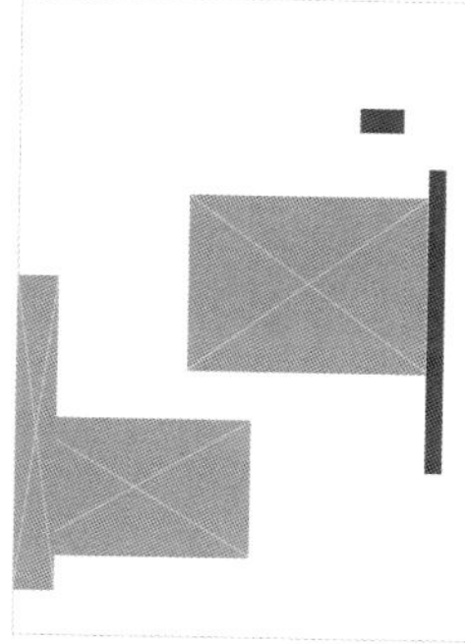

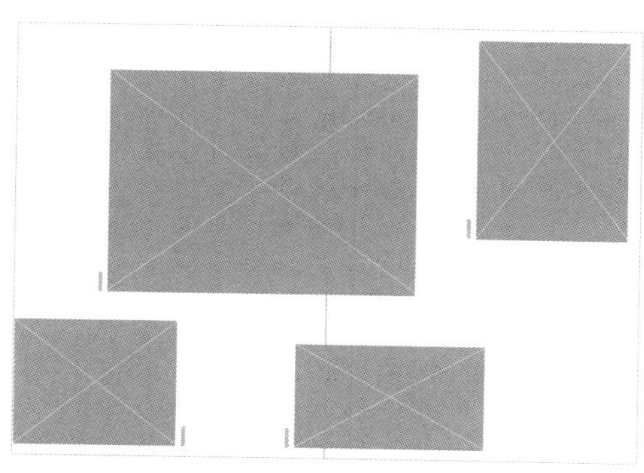

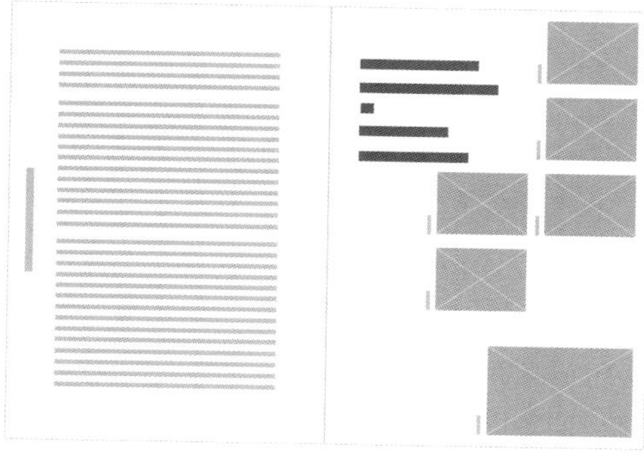

Consecotaleophobia

设计：**温琴佐·马尔凯塞·拉戈纳（Vincenzo Marchese Ragona）**
摄影：**巴勒杜·夏卡（Baldo Sciacca）**

Consecotaleophobia（直译为：筷子恐惧）这个设计项目旨在提高人们对荒漠化的重视。温琴佐选择了Gill Sans（标题）和GT Sectra（正文）两种字体，希望营造出现代、简单和优雅的感觉。

Bai pointed out during the meeting Friday that the Chinese government has also begun taking action by introducing policies limiting manufacturing of disposable chopsticks.
Government actions range from a 5-percent tax levied in 2006 on disposable chopsticks, to a 2010 warning of potential government regulations for companies that fail to strictly supervise disposable chopstick production.
While China plans to increase its forest coverage by 40 million hectares before 2020, increased production of disposable chopsticks could hinder that goal.
"We should change our consumption habits and encourage people to carry their own tableware," Bai recommended.

ONLY CHOPSTICKS SCULPTURE EXHIBITION
BY DONNA KEIKO OZAWA

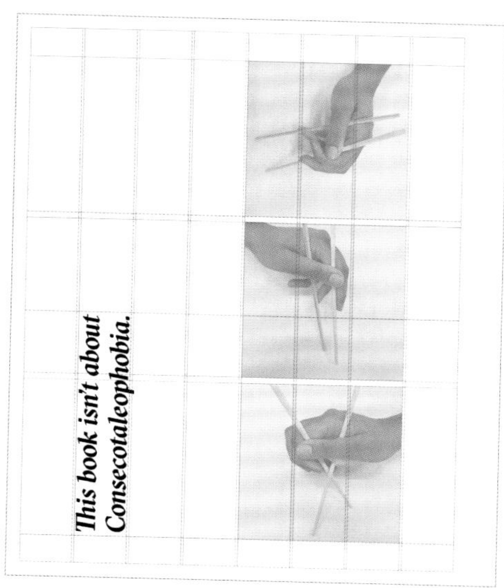

After earning the top prize in IDS Vancouver's Prototype—a design competition between next-gen designers—last fall, ChopValue quickly outgrew its modest production space in False Creek Flats. Now based in South Vancouver, Böck and his team are preparing to unveil a recycled-bamboo yoga block this month. Crafted in response to public demand, the distinctly West Coast bolsters are made of 800 to 1,000 chopsticks each. A line of office products and planters is also in the works and the company has expanded its operations to offer custom serving trays to its eatery partners.

According to Böck, ChopValue gathers up to 250,000 chopsticks a week from almost 100 participating food establishments in Metro Vancouver, including Benkei Ramen, Sushi California, and Pacific Poké. He admits that, at first, many restaurant owners respond to the concept with skepticism, but they tend to come around once they see how the startup helps reduce trash and garbage-tipping fees. Patrons are welcome to drop off their own used chopsticks at each spot.

"We explain to them [the restaurant owners] the process, we involve them in the design, we collaborate with them on...new products," says Böck. "And that makes it exciting, because that's when they understand the value."
For the wood-science pro, the exhilaration comes in the form of giving a natural and underutilized resource new life. Not only is bamboo a sustainable material because of its organic growth, says Böck, but it lends itself well to home furnishings and décor due to its flexibility and high mechanical performance. It's not so bad on the eyes, either.

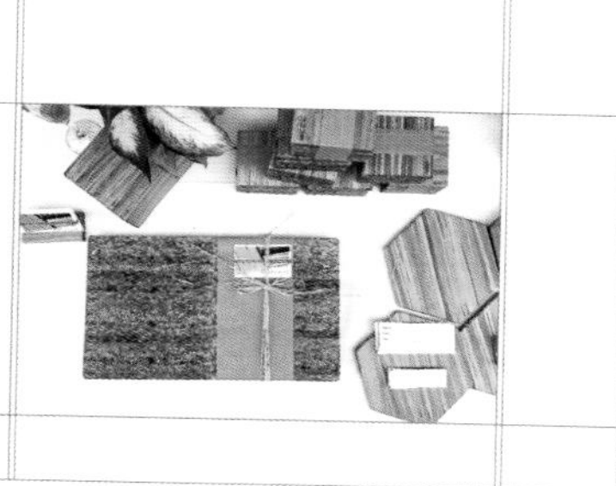

配色：■ ■　　字体：**GT Sectra和Gill Sans**　　尺寸：**90 mm × 200 mm, 120 mm × 200 mm, 170 mm × 200 mm**　　页数：**26页**

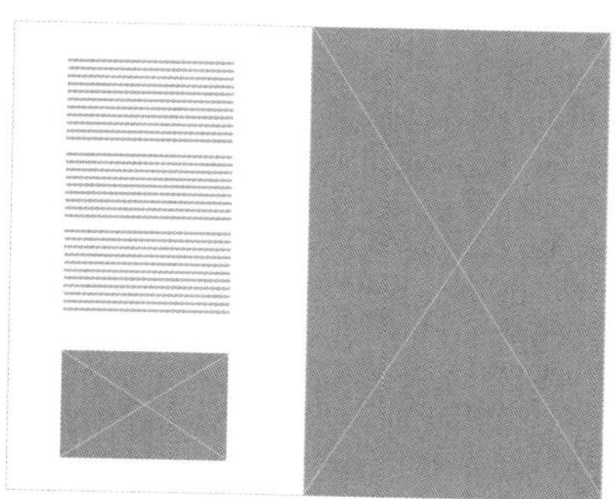

“巴拿马+”音乐和艺术节

设计工作室：**莫比·迪格设计工作室（Moby Digg）**
创意指导：**马克西米利安·海奇（Maximilian Heitsch），科比尼安·伦策（Korbinian Lenzer）**
设计：**加布里埃拉·巴卡（Gabriela Baka），马克西米利安·海奇，马尔科·卡万（Marco Kawan），柯宾尼安·伦泽**
客户：**“巴拿马+”音乐和艺术节（Panama Plus Festival）**

“巴拿马 +”音乐和艺术节委托莫比·迪格设计工作室为其设计了品牌视觉形象、动画预告片和数字化形象。“巴拿马 +”是一个跨领域的音乐艺术节，不断地尝试为来自不同文化和社群的人搭建沟通的桥梁。该设计的概念想用视觉模拟一个未被定义的领域。地图经常会使用剖面线（hatching）标记一个特定区域。莫比·迪格设计工作室以剖面线作为关键的设计元素，并且巧妙地运用它来形成不规则的几何图案甚至视错觉图形，正好突出“巴拿马 +”有趣的一面。整个品牌视觉形象系统包括杂志、传单、网站设计、海报、社交媒体平台、小册子、贴纸、T恤衫、臂章、动画片、视频预告片、小旗、节目单和定制字体等。

WHA GWAAN BACKSTAGE?

VON SIMONE BAUER & JARCKBOY

Ein Abend. Zwei Fremde. Eine Leidenschaft. Zu Besuch bei jamaikanischer Clubkultur in München.

WARM UP

Simone: Ich bin aufgeregt, gleich treffe ich jemanden über den ich nichts weiß, außer seinen Spitznamen, seine Herkunft und seine Liebe zur Reggaemusik, die wir teilen. Es ist Freitag, Punkt 23:15 Uhr und ich erreiche den vereinbarten Treffpunkt: Jamaican Ting Ting. Beim Ankommen ärgere ich mich über meine deutsche Überpünktlichkeit, ich hätte die chnen müssen. Ich werde aus meinen Gedanken an ein „Überbrückungsbier" gerissen. Jemand fragt mich, ob ich alleine hier wäre. Ich antworte, dass ich auf jemanden warte. Der Unbekannte erwidert, dass ich auf ihn gewartet habe. Kurz irritiert registriere ich, dass es sich bei meinem Gesprächspartner aufgrund der Hautfarbe (habe ja nur wenige Indizien) nicht um mein vereinbartes „Interessen Blind Date" handeln kann. Er ist hartnäckig und weist mich an, ihm zum Eingang zu folgen. Ich winke ab und schon stolpere ich in das nächste Gespräch. Zwei Stuttgarter möchten „richtig ausgehen" und erkundigen sich bei mir, wo das denn in München möglich sei. Aufgrund meiner Profession ist es mir ein Anliegen, qualitativ zu beraten und wir starten eine Grundsatzdiskussion darüber, was sie unter „richtig ausgehen" verstehen. Wir verfransen uns in der Gesprächdynamik und die Diskussion nimmt seltsame Züge an. Als wir auf vegane Lokalen in der Nähe zu sprechen kommen, die um diese Uhrzeit geöffnet haben, wird mein Verlangen nach Bier größer. Überraschend kommt die Erlösung. Meine Begleitung erscheint pünktlich um 23:30 Uhr und ich freue mich über seine Anwesenheit. Die Begrüßung fällt herzlich aus und wir betreten gemeinsam den Eingang. Zielstrebig steuere ich die Bar an und frage ihn, was er gerne trinken möchte. Er erwidert, einen Spezi bitte. …

er keinen Alkohol, weil er mit dem Auto da ist? Nein. Muss er morgen arbeiten? Nein. Schwanger kann er auch nicht sein. Blödsinn. Ich erinnere mich, Gambier sind überwiegend muslimisch. Ich lasse es offen und realisiere, weil ich mir überhaupt diese Fragen stelle, wie ausgeprägt die Konvention des Alkoholtrinkens in der bayrischen Barkultur ist. Interessante Feststellung.

MASH UP

DI PLACE!

Auf dem Weg zur Tanzfläche scheint meine Begleitung bereits den halben Club mit Handschlag begrüßt zu haben. Ich erkundige mich, ob er öfters da sei. „Eigentlich nicht, aber Afrikaner kennen sich in München", entgegnet er mir. Ich screene das Floor-Kollektiv und auch ich erkenne einige bekannte Gesichter, die sich im gedämmten Licht und unter Dekopalmen energetisch zur Reggae Musik bewegen. Im Gegensatz zu meinem afrikanischen Pendant, das sofort die Vibes körperlich umzusetzen weiß, tanze ich zunächst etwas schüchtern und zaghaft. Die Stimmung ist gut und die Kommunikation zwischen Publikum und Sound System funktioniert. Es läuft ein lockeres Repertoire von Roots-Produktionen aus dem Vintage-Sortiment, aber auch neueren Datums. Die DJs folgen einer klaren Vision. Sie verstehen es, die Musik leidenschaftlich zu präsentieren und die Menge lässt sich darauf ein, die warmen Klänge zu feiern. Beim Betrachten der Szenerie wirkt es, als würden die Besucher einem heilenden Credo unterliegen. Ich möchte herausfinden, …

„Warum ist es in Deutschland soooo leise?"

haben sich die Leute nach uns umgedreht. Das war unangenehm. Und irgendwann fragte ich mich selber, warum man sich nicht auch leise unterhalten kann. Jetzt wird mir die Lautstärke oft selbst zu viel: in der U-Bahn will ich etwas Interessantes lesen, und nicht hören, was die Menschen im nächsten Waggon miteinander bequatschen. Ja, so deutsch bin ich schon.

Als ich zu einem Konzert in einer Bar in der Nähe des Sendlinger Tors ging, sah ich zum ersten mal zwei Männer, die sich geküsst haben. Mein erster Gedanke war: sind die ganz dicht? In meinem Land würde das niemand öffentlich tun, obwohl es natürlich auch dort Homosexuelle gibt. In einem Integrationskurs habe ich dann gehört, dass in Deutschland verschiedene sexuelle Lebensformen toleriert werden und alle die gleichen Rechte haben. Am Anfang wollte mir das gar nicht einleuchten. In Gambia wird sehr schlecht über Homosexuelle geredet, da gab es ganz schlimme Wörter für sie. Viele denken, das sind einfach kranke Menschen. Aber dann habe ich schwule Betreuer kennen gelernt. Und auch ein schwules Pärchen in meinem deutschen Bekanntenkreis. Die waren ganz normale nette Typen. Mein Denken hat sich seitdem verändert: die haben einfach Gefühle für Männer, so wie ich Gefühle für Frauen habe. Sonst nichts. Und daran kann ich nichts Schlechtes finden.

Mir ist auch aufgefallen, wie viele Papierkörbe überall in München herum stehen. Warum schmeißt hier niemand seinen Müll auf die Straße? Ist das ein Gesetz, dass man alles nur in vorgeschriebene Behälter schmeißen darf? Am Anfang habe ich nicht den Sinn dieses Verhaltens verstanden. In Gambia werfen die Menschen viel Müll einfach auf die Straße. Und wenn es Regeln …

配色：

字体：MD Maya和Union

尺寸：170 mm × 240 mm（杂志），148 mm × 105 mm（手册）

页数：64 页（杂志）、28 页（手册）

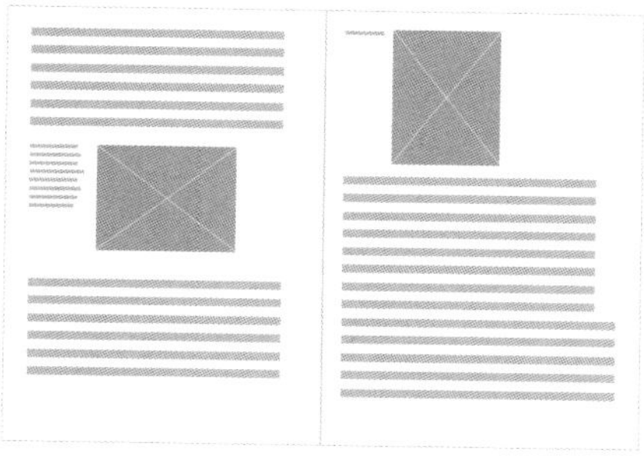

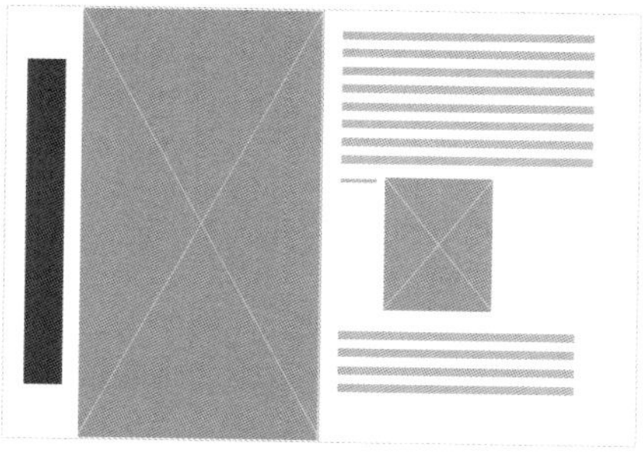

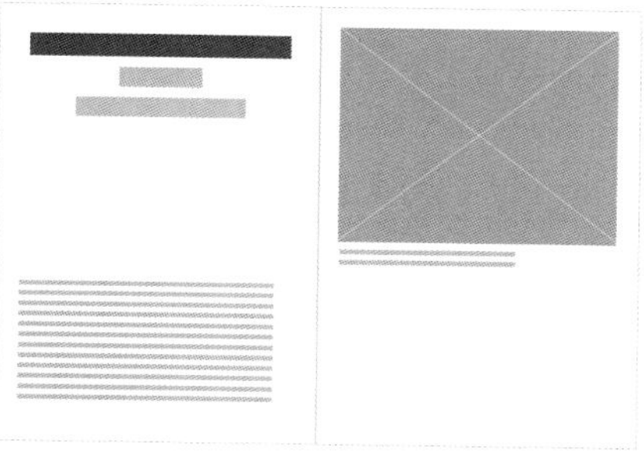

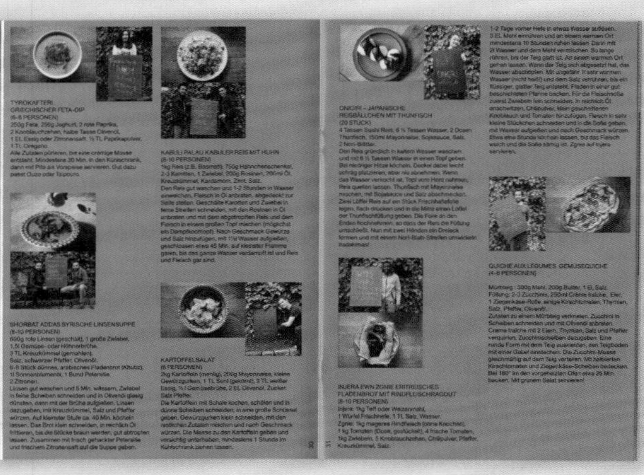

THEY KNOW OUR STORY

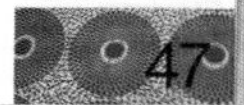

IM PORTRAIT: TIM YILMAZ

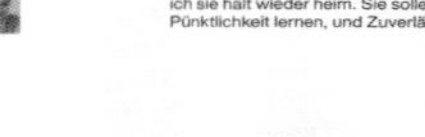

„Wenn die Jungs zu spät kommen, schicke ich sie halt wieder heim. Sie sollen auch Pünktlichkeit lernen, und Zuverlässigkeit."

Wie ein Grandhotel schaut es aus der Ferne aus. Von Nahem sieht man, dass die altmodische Fassade nur aufgemalt ist. Ein palästinensischer Portier in Frack und Zylinder öffnet die Tür. Beim Betreten der Pianobar, die als Lobby dient, wähnt man sich zunächst in einem britischen Gentlemen's Club zu Beginn des 20. Jahrhunderts. Zwischen weichen Polstern und Trophäen aus den Kolonien kann man hier bei Klaviermusik englischen Tee in feinstem Chinaporzellan genießen und dabei den Blick aus dem Fenster schweifen lassen – und glotzt direkt auf Beton. Mit der „hässlichsten Aussicht der Welt" wirbt das „Walled Off (zu deutsch: eingemauerte) Hotel" für seine insgesamt zehn Zimmer, deren Fenster keinen anderen Ausblick als den auf die Grenzmauer freigeben.

Das kürzlich eröffnete Kunstprojekt des britischen Streetart Aktivisten Banksy, steht in Bethlehem, Palästina, direkt neben einer acht Meter hohen Grenzmauer aus Beton. Errichtet mit der Begründung, dass sie vor Terrorismus schützt, verstößt die seit 2002 im Bau befindliche, fast 800 Kilometer lange Sperranlage zwischen dem Westjordanland und Israel gegen internationales Recht. Wer als Europäer die streng bewachten Checkpoints passiert, ist deutlich privilegiert, anders als die Bevölkerung Palästinas: von hier darf nur ausreisen, wer eine ausdrückliche Sondergenehmigung besitzt.

Banksy, Streetart Star mit geheimer Identität, hat bereits vor zwölf Jahren begonnen, in Bethlehem politische Schablonengraffitis anzubringen. Diese haben Heerscharen von Fans angezogen: angeblich wird der biblische Ort schon von mehr „Banksy"-Touristen als von „Jesus"-Touristen frequentiert. Doch ob Streetart – wie von vielen Palästinensern erhofft – der restlichen Welt die prekäre Lage vor Ort wirklich nahe bringen kann, ist umstritten. Kritiker befürchten eine Beschönigung der völkerrechtlich inakzeptablen Grenzmauer oder deren falsche Darstellung in den Medien, die zur „Normalisierung" der israelischen Besatzung Palästinas beitrüge.

Dass sich Banksy dieses Widerspruchs bewusst ist, verdeutlicht Jamil Khader, Anglistikprofessor und Studiendekan an der Bethlehem University, anhand einer Anekdote. Der in Haifa geborene Araber, der lange in den Vereinigten Staaten lebte, forscht zu Banksy's Werken in Palästina.

"Verschiedenen Quellen zufolge hat Banksy tatsächlich einmal selbst Folgendes erzählt: eines Tages, als er gerade die Mauer bemalte, kam ein älterer, palästinensischer Mann vorbei und fragte: Was machst du da? Und Banksy antwortete: Ich male auf die Mauer. Woraufhin der alte Mann ihn ansah und sagte: Tu das nicht. Die Mauer ist häßlich. Mach sie nicht schön. Geh heim.
Was die geopolitischen Umstände in Palästina betrifft, bin ich selbst der Meinung, dass viele Leute auf der Welt die Besatzung "normalisieren". Die Besatzung wurde verharmlost und verschwiegen. Tatsächlich macht Banksy gerade dadurch, dass er auf diese Mauer malt oder indem er direkt daneben dieses neue Installationshotel eröffnet, auf diese Mauer und auf das Apartheidregime aufmerksam. Und ich denke, genau darin liegt die Stärke seiner Arbeit."

Ein häufiges Stilmittel in Banksy's Werken ist die stark überzeichnete oder krass untertriebene Darstellung bestehender Verhältnisse, die deren Drastik heraus-stellen soll. Im Falle eines Banksy Graffitos über einem Hotelbett sorgt diese Machart für Kontroversen. Das Bild von einer Kissenschlacht zwischen einem israelischen Soldaten und einem palästinensischen Bürger wurde dafür kritisiert, dass es von zwei Gegenübern auf Augenhöhe ausgeht. Der von Anfang an asymmetrische Nahostkonflikt jedoch habe noch nie auf Augenhöhe stattgefunden.

Jamil Khader hält diesen Vorwurf für unreflektiert: "Wenn man bei Kunst die Dinge, die man sieht, wörtlich nimmt, ohne ihren Kontext oder ihre Symbolik zu berücksichtigen, dann verpasst man ihre wahre Bedeutung. Was man in diesem Gemälde sieht, entspricht nicht eins zu eins Banksys Sichtweise. Vielmehr kritisiert er oder verspottet oder parodiert sogar die Art und Weise, wie heutzutage im öffentlichen Diskurs, in den Massenmedien und von westlichen Regierungen mit dem palästinensischen Freiheitskampf umgegangen wird. Die Leute neigen dazu, zu glauben, dass Palästinenser und Israelis in dem Konflikt gleichberechtigte Partner sind. Dabei kann Israel, welches die sechststärkste Militärmacht der Welt und die zehntstärkste Wirtschaft der Welt besitzt, niemals mit der Wirtschaft Palästinas oder der Sicherheitslage für die Palästinenser verglichen werden. Was Banksy uns zeigt, ist, dass der Palästineser gerade deshalb an der Kissenschlacht teilnimmt, weil er eigentlich gar keine Wahl hat. Die Palästinenser sind immer die Unterlegenen."

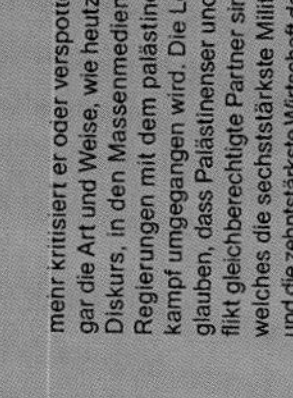

16 17

Weitgehend auf Ironie verzichtet hingegen das kleine Museum im Erdgeschoss des Hotels. Es präsentiert zunächst nüchtern und faktisch die geopolitische Geschichte Palästinas seit seiner Kolonialisierung. Weniger nüchtern und durchaus nicht subtil in ihrer Botschaft erscheinen dagegen weitere Exponate, die Mittel der militärischen Unterdrückung durch Israel darstellen. An eine Geisterbahn erinnert schließlich die lebensgroße Puppe des englischen Lord Balfour am Ende des Rundgangs, die auf Knopfdruck wieder und wieder den Vertrag von 1917 unterzeichnet, der der zionistischen Bewegung einen jüdischen Staat in Palästina versprach.

„I'm ashamed to be British", äußert sich eine Hotelbesucherin. Vor kurzem hat sie in London an einer Demonstration teilgenommen: Im Zuge einer aktuellen Debatte um die „Balfour Declaration" forderten britische Bürger die Regierung auf, das hundertjährige Jubiläum nicht mit Nationalstolz, sondern mit einer öffentlichen Entschuldigung für die Fehler der englischen Kolonialpolitik zu begehen.

Jamil Khader betont, dass Banksy sich als Brite dem Nahostkonflikt nicht als „Jemand von außen" nähert: "Das erste, was Banksy einem deutlich machen will, wenn man das Hotel betritt, ist, dass man sich in einem Gentlemen's Club befindet–in einem kolonialen Verein, der hier ist, weil Großbritannien hier war. Dass die englische Regierung und das englische Volk eine Verantwortung haben, wenn es um Palästina geht. Er macht auf ein großes Problem in der englischen Geschichte aufmerksam. Vor allem gerade jetzt, wo führende, englische Politiker wie die Premierministerin Theresa May und Andere von der Bevölkerung verlangen, stolz auf die Balfour Deklaration zu sein. Wie kann man denn stolz auf ein Schriftstück sein, das der Weltbevölkerung so viel Leid verursachte, allen voran den Palästinensern?"

Neben den zahlreichen Installationen und Gemälden von Banksy sind im Hotel auch weitere Künstler vertreten, wie Sami Musa und Dominique Petrin, die individuelle Hotelzimmer gestalteten. Eine großräumige, durch die Lobby erreichbare Galerie ist ausschließlich Werken palästinen-sischer Künstler vorbehalten, darunter Berühmtheiten wie Sliman Mansour und Khaled Hourani.

Die Website des Walled Off weist auf die Uneigennützigkeit des Etablissements hin: sämtliche Gewinneinnahmen sollen in lokale Projekte fließen. Auch die Aussage des Hotelmanagers bestätigt, dass hier lokale Arbeitskräfte gefördert werden.

In Palästina ist die Arbeitslosigkeit hoch. Die Wirtschaft leidet unter dem Konflikt und der Besatzung. Jamil Khader sieht in Banksys Bemühungen auch ein Statement zur wirtschaftlichen Lage Palästinas.

"Sein wichtigster Ansatz hierbei ist für mich das, was er in punkto Konfliktlösung mitteilt. Dass es keine wirkliche politische Lösung geben kann, solange es keine wirtschaftliche Lösung der Problematik gibt. Erst, wenn die Palästinenser wirtschaftlich unabhängig sind, kann tatsächlich über eine realistische, politische Lösung gesprochen werden. Aus diesem Dilemma wird es so lange keinen Ausweg geben, bis es einen unabhängigen, palästinensischen Staat gibt. Erst ein solcher Staat wird in der Lage sein, mit den Israelis und der internationalen Gemeinschaft zusammenzuarbeiten."

Die widersprüchlichen Annehmlichkeiten des Hotels hinterlassen Wirkung. Insgeheim schämt man sich für die eigene, unfreiwillige Dekadenz, möchte sich von den freundlichen Palästinensern nicht einfach nur bedienen lassen, um anschließend tatenlos wieder abzureisen. Ob allerdings auch so von Banksy beabsichtigt oder nicht: in ihren Dienerunformen wirken sie wie kostümierte Spielfiguren in einer von unbekannter Hand geplanten Inszenierung, in der man auch als Gast eine ganz bestimmte Rolle übernehmen soll. In der Aufarbeitung der berechtigten, wichtigen Thematik bleibt da nicht mehr viel individueller, kreativer Spielraum

为了搭配这个品牌视觉形象系统，莫比·迪格设计工作室设计了一款名为“MD Maya”的新字体。该音乐艺术节尝试创造一个乌托邦世界，令观众们获得一种别样的体验，从而忘掉现实世界（但愿他们可以）。MD Maya字体的符号看上去像导视图标，但亦可看成是建筑物的轮廓或者是洞穴中的标记。除了MD Maya，设计师使用了Union字体作为补充字体。

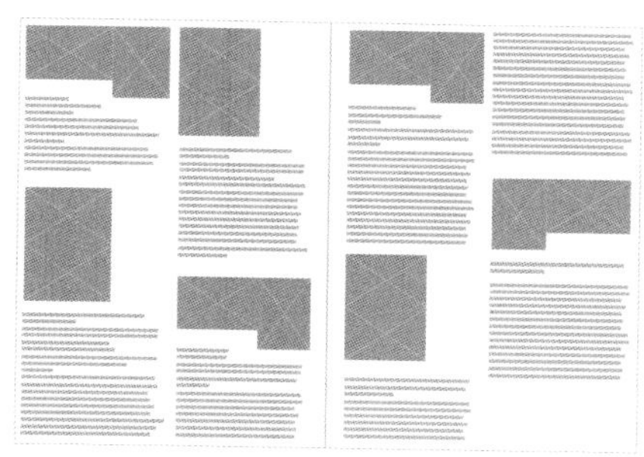

天然能源系统

067

设计工作室：**creanet**
创意指导：**何塞·莫雷诺**

天然能源系统（Energy Natural Systems，简称ENS）是一个专门从事清洁自然能源生产的可再生能源公司。该公司需要建立一个定位清晰、契合其文化理念并适合全球运营的企业形象。ENS的目标是呼吁使用可再生资源，实现一个减少破坏自然资源的、更健康的未来。creanet为该品牌设计了完整的视觉形象系统，包括海报和小册子。

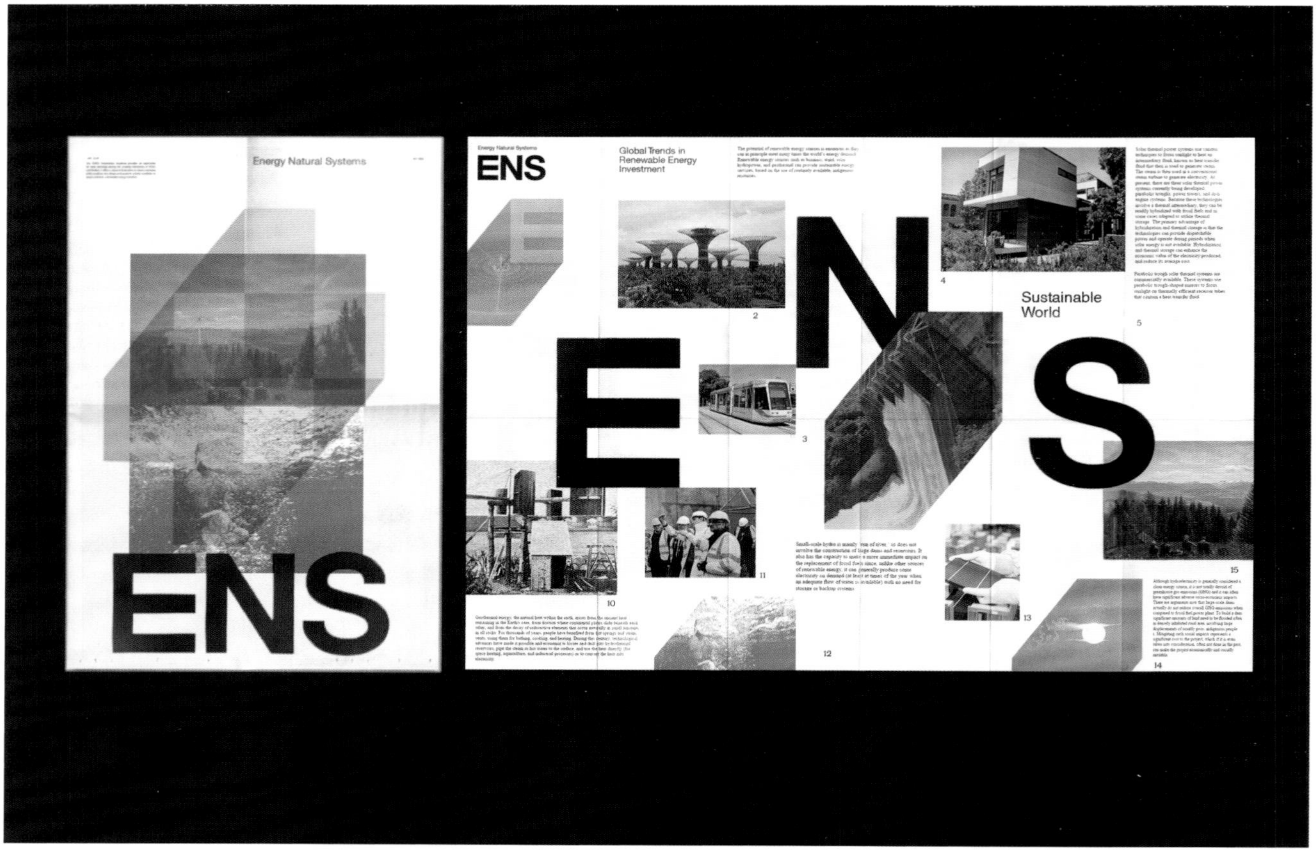

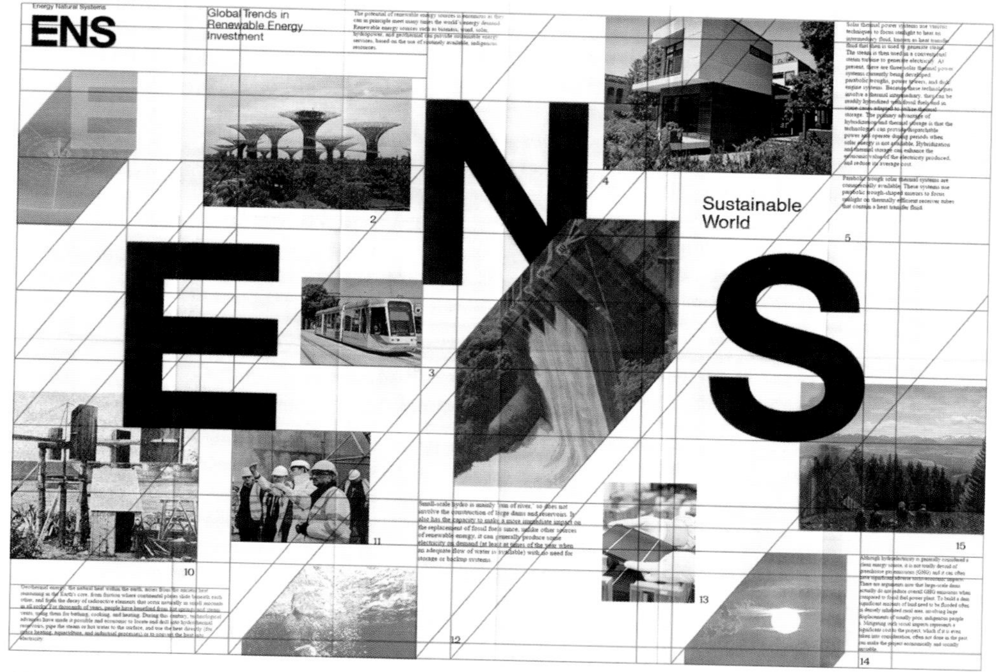

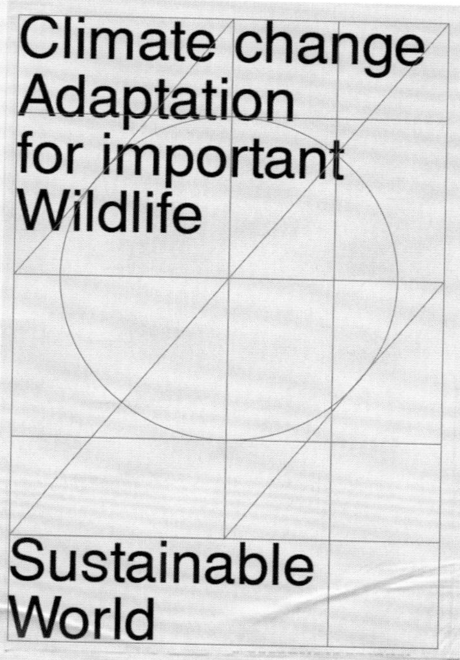

配色：

字体：Helvetica

尺寸：297 mm × 420 mm (A3)

《临时数据》

设计工作室：**Pyramid**
客户：**马尔科·马丁斯（Marco Martins）**
摄影：**安德烈·塞佩达（André Cepeda）（内容）**

《临时数据》（*Provisional Figures*）是由备受赞誉的葡萄牙电影和话剧导演马尔科·马丁斯执导的一部新话剧。"临时数据"是统计学研究中使用的名词，用于归类所有目前在英国工作、但现况不明确或暂时性的移民。马丁斯与位于英国大雅茅斯的葡萄牙社区耗时两年，终于完成了这部话剧。在2009年至2014年期间，很多葡萄牙人搬到大雅茅斯，在位于诺福克郡的一家大型食品加工厂里工作。Pyramid为该话剧设计了宣传小册子。

II

INTRODUÇÃO
INTRODUCTION

PROVISIONAL FIGURES

DE MARCO MARTINS
BY MARCO MARTINS

"Provisional Figures" é a denominação dada em estudos estatísticos a todos os emigrantes com uma situação indefinida ou provisória presentemente a trabalhar no Reino Unido.

Culminando um processo de dois anos de investigação junto da comunidade portuguesa de Great Yarmouth, "Provisional Figures" propõe-nos uma reflexão sobre os problemas da identidade e da emigração num contexto urbano fortemente abalado pela crise económica e consequentes convulsões sociais.

Relativamente desconhecida em Portugal, esta emigração teve o seu auge nos anos da crise económica (2009-2014), tendo como destino as grandes fábricas de transformação alimentar (perús e galinhas) instaladas nesta zona do Norfolk inglês tradicionalmente fustigada pelo desemprego. Aproveitando a decadência desta vila costeira, outrora um destino balnear de eleição para os britânicos, as fábricas da região tiraram proveito da capacidade de alojamento dos hotéis e campos de caravanas semiabandonados para aqui instalar os seus novos trabalhadores.

Distante no tempo e no espaço das grandes vagas migratórias para França e Alemanha dos finais da Segunda Guerra, quando cerca de um milhão e meio de portugueses emigraram para fugir à fome e ao desemprego, a emigração portuguesa para Great Yarmouth distingue-se em tudo da sua precedente. Uma massa em permanente movimento do chamado "trabalho flexível" que surgiu como forma de responder às exigências dos novos sistemas económicos.

Trabalhando em Great Yarmouth com um grupo de nove habitantes de diversas nacionalidades, ao longo de vários meses, Marco Martins construiu um espetáculo a partir de uma ideia original de Renzo Barsotti, baseado nos testemunhos individuais de quem viveu de perto este período de incerteza, explorando as contradições do comportamento humano e a natureza das relações entre os homens e os outros animais.

Os textos e imagens deste programa são parte de uma extensa investigação conduzida por Marco Martins junto dos habitantes desta vila e da colaboração do artista com André Cepeda, Isabela Figueiredo e Gonçalo M. Tavares, integrando a Residência Artística Online raum:.

"Provisional Figures" is the name used in statistical studies to classify all migrants whose situation and status is undefined or provisional and who are currently working in the United Kingdom.

"Provisional Figures" crowns a two-year research process with the Portuguese community living in Great Yarmouth, and invites audiences to reflect on identity and migration issues in an urban context severely hit by the economic crisis and consequent social unrest.

Although relatively unknown in Portugal, the darkest years of the economic crisis (2009-2014) were the height of this migration boom, which saw the large food processing plants [turkeys and chickens] in this Norfolk area as its ultimate destination, an area particularly hard hit by unemployment. Taking advantage of the decline of this coastal town, once a preferred holiday resort for the British, plants in the region took the accommodation available in hotels and semi-abandoned caravan sites as an opportunity for housing their new workers.

Distant in time and space from the great migration waves to France and Germany at the end of the Second World War, when approximately one million and a half Portuguese emigrated to escape hunger and unemployment, the Portuguese emigration to Great Yarmouth differs fundamentally from its precedent. A continually moving mass of the so-called "flexible work", emerging as a response to the demands of new economic systems.

After working closely in Great Yarmouth with nine inhabitants of various nationalities over several months, Marco Martins brings us a show based on an original idea by Renzo Barsotti, disclosing the individual testimonials of those who personally experience this period of uncertainty, exploring the contradictions of human behaviour and the nature of the relationships between men and other animals.

The texts and images of this programme are the result of extensive research led by Marco Martins among the town's inhabitants and of the joint work carried out by the artist and André Cepeda, Isabela Figueiredo and Gonçalo M. Tavares, under the Online Artistic Residency raum:.

4

INTRODUÇÃO INTRODUCTION II

III

8 HISTÓRIAS SOBRE GREAT YARMOUTH

HISTÓRIAS DOS INTÉRPRETES RECOLHIDAS POR MARCO MARTINS

8 STORIES ABOUT GREAT YARMOUTH

STORIES OF THE INTERPRETERS COLLECTED BY MARCO MARTINS

III HISTÓRIAS STORIES

5

A PROPÓSITO DO ESPECTÁCULO "PROVISIONAL FIGURES" DE MARCO MARTINS

3 - THE CENTRE OF THE WORLD

TEXT BY ISABELA FIGUEIREDO ON THE SHOW "PROVISIONAL FIGURES" BY MARCO MARTINS

Não há muito para fazer em Great Yarmouth. A praia está vazia. O frio e a chuva apertam. Compro um casaco na rua Augusta, a mesma de onde, no dia anterior, trouxe um rabicho de peluche rosa choque que me divertiu. A rua Augusta, mesmo com o devido nome britânico parece um arraial de província. Em Great Yarmouth o ambiente é de trabalho ou de contemplação. Como diz o Sérgio, a certa altura, nos ensaios, a vida para quem não tem trabalho, em Great Yarmouth, "é andar de café em café". O Central, o Los Locos e os restaurantes onde toda a gente fala português. Para além disso, há os ensaios, e o centro do mundo são os ensaios. No sea front sucedem-se as superfícies atulhadas de máquinas de jogos. Parece Las Vegas, mais vazia e sem fulgor. À noite, há o karaoke das músicas românticas, o restaurante Othello, propriedade de um cipriota que sabe cortejar uma mulher como manda a lei e o Long John, discoteca onde os códigos de sedução são de outro mundo. Observo uma jovem oferecer o seu abundante tecido mamário ao rapaz que passa. Ele mergulha a boca no seu pronunciado decote e inspira o cheiro íntimo da carne. Trocam um beijo de língua por segundos, e cada um segue o seu caminho. Tudo consensual. Há de haver mais entretimento pela cidade fora.
Interessam os ensaios, ou seja, o centro do mundo. Seis homens e três mulheres. Apenas quatro falam português. Sinto-me imersa no ambiente consagrado a uma liturgia que acontece no momento em que os nove participantes se entregam ao cometimento com concentração e generosidade inquestionáveis. Vejo ataque, estocada, cura e consagração. Tudo junto. Emocionam-se, com frequência. Há lágrimas. Não é fácil assistir ao que é feito. Por momentos fico paralisada.
"O que é o centro do mundo? É estranho que me pergunte isso, agora. Acabámos de nos conhecer. Mas já que pergunta, o centro do mundo... acho que é... o amor. Sim, é o amor."
O Marco senta-se com os braços cruzados, vê e ouve, muito sério e atento. "Bom. Está bom, pessoal." Dá instruções. "Faz isto. Podes dizer aquilo." Levanta-se e dirige-se a um dos participantes. "O teu texto lido não funciona. É melhor contares a história tal como te lembras dela." Provavelmente nunca ninguém disse as palavras que ali usa. Muito menos ousou os gestos. Tudo os transcende mas procuraram-no e comprometeram-se. O que é que interessa? O que é que realmente compreendemos de tudo o que somos levados a fazer? Olho para o Marco. Parece-me o xamã daquele ritual. Chamam-lhe teatro. Procuro orientar-me relativamente ao que está a ser feito e escrevo no meu caderno alguns apontamentos insuficientes para abarcar a grandeza que atravessa o grupo nos ensaios.
Escrevo: após ter sido transportada aos ombros, como um saco, uma carga qualquer, Victoria é depositada no chão e fica a chorar. O Marco diz que é normal chorar-se nos ensaios. Victoria é a ex-miss Great Yarmout e a sua história é longa. Conta-a.
"Como acabei o secundário com baixas, não pude seguir artes, como desejaria. Acabei a trabalhar como cabeleireira, mas rapidamente me fartei. Achava que a vida tinha de ter mais encanto. Candidatei-me a um emprego como animadora numa estância de férias, na ilha de Whight. Devo dizer que escolhi a audição errada. Devia ter comparecido a uma outra, em Londres, que vim a descobrir ser para apurar uma cantora para compor as Spice Girls. Ficou a Victoria Beckam. Achei que Londres não era suficientemente longe para me separar do meu namorado, do qual queria fugir. Enfim, correu tudo mal na Ilha de Wight. Acabei despedida e de regresso ao cabeleireiro. Ganhei o título de Miss Great Yarmouth porque os meus amigos me desafiaram a concorrer. Tirei imensas fotos, posei com roupas diferentes, apareci nos jornais, mas sentia-me sempre insegura. As drogas, a certa altura, ajudaram, mas hoje trabalho como médium e terapeuta de medicinas alternativas. Este pendente que uso é um escudo magnético que me protege de energia nefastas, nomeadamente as dos smartphones. A vida, para mim, não tem sentido. A morte também não."
The center of the world? It's funny you ask me that. We have just met. Well, it's love. Yes. It´s love.
Escrevo: Smells like teen spirit cantado por Patti Smith. "Here we are now, entertain us/ A mulatto, an albino, a mosquito, my libido." Escrevo: Os atores são atletas correndo em câmara lenta, com as bocas abertas, em esforço. Chegar ao fim, chegar ao fim.

IV CENTRO DO MUNDO CENTRE OF THE WORLD

23

配色：■ □ ■　　字体：Helvetius和Sporting Grotesk　　尺寸：148 mm × 210 mm (A5)　　页数：32页

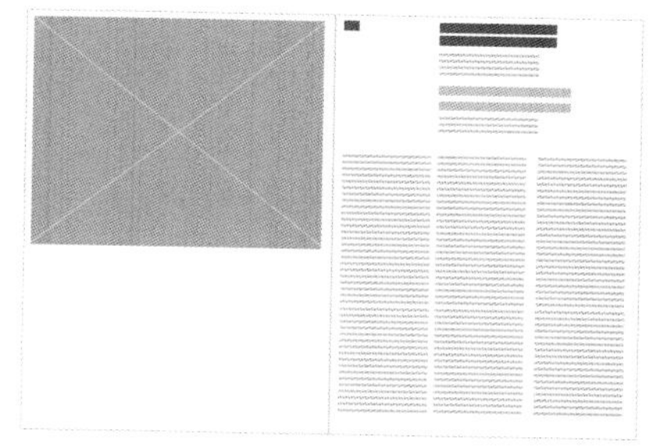

《KMD CSR 2017年度报告》

设计工作室：**Charlie Tango**
艺术指导：**拉斯穆斯·雅佩·克里斯蒂安森**
客户：**KMD A/S**

《KMD CSR 2017年度报告》聚焦社会责任、数字化转型和KMD对遵守联合国《全球契约》（*Global Compact*）条例的承诺。该报告的版面设计是基于12栏的网格系统。

ENGAGEMENT

“

Vi tror på, at gamification og computerbaserede kompetencetest også har et stort potentiale, og den udvikling vil vi utrolig gerne være en del af i KMD.”

Jan Gaardbo Jensen,

26

Vi udvikler fremtidens kompetencer

© KMD

VI UDVIKLER FREMTIDENS KOMPETENCER

Den stadigt voksende efterspørgsel efter it-medarbejdere og et skærpet fokus på it-kompetencer i fremtiden er en samfundsudfordring, som KMD ønsker at bidrage til at tackle.

Kodning i folkeskolen
I samarbejde med en række mediemsvirksomheder og kommuner har IT-Branchen skabt Coding Class for at få kodning på skemaet i den danske folkeskole. Coding Class løber over et år, hvor 6. klasser i folkeskolen tilbydes et uddannelsesforløb i kodning, der afsluttes med besøg hos en virksomhed. KMD er partner i Coding Class og har løbende klasser på virksomhedsbesøg. Målet med Coding Class er først og fremmest at gøre børn interesseret i it og teknologi og give dem en bedre forståelse for den verden, der omgiver dem nu og i fremtiden.

"Man bliver både fortrøstningsfuld for fremtiden og stolt af børnene, når de står og præsenterer deres færdige resultater."

Carl-Erik Vesterager,
DIREKTØR, ENERGI OG FORSYNING, KMD

Forskningsprojekt om 21st century skills
Elever i folkeskolen skal til at udvikle computerspil. Det skal øge elevernes motivation og styrke de kompetencer, som bliver afgørende i fremtidens samfundsliv. Det er målet med et forskningsprojekt, som forskere fra universiteter, læreanstalter og private virksomheder som KMD står bag.

Projektet skal undersøge, hvordan brugen af analoge og digitale spilredskaber som f.eks. Minecraft, Scratch og brætspil kan udvikle elevers evner til at samarbejde, kommunikere, tænke kritisk og løse problemer. De fire kompetencer kaldes også for det 21. århundredes kompetencer – eller 21st century skills – fordi de har stor betydning for elevernes muligheder for at deltage aktivt i fremtidens samfund.

Universitetsstuderende forbedrer udviklingsfærdigheder
I Polen kører KMD et Junior Academy, hvor ca. 50 studerende fra syv universiteter gennem de seneste to år har arbejdet på velgørende digitale projekter. Junior Academy har bl.a. udviklet appen "Piller", som hjælper ældre med at huske deres medicin. KMD Junior Academy blev i 2017 nomineret til CEE Shared Services Awards som Top CSR Initiative of the Year i Polen.

"Vi prioriterer at dyrke samarbejdet med uddannelsesinstitutioner for gennem praktikforløb og projekter at bidrage til uddannelse af nye talenter og øge interessen for it-udvikling. Samtidig er aktiviteterne med til at engagere vores medarbejdere, ligesom arbejdet styrker kendskabet til KMD her i Polen."

Jens Brinksten, ADMINISTRERENDE DIREKTØR, KMD POLEN

Kompetenceløft til brugerne
Som Danmarks stærkeste velfærds-it-leverandør løfter vi ikke kun ansvaret for at digitalisere velfærdsydelser og sikre de rette kompetencer hos fremtidens it-udviklere. Vi bidrager også til at sikre, at borgerne, som i det daglige møder vores løsninger, er rustet til at begå sig i en stadigt mere digitaliseret omverden.

I samarbejde med Ældre Sagen har vi derfor udviklet e-læringskurserne "Dus med din PC" og "Dus med din tablet" for at øge digitale kompetencer blandt ældre. Værktøjerne anvendes bl.a. af frivillige undervisere, og over 154.000 kursister har anvendt et af værktøjerne siden 2012.

27

CSR-RAPPORT 2017

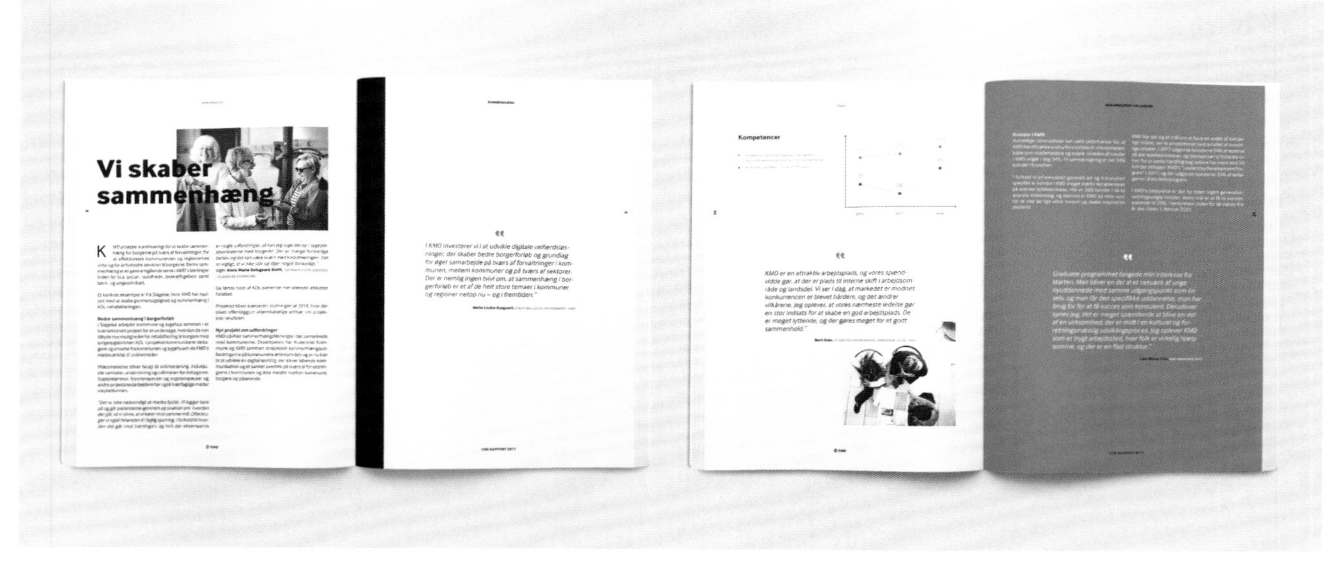

TEMA

18

Cyber- og informationssikkerhed

Den digitale transformation kan i dag ikke stå alene, uden at myndigheder, virksomheder og borgere forholder sig til cyber- og informationssikkerhed. Adgang til og beskyttelse af information har altid været en udfordring. Alligevel har den hastigt stigende digitalisering markant ændret behovet for sikkerhed, og det fortsætter.

© KMD

CYBER- OG INFORMATIONSSIKKERHED

Hackerangreb professionaliseres, og der arbejdes hurtigt. Og truslen kommer ikke kun udefra – den kommer i høj grad også indefra i form af medarbejdere, der handler uopmærksomt og i uoverensstemmelse med sikkerhedspolitikker.

Den evige balance mellem brugervenlighed og sikkerhed spiller således en stadigt større rolle. Vi skal internt sikre os i relevant grad, men ikke i et sådant omfang, at vi sætter brugervenligheden over styr og på den måde risikerer, at brugere af de digitale løsninger finder på at omgå sikkerheden på egen hånd.

KMD håndterer en stor mængde fortrolige og personlige data for borgere, virksomheder og myndigheder. Vores kunder har tillid til, at vi håndterer disse data på en korrekt og sikker måde. Derfor har vi skærpede interne sikkerhedskrav.

Ingen kan nogensinde garantere 100% it-sikkerhed. Heller ikke KMD. Men vores mål er at beskytte alle de data, som vi er ansvarlige for og behandler, imod cyberangreb og hacking. Vi anerkender og tager det meget alvorligt, at det er vores ansvar at være med til at beskytte virksomheders, myndigheders og borgeres data på allerbedste vis.

Vi er alle afhængige af digitale løsninger døgnet rundt. Derfor arbejder vi sammen med kunderne om at skabe balance mellem trusler, risici, brugervenlighed og økonomi.

ISO 27001 for informationssikkerhed er en retningslinje for vores arbejde. KMD har siden 2014 været certificeret i henhold til ISO 27001-standarden, og denne standard er krumtappen i vores risikobaserede arbejde med informationssikkerhed.

Det har vi gjort

→ Gennemført øvelse i Business Continuity Management (BCM) med deltagelse af KMD's topledelse

→ Igangsat implementering af yderligere værktøjer til højnelse af sikkerheden – bl.a. værktøj til styring af BCM samt værktøj til gennemførelse af sikkerhedsopmærksomhedskampagner

→ Taget initiativ til branchekodeks for håndtering af hackere i IT-Branchen

→ Deltaget i Det Strategiske Samarbejdsforum for Cybersikkerhed under Center for Cybersikkerhed. Arbejdet fortsætter i 2018

→ Udarbejdet undervisningsforløb for kunder i informationssikkerhedsstyring i forhold til kontrol og governance ud fra et forretningsmæssigt perspektiv

→ Skærpet reaktionstiden i vores Security Analytics Center og stillet yderligere krav til sikkerhedstiltag, der reducerer risikoen for at blive ramt af hackerangreb. Resultatet er, at KMD ikke har været påvirket af de seneste store internationale ransomwareangreb

19

"Vores 'licence to operate' går gennem vores ansvar for andres data. Det er derfor afgørende, at cyber- og informationssikkerheden er i top. KMD har investeret i sikkerhed, bl.a. i vores unikke Security Analytics Center."

Jan Olaf Olsen, AFDELINGSCHEF, GROUP SECURITY, KMD

CSR-RAPPORT 2017

配色：■ □ ■
字体：Interface
尺寸：200 mm × 270 mm
页数：38页

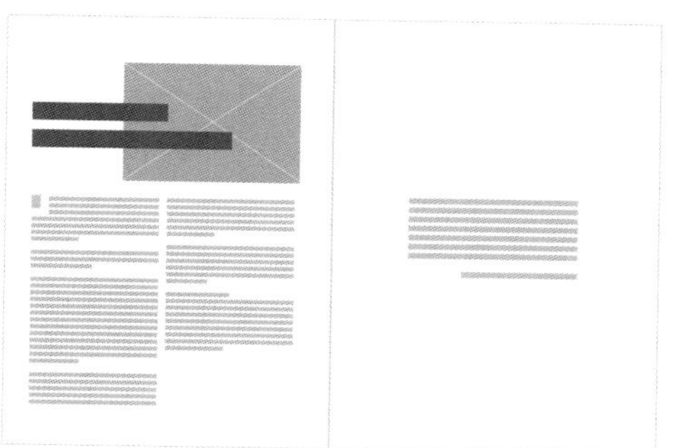

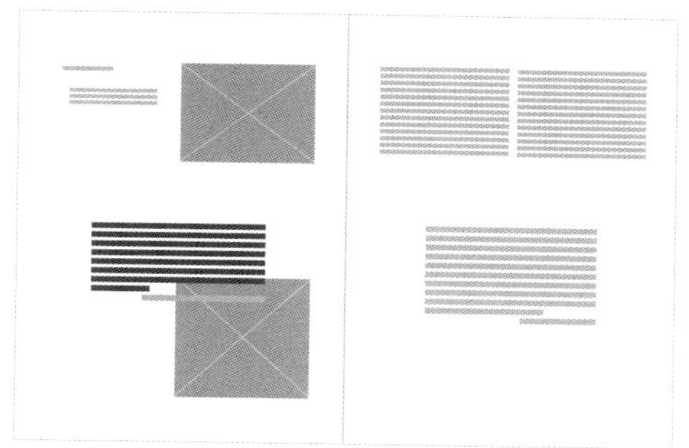

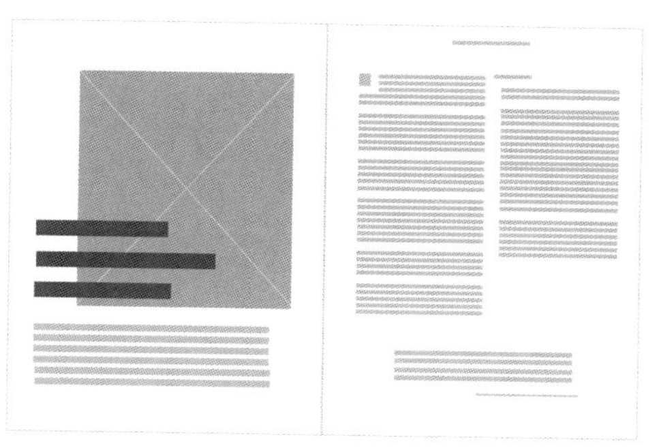

《融化！》音乐期刊

设计工作室：**格式之战**
设计：**佛罗伦西亚·维亚达纳**
内容文本：**埃米莉娅诺·昆塔纳**

《融化！》（*Melt!*）是一份关注实验音乐、地下制片人和音乐活动的月刊。设计师从音乐中获取灵感，兼容并蓄地使用了不同的字体和版面构成。这份月刊结合了多种创意概念，风格多样：时而超现实，时而尖锐，时而清澈，时而杂乱。

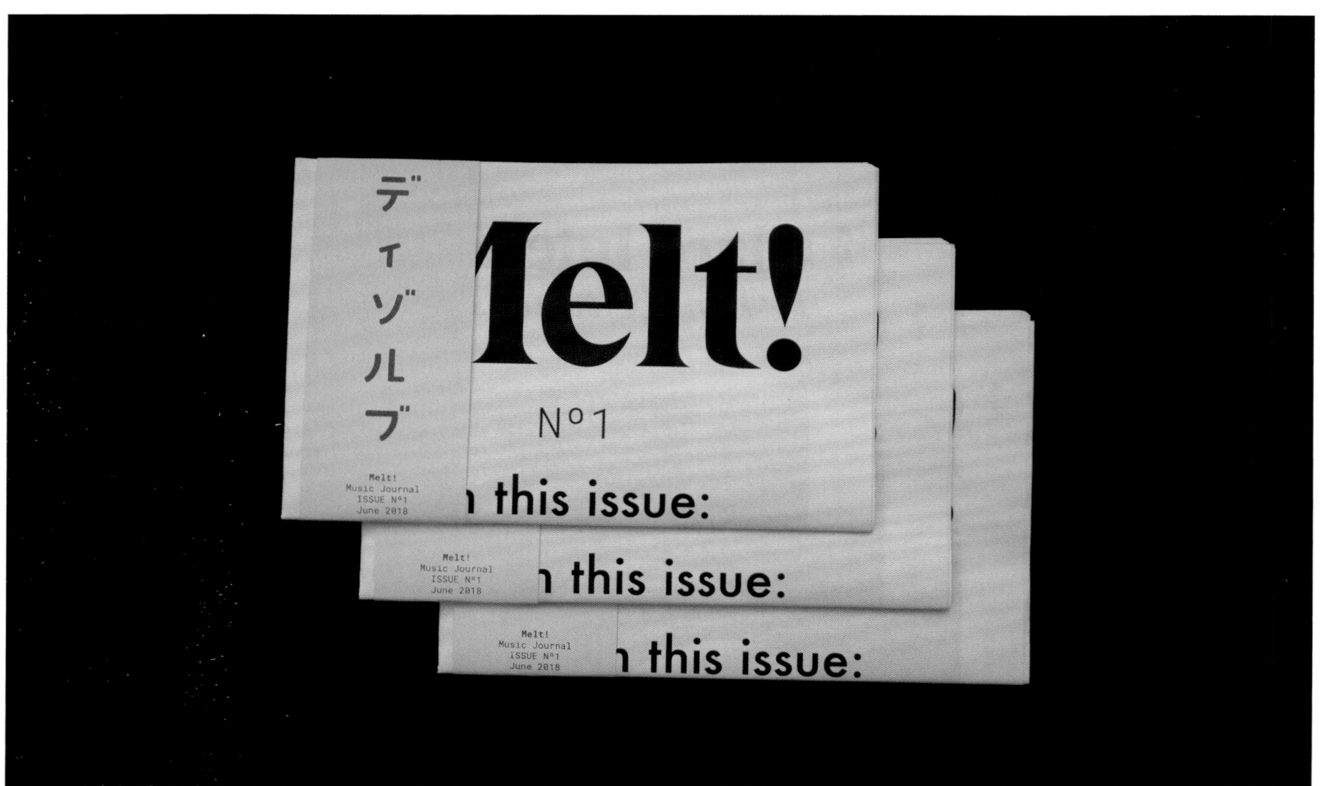

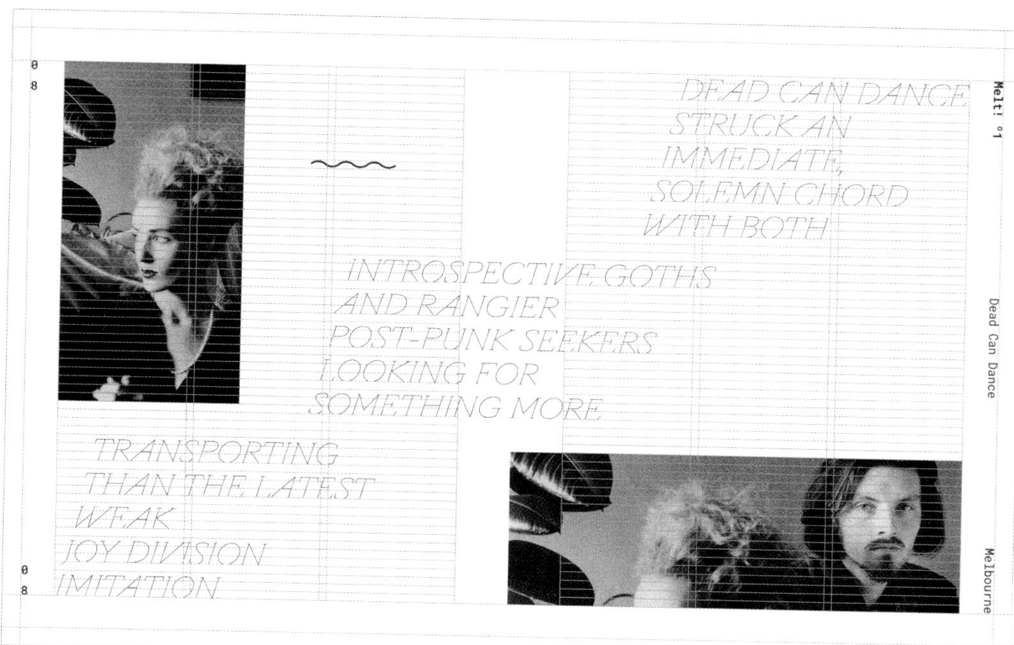

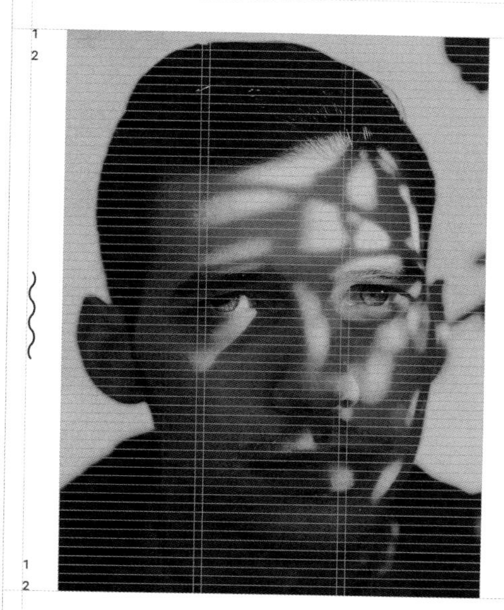

配色：■ ■　　字体：Eksell Display Web、Roboto Mono、Futura、SangBleu和Georgia　　尺寸：285 mm × 370 mm　　页数：24页

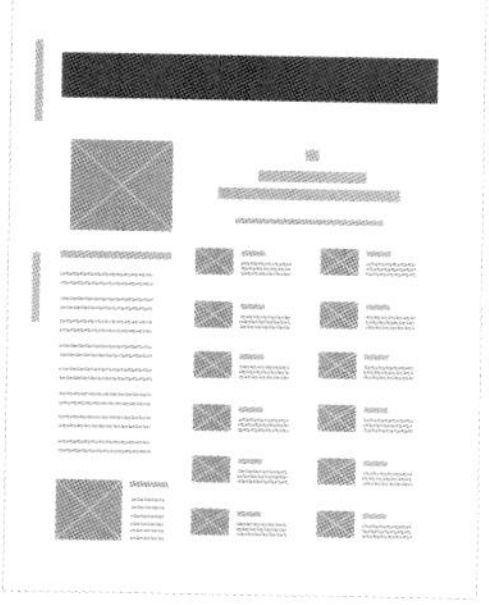

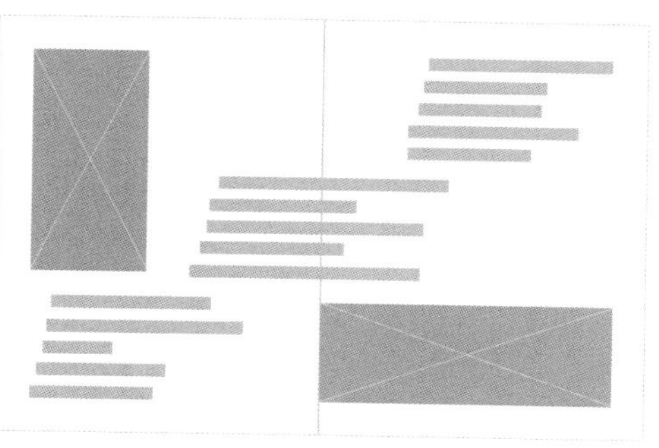

该月刊是献给音乐艺术的一曲赞歌。设计师选择的字体完美契合其主题：音乐。有些字体是斜体、粗体、细体或常规体，有些字体则完全是实验性字体，字体的选择取决于不同的音乐类型。字体排印的风格则根据音乐的节奏韵律，和弦，形式，织体，力度等。该项目的版面设计基于基线网格系统。

INDEX

索引

埃尔苏·吉尔玛诺娃

埃尔苏·吉尔玛诺娃（Alsu Gilmanova）是一位常居俄罗斯莫斯科的平面设计师。她毕业于莫斯科的英国高等艺术设计学院（British Higher School of Art and Design，简称BHSAD Moscow）。

www.behance.net/alsugilman

P176–177

阿曼达&埃里克

阿曼达&埃里克（Amanda & Erik）是一家总部设于瑞典的设计与插画工作室，由阿曼达·伯格伦德（Amanda Berglund）及其搭档埃里克·柯特利（Erik Kirtley）于2017年创立。他们都在瑞典国立艺术与设计大学（Konstfack University of Arts）学习艺术、工艺和设计。他们充分发挥工作室在概念化、设计、字体排印和插画等方面的优势，凭借其对配色和构图的敏锐触觉创造杰作。他们主要从事视觉形象、出版物和原创艺术，并敢于尝试新领域。

www.amandaerik.com

P116–118

安德烈斯·伊格罗斯

安德烈斯·伊格罗斯（Andrés Higueros）是一位来自危地马拉的平面设计师。他热衷于字体排印和版式设计，目前在墨西哥Futura公司从事平面设计工作。

www.behance.net/andreshigueros

P070–071

Any工作室

Any工作室（Any Studio）由马克斯·埃德尔贝格（Max Edelberg）和雅各布·科内尔里（Jakob Kornelli）创办，是一家年轻的创意机构，其设计方法格局高远、以人为本。他们提供策略咨询、概念发展、品牌设计，以及数字和印刷阅读物的创意指导。他们的客户从文化领域到商业领域，皆而有之。

www.any.studio

P048–051, 052–053

Blok设计

Blok设计（Blok Design）是一间专门从事品牌视觉形象及体验、包装、展览设计、装置和版式设计的设计工作室。自1998年成立以来，他们一直通过与世界各地的思想家、创作者、公司和品牌合作，做着他们热爱的事情。他们承接一些兼具文化意识、艺术情怀和人道主义的项目，推动了社会和商业的发展。

www.blokdesign.com

P216–217

Bond创意事务所

Bond创意事务所（Bond Creative Agency）助力新企业和新品牌起航，同时帮助老字号品牌焕然一新或改头换面。其服务包括品牌视觉形象、数字设计、零售店与空间设计、包装和产品设计。它集结不同领域的人才，为各类品牌创造跨学科的解决方案。公司团队齐集平面、空间和策略领域的设计师、制作人、数字开发人员、广告文案以及手工艺者，事务所在赫尔辛基、阿布扎比和伦敦均设有工作室。

www.bond-agency.com

P146–147

布兰多·科拉迪尼

布兰多·科拉迪尼（Brando Corradini）是一名常居意大利罗马的平面设计师。他从自身周遭的一切汲取灵感。他认为优秀的平面设计应该在精挑细选中交流，而不是靠做加法。他的座右铭是：少即是多。这句话始终指引着他。除了平面设计，他还热衷于建筑、时尚、设计和音乐，从中汲取许多灵感。

www.brandocorradinigrafik.info

P164-165

刘书尧

刘书尧（Brian Liu）在中国台湾出生和成长，目前在洛杉矶艺术中心设计学院（Art Center College of Design）学习平面设计。他热衷于各种各样的媒介，包括纸质读物、电子读物和拼贴。他从摄影、旧物件、涂鸦和亚洲文化（尤其是他的家乡台湾）中汲取灵感。他的作品多以研究、迭代和开放对话见著。他的设计注重思想的深度和富有创意的交流。他最大的兴趣是品牌设计，倾听一个品牌的声音，用创意思考、热情和爱为其打造合适的品牌视觉形象。

www.behance.net/brianliu85

P112-113

Bruch—Idee&Form

Bruch—Idee&Form由约瑟夫·海格尔（Josef Heigl），库尔特·格兰泽（Kurt Glänzer）创办，是一家总部设于奥地利的平面设计工作室，擅长领域包括品牌设计、版式设计和包装设计。

www.studiobruch.com

P042-043，046-047，190-193

博尔舍事务所

博尔舍事务所（Bureau Borsche）是米尔科·博尔舍（Mirko Borsche）于2007年创立的一家平面设计工作室。该工作室以跨领域设计著名，其设计理念侧重内容本身，以"设计是学习、理解和欢乐之源"为信念。他们为各行各业的客户提供设计方案和交流咨询。他们喜欢冥思苦想，创作与艺术、雕塑和设计等领域相关的原创作品。博尔舍事务所在国内外获奖无数，其作品在商业和广告领域备受赞誉。

www.bureauborsche.com

P066-069，102-103，168-169，204-205

坎迪斯·阿伦卡尔、纳耶利·哈拉瓦

坎迪斯·阿伦卡尔（Candice Alencar）是一位常居巴西累西腓的平面设计师，从事广告和平面设计十余年。她于2018年获得巴伦西亚高级艺术学院（School of Superior Art of Valencia，简称EASD）版式设计硕士学位。她主要关注品牌设计、版式设计和艺术指导。纳耶利·哈拉瓦（Nayelli Jaraba）是一位来自哥伦比亚的平面设计师，专门从事版式设计、用户界面设计和用户体验设计。她在阿根廷学习西文书法和用户体验设计，后来到巴伦西亚高级艺术学院深造，获得传统和数字出版物设计硕士学位。

www.candialencar.com
www.behance.net/nayi

P056-057

卡丽娜·梅勒

卡丽娜·梅勒（Carina Mähler）是一位常居德国的平面设计师，主要从事企业设计、版式设计和包装设计。对她来说，作品最重要的两个原则是原创性和个性。她与客户合作，提供可持续的设计方案。她遵循经典设计原理，并试着作出突破，独辟蹊径。

www.carinamaehler.de

P208-209

卡拉·卡布拉斯

卡拉·卡布拉斯（Carla Cabras）曾在位于意大利撒丁岛萨萨里的马里奥·西罗尼美术学院（Accademia di Belle Arti "Mario Sironi" di Sassari）学习设计。如今，她在撒丁岛上生活，是一名设计师（自由职业）。

www.carlacabras.wordpress.com

P104-107

克拉拉·贝伦

克拉拉·贝伦（Clara Belén）是一名常居巴塞罗那的平面设计师和用户体验设计师。毕业时，她曾获得广告与公共关系学位。2016年，她获得巴塞罗那自治大学艺术设计学院平面设计硕士学位。目前，她在埃斯普利特（ESPRIT）担任平面和数字设计师。她热衷于版式设计、字体排印、社会纪实摄影、用户界面及体验设计和网页设计。

www.behance.net/clarabelen

P130–131

creanet

creanet是一家跨领域设计工作室，专门从事平面设计、品牌视觉形象、版式设计、插画、网页设计和视觉传达等相关工作。

www.creanet.es

P072–073，132–133，224–225

克里斯托瓦尔·列斯科

克里斯托瓦尔·列斯科（Cristóbal Riesco）是一位常居智利圣地亚哥的平面设计师和艺术指导。他专门从事版式设计、品牌设计和网页设计。克里斯托瓦尔以其简约美学著称，借助字体与图片、色块的平衡搭配，打造最具视觉冲击的作品。

www.behance.net/cristobalriesco

P108–109，138–139

戴维·雷卡

戴维·雷卡（David Reca）是一位常居西班牙的图形和字体设计师。2018年，他从马德里高级设计学院（Escuela Superior de Diseño）毕业，获得平面设计学位。他的工作以印刷品、交互元素和平面视觉标别为主。

www.behance.net/davidreca

P202–203

多米尼克·朗厄格

多米尼克·朗厄格（Dominik Langegger）是一位在奥地利萨尔斯堡工作和生活的艺术指导和设计师。他专门从事品牌设计。他的作品以可变系统和网格见著，其作品常用于不同媒介。

www.behance.net/langegger

P194–197

Due设计所

Due设计所（Due Collective）是阿莱西奥·蓬珀德（Alessio Pompadura）和马西米利亚诺·维蒂（Massimiliano Vitti）于2016年11月在意大利佩鲁贾创立的双人组合平面设计工作室。他们为商业、文化和艺术等领域的客户设计视觉传达系统，专门从事印刷品、视觉形象、版式设计以及字体排印。他们喜欢强烈的对比、热衷实验性设计；他们深谙设计法则，有时，更会突破这些法则。

www.behance.net/du-e

P166–167

叶卡捷琳娜·尼古拉耶娃

叶卡捷琳娜·尼古拉耶娃（Ekaterina Nikolaeva）就读于斯特罗加诺夫莫斯科国立艺术与工业大学，同时运营自己的工作室，其工作室名为Kaza工作室（Kaza Studio）。

kaza-studio.com

P082–085

帝国出版社 / Syndicat工作室

帝国出版社（Empire）由弗朗索瓦·海夫格（François Havegeer），萨夏·利奥波德（Sacha Léopold），凯文·拉乌托（Kévin Lartaud）创立，是Syndicat工作室的衍生机构，从事与图像、平面设计和艺术家交流等活动。该出版社不以出版物的类型来为自己定位，而是通过目录、专题论文、理论著作、杂志、海报或再版书等纸质读物来研究图像应该如何复制、记载和传播。

www.e-m-p-i-r-e.eu
www.s-y-n-d-i-c-a-t.eu

P140–141

Lampejo工作室

Lampejo工作室（Estúdio Lampejo）是一间总部设于巴西贝洛哈里桑塔、享誉国际的小型创意工作室，由菲利佩·科斯塔（Filipe Costa）、若昂·埃梅迪阿图（João Emediato）和路易莎·马克西莫（Luiza Maximo）联合创立。他们提出先锋、大胆的概念，对不同媒介和作品进行实验，涉足品牌设计、视觉传达、版式设计和插画等多个领域。

www.estudiolampejo.com.br

P144–145

法提赫·哈达尔

法提赫·哈达尔（Fatih Hardal）住在伊斯坦布尔，就读于马尔马拉大学（Marmara University）美术学院。他对字体排印和字体饶有兴趣，坚持每天制作一张字体排印海报。他的合作对象包括Sagmeister & Walsh工作室（即& Walsh工作室）、爱彼迎（Airbnb）等。

www.behance.net/fatihhardal

P170–171

格式之战

格式之战（Format Wars）是一家独立设计工作室，由佛罗伦西亚·维亚达纳（Florencia Viadana）于2017年在阿姆斯特丹创立。他们相信设计具有改天换地的力量。他们痴迷于配色、字体排印和版面设计。

www.formatwars.design

P078–079, 230–232

加利纳·达乌托娃 & 卡琳娜·雅泽林安

加利纳·达乌托娃（Galina Dautova）和卡琳娜·雅泽林安（Karina Yazylyan）目前就读于俄罗斯莫斯科的高等经济大学艺术与设计学院（HSE Art and Design School）。他们喜欢做一些与文化和艺术相关的项目。

www.behance.net/GalyRainbow
www.behance.net/karinayazylyan

P142–143

GeneralPublic工作室

GeneralPublic是一家总部设于巴黎的设计工作室，由热雷米·哈珀（Jérémie Harper），玛蒂尔德·勒絮厄尔（Mathilde Lesueur）创立，专门从事文化领域的平面设计和艺术指导。GeneralPublic坚信，每一个项目，无论其规模大小，都需要一个别出心裁、量身定制的设计方案。在为各类机构、设计师、建筑师、潮流先锋、电影院和当代艺术杂志等客户提供设计服务时，他们坚持为每位客户寻求一个可持续、独特的设计方案。

www.generalpublic.fr

P076–077

Gusto IDS

Gusto IDS是一家立足于意大利和德国的跨国设计机构，涉足品牌设计、艺术指导、广告和数字设计。他们为品牌打造适用于国际市场和任何当代语境的视觉形象系统。

en.studiogusto.com

P200–201

卡罗利娜·皮耶奇 & 马特乌什·齐耶莱涅斯基

卡罗利娜·皮耶奇（Karolina Pietrzyk），马特乌什·齐耶莱涅斯基（Mateusz Zieleniewski）是两位来自波兰的平面设计师。他们承接版式设计、视觉形象、字体排印和插画等相关项目。

www.karolinapietrzyk.info
www.mzieleniewski.com

P186–189

《Komma》杂志

《Komma》是德国曼海姆技术与设计应用技术大学设计学院（Faculty of Design at the University of Applied Sciences Mannheim）的学生实践平台。每期涉及一个独特主题，内容交由学生编辑全权负责。该杂志的编辑团队不断变化。读者可以在每期杂志中发现不同的主题和版面设计。该杂志的内容涵盖学生撰写的学期论文、课程总结和学士或硕士论文。除此之外，《Komma》杂志的团队会根据每期主题，展示特邀艺术家的作品，以及和一些优秀设计师的访谈。

www.komma-mannheim.de

P092–095, 110–111

莱蒂西亚·奥廷

莱蒂西亚 · 奥廷（Leticia Ortín）是一位平面设计师，在工作中，她设法把艺术与设计相结合。这两门学科使她学会了从不同的视角看待世界，这给了她的学习和研究很大启发。她热衷于出版，并前往巴塞罗那设计与工程学院（ELISAVA Barcelona School of Design and Engineering）研读了一门为期数月的版式设计研究生课程。她的作品有着强烈的字体排印、几何和摄影风格，尤其是极简、优雅的黑白配色和严谨构图，使其在众多作品中脱颖而出。

www.araestudio.xyz

P128–129, 160–161

莱恩·玛丽·拉斯玛森

莱恩 · 玛丽 · 拉斯玛森（Line Marie Rasmussen）是一位丹麦平面设计师，拥有丹麦哈泽斯莱乌视觉交流学院（School of Visual Communication in Haderslev）平面视觉传达学士学位。对她来说，创作具有设计概念、风格坦率乃至古怪的纸质印刷品非常有趣。对她来说，每一处细节都寓意深长。

linemarierasmussen.com

P090–091

莱纳斯·洛霍夫

莱纳斯 · 洛霍夫（Linus Lohoff）来自德国，拥有巴西血统，是一位跨领域艺术指导和摄影师。目前，他住在西班牙，与国内外各行各业的客户合作。同时，他也服务于巴塞罗那本土一家名为Vasava的设计工作室。

www.linuslohoff.com

P156–159

卢卡斯·德波洛·马查多

卢卡斯 · 德波洛 · 马查多（Lucas Depolo Machado）是一位跨领域设计师。他居住于圣保罗，在里约热内卢工作。他涉足不同创意领域，包括文化机构、独立出版社、建筑、产品设计。

www.ldmachado.com

P098–101

M. Giesser

M. Giesser是一家总部设于墨尔本的交流设计工作室，主要做品牌视觉形象项目。他们服务于中小型创意企业、组织和个人，帮助他们更好地了解自身的定位，探索向目标受众传达其理念的最佳途径。

www.mgiesser.com

P180–183, 184–185

马内·塔图里安

马内 · 塔图里安（Mane Tatoulian）是一位常居阿根廷的平面设计师，热衷于字体排印和现代主义。她的作品干净、清晰且适用广泛。她在每一个项目中寻找纯粹的美。马内认为，设计师拥有把概念视觉化与形象化的能力、精力和武器。

manetatoulian.com

P062–065, 208–209

米里亚姆·柯尼格

米里亚姆 · 柯尼格（Miriam König）在魏玛包豪斯大学学习视觉传达和视觉文化。她主要涉足平面设计、摄影和插画领域。

www.behance.net/mirikoenig

P212–215

莫比·迪格设计工作室

莫比 · 迪格设计工作室（Moby Digg）是一家总部设于慕尼黑的设计工作室，从事品牌设计、视觉形象和编程等领域的工作。该工作室由科比尼安 · 伦策（Korbinian Lenzer）与马克西米利安 · 海奇（Maximilian Heitsch）创立，最初总部设于布宜诺斯艾利斯。自2012年起，他们的业务范围扩展到德国以外的地区，承接各类概念化、视觉化项目，其提供的服务包括活动策划、交流和视觉形象设计，涵盖海报设计、杂志设计、网页设计和移动体验等。

www.mobydigg.de

P220–223

Muttnik

Muttnik是一个集合平面设计师和插画师的工作室，由西尔维亚·阿戈齐诺（Silvia Agozzino）、阿尔贝托·博佐内蒂（Alberto Bolzonetti）和尼古拉·希奥尔希奥（Nicola Giorgio）创立，专门从事视觉传达、出版物和高级插画等领域的平面设计工作。对印刷品的热爱引发了他们对不同媒介的兴趣，并乐于实验。

www.muttnik.it

P172–173

My Name is Wendy

My Name is Wendy是由两位平面设计师罗尔·戈蒂埃（Carole Gautier）和欧金尼娅·法夫尔（Eugénie Favre）于2006年创立的双人组合创意工作室。他们将平面设计和造型艺术的专业知识融会贯通，涉足视觉形象、字体、图像、图案和印刷品等领域。

www.mynameiswendy.fr

P174–175

普雅·艾哈迈迪

普雅·艾哈迈迪（Pouya Ahmadi）是一位常居芝加哥的平面设计师和艺术指导。他涉足文化和社会领域，与艺术家、策展人和设计师合作，创作品牌视觉形象、印刷品和出版物。艾哈迈迪的作品在众多传统和数字媒体上大放异彩，比如It's Nice That、AIGA Eye on Design、People of Print、Grafik、Etapes、Type Directors Club、Ligature magazine、Print magazine、IdN magazine和Moscow International Design Biennial等。

www.pouyaahmadi.com

P096–097, 152–155

Pyramid

Pyramid是一家视觉传达和音效设计工作室，由比阿特丽斯·科亚斯（Beatriz Cóias）和若昂·查维斯（João Chaves）于2012年创立，在伦敦和里斯本均设有分部。对他们而言，平面设计不仅创造优秀设计的工具，更是他们理解世界的方式。他们的合作对象包括乐队、唱片公司、非营利性组织、时尚品牌和各类机构。

www.studio-pyramid.com

P074–075, 086–087, 120–121, 226–227

拉斯穆斯·雅佩·克里斯蒂安森

拉斯穆斯·雅佩·克里斯蒂安森（Rasmus Jappe Kristiansen）是一位来自丹麦的平面设计师。他曾获得视觉传达学士学位。毕业之后，他在世界不同的工作室待过，曾服务于B&O Play、NASA、YouTube和Lego等客户。

www.behance.net/rasmusjk

P210–211, 228–229

Sagmeister & Walsh

Sagmeister & Walsh是一家总部设于美国纽约的创意公司。2019年，该公司创始人施德明（Stefan Sagmeister）宣布永久退出商业项目，由其合伙人杰西卡·沃尔什（Jessica Walsh）负责公司的所有商业项目，所有员工将在杰西卡设立的新公司"&Walsh"中继续工作。他们提供全方位服务，为各种各样的客户提供策略、设计和制作业务。他们专门从事品牌视觉形象、社会运动、社会策略、内容创作、商业、网站、应用程序、书籍和环境等领域的设计工作。

www.sagmeisterwalsh.com

P134–137

Slanted Publishers

Slanted Publishers是一家独立出版社，由拉尔斯·哈姆森（Lars Harmsen）和茱莉娅·卡尔（Julia Kahl）于2014年创立。他们出版的纸质杂志《Slanted》聚焦国际设计和文化，在业内备受赞誉。他们有一个每日更新的博客，即时传送国际设计界的活动和和新闻，已经发布了超过100名设计师和企业家的视频采访。此外，Slanted Publishers公司出版和编辑的项目有：《字体年鉴》(*Yearbook of Type*)；Typodarium和Photodarium手撕日历，并运营独立字库 VolcanoType，同时还从事其他与设计相关的项目和出版物。Slanted的设计充满活力和灵感，他们的设计哲学是开放的、宽容的和好奇的。

www.slanted.de

P058–061

索菲娅·费尔盖拉斯

索菲娅·费尔盖拉斯（Sofia Felgueiras）是一位常居葡萄牙的平面设计师，专门从事平面设计、版式设计和交互设计。

www.behance.net/mariasofia

P114–115

Ahremark工作室

Ahremark工作室（Studio Ahremark）致力于为客户提供精心构思、概念合理的设计方案。他们的服务范围十分广泛，旨在为客户提供能够引起受众共鸣、对其业务有积极影响的视觉设计，助其建立起更强大、更经得起时间考验的品牌。

www.studioahremark.com

P088–089

Fréro工作室

Fréro工作室（Studio Fréro）是一间年轻的、跨领域的平面设计工作室，总部设于法国普罗旺斯的艾克斯，由弗雷德里克·费兰德（Frédérique Ferrand）与罗曼·凯东屈夫（Romain Kerdoncuff）创立，专门从事视觉传达、品牌设计、插画、电影、网页设计、版式设计、摄影和视频设计等工作。

www.studio-frero.com

P124–127

塔尼亚·霍夫伦

塔尼亚·霍夫伦（Tania Hoffrén）是一位常居于芬兰赫尔辛基的视觉设计师。她认为，探索不同的材料和媒介是学习设计的最佳途径。受好奇心驱使，她渴望探索创意思维的极限。

www.taniahoffren.com

P198–199

蒂姆尔·巴比夫

蒂姆尔·巴比夫（Timur Babaev）于2015年毕业于俄罗斯莫斯科高等经济大学艺术与设计学院（HSE Art and Design School）平面设计专业。2018年，他在该校完成了书籍艺术课程的学习。目前，他的职业是一名平面设计师和插画师。www.behance.net/AmagumaX

P148–149

温琴佐·马尔凯塞·拉戈纳

温琴佐·马尔凯塞·拉戈纳（Vincenzo Marchese Ragona）是一位来自意大利的平面设计师，在伦敦生活和学习。

www.vmragona.com

P218–219

ACKNOWLEDGEMENTS
致谢

我们在此感谢各个设计公司、各位设计师以及摄影师慷慨投稿，允许本书收录及分享他们的作品。我们同样对所有为本书做出卓越贡献而名字未被列出的人们致以谢意。